## 3. Einfach trainieren

Die Tipps helfen **in drei Stufen zur Lösung**, am Ende mit einem Verweis an die richtige Stelle im Trainingsteil: zum Beispiel **F 8**

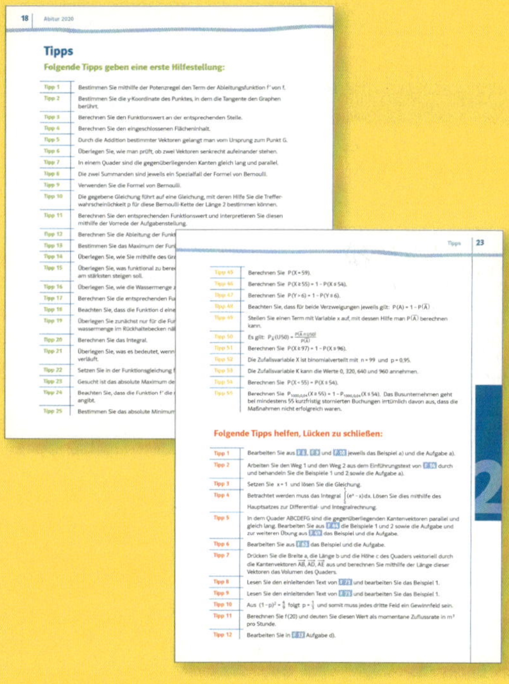


Hier hilft Mein Abi-Coach beim Training: Erklärungen, passende Beispiele und entsprechende Übungsaufgaben mit Lösungen.

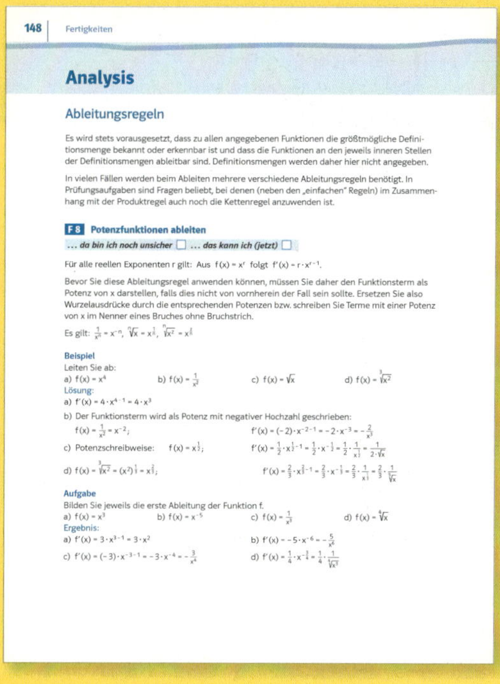


**Abi – mach's einfach!**

Mein Abi-Coach führt in drei Schritten zum erfolgreichen Abitur.

Abitur 2021

# Inhalt

EINFACH TRAINIEREN

## 3 Fertigkeiten 139

# Einführung

## 1. Informationen zum Abitur 2021

Ihr Abitur 2021 wird aus zwei Teilen bestehen, dem Prüfungsteil A und dem Prüfungsteil B. Insgesamt erhalten Sie im Grundkurs 225 Minuten Bearbeitungszeit hierfür.

**Prüfungsteil A (hilfsmittelfrei)**
Im hilfsmittelfreien Prüfungsteil A können Sie bis zu 25 Bewertungspunkte erhalten (von 100 Bewertungspunkten für die gesamte Abiturprüfung). Sie dürfen maximal 60 Minuten an diesem Prüfungsteil A arbeiten. Bei der Bearbeitung dieses Prüfungsteils dürfen Sie keine Hilfsmittel außer einem Wörterbuch zur deutschen Rechtschreibung verwenden. Wenn Sie die Bearbeitung dieses Prüfungsteils A abgeschlossen haben, geben Sie diesen ab und erhalten die Hilfsmittel zur Bearbeitung des Prüfungsteils B (mit GTR oder CAS, Formelsammlung). Beachten Sie, dass Sie ab diesem Zeitpunkt also keine Veränderungen oder Ergänzungen am Prüfungsteil A mehr vornehmen können.
Der Prüfungsteil A umfasst eher grundlegende Fragestellungen aus Analysis, analytischer Geometrie und Stochastik.

**Prüfungsteil B (mit GTR oder CAS und Formelsammlung)**
Im Prüfungsteil B können Sie bis zu 75 Bewertungspunkte erhalten (von 100 Bewertungspunkten für die gesamte Abiturprüfung). Hiervon entfallen 35 Punkte auf die Aufgaben zur Analysis und je 20 Punkte auf die Aufgaben zur analytischen Geometrie bzw. Stochastik. Sie dürfen am Prüfungsteil B 225 Minuten abzüglich der für Teil A aufgewendeten Zeit (also 165 Minuten oder sogar länger) arbeiten.
Aus dem vom Schulministerium vorgegebenen Aufgabensatz mit vier Aufgaben (davon zwei Aufgaben zur Analysis und je eine zur analytischen Geometrie bzw. zur Stochastik) wählen die Lehrkräfte Ihrer Schule eine der beiden Analysis-Aufgaben aus. Somit sind drei Aufgaben im Prüfungsteil B zu bearbeiten.
Eine Aufgabenauswahl durch die Schülerinnen und Schüler ist nicht vorgesehen.
Es wählen also nicht Sie, sondern Ihre Lehrkräfte aus. Bei der Bearbeitung des Prüfungsteils B dürfen Sie nun den GTR (oder das CAS) und die Formelsammlung verwenden.
Die Aufgaben der vergangenen Jahre eignen sich gut, um sich durch deren Bearbeitung auf das Abitur 2021 vorzubereiten. Lediglich die Aufgaben B4 der Jahrgänge 2019 bis 2017 sind weggelassen, da der Themenkreis „Stochastische Prozesse" dieser früheren B4-Aufgaben künftig im Prüfungsteil B keine Rolle mehr spielt.

## 2. Aufbau des Abi-Coach

Der Abi-Coach besteht aus **drei** Teilen.

In diesem **ersten Teil** „Einführung" erhalten Sie Informationen zum Abitur und Hilfestellungen, wie Sie sich individuell mithilfe dieses Buches auf Ihr Abitur vorbereiten können.

Im **zweiten Teil** „Abiture" folgen – jeweils für einen Jahrgang zusammengefasst – Abituraufgaben, Tipps hierzu und Lösungen.
Hier finden Sie Original-Abituraufgaben-Sätze aus Nordrhein-Westfalen für das Fach Mathematik, die in den letzten Jahren vorgelegt wurden. Sie können diese Originalaufgaben bearbeiten und Ihre Ergebnisse anhand der Lösungen überprüfen.

Falls Sie bei der Bearbeitung der Aufgaben jedoch Schwierigkeiten haben, können Sie auf gezielte Tipps des Buchs zurückgreifen. Zu jeder Frage in den Abituraufgaben ist die Nummer eines Tipps angegeben. Hinter jeder dieser Nummern verbergen sich Tipps von drei verschiedenen Stufen. In jedem Tipp der ersten Stufe wird ein eher knapper und allgemein gehaltener Impuls gegeben, mit dem Sie die Aufgabe dann doch vielleicht selbstständig lösen können. Reicht dieser Anstoß nicht aus, dann hilft Ihnen möglicherweise der Tipp der zweiten Stufe. Er ist deutlich konkreter und zeigt einen möglichen Einstieg, um die Fragestellung erfolgreich zu bearbeiten.
Wenn Sie auch damit noch nicht zum Ziel kommen, unterstützt Sie ein Tipp dritter Stufe, der zumeist auch in den dritten Teil des Buches verweist, sodass Sie Lücken schließen können.
Im Anschluss an die Tipps finden Sie ausführliche, schülergerechte Lösungen, gegebenenfalls ergänzende Abbildungen und oft auch alternative Lösungswege. Zur raschen Orientierung sind die Endergebnisse der Teilaufgaben blau hinterlegt gedruckt.
In der Randspalte sind, auf einen Blick erfassbar, die grundlegenden Fertigkeiten aufgeführt, welche Sie für diese Lösungen beherrschen müssen. Somit können Sie z. B. auch vor dem Lösen von Abituraufgaben die benötigten Fertigkeiten wiederholen.

Der **dritte Teil** „Fertigkeiten“ umfasst grundlegende Fertigkeiten, die für eine Bewältigung der Abituraufgaben eine wesentliche Voraussetzung sind.
Sie finden eine große Zahl von Fertigkeiten zur Algebra, Analysis, Geometrie und Stochastik. Diese Fertigkeiten werden verbal beschrieben und inhaltlich erläutert. Anhand von ausführlich dargestellten Beispielen können Sie Ihre eventuell verschütteten Kenntnisse in den genannten Bereichen wieder zielgerichtet auffrischen. Dem dienen auch weitere Übungsaufgaben zur jeweiligen Fertigkeit. Zu allen Aufgaben werden Endergebnisse, in etlichen Fällen auch relevante Zwischenergebnisse genannt.
An dieser Stelle sei auch auf die Tabelle (unter www.klett.de mit dem Online Code b95mg9 abrufbar) verwiesen, mit der Sie Ihre Arbeit strukturieren und organisieren können. Die Tabelle macht Ihnen einen Vorschlag, wie Sie das Durcharbeiten der Fertigkeiten auf die bis zum Abitur verbleibende Zeit verteilen können. Hier können Sie angeben, welche Fertigkeiten Sie bereits beherrschen. Das 2. Tabellenblatt zeigt, welche Fertigkeiten für welche Abituraufgaben grundlegend sind und welche Abituraufgaben (oder Teile davon) Sie also bereits bearbeiten können sollten.

## 3. Abiturvorbereitung mit dem Abi-Coach

Im Folgenden sind drei mögliche Szenarien beschrieben, wie Sie sich mit dem Abi-Coach individuell auf Ihr Abitur vorbereiten können:

**(A)**
**Sie wollen sich systematisch und langfristig auf Ihr Abitur vorbereiten und dabei alle wichtigen Grundlagen gut trainieren:**
Arbeiten Sie möglichst frühzeitig, z. B. beginnend mit der Qualifikationsphase, zunächst im Teil 3 die Fertigkeiten durch. Orientieren Sie sich hierbei daran, welche Themen in Ihrem Unterricht behandelt werden oder wurden; ggf. hilft Ihnen auch Ihre Lehrkraft bei der Auswahl derjenigen Fertigkeiten, die Sie bereits trainieren können.
Sie können im Abi-Coach bei jeder Fertigkeit vermerken, ob Sie diese beherrschen oder noch weiter trainieren müssen. Falls Sie hierfür die Tabelle (unter www.klett.de mit dem Online Code b95mg9 abrufbar) benutzen wollen, zeigt Ihnen diese auf dem 2. Tabellenblatt, welche Fertigkeiten für welche Abituraufgaben grundlegend sind und welche Abituraufgaben (oder Teile davon) Sie also bereits bearbeiten können sollten.
Alternativ können Sie auch der Randspalte der Abitur-Lösungen (S. 26 ff., S. 58 ff., S. 91 ff. und S. 125 ff.) entnehmen, welche Fertigkeiten beim Lösen angewandt wurden.
Nutzen Sie die Chance, diese Aufgaben schon frühzeitig zu lösen: Dies gibt Ihnen Sicherheit und Selbstbewusstsein für die künftige Prüfung. Beim Lösen der Aufgaben können Ihnen die gestuften Tipps eine wertvolle Hilfe sein.
Einige Wochen vor dem Abitur können Sie dann vorgehen, wie unter (C) beschrieben.

**(B)**

**Sie wollen mittelfristig vor dem Abitur Lücken schließen und das Aufgabenformat der Abituraufgaben kennenlernen:**

Damit sollten Sie spätestens etwa drei bis vier Monate vor dem Abitur beginnen. Überlegen Sie, welche Fertigkeiten im Teil 3 des Abi-Coach Sie bereits beherrschen und welche Sie noch üben müssen. Um dies zu entscheiden, können Sie die Lösungen der Beispiele nachvollziehen und einzelne Aufgaben bearbeiten und Ihre Ergebnisse überprüfen.

Arbeiten Sie diejenigen Fertigkeiten, bei denen Sie noch unsicher sind, gründlich durch.

Kreuzen Sie im Abi-Coach oder der Tabelle (unter www.klett.de mit dem Online Code b95mg9 abrufbar) an, welche Fertigkeiten Sie beherrschen.

Die Tabelle zeigt Ihnen auf dem 2. Tabellenblatt, welche Fertigkeiten für welche Abituraufgaben grundlegend sind und welche Abituraufgaben (oder Teile davon) Sie also bereits bearbeiten können sollten.

Alternativ können Sie auch der Randspalte der Abitur-Lösungen (S. 26 ff., S. 58 ff., S. 91 ff. und S. 125 ff.) entnehmen, welche Fertigkeiten beim Lösen angewandt wurden.

Bearbeiten Sie nun diese Abiture (oder Teile davon), für die Sie die grundlegenden Fertigkeiten zu beherrschen meinen. Beim Lösen der Aufgaben können Ihnen die gestuften Tipps eine wertvolle Hilfe sein. Sowohl die Tipps der 3. Stufe, als auch die abgedruckten Musterlösungen geben Hinweise, wo ggf. Lücken zu schließen sind, welche Fertigkeiten Sie also noch einmal trainieren sollten.

**(C)**

**Sie wollen simulieren, wie sich das Abitur „anfühlt“:**

Dies ist erst sinnvoll, wenn Sie im Unterricht alle abiturrelevanten Inhalte kennengelernt haben – oder Sie verzichten ggf. auf Aufgabenteile, für die Sie noch nicht gerüstet sind.

Lesen Sie zunächst die Informationen zum Abitur 2021 auf Seite 4 des Abi-Coach. Wählen Sie ein Abitur aus, d.h. einen vollständigen Prüfungsteil A und drei Aufgaben aus dem zugehörigen Prüfungsteil B, wobei je eine Aufgabe aus den Bereichen Analysis, analytische Geometrie und Stochastik stammen muss. Sie dürfen also lediglich eine der beiden Analysis-Aufgaben weglassen. Anhand der erreichbaren Punkte können Sie abschätzen, wieviel Zeit Sie sich für die Bearbeitung nehmen können: Für ein vollständiges Abitur mit 100 erreichbaren Punkten haben Sie eine Bearbeitungszeit von 225 Minuten.

Lösen Sie nun diese ausgewählten Aufgaben. Beachten Sie dabei, dass Sie bei den Aufgaben des Prüfungsteils A keine Hilfsmittel (Taschenrechner, Formelsammlung) benutzen dürfen.

Verzichten Sie darauf, Tipps nachzuschlagen oder in die Lösungen zu sehen.

Arbeiten Sie konzentriert innerhalb der vorgesehenen Zeit.

Wenn Sie Ihr „Simulations-Abitur“ beendet haben, kontrollieren Sie Ihre Ergebnisse. Bei den Musterlösungen des Abi-Coach sind alle Ergebnisse blau hinterlegt, was Ihnen den Abgleich erleichtert.

Dort, wo Sie Schwierigkeiten hatten, prüfen Sie Ihren Rechenweg bzw. Ihre Überlegungen und korrigieren Sie gegebenenfalls. Es empfiehlt sich, entsprechende Tipps nachzuschlagen und erneut eine Lösung zu versuchen. Führt auch das nicht zum Erfolg, vollziehen Sie die abgedruckte Musterlösung nach und bearbeiten Sie noch einmal die in Tipps und Lösungen genannten Fertigkeiten.

# Abitur 2020

## Aufgaben

### Prüfungsteil A (hilfsmittelfreier Teil)

**a)** Gegeben ist die Funktion f mit $f(x) = x \cdot (x^2 - 1),\ x \in \mathbb{R}$.

2 P (1) *Zeigen Sie: $f'(-1) = 2$.* — Tipp 1

4 P (2) *Bestimmen Sie eine Gleichung der Tangente an den Graphen von f an der Stelle $x = -1$.* — Tipp 2

**b)** Eine Funktion f ist gegeben durch $f(x) = e^x - e,\ x \in \mathbb{R}$.

Der Graph von f und die Koordinatenachsen begrenzen im 4. Quadranten eine Fläche (vgl. Abbildung 1).

2 P (1) Der Graph von f hat eine Nullstelle. *Zeigen Sie, dass $x = 1$ die Nullstelle des Graphen von f ist.* — Tipp 3

4 P (2) *Berechnen Sie den Inhalt der vom Graphen von f und den Koordinatenachsen eingeschlossenen Fläche.* — Tipp 4

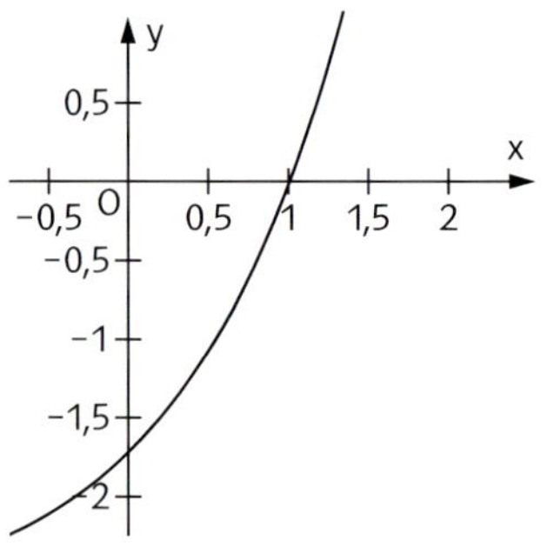

Abbildung 1

**c)** Die Punkte A(0 | 0 | 0), B(3 | 4 | 0), C, D(−8 | 6 | 0), E(0 | 0 | 10), F, G und H bilden einen Quader (siehe Abbildung 2).

2 P (1) *Ermitteln Sie die Koordinaten des Punktes G.* — Tipp 5

2 P (2) *Weisen Sie rechnerisch nach, dass die Kanten $\overline{AB}$ und $\overline{AD}$ senkrecht zueinander verlaufen.* — Tipp 6

2 P (3) *Ermitteln Sie das Volumen des Quaders.* — Tipp 7

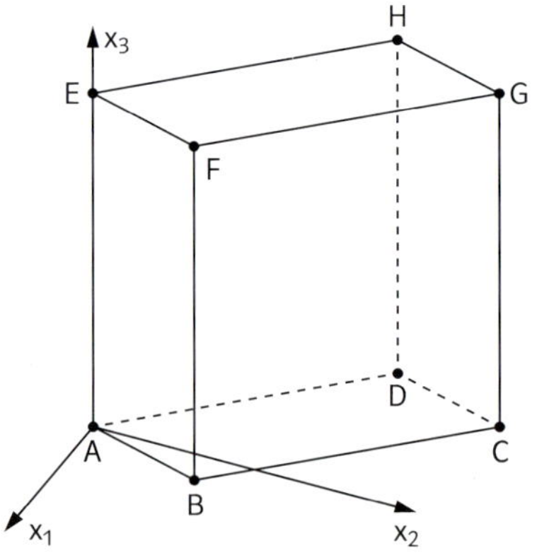

Abbildung 2

**d)** Bei einem Stadtfest gibt es ein Glücksrad, welches in zehn gleich große Sektoren unterteilt ist (siehe Abbildung 3). Jede teilnehmende Person dreht das Glücksrad genau einmal.

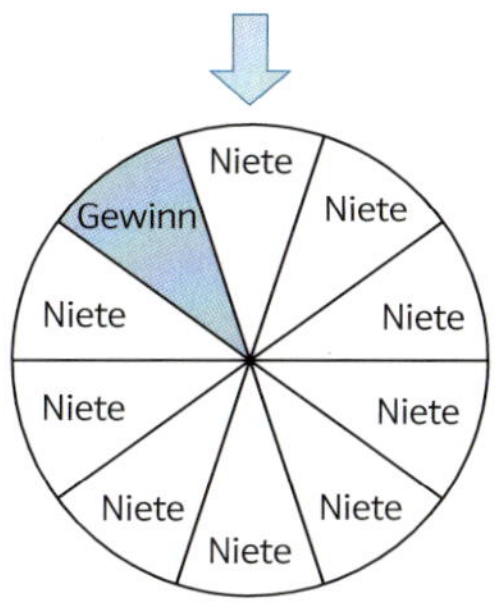

Abbildung 3

(1) *Beschreiben Sie in diesem Sachzusammenhang ein Ereignis, dessen Wahrscheinlichkeit mit dem folgenden Term berechnet werden kann:*

2 P $\binom{7}{0} \cdot 0{,}1^0 \cdot 0{,}9^7 + \binom{7}{1} \cdot 0{,}1^1 \cdot 0{,}9^6$ — Tipp 8

(2) *Geben Sie einen Term an, mit dem die Wahrscheinlichkeit für das folgende Ereignis berechnet werden kann:*
*„Von 20 teilnehmenden Personen erhalten genau vier Personen einen*
1 P *Gewinn."* — Tipp 9

Ein anderes Glücksrad ist in n gleich große Sektoren aufgeteilt. Zwei Personen drehen dieses Glücksrad jeweils genau einmal. Die Zufallsgröße X gibt die Anzahl der Personen an, die einen Gewinn erhalten. Es gilt: $P(X = 0) = \frac{4}{9}$

(3) *Ermitteln Sie eine mögliche Gesamtzahl n der Sektoren auf dem Glücksrad*
3 P *sowie die zugehörige Anzahl der Sektoren mit einem Gewinn.* — Tipp 10

# Prüfungsteil B (mit Hilfsmittel)

## Aufgabe B1

Flüsse treten manchmal über ihre Ufer. Zur Vermeidung solcher Überschwemmungen werden große Wasserbecken eingesetzt, sogenannte Rückhaltebecken. Droht eine Überschwemmung, so wird ein Teil des Flusswassers in das Rückhaltebecken geleitet. Dort wird das Wasser zunächst zurückgehalten und später kontrolliert in den Fluss geleitet.
Im Folgenden soll zunächst der Zufluss in und anschließend der Abfluss des Wassers aus einem Rückhaltebecken betrachtet werden.
Zur Modellierung der momentanen **Zuflussrate**, mit der das Wasser des Flusses während eines Beobachtungszeitraumes von 40 Stunden in das Rückhaltebecken fließt, wird für $0 \leqq t \leqq 40$ die Funktion f mit der Gleichung

$$f(t) = 7200 \cdot t^2 \cdot e^{-0{,}25 \cdot t}, \text{ mit } t \in \mathbb{R}$$

verwendet. Dabei ist t die Zeit seit Beobachtungsbeginn in Stunden und f(t) die momentane Zuflussrate in $m^3$ Wasser pro Stunde.

In der folgenden Abbildung 1 ist der Graph von f im Intervall [0; 40] dargestellt.

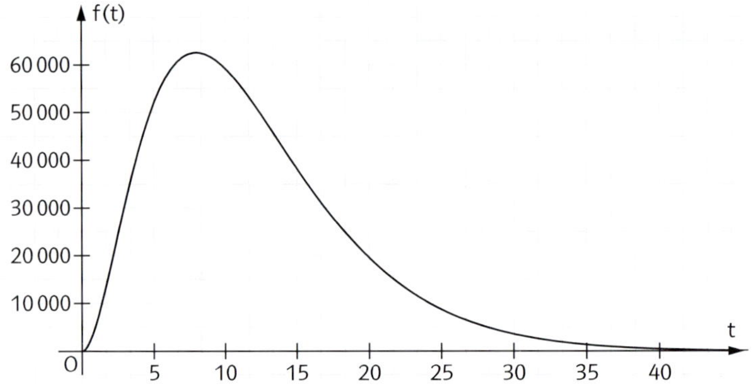


Abbildung 1

**a)** (1) *Geben Sie den Funktionswert von f an der Stelle $t = 20$ an und interpretieren Sie diesen Wert im Sachzusammenhang.* 3 P — Tipp 11

(2) *Zeigen Sie: $f'(t) = 7200 \cdot (-0{,}25 \cdot t^2 + 2 \cdot t) \cdot e^{-0{,}25 \cdot t}$* 3 P — Tipp 12

(3) *Weisen Sie rechnerisch nach, dass die momentane Zuflussrate im Modell 8 Stunden nach Beobachtungsbeginn maximal ist, und geben Sie die maximale momentane Zuflussrate an.* 6 P — Tipp 13

**b)** *Ermitteln Sie, wie viel Wasser im Beobachtungszeitraum von 40 Stunden in das Rückhaltebecken fließt.* 4 P — Tipp 14

**c)** Die momentane **Abflussrate** vom Rückhaltebecken in den Fluss im Beobachtungszeitraum wird für $0 \leqq t \leqq 40$ durch eine Funktion g mit der Gleichung

$$g(t) = 540 \cdot t^3 \cdot e^{-0{,}25 \cdot t}, \text{ mit } t \in \mathbb{R}$$

modelliert. Dabei ist g(t) die momentane Abflussrate in $m^3$ Wasser pro Stunde. Ohne Nachweis darf im Folgenden verwendet werden:

$$g'(t) = -135 \cdot (t^3 - 12 \cdot t^2) \cdot e^{-0{,}25 \cdot t}$$

5 P (1) *Bestimmen Sie den Zeitpunkt im Beobachtungszeitraum, zu dem die momentane Abflussrate am stärksten zunimmt.* — Tipp 15

4 P (2) *Bestimmen Sie den Zeitpunkt, bis zu dem seit Beobachtungsbeginn 50 000 $m^3$ Wasser aus dem Becken fließen.* — Tipp 16

**d)** Der Graph von f und der Graph von g sind in der Abbildung 2 dargestellt.

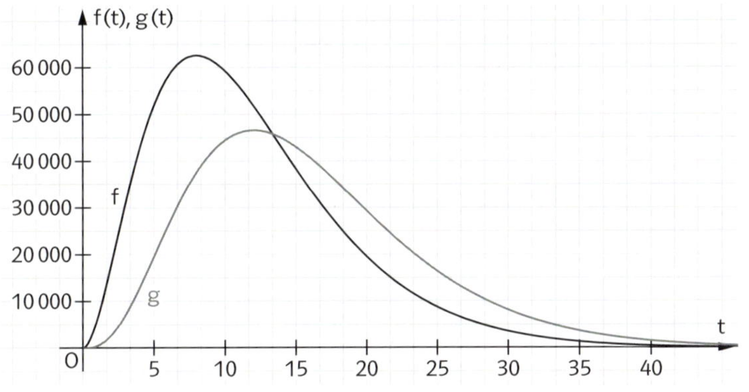


Abbildung 2

Die Funktion d ist durch die Gleichung $d(t) = f(t) - g(t)$ gegeben.

5 P (1) *Geben Sie d(10) und d(20) an* — Tipp 17
*und interpretieren Sie die beiden Werte im Sachzusammenhang.* — Tipp 18

4 P (2) *Ermitteln Sie anhand von Abbildung 2 näherungsweise den Zeitpunkt im Beobachtungszeitraum, zu dem die Wassermenge im Rückhaltebecken maximal ist, und begründen Sie Ihr Vorgehen.* — Tipp 19

5 P (3) *Bestimmen Sie* $\int_0^{40} d(t)\,dt$ — Tipp 20
*und interpretieren Sie das Ergebnis im Sachzusammenhang.* — Tipp 21

## Aufgabe B2

Das Jagdverhalten von Raubkatzen in der freien Wildbahn ist gekennzeichnet durch eine hohe Anfangsbeschleunigung. Darauf folgt eine kurze Phase mit annähernd konstanter Geschwindigkeit, bevor die Geschwindigkeit wieder abfällt. Die Geschwindigkeit eines Tigers bei einem Jagdvorgang aus der Ruheposition heraus wird für $0 \leq t \leq 10$ zunächst ohne Berücksichtigung der Phase mit konstanter Geschwindigkeit modelliert. Dazu wird für $0 \leq t \leq 10$ die Funktion f mit

$$f(t) = 0{,}0808 \cdot t^3 - 1{,}71 \cdot t^2 + 10{,}08 \cdot t, \ t \in \mathbb{R}$$

verwendet. Dabei gibt t die Zeit seit Verlassen der Ruheposition in Sekunden und f(t) die Geschwindigkeit in $\frac{m}{s}$ an.

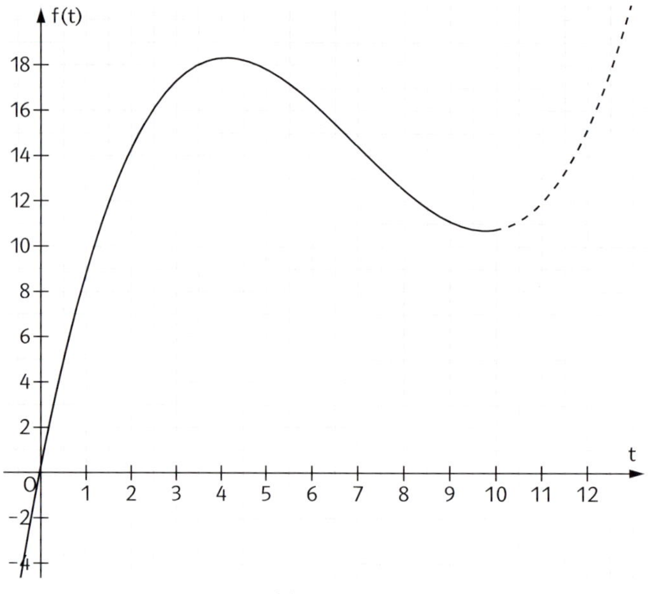


Abbildung 1

**a)** (1) *Geben Sie den Funktionswert von f für $t = 5$ an und interpretieren Sie diesen Wert im Sachzusammenhang.* — 3 P — Tipp 22

(2) *Weisen Sie rechnerisch nach, dass der Tiger seine Maximalgeschwindigkeit von ca. $18{,}2\frac{m}{s}$ ungefähr 4,2 Sekunden nach Verlassen der Ruheposition erreicht, und geben Sie die Maximalgeschwindigkeit in $\frac{km}{h}$ an.* — 8 P — Tipp 23

**b)** (1) *Erläutern Sie die Bedeutung der ersten Ableitung von f im Sachzusammenhang.* — 2 P — Tipp 24

(2) *Ermitteln Sie den Zeitpunkt, zu dem die Geschwindigkeit am stärksten abnimmt, auf zwei Nachkommastellen genau.* — 4 P — Tipp 25

**c)** *Ermitteln Sie das Zeitintervall, in dem die Geschwindigkeit des Tigers mindestens $15\frac{m}{s}$ beträgt.* — 4 P — Tipp 26

**d)** (1) *Berechnen Sie* $\int_0^{10} f(t)\,dt$ Tipp 27

6 P *und erläutern Sie die Bedeutung dieses Wertes im Sachzusammenhang.* Tipp 28

(2) *Ermitteln Sie die Durchschnittsgeschwindigkeit des Tigers in den*
2 P *modellierten 10 s.* Tipp 29

**e)** Nehmen Sie an, dass der Tiger zunächst seine Maximalgeschwindigkeit gemäß dem Modell von Seite 12 erreicht (Phase 1). Nach Erreichen seiner Maximalgeschwindigkeit behält er diese noch 5 s lang bei (Phase 2). Anschließend verringert sich seine Geschwindigkeit gemäß einem neuen Modell (Phase 3). Dieses entspricht bis auf eine zeitliche Verschiebung dem Modell von Seite 12 (vgl. Abbildung 2). Ab $t = 15$ läuft er mit konstanter Geschwindigkeit weiter (Phase 4). Im Folgenden werden die ersten 15 s (Phase 1 bis 3) dieses Ablaufs betrachtet.

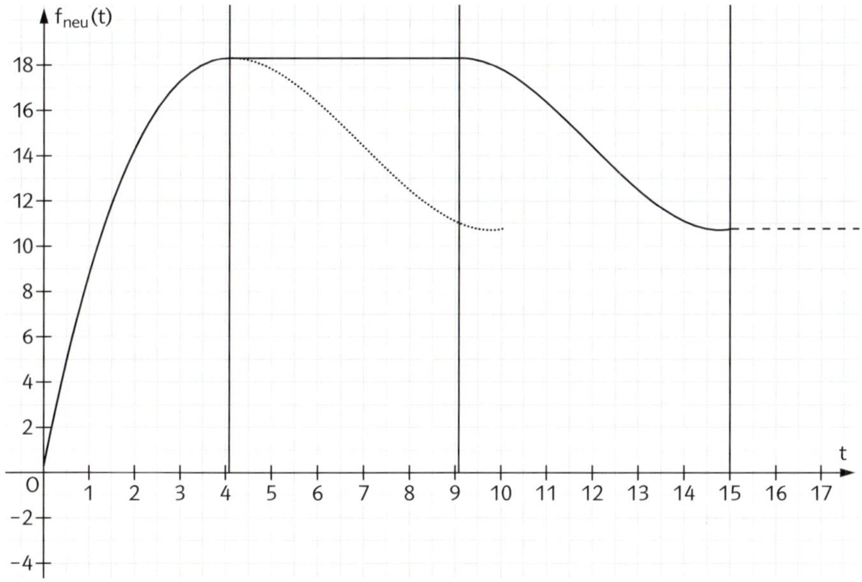


Abbildung 2

(1) *Geben Sie für die Phasen 2 und 3 jeweils einen Funktionsterm an.* Tipp 30
4 P [Hinweis: Der Term für Phase 3 muss nicht vereinfacht werden.]

(2) *Prüfen Sie, ob nach 15 s ein knickfreier Übergang zu einer konstanten*
3 P *Funktion, welche die Geschwindigkeit in Phase 4 modelliert, möglich ist.* Tipp 31

(3) *Ermitteln Sie die Länge der Strecke, die der Tiger in diesen ersten 15 s*
4 P *zurücklegt.* Tipp 32

## Aufgabe B3

In Abbildung 1 ist ein regelmäßiges Tetraeder ABCD mit den Eckpunkten A(0 | 0 | 0), B(10 | 10 | 0), C(10 | 0 | 10) und D(0 | 10 | 10) in einem kartesischen Koordinatensystem abgebildet.

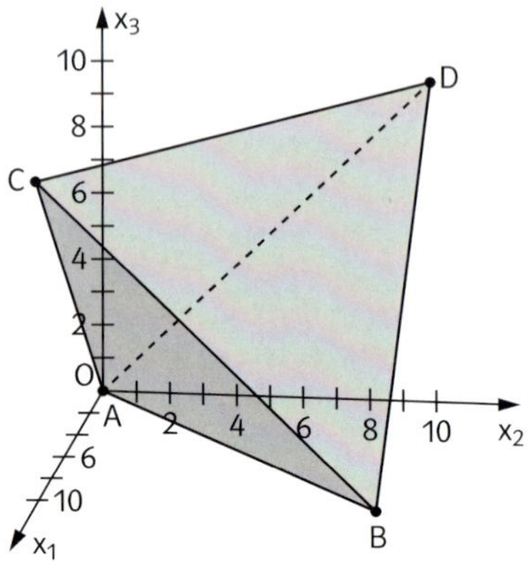


Abbildung 1

2 P **a)** (1) *Geben Sie die Koordinaten des Mittelpunktes M von $\overline{AB}$ an.* — Tipp 33

4 P (2) *Zeigen Sie, dass das Dreieck ABC gleichseitig ist.* — Tipp 34

4 P (3) *Bestimmen Sie den Flächeninhalt des Dreiecks ABC und den Oberflächeninhalt des Tetraeders ABCD.*
[Zur Kontrolle: $O_{Tetraeder} = 200 \cdot \sqrt{3}$ FE] — Tipp 35

4 P (4) *Geben Sie die Koordinaten der Eckpunkte eines Würfels mit dem Volumen V = 1000 VE an, der das Tetraeder enthält.* — Tipp 36

**b)** (1) E ist die Ebene, in der das Dreieck ABC liegt, und

$$g\colon \vec{X} = \begin{pmatrix} 0 \\ 10 \\ 10 \end{pmatrix} + t \cdot \begin{pmatrix} 1 \\ -1 \\ -1 \end{pmatrix},\ t \in \mathbb{R}$$

ist eine Gerade, die durch den Punkt D verläuft.

6 P *Bestimmen Sie rechnerisch den Schnittpunkt P von g und E.*
$\left[\text{Zur Kontrolle: } P\left(\frac{20}{3} \middle| \frac{10}{3} \middle| \frac{10}{3}\right)\right]$ — Tipp 37

3 P (2) *Zeigen Sie, dass $\overrightarrow{DP}$ auf $\overrightarrow{AB}$ und $\overrightarrow{AC}$ senkrecht steht.* — Tipp 38

3 P (3) *Bestimmen Sie rechnerisch das Volumen des Tetraeders ABCD.* — Tipp 39

Das Tetraeder ABCD modelliert einen Körper mit Kanten aus Draht. Diesen Körper taucht man in Seifenlauge. Beim Herausnehmen bilden sich im Inneren des Körpers Flächen aus Seifenhaut (vgl. Abbildungen 2 und 3).

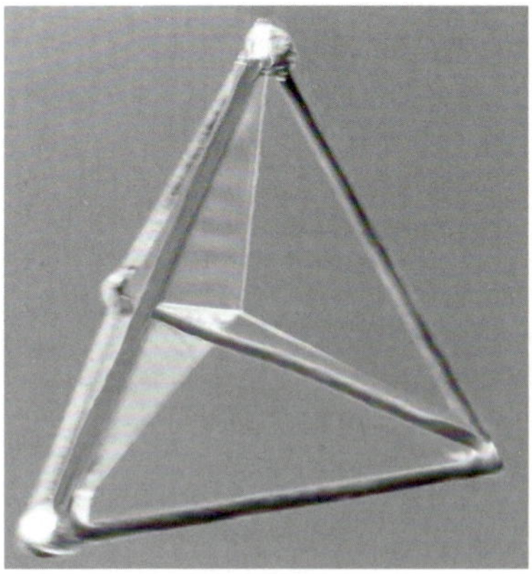

Abbildung 2

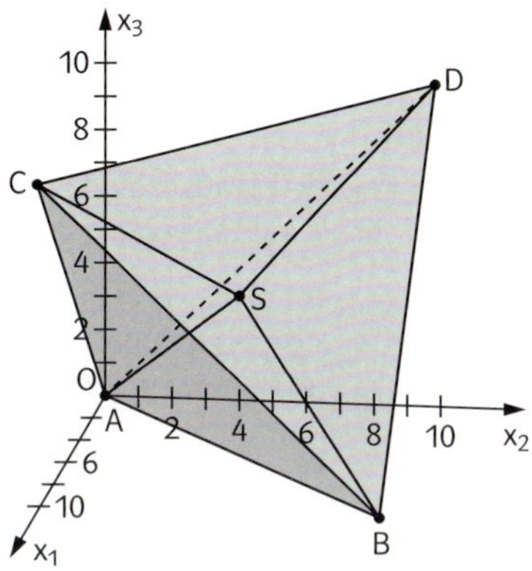


Abbildung 3

Die Seifenhaut besteht aus sechs kongruenten gleichschenkligen Dreiecken mit einem gemeinsamen Eckpunkt, der durch S(5 | 5 | 5) modelliert wird. S liegt im Inneren des Tetraeders.
Jedes dieser Dreiecke hat einen Flächeninhalt $F = 25 \cdot \sqrt{2}$ FE.

**c)** (1) *Bestimmen Sie, um wie viel Prozent der Gesamtflächeninhalt der Seifenhaut kleiner ist als der Oberflächeninhalt O′ des Tetraeders.* — 3 P — Tipp 40

(2) *Berechnen Sie die Größe des Winkels zwischen* $\overrightarrow{SB} = \begin{pmatrix} 5 \\ 5 \\ -5 \end{pmatrix}$ *und* $\overrightarrow{SD} = \begin{pmatrix} -5 \\ 5 \\ 5 \end{pmatrix}$. — 3 P — Tipp 41

(3) *Weisen Sie rechnerisch nach, dass der Punkt S auf der Strecke* $\overline{DP}$ *liegt.* — 5 P — Tipp 42

(4) *Begründen Sie, dass das Volumen der Pyramide ABCS ein Viertel des Volumens des Tetraeders ABCD beträgt.* — 3 P — Tipp 43

## Aufgabe B5

Reisen mit dem Fernbus werden immer beliebter. Reiseanbieter werben mit günstigen Preisen und besonderem Komfort.

**a)** Für eine Städtereise stellt ein Busunternehmen einen Fernbus mit 59 Plätzen bereit, die vor Reiseantritt gebucht und bezahlt werden. Im Mittel werden 95 % der Buchungen angetreten.

(1) *Erläutern Sie, unter welcher Voraussetzung die Anzahl der angetretenen Buchungen bei einer Reise als binomialverteilt mit $p = 0{,}95$ angenommen werden kann.* — Tipp 44

3 P

(2) Die Anzahl der angetretenen Buchungen wird als binomialverteilt mit $p = 0{,}95$ vorausgesetzt. Für einen bestimmten Reisetermin sind genau 59 Buchungen vorgenommen worden.

*Bestimmen Sie jeweils die Wahrscheinlichkeit für folgende Ereignisse:*
$E_1$: Genau 59 Buchungen werden angetreten. — Tipp 45
$E_2$: Mindestens 55 Buchungen werden angetreten. — Tipp 46
$E_3$: Mehr als 6 Buchungen werden nicht angetreten. — Tipp 47

9 P

(3) Obwohl Buchungen insgesamt mit einer Wahrscheinlichkeit von 5 % nicht angetreten werden, treten Reisende unter 50 Jahren eine Buchung deutlich häufiger nicht an als Reisende über 50 Jahre. [Reisende, die genau 50 Jahre alt sind, werden zur Gruppe der Reisenden über 50 Jahren gezählt.]
Die Wahrscheinlichkeit, dass eine Buchung nicht angetreten wird, betrage bei Reisenden unter 50 Jahren 6 %, bei Reisenden über 50 Jahren nur 2 %.

(i) *Geben Sie auf den waagrechten Strichen die fehlenden Wahrscheinlichkeiten im folgenden Baumdiagramm an.* — Tipp 48

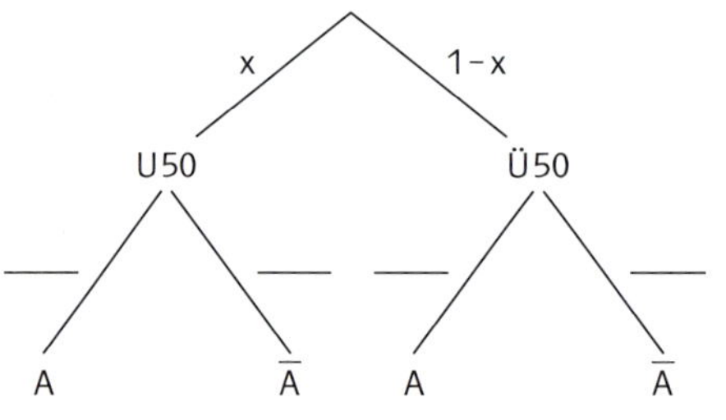


U50: Reisende unter 50 Jahren

Ü50: Reisende über 50 Jahren

A: Antreten einer Buchung

$\overline{A}$: Nichtantreten einer Buchung

(ii) Ein Reisender wird zufällig ausgewählt.
*Ermitteln Sie die Wahrscheinlichkeit x, dass es sich um einen Reisenden unter 50 Jahren handelt.* — Tipp 49
[Kontrolllösung: $x = 0{,}75$]

(iii) *Ermitteln Sie die Wahrscheinlichkeit, dass es sich bei der Buchung eines Reisenden, der die Buchung nicht antritt, um einen Reisenden unter 50 Jahren handelt.* — Tipp 50

8 P

**b)** Da erfahrungsgemäß nicht alle Buchungen angetreten werden, verkauft das Busunternehmen mehr Plätze als vorhanden sind. Für eine Städtereise mit 96 Plätzen werden 99 Buchungen vorgenommen (Überbuchung). Es wird unverändert angenommen, dass die Anzahl der angetretenen Buchungen binomialverteilt mit $p = 0{,}95$ ist.

3 P (1) *Ermitteln Sie die Wahrscheinlichkeit, dass mindestens eine Person ihre Reise wegen Überbuchung nicht antreten kann.* Tipp 51

Kann eine Person die Reise wegen Überbuchung nicht antreten, wird vom Busunternehmen der komplette Reisepreis von 20 Euro zurückerstattet. Als Entschädigung wird zusätzlich ein Betrag von 300 Euro ausgezahlt.

(2) Das Busunternehmen erfasst Werte zur Überbuchung in der folgenden Tabelle.

5 P *Ermitteln Sie die in der Tabelle fehlenden Werte.* Tipp 52

| Anzahl der Personen, die wegen Überbuchung nicht antreten können | 1 | 2 | 3 |
|---|---|---|---|
| Anzahl k der angetretenen Buchungen | 97 | 98 | 99 |
| $P_{99;0{,}95}(X = k)$ | | | |
| Kosten für Erstattung und Entschädigung in € | 320 | | |

4 P (3) *Beurteilen Sie, ob sich aus finanzieller Sicht die Praxis, 99 Buchungen für eine Reise mit 96 Plätzen zu bestätigen, für das Busunternehmen im Mittel lohnt.* Tipp 53

**c)** In der Werbung eines anderen Busunternehmens werden bisher Kunden damit gewonnen, dass bis kurz vor Reiseantritt eine kostenlose Stornierung der Buchung möglich ist. Aktuell liegt der Anteil der kurzfristig stornierten Buchungen bei 7 %.
Das Busunternehmen ändert die Vertragsbedingungen dahingehend, dass bei kurzfristigen Stornierungen ein Teil des Fahrpreises gezahlt werden muss. Es geht davon aus, dass durch diese Maßnahme der Anteil der kurzfristig stornierten Buchungen sinkt.
Die nächsten 1000 Buchungen sollen auf diese Wirkung hin untersucht werden. Die Anzahl der kurzfristig stornierten Buchungen wird als binomialverteilt angenommen.
Falls weniger als 55 Buchungen kurzfristig storniert werden, geht das Busunternehmen davon aus, dass die Maßnahme erfolgreich ist.

3 P (1) *Ermitteln Sie die Wahrscheinlichkeit, dass die Maßnahme als erfolgreich angesehen wird, obwohl sich der Anteil der Buchungen, die kurzfristig storniert werden, nicht verändert hat.* Tipp 54

(2) Angenommen die Maßnahme habe Erfolg gehabt und es gelte $p = 0{,}04$.

5 P *Bestimmen Sie für $n = 1000$ und $p = 0{,}04$ die Wahrscheinlichkeit $P_{1000;0{,}04}(X \geqq 55)$ und erklären Sie deren Bedeutung im Sachkontext.* Tipp 55

# Tipps

## Folgende Tipps geben eine erste Hilfestellung:

| | |
|---|---|
| Tipp 1 | Bestimmen Sie mithilfe der Potenzregel den Term der Ableitungsfunktion f′ von f. |
| Tipp 2 | Bestimmen Sie die y-Koordinate des Punktes, in dem die Tangente den Graphen berührt. |
| Tipp 3 | Berechnen Sie den Funktionswert an der entsprechenden Stelle. |
| Tipp 4 | Berechnen Sie den eingeschlossenen Flächeninhalt. |
| Tipp 5 | Durch die Addition bestimmter Vektoren gelangt man vom Ursprung zum Punkt G. |
| Tipp 6 | Überlegen Sie, wie man prüft, ob zwei Vektoren senkrecht aufeinander stehen. |
| Tipp 7 | In einem Quader sind die gegenüberliegenden Kanten gleich lang und parallel. |
| Tipp 8 | Die zwei Summanden sind jeweils ein Spezialfall der Formel von Bernoulli. |
| Tipp 9 | Verwenden Sie die Formel von Bernoulli. |
| Tipp 10 | Die gegebene Gleichung führt auf eine Gleichung, mit deren Hilfe Sie die Trefferwahrscheinlichkeit p für diese Bernoulli-Kette der Länge 2 bestimmen können. |
| Tipp 11 | Berechnen Sie den entsprechenden Funktionswert und interpretieren Sie diesen mithilfe der Vorrede der Aufgabenstellung. |
| Tipp 12 | Berechnen Sie die Ableitung der Funktion. |
| Tipp 13 | Bestimmen Sie das Maximum der Funktion und dessen Funktionswert. |
| Tipp 14 | Überlegen Sie, wie Sie mithilfe des Graphen die Wassermenge berechnen können. |
| Tipp 15 | Überlegen Sie, was funktional zu berechnen ist, wenn die momentane Abflussrate am stärksten steigen soll. |
| Tipp 16 | Überlegen Sie, wie die Wassermenge zu berechnen ist. |
| Tipp 17 | Berechnen Sie die entsprechenden Funktionswerte. |
| Tipp 18 | Beachten Sie, dass die Funktion d eine Differenz beschreibt. |
| Tipp 19 | Überlegen Sie zunächst nur für die Funktion f, wie Sie am Graphen die Gesamtwassermenge im Rückhaltebecken näherungsweise ablesen können. |
| Tipp 20 | Berechnen Sie das Integral. |
| Tipp 21 | Überlegen Sie, was es bedeutet, wenn der Graph von g oberhalb des Graphen von f verläuft. |
| Tipp 22 | Setzen Sie in der Funktionsgleichung für die Variable t den Wert 5 ein. |
| Tipp 23 | Gesucht ist das absolute Maximum der Funktion f im Intervall $[0;10]$. |
| Tipp 24 | Beachten Sie, dass die Funktion f′ die momentane Änderungsrate der Funktion f angibt. |
| Tipp 25 | Bestimmen Sie das absolute Minimum der Änderungsrate f′ der Funktion f. |

| | |
|---|---|
| **Tipp 26** | Die Geschwindigkeit des Tigers wird durch die Funktionswerte der Funktion f angegeben. Die Geschwindigkeit soll größer oder gleich $15\,\frac{m}{s}$ sein. |
| **Tipp 27** | Ermitteln Sie die Gleichung einer Stammfunktion zur Funktion f. |
| **Tipp 28** | Verdeutlichen Sie sich die mathematische Beziehung zwischen der Geschwindigkeit und der zurückgelegten Strecke des Tigers. |
| **Tipp 29** | Nutzen Sie die in der Teilaufgabe d) (1) berechnete Länge der vom Tiger zurückgelegten Strecke. |
| **Tipp 30** | Die Phase 2 beginnt 4,2 Sekunden nach dem Start und hält 5 Sekunden an. In diesem Zeitraum bewegt sich der Tiger gleichbleibend mit seiner in a) (1) ermittelten Höchstgeschwindigkeit. |
| **Tipp 31** | Welche mathematische Bedingung muss gelten, damit die Graphenabschnitte von Phase 3 und Phase 4 „knickfrei" ineinander übergehen? |
| **Tipp 32** | Um zu bestimmen, welche Strecke der Tiger in den ersten 15 Sekunden zurücklegt, verdeutlichen Sie sich nochmals den Zusammenhang zwischen seiner Geschwindigkeit und der zurückgelegten Strecke. |
| **Tipp 33** | Bestimmen Sie die Koordinaten des Verbindungsvektors $\overrightarrow{AB}$. |
| **Tipp 34** | Ein Dreieck ist gleichseitig, wenn die drei Seitenvektoren gleich lang sind. |
| **Tipp 35** | Für den Oberflächeninhalt des Tetraeders gilt: $O_{Tetraeder} = 4 \cdot A_{Dreieck}$. Überlegen Sie – eventuell anhand einer Skizze –, wie man den Flächeninhalt eines gleichseitigen Dreiecks bestimmen kann. |
| **Tipp 36** | Orientieren Sie sich in dem dreidimensionalen Koordinatensystem der Aufgabenstellung und tragen Sie die Punkte A, B und C farbig in die vorgegebene Skizze ein. |
| **Tipp 37** | Stellen Sie mithilfe des Punktes A und der Seitenvektoren $\overrightarrow{AB}$ und $\overrightarrow{AC}$ eine Parameterform der Ebene $E_{ABC}$ auf, in der das Dreieck ABC liegt. |
| **Tipp 38** | Bestimmen Sie den Verbindungsvektor $\overrightarrow{DP}$ und überlegen Sie, welche mathematische Bedingung gelten muss, damit $\overrightarrow{DP}$ senkrecht auf dem Vektor $\overrightarrow{AB}$ und dem Vektor $\overrightarrow{AC}$ steht. |
| **Tipp 39** | Das Volumen des Tetraeders mit der Grundfläche ABC und der Spitze D berechnet man mit der allgemeinen Volumenformel $V_{Tetraeder} = \frac{1}{3} \cdot \text{Grundfläche}_{Tetraeder} \cdot \text{Höhe}_{Tetraeder}$. |
| **Tipp 40** | Beachten Sie, dass sowohl der Oberflächeninhalt des Tetraeders als auch der Flächeninhalt eines Seifenhautdreiecks vorgegeben sind. |
| **Tipp 41** | Für den Winkel α zwischen zwei Vektoren $\vec{a}$ und $\vec{b}$ gilt die Beziehung $\cos(\alpha) = \frac{\vec{a} \cdot \vec{b}}{\lvert\vec{a}\rvert \cdot \lvert\vec{b}\rvert}$. |
| **Tipp 42** | Leiten Sie mithilfe des Stützpunktes D und des Richtungsvektors $\overrightarrow{DP}$ eine Parametergleichung der Geraden DP her. |
| **Tipp 43** | Überlegen Sie unter Zuhilfenahme des Ergebnisses von c) (3), in welchem Verhältnis der Punkt S die Strecke $\overline{DP}$ teilt. |
| **Tipp 44** | Es müssen zwei Voraussetzungen erfüllt sein, damit eine Zufallsvariable binomialverteilt ist. |

| | |
|---|---|
| **Tipp 45** | Die Zufallsvariable X: „Anzahl der angetretenen Buchungen" ist binomialverteilt mit $n = 59$ und $p = 0{,}95$. |
| **Tipp 46** | Die Zufallsvariable X: „Anzahl der angetretenen Buchungen" ist binomialverteilt mit $n = 59$ und $p = 0{,}95$. |
| **Tipp 47** | Die Zufallsvariable Y: „Anzahl der nicht angetretenen Buchungen" ist binomialverteilt mit $n = 59$ und $p = 0{,}05$. |
| **Tipp 48** | Im Aufgabentext sind zwei der vier gesuchten Zahlenwerte als Prozentzahl angegeben. |
| **Tipp 49** | Verwenden Sie die Pfadregeln. |
| **Tipp 50** | Hier müssen Sie die bedingte Wahrscheinlichkeit $P_{\overline{A}}(U50)$ bestimmen. |
| **Tipp 51** | Welche Werte nimmt die Zufallsvariable X: „Anzahl der angetretenen Buchungen" an, falls mindestens eine Person ihre Reise wegen Überbuchung nicht antreten kann? |
| **Tipp 52** | Beachten Sie, dass die Kosten für jede Person, die wegen Überbuchung die Reise nicht antreten kann, gleich hoch sind. |
| **Tipp 53** | Verwenden Sie die Zufallsvariable K: „Kosten in Euro für Erstattung und Entschädigung, die durch die Überbuchungen verursacht werden". Berechnen Sie den Erwartungswert von K. |
| **Tipp 54** | Die Zufallsvariable X: „Anzahl der Buchungen, die kurzfristig storniert werden" ist binomialverteilt mit $n = 1000$ und $p = 0{,}07$. |
| **Tipp 55** | Die Zufallsvariable X: „Anzahl der Buchungen, die kurzfristig storniert werden" ist binomialverteilt mit $n = 1000$ und $p = 0{,}04$. Überlegen Sie zudem, wovon das Busunternehmen ausgeht, falls mindestens 55 Buchungen kurzfristig storniert werden. |

## Folgende Tipps geben eine weitere Hilfestellung:

| | |
|---|---|
| **Tipp 1** | Setzen Sie in den Term der Ableitungsfunktion f′ für x den Wert −1 ein und rechnen Sie aus. |
| **Tipp 2** | Die gesuchte Tangente hat als Gerade eine Gleichung des Typs $y = m \cdot x + b$. Nutzen Sie aus, dass die Steigung m der Tangente der Steigung des Graphen im Berührpunkt entspricht und dass sich der Berührpunkt sowohl auf dem Graphen der Funktion f als auch auf der Tangente befindet. Alternativ können Sie auch direkt die Tangentengleichung $y = f'(x_P) \cdot (x - x_P) + f(x_P)$ benutzen, wobei $P(x_P \mid f(x_P))$ der Berührpunkt ist. |
| **Tipp 3** | Berechnen Sie $f(1)$. |
| **Tipp 4** | Berechnen Sie mithilfe des Hauptsatzes der Differential- und Integralrechnung den entsprechenden Flächeninhalt. |
| **Tipp 5** | Nutzen Sie bei der Vektoraddition aus, dass es sich bei dem Körper ABCDEFGH um einen Quader handelt. |

| | |
|---|---|
| **Tipp 6** | Berechnen Sie das Skalarprodukt der Seitenvektoren $\overrightarrow{AB}$ und $\overrightarrow{AD}$. |
| **Tipp 7** | Für einen Quader mit der Breite a, der Länge b und der Höhe c gilt: $V_{Quader} = a \cdot b \cdot c$. |
| **Tipp 8** | Die Länge der Bernoulli-Kette ist 7. Was bedeutet dies im Sachzusammenhang? |
| **Tipp 9** | Die Gewinnwahrscheinlichkeit für jeden Spieler beträgt 0,1. Die Länge der Bernoulli-Kette ist 20. |
| **Tipp 10** | Es gilt: $P(X=0) = \binom{2}{0} \cdot p^0 \cdot (1-p)^2 = (1-p)^2$<br>Setzen Sie den Term in die gegebene Gleichung ein. |
| **Tipp 11** | Berechnen Sie den Funktionswert an der Stelle $t = 20$ und entnehmen Sie der Aufgabenstellung die Bedeutung der Funktion f. |
| **Tipp 12** | Berechnen Sie mithilfe von Produkt- und Kettenregel die Ableitung der Funktion. |
| **Tipp 13** | Verwenden Sie die notwendige und hinreichende Bedingung lokaler Extremstellen und berechnen Sie den Funktionswert an der Maximalstelle. |
| **Tipp 14** | Berechnen Sie den Inhalt der Fläche unterhalb des Graphen für den Beobachtungszeitraum von 40 Stunden. |
| **Tipp 15** | Gesucht ist das Maximum der Ableitungsfunktion. |
| **Tipp 16** | Die Wassermenge lässt sich mithilfe eines Integrals über der Funktion im entsprechenden Zeitraum berechnen. |
| **Tipp 17** | Berechnen Sie die Funktionswerte an den Stellen $t = 10$ und $t = 20$. |
| **Tipp 18** | Überlegen Sie, welche Bedeutung ein positiver bzw. ein negativer Wert im Sachzusammenhang hat. |
| **Tipp 19** | Die Differenz beschreibt die Änderungsrate der Wassermenge in $m^3$ pro Stunde. Solange sie positiv ist, fließt mehr Wasser zu als ab. |
| **Tipp 20** | Die Funktion d ist durch die Gleichung $d(t) = f(t) - g(t)$ gegeben. |
| **Tipp 21** | Welchen Bestand haben Sie mit diesem Integral berechnet? |
| **Tipp 22** | Machen Sie sich anhand der Definition der Funktion f die Bedeutung des berechneten Funktionswerts klar. |
| **Tipp 23** | Benutzen Sie die notwendige und hinreichende Bedingung zur Bestimmung des relativen Hochpunkts. Vergleichen Sie das relative Maximum mit den Funktionswerten am Rand. |
| **Tipp 24** | Die Funktion f beschreibt die Geschwindigkeit des Tigers aus der Ruheposition heraus. Welche Bedeutung im Sachzusammenhang hat daher die Ableitungsfunktion f'? |
| **Tipp 25** | Verwenden Sie die notwendige und hinreichende Bedingung zur Ermittlung des relativen Tiefpunkts der Funktion f'. Vergleichen Sie das relative Minimum von f' mit den Ableitungswerten am Rand des betrachteten Intervalls. |
| **Tipp 26** | Bestimmen Sie mit dem GTR die Lösung der Gleichung $f(t) = 15$. Beachten Sie, dass die gesuchten t-Werte im Intervall $[0;10]$ liegen müssen. |
| **Tipp 27** | Benutzen Sie die Stammfunktion der Funktion f zur Berechnung des gesuchten Integrals. |

| | |
|---|---|
| Tipp 28 | Die Geschwindigkeit des Tigers stellt die Änderungsrate der Länge der zurückgelegten Strecke dar. |
| Tipp 29 | Beachten Sie, dass der Tiger die in d)(1) zurückgelegte Strecke in 10 Sekunden zurücklegt. |
| Tipp 30 | Der Verlauf der Geschwindigkeit des Tigers in Phase 3 entspricht dem Verlauf des Graphen von f im Bereich von 4,2 Sekunden bis 15 Sekunden. Die Phase 3 beginnt erst nach 9,2 Sekunden, d.h., der Graph von f muss um 5 Zeiteinheiten nach rechts verschoben werden. |
| Tipp 31 | Vergleichen Sie die Steigungen der Graphenabschnitte von Phase 3 und Phase 4 an der Stelle $t = 15$. |
| Tipp 32 | Berechnen Sie das Integral $\int_0^{15} f(t)\,dt$, indem Sie für die drei Phasen des Bewegungsablaufs jeweils ein Teilintegral aufstellen und mithilfe einer geeigneten Stammfunktion berechnen. |
| Tipp 33 | Es gilt: $\overrightarrow{AB} = \overrightarrow{OB} - \overrightarrow{OA}$. Überlegen Sie, welcher Vektor vom Ursprung A zur Mitte des Vektors $\overrightarrow{AB}$ führt. |
| Tipp 34 | Berechnen Sie die Längen der Vektoren $\overrightarrow{AB}$, $\overrightarrow{BC}$ und $\overrightarrow{AC}$. |
| Tipp 35 | Um den Flächeninhalt eines gleichseitigen Dreiecks mit der Seitenlänge a zu bestimmen, gehen Sie von der allgemeinen Formel $A_{Dreieck} = \frac{1}{2} \cdot a \cdot h$ aus und ermitteln Sie unter Zuhilfenahme der nebenstehenden Skizze die Höhe h. 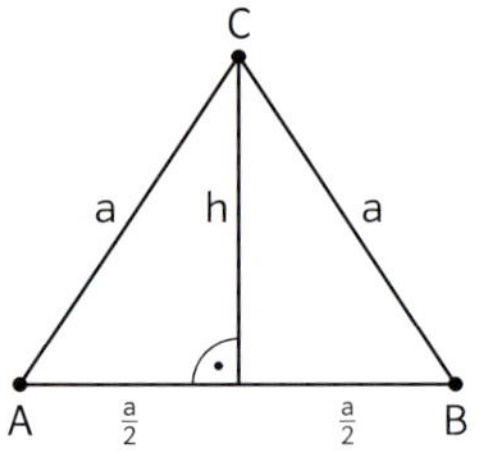  |
| Tipp 36 | Ergänzen Sie in der Skizze der Aufgabenstellung die Punkte E(10 \| 0 \| 0), F(10 \| 0 \| 0), G(0 \| 10 \| 0) und H(10 \| 10 \| 10). Sie erhalten einen Würfel AFBGHCED. |
| Tipp 37 | Setzen Sie die Terme der Parametergleichungen der Ebene E und der Geraden g gleich und lösen Sie das entstehende Gleichungssystem. |
| Tipp 38 | Berechnen Sie die Skalarprodukte $\overrightarrow{DP} \cdot \overrightarrow{AB}$ und $\overrightarrow{DP} \cdot \overrightarrow{AC}$. |
| Tipp 39 | Beachten Sie, dass nach b)(2) der Vektor $\overrightarrow{DP}$ senkrecht auf der Ebene E, in der das Dreieck ABC liegt, steht. |
| Tipp 40 | Bestimmen Sie das Verhältnis von Seifenhautflächeninhalt zum Tetraederoberflächeninhalt. |
| Tipp 41 | Berechnen Sie $\overrightarrow{SB} \cdot \overrightarrow{SD}$, $\lvert\overrightarrow{SB}\rvert$, $\lvert\overrightarrow{SD}\rvert$ und leiten Sie mithilfe der Winkelformel den Winkel zwischen den Vektoren $\overrightarrow{SB}$ und $\overrightarrow{SD}$ her. |
| Tipp 42 | Führen Sie zur Prüfung, ob der Punkt S auf der Geraden DP liegt, eine Punktprobe durch. |
| Tipp 43 | Beachten Sie, dass die Pyramide ABCS dieselbe Grundfläche ABC wie das Tetraeder ABCD hat und ihre Höhe $\overline{PS}$ eine Teilstrecke der Höhe $\overline{DS}$ des Tetraeders ist. |
| Tipp 44 | Eine Bernoulli-Kette liegt nur vor, falls die Personen, die gebucht haben, diese Buchung auch unabhängig voneinander antreten. |

| | |
|---|---|
| Tipp 45 | Berechnen Sie $P(X = 59)$. |
| Tipp 46 | Berechnen Sie $P(X \geqq 55) = 1 - P(X \leqq 54)$. |
| Tipp 47 | Berechnen Sie $P(Y > 6) = 1 - P(Y \leqq 6)$. |
| Tipp 48 | Beachten Sie, dass für beide Verzweigungen jeweils gilt: $P(A) = 1 - P(\overline{A})$ |
| Tipp 49 | Stellen Sie einen Term mit Variable x auf, mit dessen Hilfe man $P(\overline{A})$ berechnen kann. |
| Tipp 50 | Es gilt: $P_{\overline{A}}(U50) = \frac{P(\overline{A} \cap U50)}{P(\overline{A})}$ |
| Tipp 51 | Berechnen Sie $P(X \geqq 97) = 1 - P(X \leqq 96)$. |
| Tipp 52 | Die Zufallsvariable X ist binomialverteilt mit $n = 99$ und $p = 0{,}95$. |
| Tipp 53 | Die Zufallsvariable K kann die Werte 0, 320, 640 und 960 annehmen. |
| Tipp 54 | Berechnen Sie $P(X < 55) = P(X \leqq 54)$. |
| Tipp 55 | Berechnen Sie $P_{1000;0{,}04}(X \geqq 55) = 1 - P_{1000;0{,}04}(X \leqq 54)$. Das Busunternehmen geht bei mindestens 55 kurzfristig stornierten Buchungen irrtümlich davon aus, dass die Maßnahmen nicht erfolgreich waren. |

## Folgende Tipps helfen, Lücken zu schließen:

| | |
|---|---|
| Tipp 1 | Bearbeiten Sie aus F 8, F 9 und F 10 jeweils das Beispiel a) und die Aufgabe a). |
| Tipp 2 | Arbeiten Sie den Weg 1 und den Weg 2 aus dem Einführungstext von F 14 durch und behandeln Sie die Beispiele 1 und 2 sowie die Aufgabe a). |
| Tipp 3 | Setzen Sie $x = 1$ und lösen Sie die Gleichung. |
| Tipp 4 | Betrachtet werden muss das Integral $\int_0^1 (e^x - x)\,dx$. Lösen Sie dies mithilfe des Hauptsatzes zur Differential- und Integralrechnung. |
| Tipp 5 | In dem Quader ABCDEFG sind die gegenüberliegenden Kantenvektoren parallel und gleich lang. Bearbeiten Sie aus F 44 die Beispiele 1 und 2 sowie die Aufgabe und zur weiteren Übung aus F 49 das Beispiel und die Aufgabe. |
| Tipp 6 | Bearbeiten Sie aus F 63 das Beispiel und die Aufgabe. |
| Tipp 7 | Drücken Sie die Breite a, die Länge b und die Höhe c des Quaders vektoriell durch die Kantenvektoren $\overrightarrow{AB}$, $\overrightarrow{AD}$, $\overrightarrow{AE}$ aus und berechnen Sie mithilfe der Länge dieser Vektoren das Volumen des Quaders. |
| Tipp 8 | Lesen Sie den einleitenden Text von F 73 und bearbeiten Sie das Beispiel 1. |
| Tipp 9 | Lesen Sie den einleitenden Text von F 73 und bearbeiten Sie das Beispiel 1. |
| Tipp 10 | Aus $(1 - p)^2 = \frac{4}{9}$ folgt $p = \frac{1}{3}$ und somit muss jedes dritte Feld ein Gewinnfeld sein. |
| Tipp 11 | Berechnen Sie $f(20)$ und deuten Sie diesen Wert als momentane Zuflussrate in $m^3$ pro Stunde. |
| Tipp 12 | Bearbeiten Sie in F 13 Aufgabe d). |

| | |
|---|---|
| **Tipp 13** | Bearbeiten Sie von Fertigkeit **F 18** das Beispiel b). |
| **Tipp 14** | Berechnen Sie $\int_0^{40} f(t)\,dt$. |
| **Tipp 15** | Der GTR liefert den Hochpunkt der Ableitungsfunktion; entweder graphisch oder rechnerisch. |
| **Tipp 16** | Setzen Sie die Wassermenge $\int_0^t g(x)\,dx$ zum Zeitpunkt t mit dem Wert 50 000 gleich. |
| **Tipp 17** | Berechnen Sie d(10) und d(20). |
| **Tipp 18** | Die Funktion d ist die Änderungsrate des Wasserbestandes und beschreibt die Zunahme oder Abnahme der Wassermenge nach Beobachtungsbeginn. |
| **Tipp 19** | An der Schnittstelle der Graphen von f und g endet die Zunahme der Wassermenge. |
| **Tipp 20** | Der GTR berechnet das Integral. |
| **Tipp 21** | Durch das Integral wird berechnet, wie viel Wasser sich im Vergleich zum Beginn der Messung noch im Becken befindet. |
| **Tipp 22** | Beachten Sie bei Ihrer Interpretation des Ergebnisses, dass f(t) die Geschwindigkeit des Tigers aus der Ruheposition heraus beschreibt. |
| **Tipp 23** | Beachten Sie **F 8**, **F 9** und **F 10**, bearbeiten Sie aus **F 18** das Beispiel a) sowie die Aufgabe a) und aus **F 19** das Beispiel c). |
| **Tipp 24** | Bearbeiten Sie den erläuternden Text zu den Bestandsfunktionen auf Seite 194f sowie aus **F 39** die Beispiele 2c) und 2e). |
| **Tipp 25** | Beachten Sie **F 8**, **F 9** und **F 10**, bearbeiten Sie aus **F 18** das Beispiel a) sowie die Aufgabe a) und aus **F 42** das Beispiel 2. |
| **Tipp 26** | Nutzen Sie den Verlauf des gegebenen Graphen der Funktion f, um die Lösung der Ungleichung $f(t) \geqq 15$ festzulegen. Hilfreich ist hierbei auch der Einführungstext zu **F 6** sowie das Beispiel 2. |
| **Tipp 27** | Bearbeiten Sie aus **F 23** das Beispiel 1a) und die Aufgabe 1a) sowie aus **F 25** das Beispiel 2a) und die Aufgabe 2a). |
| **Tipp 28** | Bearbeiten Sie aus **F 40** den Einführungstext und die Beispiele d) und g) sowie die Aufgabe d). |
| **Tipp 29** | Arbeiten Sie den Einführungstext zu **F 40** sowie das Beispiel f) durch. Gegebenenfalls hilft auch aus **F 29** das Beispiel 1 und die Aufgabe 1. |
| **Tipp 30** | Bearbeiten Sie aus **F 35** den Eingangstext und das Beispiel 1. |
| **Tipp 31** | Informieren Sie sich in **F 16** über den Begriff „Berührpunkt". Bearbeiten Sie aus **F 16** das Beispiel 1 und die Aufgabe a). |
| **Tipp 32** | Ziehen Sie als Hilfestellung aus **F 23** das Beispiel 1a) und die Aufgabe 1a) sowie aus **F 25** das Beispiel 2a) und die Aufgabe 2a) heran. |
| **Tipp 33** | Bearbeiten Sie aus **F 44** die Beispiele 1 und 2 sowie die Aufgabe. |
| **Tipp 34** | Bearbeiten Sie aus **F 45** das Beispiel und die Aufgabe. |

**Tipp 35** Für den Flächeninhalt eines gleichseitigen Dreiecks mit der Seitenlänge a gilt: $A_{Dreieck} = \frac{\sqrt{3}}{4} \cdot a^2$.
Setzen Sie die in a) (1) erhaltene Seitenlänge des gleichseitigen Dreiecks in die Formel ein und schließen Sie dann auf den Oberflächeninhalt des Tetraeders.

**Tipp 36** Bearbeiten Sie aus F 52 die Beispiele und die Aufgabe 2.

**Tipp 37** Lesen Sie den Eingangstext zu F 59 und bearbeiten Sie das Beispiel sowie die Aufgabe 1.

**Tipp 38** Bearbeiten Sie aus F 44 die Beispiele 1 und 2 sowie die Aufgabe und aus F 51 sowie F 63 jeweils das Beispiel und die Aufgabe.

**Tipp 39** Die Länge des Vektors $\overrightarrow{DP}$ entspricht der Höhe und der Flächeninhalt des Dreiecks ABC der Grundfläche des Tetraeders ABCD.

**Tipp 40** Leiten Sie aus dem Verhältnis von Seifenhautflächeninhalt zum Tetraederoberflächeninhalt her, um wie viel Prozent die Seifenhautfläche kleiner ist als die Tetraederoberfläche.

**Tipp 41** Bearbeiten Sie aus F 63 das Beispiel und die Aufgabe.

**Tipp 42** Überlegen Sie, wie man an dem Wert des erhaltenen Parameters erkennen kann, ob der Punkt S auf der Strecke $\overline{DP}$ liegt.
Zur weiteren Übung können Sie aus F 54 die Beispiele 1 und 2 sowie die Aufgabe bearbeiten.

**Tipp 43** Für das Volumen eines Tetraeders oder einer Pyramide gilt die allgemeine Formel $V = \frac{1}{3} \cdot \text{Grundfläche} \cdot \text{Höhe}$. Vergleichen Sie die Volumina der beiden Körper, indem Sie ausnutzen, in welchem Längenverhältnis die Höhen der beiden Körper stehen.

**Tipp 44** Zudem darf sich die Trefferwahrscheinlichkeit p nicht verändern, damit eine Bernoulli-Kette vorliegt.

**Tipp 45** Bearbeiten Sie aus F 73 das Beispiel 1 und die Aufgabe 1 a).

**Tipp 46** Bearbeiten Sie aus F 73 das Beispiel 3 und die Aufgabe 1 c).

**Tipp 47** Bearbeiten Sie aus F 73 das Beispiel 3 und die Aufgabe 1 e).

**Tipp 48** Für die Verzweigung bei U 50 gilt $P(\overline{A}) = 0{,}06$ und $P(A) = 1 - 0{,}06 = 0{,}94$.

**Tipp 49** Es gilt: $P(\overline{A}) = x \cdot 0{,}06 + (1 - x) \cdot 0{,}02 = 0{,}05$
Lösen Sie diese Gleichung.
Bearbeiten Sie aus F 68 das Beispiel 1 und die Aufgabe 1.

**Tipp 50** Es gilt: $P(\overline{A} \cap U50) = 0{,}75 \cdot 0{,}06 = 0{,}45$ und $P(\overline{A}) = 0{,}5$

**Tipp 51** Bearbeiten Sie aus F 73 das Beispiel 3 und die Aufgabe 1 e).

**Tipp 52** Bearbeiten Sie aus F 73 das Beispiel 1 und die Aufgabe 1 a).

**Tipp 53** Vergleichen Sie den Erwartungswert von K mit den zusätzlichen Einnahmen durch die Überbuchungspraxis. Bearbeiten Sie aus F 71 das Beispiel 2.

**Tipp 54** Bearbeiten Sie aus F 73 das Beispiel 2 und die Aufgabe 1 d).

**Tipp 55** Bearbeiten Sie aus F 73 das Beispiel 3 und die Aufgabe 1 c).

# Lösungen

## Prüfungsteil A (hilfsmittelfreier Teil)

F 8
F 10

**a)** (1) $f(x) = x^3 - x$, daher ergibt sich $f'(x) = 3x^2 - 1$ und
$f'(-1) = 3 \cdot (-1)^2 - 1 = 3 - 1 = 2$

$f'(-1) = 2$

F 14

(2) Da $f(-1) = (-1)^3 - (-1) = -1 + 1 = 0$ ist, hat der Punkt P, in dem die Tangente t den Graphen der Funktion f berührt, die Koordinaten $P(-1\,|\,0)$.
Die Tangente t hat als Gerade die Gleichung $y = m \cdot x + b$. Dabei ist m die Steigung und b der y-Achsenabschnitt.
Die Steigung m der Tangente an der Stelle $x = -1$ entspricht der Steigung der Funktion f an dieser Stelle, daher gilt: $m = f'(-1) = 2$ und $y_T = 2x + b$.
Da der Punkt P auf der Tangente liegt, erfüllen seine Koordinaten die Geradengleichung:
$0 = 2 \cdot (-1) + b \quad \Leftrightarrow \quad b = 0 + 2 = 2$

F 14

Alternative Lösung:
Die Gleichung der Tangente an den Graphen einer Funktion f im Punkt $P(x_P\,|\,f(x_P))$ lautet allgemein: $y = f'(x_P) \cdot (x - x_P) + f(x_P)$ .

Im vorliegenden Fall gilt:
$y = f'(-1) \cdot (x + 1) + f(-1)$
$y = 2 \cdot (x + 1) + 0$
$y = 2 \cdot x + 2$

Die gesuchte Tangente hat die Gleichung $y = 2 \cdot x + 2$.

F 24

**b)** (1) $f(1) = e^1 - e = 0$

F 25

(2) $\int_0^1 (e^x - e)\,dx = [e^x - e \cdot x]_0^1 = e^1 - e \cdot 1 - (e^{-0} - e \cdot 0) = -1$

Der Wert des Integrals ist negativ, da die Fläche unterhalb der x-Achse liegt.
Da hier nach dem Inhalt der eingeschlossenen Fläche gefragt wird, ist diese 1 FE groß.

F 49

**c)** (1) Den Ortsvektor $\overrightarrow{OG}$ des Quader-Eckpunktes G erhält man durch Vektoraddition:
$\overrightarrow{OG} = \overrightarrow{OB} + \overrightarrow{BC} + \overrightarrow{CG}$
$\overrightarrow{OG} = \overrightarrow{AB} + \overrightarrow{BC} + \overrightarrow{CG}$, da A der Koordinatenursprung ist.
$\overrightarrow{OG} = \overrightarrow{AB} + \overrightarrow{AD} + \overrightarrow{AE}$, da wegen der Parallelität und gleichen Länge entsprechender Kanten in einem Quader gilt:
$\overrightarrow{BC} = \overrightarrow{AD}$ und $\overrightarrow{CG} = \overrightarrow{AE}$.

Mit $\overrightarrow{AB} = \begin{pmatrix}3\\4\\0\end{pmatrix} - \begin{pmatrix}0\\0\\0\end{pmatrix} = \begin{pmatrix}3\\4\\0\end{pmatrix}$, $\overrightarrow{AD} = \begin{pmatrix}-8\\6\\0\end{pmatrix} - \begin{pmatrix}0\\0\\0\end{pmatrix} = \begin{pmatrix}-8\\6\\0\end{pmatrix}$

und $\overrightarrow{AE} = \begin{pmatrix}0\\0\\10\end{pmatrix} - \begin{pmatrix}0\\0\\0\end{pmatrix} = \begin{pmatrix}0\\0\\10\end{pmatrix}$ folgt: $\overrightarrow{OG} = \begin{pmatrix}3\\4\\0\end{pmatrix} + \begin{pmatrix}-8\\6\\0\end{pmatrix} + \begin{pmatrix}0\\0\\10\end{pmatrix} = \begin{pmatrix}-5\\10\\10\end{pmatrix}$

Der Punkt G hat die Koordinaten $(-5\,|\,10\,|\,10)$.

F 44

(2) $\overrightarrow{AB} \cdot \overrightarrow{AD} = \begin{pmatrix}3\\4\\0\end{pmatrix} \cdot \begin{pmatrix}-8\\6\\0\end{pmatrix} = 3 \cdot (-8) + 4 \cdot 6 + 0 \cdot 0 = 0$, d.h.,

die Kanten $\overline{AB}$ und $\overline{AD}$ stehen senkrecht aufeinander.

(3) Für das Volumen des Quaders ABCDEFGH gilt:

$V_{Quader} = |\overrightarrow{AB}| \cdot |\overrightarrow{BC}| \cdot |\overrightarrow{CG}| = |\overrightarrow{AB}| \cdot |\overrightarrow{AD}| \cdot |\overrightarrow{AE}|$

$|\overrightarrow{AB}| = \sqrt{3^2 + 4^2 + 0^2} = \sqrt{25} = 5$

$|\overrightarrow{AD}| = \sqrt{(-8)^2 + 6^2 + 0^2} = \sqrt{100} = 10$

$|\overrightarrow{AE}| = \sqrt{0^2 + 0^2 + 10^2} = \sqrt{100} = 10$

F 45

Daraus folgt: $V_{Quader} = |\overrightarrow{AB}| \cdot |\overrightarrow{AD}| \cdot |\overrightarrow{AE}| = 5 \cdot 10 \cdot 10 = 500$ [VE]

Das Volumen des Quaders ABCDEFGH beträgt $V = 500$ VE.

**d)** (1) Von sieben Personen, die das Glücksrad drehen, gewinnt höchstens eine Person.

F 73

(2) Die gesuchte Wahrscheinlichkeit kann man mit der Formel von Bernoulli berechnen. Dabei ist $n = 20$, $p = 0{,}1$ und $k = 4$.

Ein Term lautet $\binom{20}{4} \cdot 0{,}1^4 \cdot 0{,}9^{16}$.

F 73

(3) Sei p die Wahrscheinlichkeit für einen Gewinn bei einer Drehung des Glücksrades.

Es gilt: $P(X = 0) = (1 - p)^2$

F 68

Einsetzen in die gegebene Bedingung liefert: $(1 - p)^2 = \frac{4}{9}$

Wurzelziehen auf beiden Seiten der Gleichung liefert: $|1 - p| = \frac{2}{3}$

Wegen $0 \leq p \leq 1$ gilt: $1 - p = \frac{2}{3}$ bzw. $p = \frac{1}{3}$

Sei g die Anzahl der Sektoren, auf denen das Wort „Gewinn" steht.

Da für die Trefferwahrscheinlichkeit $p = \frac{g}{n}$ gilt, folgt: $\frac{g}{n} = \frac{1}{3}$

Das Glücksrad hat zum Beispiel drei Sektoren, von denen genau einer mit dem Wort „Gewinn" beschriftet ist.

2

# Prüfungsteil B (mit Hilfsmittel)

## Aufgabe B1

**a)** (1) $f(20) \overset{\text{GTR}}{=} 19\,405{,}3$

20 Stunden nach Beobachtungsbeginn beträgt die momentane Zuflussrate etwa 19 405 m³ pro Stunde.

(2) $f'(t) = 7200 \cdot 2t \cdot e^{-0{,}25 \cdot t} + 7200 \cdot t^2 \cdot (-0{,}25) \cdot e^{-0{,}25 \cdot t}$

$= 7200 \cdot (2 \cdot t - 0{,}25 \cdot t^2) \cdot e^{-0{,}25 \cdot t}$

F 13 F 11 F 12

(3) Notwendige Bedingung für eine Extremstelle: $f'(t) = 0$.

F 18

$$7200 \cdot (2 \cdot t - 0{,}25 \cdot t^2) \cdot e^{-0{,}25 \cdot t} = 0$$
$$\Leftrightarrow \quad 2 \cdot t - 0{,}25 \cdot t^2 = 0, \text{ da } e^{-0{,}25 \cdot t} \neq 0 \text{ für alle } t \in \mathbb{R}$$
$$\Leftrightarrow \quad t \cdot (2 - 0{,}25 \cdot t) = 0$$
$$\Leftrightarrow \quad t = 0 \quad \vee \quad t = 8$$

$f''(t) = 7200 \cdot (2 - 0{,}5 \cdot t) \cdot e^{-0{,}25 \cdot t} + 7200 \cdot (2 \cdot t - 0{,}25 \cdot t^2) \cdot (-0{,}25) \cdot e^{-0{,}25 \cdot t}$

$= 7200 \cdot \left(\frac{1}{16} \cdot t^2 - t + 2\right) \cdot e^{-0{,}25 \cdot t}$

F 13 F 11 F 12

Hinreichende Bedingung für eine Extremstelle: $f'(t) = 0 \wedge f''(t) \neq 0$.
$f'(0) = 0 \wedge f''(0) = 14\,400 > 0$ also liegt ein Minimum vor.
$f'(8) = 0 \wedge f''(8) = -14\,400 \cdot e^{-2} < 0$ also liegt ein Maximum vor.
$f(8) \approx 62\,362{,}5$

Maximale momentane Zuflussrate nach $t = 8$ Stunden mit etwa $f(8) \approx 62\,362{,}5$ m³ pro Stunde.

**b)** $\int_0^{40} f(t)\,dt \approx 919\,048$

919 048 m³ Wasser fließen im Beobachtungszeitraum in das Rückhaltebecken.

**c)** (1) Bestimmt werden soll der Zeitpunkt, zu dem die momentane Abflussrate am stärksten zunimmt. Gesucht ist also das absolute Maximum der Ableitungsfunktion.
Der GTR liefert $H(5{,}07 \mid 6770)$.
Folglich nimmt die momentane Abflussrate am stärksten nach ungefähr 5,07 Stunden zu.

(2) Zu lösen ist die Gleichung: $\int_0^{t} (540 \cdot x^3 \cdot e^{-0{,}25x})\,dx = 50\,000$
Der GTR liefert als Lösungen $t_1 \approx -3{,}65$ und $t_2 \approx 5{,}83$.

Für die Lösung ist lediglich $t_2 \approx 5{,}83$ relevant. Bis zu diesem Zeitpunkt fließen 50 000 m³ Wasser aus dem Rückhaltebecken.

**d)** (1) $d(10) \approx 14\,775{,}3$ und $d(20) \approx -9702{,}6$

10 Stunden nach Beobachtungsbeginn nimmt die Wassermenge im Rückhaltebecken mit einer Rate von ca. $14\,775\,m^3$ pro Stunde zu.
20 Stunden nach Beobachtungsbeginn nimmt die Wassermenge im Rückhaltebecken mit einer Rate von $9703\,m^3$ pro Stunde ab.

(2) Bis zum Schnittpunkt der beiden Graphen bei $t \approx 13$ ist die momentane Zuflussrate größer als die momentane Abflussrate. Nach dem Schnittpunkt verhält es sich umgekehrt.

Somit ist nach ungefähr 13 Stunden die Wassermenge im Rückhaltebecken maximal.

(3) $\int_0^{40} d(t)\,dt = \int_0^{40} (f(t) - g(t))\,dt \overset{GTR}{\approx} 98\,181 > 0$

Am Ende des Beobachtungszeitraums befinden sich ca. $98\,000\,m^3$ mehr Wasser im Rückhaltebecken als zu Beginn.

## Aufgabe B2

**a)** (1) Durch Einsetzen von $t = 5$ in die Funktionsgleichung der Funktion f erhält man: $f(5) = 17{,}75$.
Im Sachzusammenhang bedeutet dies:

Der Tiger hat 5 Sekunden nach dem Verlassen der Ruheposition eine Geschwindigkeit von $17{,}75\,\frac{m}{s}$.

(2) Um die Aussage zu bestätigen, muss das absolute Maximum der Funktion f im Intervall $[0; 10]$ bestimmt werden.

F 8
F 9
F 10

Bestimmung der relativen Extrema:
$f'(t) = 0{,}2424 \cdot t^2 - 3{,}42 \cdot t + 10{,}08$
$f''(t) = 0{,}4848 \cdot t - 3{,}42$

F 18

notwendige Bedingung für das Vorliegen eines relativen Extremums:
$f'(t) = 0$
$\Leftrightarrow 0{,}2424 \cdot t^2 - 3{,}42 \cdot t + 10{,}08 = 0$
$\overset{GTR}{\Leftrightarrow} t \approx 4{,}19 \vee t \approx 9{,}91$

hinreichende Bedingung:
$f'(4{,}19) = 0$ und $f''(4{,}19) \approx -1{,}389 < 0$,
d.h., an der Stelle $t = 4{,}19$ liegt ein relatives Maximum vor.

$f'(9{,}91) = 0$ und $f''(9{,}91) \approx 1{,}384 > 0$,
d.h., an der Stelle $t = 9{,}91$ liegt ein relatives Minimum vor.

F 19

Vergleich des Funktionswerts an der Stelle des relativen Maximums mit den Funktionswerten am Rand des Intervalls:
$f(4{,}19) = 18{,}16 > f(0) = 0$ und $f(4{,}19) = 18{,}16 > f(10) = 10{,}6$.
Das bedeutet:

Der Tiger hat ca. 4,2 Sekunden nach Verlassen der Ruheposition seine maximale Geschwindigkeit von ungefähr $18{,}2\,\frac{m}{s}$ bzw. $65{,}5\,\frac{km}{h}$ erreicht.

**b)** (1) Wenn die Funktion f die Geschwindigkeit des Tigers nach Verlassen seiner Ruheposition angibt, beschreibt die Ableitungsfunktion f′ die momentane Änderungsrate dieser Geschwindigkeit, also die momentane Beschleunigung des Tigers. **F 39**

(2) Zu bestimmen ist das absolute Minimum der Ableitungsfunktion f′. **F 18**

Bestimmung der relativen Extrema von f′:
$f''(t) = 0{,}4848 \cdot t - 3{,}42$
$f'''(t) = 0{,}4848$

notwendige Bedingung für das Vorliegen eines relativen Extremums:
$f''(t) = 0 \quad \Leftrightarrow \quad 0{,}4848 \cdot t - 3{,}42 = 0 \quad \Leftrightarrow \quad t \approx 7{,}05$

hinreichende Bedingung:
$f''(7{,}05) = 0$ und $f'''(7{,}05) = 0{,}4848 > 0$,
d.h., an der Stelle $t = 7{,}05$ liegt ein relatives Minimum vor.

Vergleich des Funktionswerts von f′ an der Stelle des relativen Minimums mit den Funktionswerten am Rand des Intervalls [0;10]: **F 19**
$f'(7{,}05) = -1{,}98 < f'(0) = 10{,}08$ und $f'(7{,}05) = -1{,}98 < f'(10) = 0{,}12$.

Alternative Lösung:
Da f′ eine quadratische Funktion ist (siehe a)(2)) und der Vorfaktor des Terms $x^2$ positiv ist, stellt der Graph von f′ eine nach oben geöffnete Parabel dar und der y-Wert des Scheitelpunkts liefert das absolute Minimum.
Im Scheitelpunkt ist die Steigung der Parabel 0, d.h., es gilt: **F 18**
$f''(t) = 0 \quad \Leftrightarrow \quad 0{,}4848 \cdot t - 3{,}42 = 0 \quad \Leftrightarrow \quad t \approx 7{,}05$
Da $f'(7{,}05) \approx -1{,}98$, hat der Scheitelpunkt die Koordinaten $(7{,}05 \mid -1{,}98)$.

Das bedeutet:

Die Beschleunigung des Tigers ist ca. 7,05 Sekunden nach Verlassen der Ruheposition am geringsten, d.h., seine Geschwindigkeit nimmt zu diesem Zeitpunkt am stärksten ab.

**c)** Da die Geschwindigkeit mindestens $15\,\frac{m}{s}$ sein soll, löst man mit dem GTR die Gleichung: **F 6**
$f(t) = 15$
$\Leftrightarrow \; 0{,}0808 \cdot t^3 - 1{,}71 \cdot t^2 + 10{,}08 \cdot t = 15$
$\Leftrightarrow \; 0{,}0808 \cdot t^3 - 1{,}71 \cdot t^2 + 10{,}08 \cdot t - 15 = 0$

Als Lösungen erhält man: $t_1 \approx 2{,}266$, $t_2 \approx 6{,}739$ und $t_3 \approx 12{,}159$.

Der Wert $t_3$ liegt außerhalb des betrachteten Intervalls [0;10].

Der Verlauf des Graphen der Funktion f zeigt, dass die Funktion im Intervall [2,266;6,739] Werte annimmt, die größer als 15 sind.

Das Zeitintervall, in dem die Geschwindigkeit des Tigers größer als $15\,\frac{m}{s}$ ist, beginnt ca. 2,3 Sekunden nach Verlassen der Ruheposition und endet nach ca. 6,7 Sekunden.

F 23

**d)** (1) Die Funktion F mit $F(t) = 0{,}0202 \cdot t^4 - 0{,}57 \cdot t^3 + 5{,}04 \cdot t^2$ ist eine Stammfunktion der Funktion f.
Damit gilt:

F 25

$$\int_0^{10} f(t)\,dt = [0{,}0202 \cdot t^4 - 0{,}57 \cdot t^3 + 5{,}04 \cdot t^2]_0^{10}$$
$$= (0{,}0202 \cdot 10^4 - 0{,}57 \cdot 10^3 + 5{,}04 \cdot 10^2) - (0)$$
$$= 136$$

Da f(t) die Geschwindigkeit des Tigers beschreibt, gibt das Integral $\int_0^{10} f(t)\,dt$ die Länge des in den ersten 10 Sekunden zurückgelegten Weges des Tigers an.

Der Tiger legt in den ersten 10 Sekunden nach dem Start eine Strecke von 136 m zurück.

F 29

(2) Da der Tiger in den 10 Sekunden nach dem Start eine Strecke von 136 m zurücklegt, beträgt seine Durchschnittsgeschwindigkeit $\frac{136\,m}{10\,s} = 13{,}6\,\frac{m}{s}$.

Die Durchschnittsgeschwindigkeit des Tigers beträgt in den 10 Sekunden $13{,}6\,\frac{m}{s}$ $\left[\text{bzw. } 48{,}96\,\frac{km}{h}\right]$.

**e)** (1) Nach Teilaufgabe **a)** (2) erreicht der Tiger nach 4,2 Sekunden seine Höchstgeschwindigkeit von $18{,}2\,\frac{m}{s}$. Fünf Sekunden lang, d.h. bis 9,2 Sekunden nach dem Start, behält er diese Geschwindigkeit konstant bei. Also lautet der Term für die Phase 2:

$f_{2.\,Phase}(t) = f(4{,}2) \approx 18{,}2$ für $4{,}2 < t < 9{,}2$

F 35

Nach 9,2 Sekunden entspricht der Geschwindigkeitsverlauf bis auf eine zeitliche Verschiebung um 5 Zeiteinheiten nach rechts der Modellfunktion f. Also ergibt sich als Term für die Phase 3:

$f_{3.\,Phase}(t) = f(t-5) = 0{,}0808 \cdot (t-5)^3 - 1{,}71 \cdot (t-5)^2 + 10{,}08 \cdot (t-5)$ für $9{,}2 < t \leq 15$

F 16

(2) Nach 15 Sekunden läuft der Tiger mit konstanter Geschwindigkeit weiter. Die Steigung des Geschwindigkeitsverlaufs ist damit ab diesem Moment 0. Die Steigung des Geschwindigkeitsverlaufs vorher entspricht dem Wert der Ableitung der Funktion $f_{3.\,Phase}$ an der Stelle $t = 15$ bzw. der Ableitung der Funktion f an der Stelle $t = 10$, da $f_{3.\,Phase}(t) = f(t-5)$.

$f'_{3.\,Phase}(15) = f'(10) = 0{,}2424 \cdot 10^2 - 3{,}42 \cdot 10 + 10{,}08 = 0{,}12 \neq 0$, d.h., die Tangente an den Graphen von $f_{3.\,Phase}$ hat nicht die Steigung 0 und verläuft nicht parallel zur t-Achse. Damit gilt also:

Der Übergang von Phase 3 zu Phase 4 verläuft nicht „knickfrei“.

2

(3) Da f(t) die Geschwindigkeit des Tigers beschreibt, gibt das Integral $\int_{t_1}^{t_2} f(t)\,dt$ die Länge der zurückgelegten Strecke an.

$$\int_0^{15} f(t)\,dt = \int_0^{4,2} f(t)\,dt + \int_{4,2}^{9,2} f(t)\,dt + \int_{9,2}^{15} f_{3.\,Phase}(t)\,dt$$

$$= \int_0^{4,2} f(t)\,dt + \int_{4,2}^{9,2} 18{,}2\,dt + \int_{9,2}^{15} f(t-5)\,dt, \text{ da } f_{2.\,Phase} = 18{,}2 \text{ und } f_{3.\,Phase}(t) = f(t-5)$$

$$= \int_0^{4,2} f(t)\,dt + \int_{4,2}^{9,2} 18{,}2\,dt + \int_{4,2}^{10} f(t)\,dt$$

$$= \int_0^{4,2} f(t)\,dt + \int_{4,2}^{10} f(t)\,dt + 5 \cdot 18{,}2$$

$$= \int_0^{10} f(t)\,dt + 5 \cdot 18{,}2, \text{ da } \int_0^{4,2} f(t)\,dt + \int_{4,2}^{10} f(t)\,dt = \int_0^{10} f(t)\,dt$$

$$= 136 + 91, \text{ da } \int_0^{10} f(t)\,dt = 136 \text{ nach d)(1)}$$

$$= 227$$

Der Tiger legt insgesamt in den 15 Sekunden eine Strecke von 227 m zurück.

F 23

F 25

## Aufgabe B3

**a)** (1) $\overrightarrow{OM} = \overrightarrow{OA} + \frac{1}{2}\overrightarrow{AB} = \begin{pmatrix}0\\0\\0\end{pmatrix} + \frac{1}{2} \cdot \begin{pmatrix}10\\10\\0\end{pmatrix} = \begin{pmatrix}5\\5\\0\end{pmatrix}$

Der Mittelpunkt der Strecke $\overline{AB}$ hat die Koordinaten (5 | 5 | 0).

F 44

(2) Für die Länge der Vektoren $\overrightarrow{AB} = \begin{pmatrix}10\\10\\0\end{pmatrix}$, $\overrightarrow{AC} = \begin{pmatrix}10\\0\\10\end{pmatrix}$ und $\overrightarrow{BC} = \begin{pmatrix}0\\-10\\10\end{pmatrix}$ gilt:

F 45

$|\overrightarrow{AB}| = |\overrightarrow{AC}| = |\overrightarrow{BC}| = \sqrt{10^2 + 10^2} = \sqrt{200} = 10 \cdot \sqrt{2}$ [LE].

Das Dreieck ABC ist gleichseitig mit einer Seitenlänge von $10 \cdot \sqrt{2}$ [LE].

(3) Die Höhe h des gleichseitigen Dreiecks ABC entspricht der Länge des Vektors $\overrightarrow{MC}$:

$$h = |\overrightarrow{MC}| = \left|\begin{pmatrix}10\\0\\10\end{pmatrix} - \begin{pmatrix}5\\5\\0\end{pmatrix}\right| = \left|\begin{pmatrix}5\\-5\\10\end{pmatrix}\right| = \sqrt{5^2 + (-5)^2 + 10^2} = \sqrt{150} = 5 \cdot \sqrt{6}$$

Für den Flächeninhalt des Dreiecks ABC folgt:

$A_{Dreieck} = \frac{1}{2} \cdot 10 \cdot \sqrt{2} \cdot 5 \cdot \sqrt{6} = 25 \cdot \sqrt{12} = 50 \cdot \sqrt{3}$ [FE]. Damit gilt:

Das Tetraeder hat einen Oberflächeninhalt von $O_{Tetraeder} = 4 \cdot A_{Dreieck} = 4 \cdot 50 \cdot \sqrt{3} = 200 \cdot \sqrt{3}$ [FE].

(4) Anhand der Abbildung erkennt man, dass der Würfel mit den Eckpunkten A(0 | 0 | 0), B(10 | 10 | 0), C(10 | 0 | 10), D(0 | 10 | 10) sowie E(10 | 0 | 0), F(0 | 10 | 0), G(0 | 0 | 10) und H(10 | 10 | 10) das Tetraeder umschließt und bei einer Kantenlänge von 10 LE ein Volumen von 1000 [VE] aufweist.

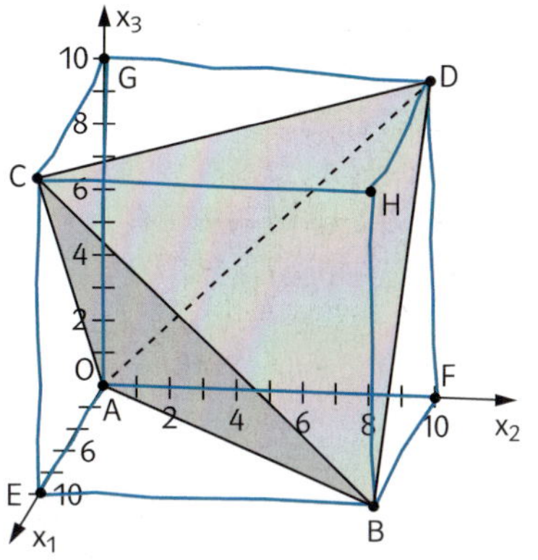


F 52

**b)** (1) Das Dreieck ABC wird durch die Seitenvektoren $\overrightarrow{AB} = \begin{pmatrix} 10 \\ 10 \\ 0 \end{pmatrix}$ und $\overrightarrow{AC} = \begin{pmatrix} 10 \\ 0 \\ 10 \end{pmatrix}$ aufgespannt.

Mit dem Punkt A(0 | 0 | 0) ergibt sich hieraus als Parameterform der Ebenengleichung für die Ebene E, in der das Dreieck ABC liegt:

F 55

$$\vec{x} = \begin{pmatrix} 0 \\ 0 \\ 0 \end{pmatrix} + k \cdot \begin{pmatrix} 10 \\ 10 \\ 0 \end{pmatrix} + l \cdot \begin{pmatrix} 10 \\ 0 \\ 10 \end{pmatrix} = k \cdot \begin{pmatrix} 10 \\ 10 \\ 0 \end{pmatrix} + l \cdot \begin{pmatrix} 10 \\ 0 \\ 10 \end{pmatrix}.$$

Zur Bestimmung des Schnittpunkts der Geraden g mit der Ebene E setzt man die Terme der Geraden- und der Ebenengleichung gleich:

F 59

$$\begin{pmatrix} 0 \\ 10 \\ 10 \end{pmatrix} + t \cdot \begin{pmatrix} 1 \\ -1 \\ -1 \end{pmatrix} = k \cdot \begin{pmatrix} 10 \\ 10 \\ 0 \end{pmatrix} + l \cdot \begin{pmatrix} 10 \\ 0 \\ 10 \end{pmatrix}$$

Mit dem GTR wird das folgende lineare Gleichungssystem gelöst:

$$\left| \begin{array}{l} t = 10k + 10l \\ \wedge\ 10 - t = 10k \\ \wedge\ 10 - t = 10l \end{array} \right. \overset{\text{GTR}}{\Leftrightarrow} \left| \begin{array}{l} t = \frac{20}{3} \\ \wedge\ k = \frac{1}{3} \\ \wedge\ l = \frac{1}{3} \end{array} \right.$$

Ausführliche Lösung ohne GTR:

F 7

$$\left| \begin{array}{ll} \text{(I)} & t = 10k + 10l \\ \text{(II)} & 10 - t = 10k \\ \text{(III)} & 10 - t = 10l \end{array} \right. \Leftrightarrow \left| \begin{array}{ll} \text{(I)} & t = 10k + 10l \\ \text{(IIa)} = \text{(II)} - \text{(III)} & 0 = 10k - 10l \\ \text{(III)} & 10 - t = 10l \end{array} \right.$$

$$\Leftrightarrow \left| \begin{array}{ll} \text{(Ia)} = \text{(I)} - \text{(IIa)} & t = 20l \\ \text{(II)} & 0 = 10k - 10l \\ \text{(III)} & t = 10 - 10l \end{array} \right. \Leftrightarrow \left| \begin{array}{ll} \text{(Ia)} & t = 20l \\ \text{(II)} & 0 = 10k - 10l \\ \text{(IIIa)} = \text{(III)} - \text{(Ia)} & 0 = 10 - 30l \end{array} \right.$$

$$\Leftrightarrow \left| \begin{array}{ll} \text{(Ia)} & t = 20l \\ \text{(IIa)} & 0 = 10k - 10l \\ \text{(IIIa)} & l = \frac{1}{3} \end{array} \right. \Leftrightarrow \left| \begin{array}{ll} \text{(Ib)} & t = \frac{20}{3} \\ \text{(IIb)} & 0 = 10k - \frac{10}{3} \\ \text{(IIIa)} & l = \frac{1}{3} \end{array} \right.$$

$$\Leftrightarrow \left| \begin{array}{ll} \text{(Ib)} & t = \frac{20}{3} \\ \text{(IIb)} & k = \frac{1}{3} \\ \text{(IIIa)} & l = \frac{1}{3} \end{array} \right.$$

Setzt man z. B. $t = \frac{20}{3}$ in die Parametergleichung der Geraden g (oder $k = \frac{1}{3}$ und $l = \frac{1}{3}$ in die Parametergleichung der Ebene E) ein, ergibt sich der Schnittpunkt P der Geraden g mit der Ebene E durch: F 59

$$\overrightarrow{OP} = \begin{pmatrix} 0 \\ 10 \\ 10 \end{pmatrix} + \frac{20}{3} \cdot \begin{pmatrix} 1 \\ -1 \\ -1 \end{pmatrix} = \begin{pmatrix} \frac{20}{3} \\ \frac{10}{3} \\ \frac{10}{3} \end{pmatrix}$$

Der Schnittpunkt P der Geraden g mit der Ebene E hat die Koordinaten $P\left(\frac{20}{3} \middle| \frac{10}{3} \middle| \frac{10}{3}\right)$.

(2) $\overrightarrow{DP} = \overrightarrow{OP} - \overrightarrow{OD} = \begin{pmatrix} \frac{20}{3} \\ \frac{10}{3} \\ \frac{10}{3} \end{pmatrix} - \begin{pmatrix} 0 \\ 10 \\ 10 \end{pmatrix} = \begin{pmatrix} \frac{20}{3} \\ -\frac{20}{3} \\ -\frac{20}{3} \end{pmatrix}$ F 44

Da $\overrightarrow{DP} \cdot \overrightarrow{AB} = \begin{pmatrix} \frac{20}{3} \\ -\frac{20}{3} \\ -\frac{20}{3} \end{pmatrix} \cdot \begin{pmatrix} 10 \\ 10 \\ 0 \end{pmatrix} = \frac{200}{3} - \frac{200}{3} = 0$ und F 63

$\overrightarrow{DP} \cdot \overrightarrow{AC} = \begin{pmatrix} \frac{20}{3} \\ -\frac{20}{3} \\ -\frac{20}{3} \end{pmatrix} \cdot \begin{pmatrix} 10 \\ 0 \\ 10 \end{pmatrix} = \frac{200}{3} - \frac{200}{3} = 0$, steht der Vektor $\overrightarrow{DP}$ senkrecht auf den Vektoren $\overrightarrow{AB}$ und $\overrightarrow{AC}$.

(3) Für das Volumen eines Tetraeders gilt die Beziehung:
$V_{\text{Tetraeder}} = \frac{1}{3} \cdot \text{Grundfläche} \cdot \text{Höhe}$.
Die Höhe des Tetraeders ABCD ergibt sich aus dem Abstand des Punktes D von der Ebene $E_{ABC}$.
Da der Vektor $\overrightarrow{DP}$ senkrecht auf den Vektoren $\overrightarrow{AB}$ und $\overrightarrow{AC}$ und damit auch senkrecht auf der Grundfläche $E_{ABC}$ steht, entspricht die Länge des Vektors $\overrightarrow{DP}$ der Höhe des Tetraeders ABCD.

$$|\overrightarrow{DP}| = \left|\begin{pmatrix} \frac{20}{3} \\ -\frac{20}{3} \\ -\frac{20}{3} \end{pmatrix}\right| = \sqrt{\left(\frac{20}{3}\right)^2 + \left(-\frac{20}{3}\right)^2 + \left(-\frac{20}{3}\right)^2} = \sqrt{\frac{1200}{9}} = \frac{1}{3} \cdot \sqrt{1200}$$ F 45

$$= \frac{1}{3} \cdot \sqrt{400 \cdot 3} = \frac{1}{3} \cdot 20 \cdot \sqrt{3}$$

Damit gilt unter Zuhilfenahme von a) (3):
$V_{\text{Tetraeder ABCD}} = \frac{1}{3} \cdot A_{ABC} \cdot |\overrightarrow{DP}| = \frac{1}{3} \cdot 50 \cdot \sqrt{3} \cdot \frac{1}{3} \cdot 20 \cdot \sqrt{3} = \frac{1000}{3}$ [VE].

Das Volumen des Tetraeders ABCD beträgt $V_{\text{Tetraeder}} = \frac{1000}{3}$ VE.

c) (1) Die aus den sechs kongruenten Dreiecken bestehende Seifenhaut hat laut Aufgabenstellung einen Flächeninhalt von
$6 \cdot A_{Dreieck} = 6 \cdot 25 \cdot \sqrt{2} = 150 \cdot \sqrt{2}$ [FE].
Nach Teilaufgabe a) (3) hat das Tetraeder ABCD einen Oberflächeninhalt von $O_{Tetraeder} = 200 \cdot \sqrt{3}$ [FE].
Das Verhältnis der Seifenhautfläche zu der Tetraederoberfläche beträgt somit
$\frac{150 \cdot \sqrt{2}}{200 \cdot \sqrt{3}} = \frac{3 \cdot \sqrt{2}}{4 \cdot \sqrt{3}} = \frac{\sqrt{6}}{4} \approx 0{,}6124 = 61{,}24\,\%$.
Wegen $100\,\% - 61{,}24\,\% = 38{,}76\,\%$ bedeutet dies im Sachzusammenhang:

Der Flächeninhalt der Seifenhaut ist um ca. 38,76 % kleiner als der Oberflächeninhalt des Tetraeders.

(2) Der Winkel α zwischen den Vektoren $\overrightarrow{SB} = \begin{pmatrix} 5 \\ 5 \\ -5 \end{pmatrix}$ und $\overrightarrow{SD} = \begin{pmatrix} -5 \\ 5 \\ 5 \end{pmatrix}$ ergibt sich mithilfe der Definition des Skalarprodukts: **F 63**

$$\cos(\alpha) = \frac{\begin{pmatrix} 5 \\ 5 \\ -5 \end{pmatrix} \cdot \begin{pmatrix} -5 \\ 5 \\ 5 \end{pmatrix}}{\left|\begin{pmatrix} 5 \\ 5 \\ -5 \end{pmatrix}\right| \cdot \left|\begin{pmatrix} -5 \\ 5 \\ 5 \end{pmatrix}\right|} = \frac{-25 + 25 - 25}{\sqrt{75} \cdot \sqrt{75}} = -\frac{1}{3}$$

Für den Winkel α zwischen den Vektoren $\overrightarrow{SB}$ und $\overrightarrow{SD}$ gilt somit:

$\alpha = \cos^{-1}\left(-\frac{1}{3}\right) = \arccos\left(-\frac{1}{3}\right) \approx 109{,}47°$

(3) Für die Gerade DP erhält man mit den Stützvektor $\overrightarrow{OD} = \begin{pmatrix} 0 \\ 10 \\ 10 \end{pmatrix}$ und dem Richtungsvektor $\overrightarrow{DP} = \begin{pmatrix} \frac{20}{3} \\ -\frac{20}{3} \\ -\frac{20}{3} \end{pmatrix}$ die Parameterform $\vec{x} = \begin{pmatrix} 0 \\ 10 \\ 10 \end{pmatrix} + k \cdot \begin{pmatrix} \frac{20}{3} \\ -\frac{20}{3} \\ -\frac{20}{3} \end{pmatrix}$; $k \in \mathbb{R}$. **F 64**

Da man für $k = 0$ den Punkt D und für $k = 1$ den Punkt P erhält, folgt durch Einschränkung des Parameters k für die Strecke $\overline{DP}$ die Parameterform $\vec{x} = \begin{pmatrix} 0 \\ 10 \\ 10 \end{pmatrix} + k \cdot \begin{pmatrix} \frac{20}{3} \\ -\frac{20}{3} \\ -\frac{20}{3} \end{pmatrix}$; $0 \leq k \leq 1$.

Damit der Punkt S auf der Geraden DP liegt, muss es einen eindeutigen Parameterwert $k \in \mathbb{R}$ geben mit: **F 64**

$$\begin{pmatrix} 5 \\ 5 \\ 5 \end{pmatrix} = \begin{pmatrix} 0 \\ 10 \\ 10 \end{pmatrix} + k \cdot \begin{pmatrix} \frac{20}{3} \\ -\frac{20}{3} \\ -\frac{20}{3} \end{pmatrix}$$

Der GTR liefert für das Gleichungssystem

$$\left| \begin{array}{l} 5 = \frac{20}{3}k \\ \wedge\ 5 = 10 - \frac{20}{3}k \\ \wedge\ 5 = 10 - \frac{20}{3}k \end{array} \right. \overset{GTR}{\Leftrightarrow} k = \frac{3}{4}$$

F 7

Ausführliche Lösung ohne GTR:

$$\left|\begin{array}{ll}\text{(I)} & 5=\frac{20}{3}k\\ \text{(II)} & 5=10-\frac{20}{3}k\\ \text{(III)} & 5=10-\frac{20}{3}k\end{array}\right. \Leftrightarrow \left|\begin{array}{ll}\text{(I a)} & k=\frac{3}{4}\\ \text{(II a)} & 5=10-\frac{20}{3}\cdot\frac{3}{4}\\ \text{(III a)} & 5=10-\frac{20}{3}\cdot\frac{3}{4}\end{array}\right. \Leftrightarrow \left|\begin{array}{ll}\text{(I a)} & k=\frac{3}{4}\\ \text{(II a)} & 5=5\\ \text{(III a)} & 5=5\end{array}\right.$$

Da das lineare Gleichungssystem die eindeutige Lösung $k=\frac{3}{4}$ hat und zudem gilt: $0 \leqq k \leqq 1$, liegt der Punkt S auf der Strecke $\overline{DP}$.

(4) Die Pyramide ABCS hat genauso wie das Tetraeder ABCD das Dreieck ABC als Grundfläche.
Die Höhe der Pyramide ABCS entspricht der Länge der Strecke $\overline{PS}$, die Höhe des Tetraeders ABCD entspricht der Länge der Strecke $\overline{DP}$.

Nach c)(3) gilt: $|\overline{DS}| = \frac{3}{4}\cdot|\overline{DP}|$, also folgt: $|\overline{PS}| = \frac{1}{4}\cdot|\overline{DP}|$.

Damit ergibt sich:

$$V_{ABCS} = \frac{1}{3}\cdot A_{ABC}\cdot|\overline{PS}| = \frac{1}{3}\cdot A_{ABC}\cdot\frac{1}{4}\cdot|\overline{DP}| = \frac{1}{4}\cdot\frac{1}{3}\cdot A_{ABC}\cdot|\overline{DP}| = \frac{1}{4}\cdot V_{ABCD}$$

Das Volumen der Pyramide ABCS beträgt ein Viertel des Volumens des Tetraeders ABCD.

## Aufgabe B5

a) (1) Die Buchungen müssen unabhängig voneinander mit einer Wahrscheinlichkeit von 0,95 angetreten werden.

(2) Sei X die Anzahl der angetretenen Buchungen. X ist binomialverteilt mit $n=59$ und $p=0{,}95$.

F 73

$P(E_1) = P(X=59) = 0{,}0484\ldots$

Die Wahrscheinlichkeit, dass genau 59 Buchungen angetreten werden, beträgt ungefähr 0,048 (4,8 %).

F 73

$P(E_2) = P(X \geqq 55) = 1 - P(X \leqq 54) \approx 0{,}8281$

Die Wahrscheinlichkeit, dass mindestens 55 Buchungen angetreten werden, beträgt ungefähr 0,828 (82,8 %).

Sei Y die Anzahl der nicht angetretenen Buchungen. Y ist binomialverteilt mit $n=59$ und $p=0{,}05$.

F 73

$P(E_3) = P(Y>6) = 1 - P(Y \leqq 6) \approx 0{,}0274$

Die Wahrscheinlichkeit, dass mehr als 6 Buchungen nicht angetreten werden, beträgt ungefähr 0,027 (2,7 %).

(3) (i)

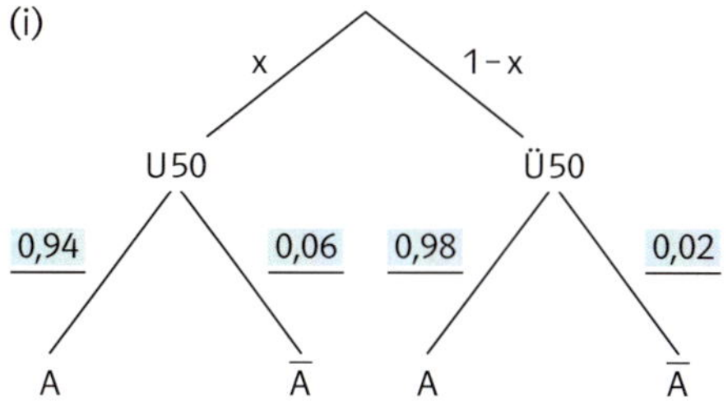


U50: Reisende unter 50 Jahren

Ü50: Reisende über 50 Jahren

A: Antreten einer Buchung

$\overline{A}$: Nichtantreten einer Buchung

(ii) Es gilt: $P(\overline{A}) = x \cdot 0{,}06 + (1 - x) \cdot 0{,}02 = 0{,}04x + 0{,}02 = 0{,}05$ F 69
Daraus folgt $0{,}04x = 0{,}03$ bzw. $x = 0{,}75$.

(iii) Gesucht ist die bedingte Wahrscheinlichkeit $P_{\overline{A}}(U50)$.

$P_{\overline{A}}(U50) = \frac{P(\overline{A} \cap U50)}{P(\overline{A})} = \frac{0{,}75 \cdot 0{,}06}{0{,}05} = 0{,}9$ F 68

Die Wahrscheinlichkeit, dass es sich bei einem Reisenden, der die Buchung nicht antritt, um einen Reisenden unter 50 Jahren handelt, beträgt 0,9 (90 %).

**b)** (1) Sei X die Anzahl der angetretenen Buchungen. X ist binomialverteilt mit $n = 99$ und $p = 0{,}95$.

Wenn mindestens eine Person die gebuchte Reise wegen Überbuchung nicht antreten kann, dann müssen mindestens 97 Buchungen angetreten werden.
$P(X \geqq 97) = 1 - P(X \leqq 96) = 0{,}1224\ldots$ F 73

Die Wahrscheinlichkeit, dass mindestens eine Person ihre Reise wegen Überbuchung nicht antreten kann, beträgt ungefähr 0,122 (12,2 %).

(2) Die Wahrscheinlichkeiten in der Tabelle berechnet man direkt mit dem Taschenrechner.
Pro Person, die wegen Überbuchung die Reise nicht antreten kann, entstehen Kosten von 320 €.

| Anzahl der Personen, die wegen Überbuchung nicht antreten können | 1 | 2 | 3 |
|---|---|---|---|
| Anzahl k der angetretenen Buchungen | 97 | 98 | 99 |
| $P_{99;0,95}(X = k)$ | 0,0837 | 0,0325 | 0,0062 |
| Kosten für Erstattung und Entschädigung in € | 320 | 640 | 960 |

F 73

(3) Wenn das Busunternehmen 99 Buchungen bestätigt, erhält es aus den drei Überbuchungen zusätzliche Einnahmen von $3 \cdot 20\,€ = 60\,€$.
Seien K die Kosten in Euro für Erstattung und Entschädigung, die durch die Überbuchungen verursacht werden. Es gilt: $K \in \{0; 320; 640; 960\}$
X ist binomialverteilt mit $n = 99$ und $p = 0{,}95$.

Die Tabelle zeigt die Abhängigkeit zwischen K und X:

| K | 320 | 640 | 960 | 0 |
|---|---|---|---|---|
| X | 97 | 98 | 99 | $0 \leqq X \leqq 96$ |

Für den Erwartungswert von K gilt:

$\mu = P(X=97) \cdot 320 + P(X=98) \cdot 640 + P(X=99) \cdot 960 \approx 53{,}56$ F 70

Im Durchschnitt muss das Busunternehmen auf lange Sicht ca. 53,56 € erstatten. Da die zusätzlichen Einnahmen 60 € betragen, macht das Busunternehmen auf lange Sicht einen Gewinn von ca. 6,44 €.
Somit lohnt sich diese Praxis für das Busunternehmen.

**c)** (1) Sei X die Anzahl der Buchungen, die kurzfristig storniert werden. X ist binomialverteilt mit $n = 1000$ und $p = 0{,}07$.
Es gilt: $P(X < 55) = P(X \leqq 54) \approx 0{,}0241$. F 73

Die Wahrscheinlichkeit, dass die Maßnahme als erfolgreich angesehen wird, obwohl sich der Anteil der Buchungen, die kurzfristig storniert werden, nicht verändert hat, beträgt ungefähr 0,024 (2,4 %).

(2) $P(X \geqq 55) = 1 - P(X \leqq 54) \approx 0{,}0124$ F 73
Mit dieser Wahrscheinlichkeit geht das Unternehmen, aufgrund der mindestens 55 Treffer in der Stichprobe, irrtümlich davon aus, dass die Maßnahmen nicht wirken, obwohl der Anteil der kurzfristig stornierten Buchungen nur noch 4 % beträgt.

# Abitur 2019

## Aufgaben

### Prüfungsteil A (hilfsmittelfreier Teil)

**a)** Gegeben sind die Funktionen g und h durch die Gleichungen

$g(x) = x^2 - x + 1$ mit $x \in \mathbb{R}$ und

$h(x) = -x^2 - 5x + 1$ mit $x \in \mathbb{R}$.

2 P (1) *Zeigen Sie, dass sich die Graphen von g und h nur für $x = -2$ und $x = 0$ schneiden.* — Tipp 1

4 P (2) *Berechnen Sie den Inhalt der Fläche, die die Graphen von g und h einschließen.* — Tipp 2

**b)** Gegeben ist die Funktion f mit $f(x) = x \cdot e^{2x+2}$; $x \in \mathbb{R}$.

3 P (1) *Bestimmen Sie die 1. Ableitung.* — Tipp 3

Für die 2. Ableitung von f gilt: $f''(x) = (4x+4) \cdot e^{2x+2}$.

3 P (2) *Bestimmen Sie die Koordinaten des Wendepunktes.* — Tipp 4
Hinweis: Auf den Nachweis einer hinreichenden Bedingung kann verzichtet werden.

**c)** In einer Urne befinden sich drei rote und sieben weiße Kugeln.

(1) Zweimal nacheinander wird jeweils eine Kugel zufällig entnommen und wieder zurückgelegt.
3 P *Berechnen Sie die Wahrscheinlichkeit dafür, dass höchstens eine der entnommenen Kugeln weiß ist.* — Tipp 5

(2) Zehnmal nacheinander wird jeweils eine Kugel zufällig entnommen und wieder zurückgelegt. Die Zufallsgröße X beschreibt die Anzahl der entnommenen weißen Kugeln.
3 P *Begründen Sie ohne Berechnung von Wahrscheinlichkeiten, dass keine der folgenden Abbildungen 1 und 2 die Wahrscheinlichkeitsverteilung von X darstellt.* — Tipp 6

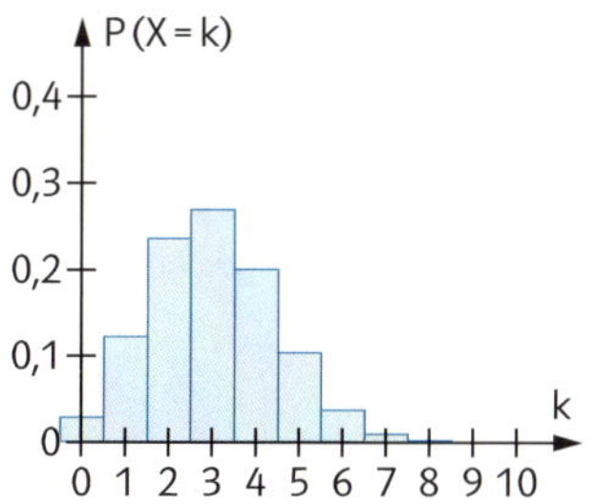

Abbildung 1

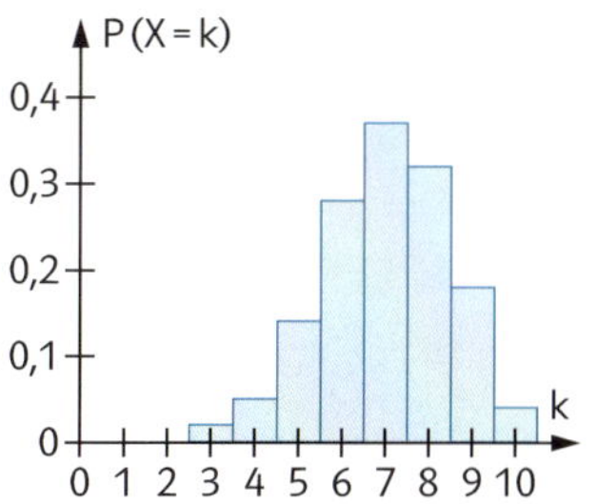

Abbildung 2

**d)** In einem kartesischen Koordinatensystem sind die Punkte $A(0|2|2)$, $B(4|-1|z)$ und $C(-3|y|6)$ mit $y, z \in \mathbb{R}$ gegeben.

(1) B liegt auf der Geraden $g\colon \vec{X} = \begin{pmatrix} 0 \\ 2 \\ 2 \end{pmatrix} + r \cdot \begin{pmatrix} -1 \\ 0{,}75 \\ -2 \end{pmatrix}$ mit $r \in \mathbb{R}$.

3 P *Bestimmen Sie den Wert von z.* Tipp 7

3 P (2) *Zeigen Sie, dass der Abstand von A und C mindestens 5 beträgt.* Tipp 8

# Prüfungsteil B (mit Hilfsmittel)

## Aufgabe B1

Die Zahl der Haushalte in Deutschland, die über einen Glasfaseranschluss erreichbar sind, wächst ständig. Aber nicht alle erreichbaren Haushalte nutzen auch ihre Anschlüsse.
Die Abbildung 1 zeigt die Anzahl der Haushalte mit genutztem Glasfaseranschluss (im Folgenden Glasfaserhaushalte genannt) für die Jahre 2011 bis 2017. Dabei wird auf der t-Achse die Zeit in Jahren seit dem 01.01.2011 und auf der y-Achse die Anzahl der Glasfaserhaushalte in Tausend angegeben.

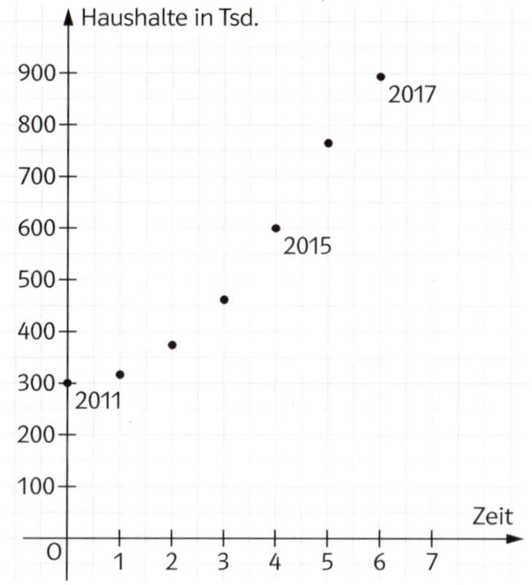


Abbildung 1

**a)** Die Anzahl der Glasfaserhaushalte in Tausend wird durch eine Exponentialfunktion f der Form $f(t) = a \cdot e^{b \cdot t}$ modelliert, deren Graph durch die Punkte $P_1(0\,|\,296)$ und $P_2(4\,|\,590)$ verläuft. Diese Funktion soll für Prognosen bis zum Jahr 2026 (t = 15) genutzt werden.

4 P (1) *Geben Sie den Parameter a an und bestimmen Sie b auf drei Nachkommastellen genau.* — Tipp 9

Im Folgenden soll mit $f(t) = 296 \cdot e^{0{,}17 \cdot t}$ weitergearbeitet werden.

4 P (2) Im Jahr 2017 wurden in einer Erhebung ca. 880 000 Glasfaserhaushalte gezählt.
*Bestimmen Sie die sinnvoll gerundete Anzahl der Glasfaserhaushalte, die sich bei der Modellierung mit der Funktion f für den 01.01.2017 ergibt.* — Tipp 10
*Ermitteln Sie die prozentuale Abweichung zu dem Wert aus der Erhebung.* — Tipp 11

5 P (3) *Bestimmen Sie im Modell für $0 \leq t \leq 15$ den Zeitpunkt, zu dem die Anzahl der Glasfaserkabel am schnellsten wächst.* — Tipp 12
*Bestimmen Sie die zugehörige Wachstumsgeschwindigkeit und geben Sie die Einheit an.* — Tipp 13

Neben der Anzahl der Haushalte mit genutztem Glasfaseranschluss wird auch die Gesamtzahl der Haushalte erhoben, die über einen Glasfaseranschluss erreichbar sind, unabhängig davon, ob sie ihn nutzen oder nicht. Diese Zahl der erreichbaren Haushalte wird durch die Funktion g mit $g(t) = 416{,}5 \cdot t + 434$ modelliert. Dabei wird auf der t-Achse die Zeit (in Jahren) seit dem 01.01.2011 und auf der y-Achse die Anzahl der Haushalte in Tausend angegeben (siehe Abbildung 2).

4 P **b)** (1) *Bestimmen Sie $\frac{f(4)}{g(4)}$ und interpretieren Sie diesen Wert im Sachzusammenhang.* — Tipp 14

7 P (2) *Bestimmen Sie rechnerisch den Hochpunkt der Funktion d mit $d(t) = g(t) - f(t),\ 0 \leqq t \leqq 15$.* — Tipp 15

2 P (3) *Interpretieren Sie die Bedeutung des Hochpunktes der Funktion d im Sachzusammenhang.* — Tipp 16

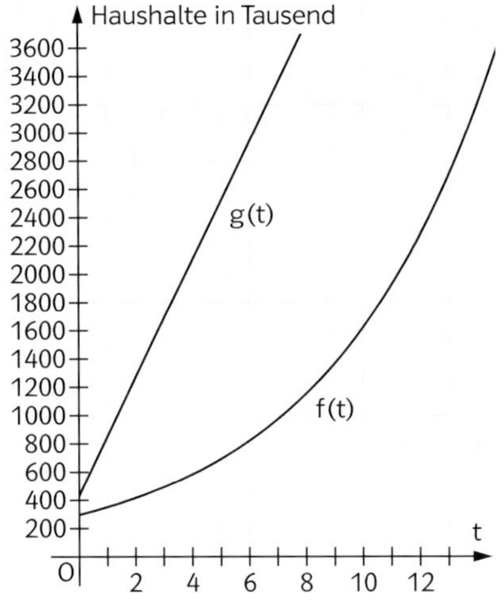


Abbildung 2

Es wird prognostiziert, dass der Markt für Glasfaseranschlüsse im weiteren Verlauf in eine Sättigungsphase eintritt, da eine zunehmende Zahl von Haushalten bereits über einen Glasfaseranschluss verfügt. Im Folgenden wird die Funktion f nur zur Prognose der Anzahl von Glasfaserhaushalten in Tausend bis zum 01.01.2026 ($t \leqq 15$) genutzt. Der momentane Zuwachs der Anzahl der Glasfaserhaushalte in Tausend pro Jahr ab dem 01.01.2026 ($t \geqq 15$) wird durch die **Änderungsrate** z mit der Funktionsgleichung $z(t) = 50{,}32 \cdot e^{6{,}99 - 0{,}296 \cdot t}$ modelliert.

6 P **c)** (1) *Bestimmen Sie die Anzahl der Glasfaserhaushalte am 01.01.2026.* — Tipp 17
*Bestimmen Sie die Anzahl der Glasfaserhaushalte, die gemäß der Modellierung vom 01.01.2026 bis zum 01.01.2036 hinzukommen.* — Tipp 18

4 P (2) *Geben Sie einen Ansatz für einen Funktionsterm h an, der für $t \geqq 15$ die Anzahl der Glasfaserhaushalte in Tausend modelliert. Eine Vereinfachung oder Berechnung ist nicht erforderlich.* — Tipp 19

(3) Es gilt: $z(t) > 0$ und $z'(t) < 0$ für alle $t \in \mathbb{R}$.
[Ein Nachweis ist nicht erforderlich.]

4 P *Interpretieren Sie die Aussage für $t \geqq 15$ im Sachzusammenhang.* — Tipp 20

## Aufgabe B2

Für jede reelle Zahl $k \geqq 0$ ist durch die Gleichung

$f_k(x) = x^3 - k \cdot x;\ x \in \mathbb{R}$

eine Funktion $f_k$ gegeben.

**a)** (1) Die in der Abbildung 1 dargestellten Graphen I, II und III gehören jeweils zu einem der Werte $k = 1$, $k = 2$ und $k = 3$.

3 P *Entscheiden Sie, welcher Graph zu welchem Wert gehört.* — Tipp 21

(2) *Ermitteln Sie denjenigen Wert von k, für den der Punkt (0,5 | −1)*
3 P *auf dem Graphen von $f_k$ liegt.* — Tipp 22

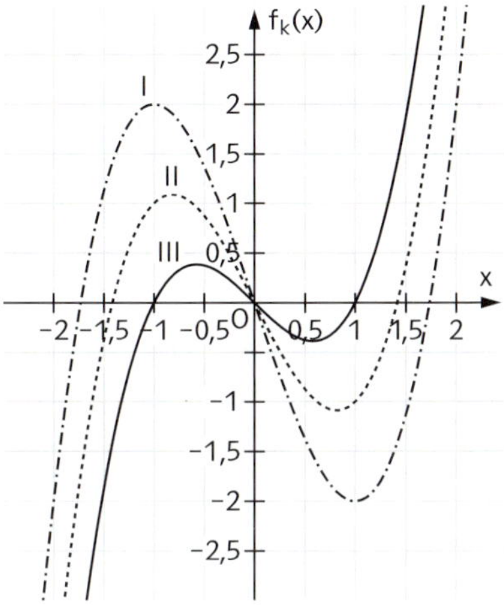

Abbildung 1

Im Folgenden wird die konkrete Funktion $f_1$ mit der Gleichung

$f_1(x) = x^3 - x;\ x \in \mathbb{R}$

betrachtet.

7 P **b)** *Untersuchen Sie die Funktion $f_1$ rechnerisch auf lokale Extremstellen.* — Tipp 23

**c)** (1) *Bestimmen Sie rechnerisch den Inhalt der Fläche, die für $x \leqq 0$ vom*
6 P *Graphen von $f_1$ und der x-Achse eingeschlossen wird.* — Tipp 24

(2) In der Abbildung 2 sehen Sie den Graphen von $f_1$ und eine Gerade $g_a$: $y = a \cdot x$, die den Graphen von $f_1$ an drei Stellen $x = s_1$, $x = 0$ und $x = s_3$ schneidet.

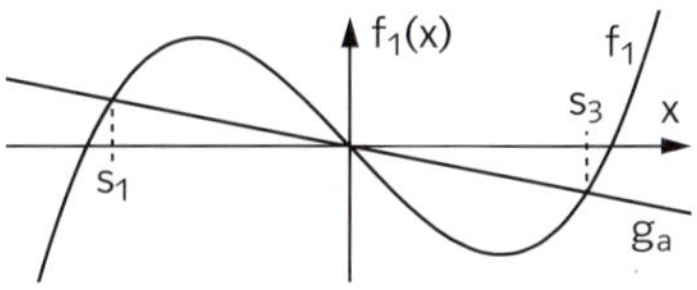

Abbildung 2

*Geben Sie für die in Abbildung 2 dargestellte Situation ohne weitere Berechnung den Wert des Integrals* $\int_{s_1}^{s_3} (f_1(x) - a \cdot x)\,dx$ *an.*

5 P *Begründen Sie Ihre Angabe.* — Tipp 25

2 P **d)** (1) *Zeichnen Sie die Gerade $t$: $y = -0{,}25x + 0{,}25$ in die Abbildung 1 ein.* — Tipp 26

(2) *Weisen Sie rechnerisch nach, dass t eine Tangente an den Graphen*
5 P *von $f_1$ ist.* — Tipp 27

(3) Die Tangente t und der Graph von $f_1$ schließen eine Fläche ein.
4 P *Ermitteln Sie den Inhalt dieser Fläche.* — Tipp 28

(4) *Zeigen Sie:*
*Für jede Zahl $r > 0$ ist die Gerade durch die Punkte $A_r(-r \mid f_1(-r))$*
5 P *und $B_r(2 \cdot r \mid f_1(2 \cdot r))$ eine Tangente an den Graphen von $f_1$ im Punkt $A_r$.* — Tipp 29

## Aufgabe B3

Die Abbildung zeigt den Würfel ABCDEFGH mit G(5|5|5) und H(0|5|5) in einem kartesischen Koordinatensystem. Die Punkte I(5|0|1), J(2|5|0), K(0|5|2) und L(1|0|5) liegen jeweils auf einer Kante des Würfels.

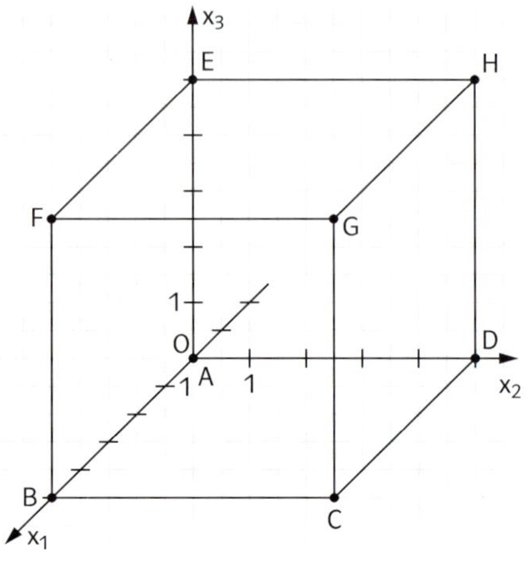


Abbildung

2 P **a)** *Geben Sie die Koordinaten der Eckpunkte D und F an.* — Tipp 30

4 P **b)** *Zeichnen Sie das Viereck IJKL in die Abbildung ein.* — Tipp 31

**c)** Das Viereck IJKL liegt in einer Ebene Q.
4 P *Stellen Sie eine Parametergleichung der Ebene Q auf.* — Tipp 32

[Mögliche Lösung: $Q: \vec{X} = \begin{pmatrix} -2 \\ 5 \\ 4 \end{pmatrix} + k \cdot \begin{pmatrix} -5 \\ 5 \\ 1 \end{pmatrix} + l \cdot \begin{pmatrix} -6 \\ 5 \\ 2 \end{pmatrix}$ mit $k, l \in \mathbb{R}$]

3 P **d)** *Stellen Sie die Raumdiagonale $\overline{AG}$ in Parameterform dar.* — Tipp 33

4 P *Berechnen Sie den Schnittpunkt U von $\overline{AG}$ mit der Ebene Q.* — Tipp 34

**e)** *Zeigen Sie, dass das Viereck IJKL ein Trapez ist, in dem zwei Seiten gleich lang*
4 P *sind.* — Tipp 35

*Weisen Sie nach, dass die Seite $\overline{IL}$ des Trapezes doppelt so lang ist wie die*
2 P *Seite $\overline{JK}$.* — Tipp 36

4 P **f)** *Berechnen Sie die Größe eines Innenwinkels des Trapezes IJKL.* — Tipp 37

**g)** Der Punkt P(4|0|2) liegt auf der Strecke $\overline{IL}$.
3 P *Zeigen Sie, dass $\overrightarrow{JP}$ auf $\overrightarrow{IL}$ senkrecht steht.* — Tipp 38

5 P **h)** *Berechnen Sie den Flächeninhalt des Trapezes IJKL.* — Tipp 39

**i)** Gegeben ist die Ebene $S: \vec{X} = v \cdot \begin{pmatrix} -1 \\ -5 \\ 5 \end{pmatrix} + w \cdot \begin{pmatrix} -5 \\ 5 \\ 1 \end{pmatrix}$ mit $v, w \in \mathbb{R}$.

Der Punkt K liegt in einer Ebene T, die parallel zu S ist.
5 P *Untersuchen Sie, ob auch der Punkt L in T liegt.* — Tipp 40

## Aufgabe B4

Katja isst sehr gerne Gummibärchen. Ihre Mutter möchte verhindern, dass Katja zu viele Gummibärchen auf einmal isst. Die beiden vereinbaren, einmal täglich ein Spiel mit dem folgenden Glücksrad und Spielbrett durchzuführen:

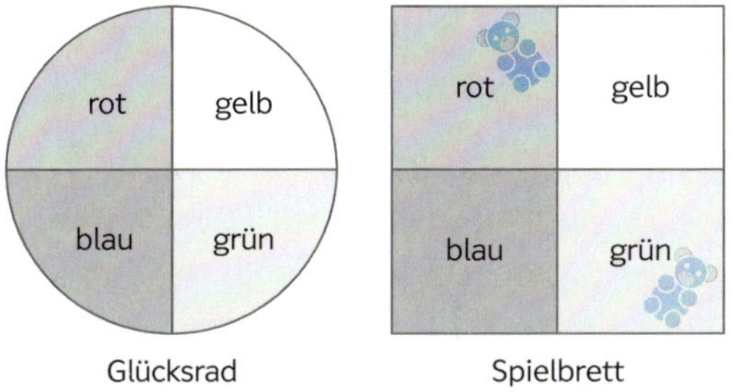


Abbildung 1

Das Glücksrad hat vier gleich große Sektoren mit den Farben rot, gelb, grün und blau. Das zugehörige Spielbrett besteht aus 4 Feldern in den gleichen Farben. Zu Beginn des Spiels ist das Spielbrett leer. Mit dem Glücksrad aus Abbildung 1 wird eine der 4 Farben bestimmt. Ist das Feld mit dieser Farbe leer, so wird dieses mit einem Gummibärchen belegt. Liegt bereits ein Gummibärchen in diesem Feld, dann erhält Katja das Gummibärchen, sodass das Feld danach wieder leer ist. Das Spiel endet, wenn alle 4 Felder belegt sind und Katja erhält die vier auf dem Spielbrett liegenden Gummibärchen.
Das Spiel kann als stochastischer Prozess mit den Zuständen $Z_0$, $Z_1$, $Z_2$, $Z_3$ und $Z_4$ modelliert werden. Dabei beschreibt der Zustand $Z_0$ ein leeres Spielbrett und $Z_1$, $Z_2$, $Z_3$ und $Z_4$ beschreiben die Zustände mit genau einem, zwei, drei oder vier Gummibärchen auf dem Spielbrett. Das Spiel endet, sobald der Zustand $Z_4$ erreicht ist.

**a)** Auf dem Spielbrett liegen zwei Gummibärchen. Das Spiel befindet sich also im Zustand $Z_2$.

4 P *Ermitteln Sie alle möglichen Zustände, die nach zwei weiteren Glücksraddrehungen auftreten können.* — Tipp 41

**b)** Das Histogramm in der folgenden Abbildung 2 gibt für jedes n mit $n \leq 25$ die Wahrscheinlichkeit p(n) dafür an, dass sich ein Spiel ab dem Spielbeginn nach **höchstens** n Glücksraddrehungen im Zustand $Z_4$ befindet.

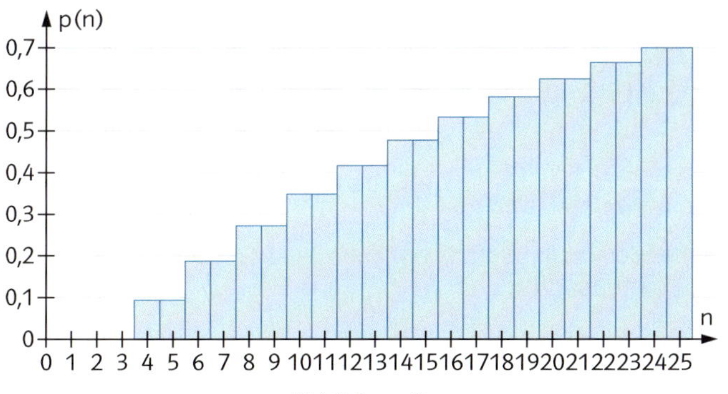


Abbildung 2

2 P (1) *Begründen Sie im Sachkontext, weshalb $p(n) = 0$ für $n \leqq 3$ ist.* Tipp 42

(2) *Geben Sie einen Näherungswert für die Wahrscheinlichkeit an, dass ein*
2 P *Spiel nach höchstens 25 Glücksraddrehungen beendet ist.* Tipp 43

**c)** Die folgende Matrix A modelliert die Übergangswahrscheinlichkeiten zwischen den Zuständen $Z_0$, $Z_1$, $Z_2$, $Z_3$ und $Z_4$.

$$\begin{matrix} & \text{von } Z_0 & Z_1 & Z_2 & Z_3 & Z_4 & \text{nach} \end{matrix}$$

$$A = \begin{pmatrix} 0 & 0{,}25 & 0 & 0 & 0 \\ 1 & 0 & 0{,}5 & 0 & 0 \\ 0 & 0{,}75 & 0 & 0{,}75 & 0 \\ 0 & 0 & 0{,}5 & 0 & 0 \\ 0 & 0 & 0 & 0{,}25 & 1 \end{pmatrix} \begin{matrix} Z_0 \\ Z_1 \\ Z_2 \\ Z_3 \\ Z_4 \end{matrix}$$

(1) *Erstellen Sie ein zu A passendes Übergangsdiagramm mit den ent-*
5 P *sprechenden Übergangswahrscheinlichkeiten.* Tipp 44

(2) *Bestimmen Sie das Matrix-Vektor-Produkt* $A^{10} \cdot \begin{pmatrix} 1 \\ 0 \\ 0 \\ 0 \\ 0 \end{pmatrix}$ *und interpretieren Sie die ersten beiden Komponenten des Ergebnisvektors im Sachzusammen-*
5 P *hang.* Tipp 45

(3) *Bestimmen Sie mithilfe der Matrix A die Wahrscheinlichkeiten der folgenden Ereignisse:*
(Zur Erinnerung: Zum Spielbeginn ist das Spielbrett leer.)
*$E_1$: Ab dem Spielbeginn endet ein Spiel nach höchstens 12 Glücksrad-drehungen.* Tipp 46
*$E_2$: Ab dem Spielbeginn endet ein Spiel nach genau 12 Glücksrad-drehungen.* Tipp 47
*$E_3$: Ab dem Spielbeginn liegen nach 9 Glücksraddrehungen genau 2 Gummibärchen auf dem Spielfeld.* Tipp 48
*$E_4$: Ab dem Spielbeginn liegen nach 9 Glücksraddrehungen höchstens*
11 P *2 Gummibärchen auf dem Spielfeld.* Tipp 49

**d)** Während eines Spiels wechselt mit jeder Glücksraddrehung die Anzahl der Gummibärchen auf dem Spielfeld. Entweder kommt ein Gummibärchen dazu (Vorwärtsschritt in Richtung $Z_4$) oder Katja erhält ein Gummibärchen vom Spielbrett (Rückwärtsschritt in Richtung $Z_0$). Immer erhält Katja am Spielende die vier Gummibärchen auf dem Spielbrett.

(1) Ein Spiel endet nach 6 Glücksraddrehungen.

3 P *Geben Sie begründet an, wie viele Gummibärchen Katja insgesamt bekommen hat.* Tipp 50

(2) *Begründen Sie, dass am Ende eines Spiels genau vier Vorwärtsschritte*
3 P *mehr als Rückwärtsschritte aufgetreten sind.* Tipp 51

(3) *Bestimmen Sie die Wahrscheinlichkeit, dass Katja am Ende eines Spiels*
5 P *höchstens 10 Gummibärchen erhalten hat.* Tipp 52

## Aufgabe B5

Für ein Schwimmbad besitzen 2000 Personen eine Jahreskarte. Für einen bestimmten Tag beschreibt die Zufallsgröße X die Anzahl der Jahreskartenbesitzer, die das Schwimmbad besuchen. Vereinfachend soll davon ausgegangen werden, dass X binomialverteilt ist. Dabei beträgt die Wahrscheinlichkeit dafür, dass ein zufällig ausgewählter Jahreskartenbesitzer an diesem Tag das Schwimmbad besucht, 10 %.

**a)** (1) Es gilt $P(X = 210) \approx 2{,}2\,\%$.

2 P *Interpretieren Sie diese Aussage im Sachzusammenhang.* Tipp 53

(2) *Bestimmen Sie die Wahrscheinlichkeit dafür, dass mehr als 210 Jahreskartenbesitzer das Schwimmbad besuchen.*

3 P Tipp 54

(3) *Bestimmen Sie die Wahrscheinlichkeit dafür, dass der Wert von X höchstens um eine halbe Standardabweichung vom Erwartungswert der Zufallsgröße abweicht.*

6 P Tipp 55

(4) *Bestimmen Sie die größte natürliche Zahl k, für die die Wahrscheinlichkeit dafür, dass weniger als k Jahreskartenbesitzer das Schwimmbad besuchen, kleiner als 10 % ist.*

4 P Tipp 56

(5) *Beschreiben Sie im Sachzusammenhang ein Zufallsexperiment, das durch das abgebildete Baumdiagramm dargestellt wird.* Tipp 57

*Geben Sie ein Ereignis an, dessen Wahrscheinlichkeit $1-(r+s)$ beträgt.*

4 P Tipp 58

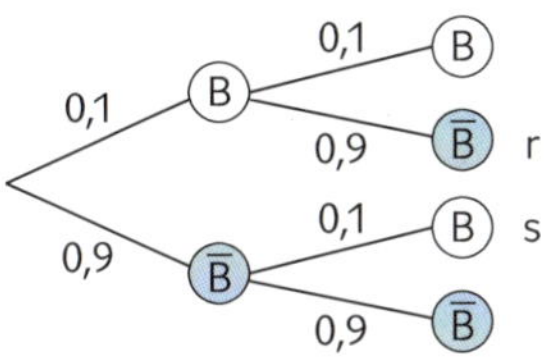

Abbildung 1

**b)** Abbildung 2 zeigt das Histogramm zu $P_{2000;0,1}(X = k)$.

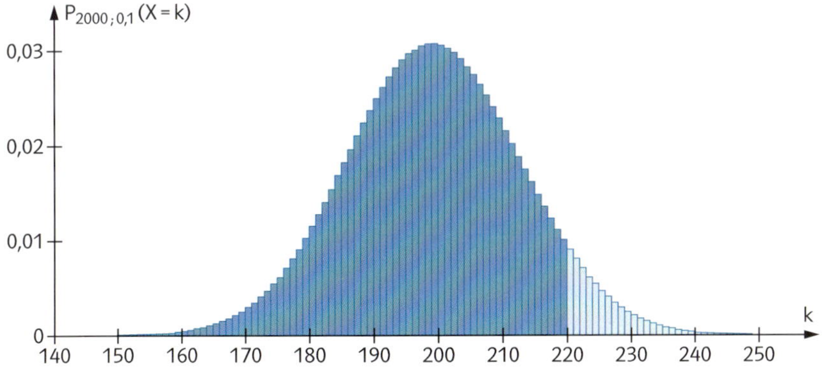

Abbildung 2

(1) *Beschreiben Sie im Sachzusammenhang eine Fragestellung, die zu der in Abbildung 2 dargestellten Situation passt.*

3 P Tipp 59

(2) *Bestimmen Sie die in Abbildung 2 dunkel dargestellte Wahrscheinlichkeit auf vier Nachkommastellen genau.*

2 P Tipp 60

**c)** Auf dem Gelände des Schwimmbades wird ein Kiosk betrieben. Der Besitzer nimmt vereinfachend an, dass jeder Gast 4 €, 12 € oder gar kein Geld an seinem Kiosk ausgibt. Die Wahrscheinlichkeit, dass ein Gast 4 € ausgibt, betrage 50 %, die Wahrscheinlichkeit, dass ein Gast 12 € ausgibt, betrage 30 %.

(1) Am betrachteten Tag besuchen 660 Personen das Bad.
*Bestimmen Sie die Höhe der Einnahmen, mit denen der Besitzer des Kiosks rechnen kann.* 3 P — Tipp 61

(2) *Ermitteln Sie die Wahrscheinlichkeit dafür, dass der Besitzer des Kiosks an dem betrachteten Tag erwartete Einnahmen von den Jahreskartenbesitzern hat, die mindestens 1000 € betragen.* 4 P — Tipp 62

**d)** Die Schwimmbadleitung hat die Außenanlagen komplett umgestaltet. Nun hofft sie, dass sich die Wahrscheinlichkeit dafür erhöht hat, dass ein zufällig ausgewählter Jahreskartenbesitzer an einem Tag, der mit dem in der Einleitung genannten vergleichbar ist, das Schwimmbad besucht. Daher zählt sie an einem solchen vergleichbaren Tag die Anzahl der Besucher mit Jahreskarte. Falls es 215 oder mehr sind, will die Schwimmbadleitung davon ausgehen, dass die Umbaumaßnahmen wirksam waren.

(1) X sei die in a) betrachtete Zufallsgröße.

*Ermitteln Sie $P_{2000;\,0,10}(X \geqq 215)$ und erläutern Sie die Bedeutung des Wertes im Sachzusammenhang.* 5 P — Tipp 63

(2) Die getroffenen Maßnahmen mögen Erfolg gehabt haben. Die Wahrscheinlichkeit dafür, dass ein zufällig ausgewählter Jahreskartenbesitzer an dem betrachteten Tag das Schwimmbad besucht, betrage nun 12 %. Für diesen Tag beschreibt die neue Zufallsgröße Y die Anzahl der Jahreskartenbesitzer, die das Schwimmbad besuchen. Dabei sei $p_{neu} = 0{,}12$ und $n = 2000$. Vereinfachend soll wieder davon ausgegangen werden, dass Y binomialverteilt ist.

*Ermitteln Sie die Wahrscheinlichkeit dafür, dass die Schwimmbadleitung in der vorliegenden Situation die Wirksamkeit der Umbaumaßnahmen falsch beurteilt.* 4 P — Tipp 64

# Tipps

## Folgende Tipps geben eine erste Hilfestellung:

| | |
|---|---|
| Tipp 1 | Setzen Sie die Funktionsterme der Funktionen g und h gleich. |
| Tipp 2 | Wie kann man das Maß der Fläche, die die Graphen zweier Funktionen einschließen, ermitteln? |
| Tipp 3 | Bestimmen Sie die 1. Ableitung der Funktion f. |
| Tipp 4 | Ermitteln Sie die Wendestelle(n) der Funktion f. |
| Tipp 5 | Zeichnen Sie ein geeignetes Baumdiagramm. |
| Tipp 6 | Berechnen Sie zunächst den Erwartungswert von X.<br>Beachten Sie, dass $P(X \leqq 10) = 1$ ist. |
| Tipp 7 | Wenn der Punkt B auf der Geraden g liegt, müssen seine Koordinaten die Geradengleichung erfüllen. |
| Tipp 8 | Bestimmen Sie die Koordinaten des Vektors $\overrightarrow{AC}$. |
| Tipp 9 | Die Koordinaten der Punkte erfüllen die Funktionsgleichung. |
| Tipp 10 | Berechnen Sie die Anzahl der Glasfaserhaushalte. |
| Tipp 11 | Berechnen Sie das Verhältnis zwischen dem Wert der Modellierung und dem Wert der Erhebung. |
| Tipp 12 | Bestimmen Sie die Ableitung der Funktion. |
| Tipp 13 | Interpretieren Sie das Ergebnis der Ableitung im Kontext. |
| Tipp 14 | Berechnen Sie den angegebenen Quotienten. |
| Tipp 15 | Bilden Sie die Funktion d als Differenzfunktion und ermitteln Sie anschließend den Hochpunkt des Graphen dieser Funktion. |
| Tipp 16 | Überlegen Sie, welche Bedeutung die Differenzfunktion d hat. |
| Tipp 17 | Interpretieren Sie das Datum als einen Wert der Variablen. |
| Tipp 18 | Berechnet werden soll die wachsende Anzahl der Glasfaserhaushalte in einem bestimmten Zeitraum. |
| Tipp 19 | Überlegen Sie, welche Voraussetzungen der gesuchte Term haben muss. |
| Tipp 20 | Interpretieren Sie die Änderungsrate im Sachzusammenhang. |
| Tipp 21 | Bestimmen Sie durch Einsetzen der Werte für k die konkreten Gleichungen der drei Scharvertreter $f_0$, $f_1$ und $f_2$. |
| Tipp 22 | Nutzen Sie aus, dass die Koordinaten des gegebenen Punktes die Funktionsgleichung des gesuchten Scharvertreters erfüllen. |
| Tipp 23 | Bestimmen Sie 1. und 2. Ableitungsfunktion der Funktion $f_1$. |
| Tipp 24 | Berechnen Sie die Nullstellen von $f_1$. |

| | |
|---|---|
| **Tipp 25** | Verdeutlichen Sie sich anhand der vorliegenden Skizze, welche inhaltliche Bedeutung der Wert des Integrals $\int_{s_1}^{s_3} (f_1(x) - a \cdot x)\,dx$ hat. |
| **Tipp 26** | Welche Informationen liefern die Parameter m und b in einer Geradengleichung $y = m \cdot x + b$? |
| **Tipp 27** | Beachten Sie, dass eine Gerade eine Tangente an einen Funktionsgraphen darstellt, wenn sie in einem gemeinsamen Punkt dieselbe Steigung wie die Funktion hat. |
| **Tipp 28** | Bestimmen Sie die Schnittstellen der Geraden t und der Funktion $f_1$, indem Sie die Funktionsterme von t und $f_1$ gleichsetzen. |
| **Tipp 29** | Ermitteln Sie mithilfe der Steigungsformel $m = \frac{y_2 - y_1}{x_2 - x_1}$ die Steigung der Geraden durch die Punkte $A_r(-r \mid f_1(-r))$ und $B_r(2 \cdot r \mid f_1(2 \cdot r))$. |
| **Tipp 30** | Nutzen Sie aus, das die Punkte D und F Eckpunkte eines Würfels sind. |
| **Tipp 31** | Orientieren Sie sich in dem dreidimensionalen Koordinatensystem und markieren Sie die Punkte I, J, K und L in der vorgegebenen Skizze. |
| **Tipp 32** | Wählen Sie drei beliebige Punkte der Ebene Q aus. |
| **Tipp 33** | Stellen Sie eine Parametergleichung der Geraden durch die Punkte A und G auf. |
| **Tipp 34** | Die Koordinaten des Schnittpunktes U der Raumdiagonalen $\overline{AG}$ mit der Ebene Q müssen beide Parametergleichungen erfüllen. |
| **Tipp 35** | Überlegen Sie, welche besonderen Eigenschaften ein Trapez aufweist. |
| **Tipp 36** | Bestimmen Sie die Verbindungsvektoren $\overrightarrow{IL}$ und $\overrightarrow{JK}$. |
| **Tipp 37** | Wählen Sie einen Innenwinkel des Trapezes aus und überlegen Sie, welche Vektoren die Trapezseiten, die an dem ausgewählten Winkel anliegen, darstellen. |
| **Tipp 38** | Wie prüft man, ob zwei Vektoren senkrecht aufeinander stehen? |
| **Tipp 39** | Machen Sie sich – eventuell anhand einer Skizze – klar, wie man den Flächeninhalt eines gleichschenkligen Trapezes bestimmen kann. |
| **Tipp 40** | Welche Beziehung besteht bei zwei parallelen Ebenen zwischen den jeweiligen Richtungsvektoren? |
| **Tipp 41** | Beachten Sie, dass sich die Anzahl der Gummibärchen auf dem Spielbrett nach jeder der nächsten zwei Drehungen um 1 verändert. |
| **Tipp 42** | Beachten Sie, dass die Anzahl der Gummibärchen auf dem Spielbrett pro Drehung um höchstens eins zunehmen kann. |
| **Tipp 43** | Sie können den Näherungswert direkt der Abbildung 2 entnehmen. |
| **Tipp 44** | Verwenden Sie die im Aufgabentext gegebenen Abkürzungen für die fünf verschiedenen Zustände des stochastischen Prozesses. |
| **Tipp 45** | $A^{10} \cdot \begin{pmatrix} 1 \\ 0 \\ 0 \\ 0 \\ 0 \end{pmatrix}$ können Sie direkt mit dem GTR berechnen. |

| | |
|---|---|
| **Tipp 46** | Die Startverteilung lautet $\vec{x_0} = \begin{pmatrix} 1 \\ 0 \\ 0 \\ 0 \\ 0 \end{pmatrix}$. |
| **Tipp 47** | Die Startverteilung lautet $\vec{x_0} = \begin{pmatrix} 1 \\ 0 \\ 0 \\ 0 \\ 0 \end{pmatrix}$. Beachten Sie, dass hier $P(n = 12)$ gesucht ist. |
| **Tipp 48** | Beachten Sie, dass die Zahl 9 eine ungerade Zahl ist. |
| **Tipp 49** | Die Startverteilung lautet $\vec{x_0} = \begin{pmatrix} 1 \\ 0 \\ 0 \\ 0 \\ 0 \end{pmatrix}$. |
| **Tipp 50** | Beachten Sie, dass Katja, außer am Spielende, nur dann ein Gummibärchen erhält, falls man einen Rückwärtsschritt macht. |
| **Tipp 51** | Beachten Sie, dass man mindestens vier Vorwärtsschritte benötigt, um das Spiel zu beenden. |
| **Tipp 52** | Bestimmen Sie zunächst die Anzahl der Drehungen, die man benötigt, damit Katja genau 10 Gummibärchen erhält. |
| **Tipp 53** | Beachten Sie die Definition der Zufallsgröße X. |
| **Tipp 54** | Die Zufallsgröße X ist binomialverteilt mit $p = 0{,}1$ und $n = 2000$. |
| **Tipp 55** | Berechnen Sie zuerst den Erwartungswert $\mu$ und die Standardabweichung $\sigma$ für diese Binomialverteilung. |
| **Tipp 56** | Die Zufallsgröße X ist binomialverteilt mit $p = 0{,}1$ und $n = 2000$. |
| **Tipp 57** | Das Baumdiagramm veranschaulicht ein zweistufiges Zufallsexperiment. |
| **Tipp 58** | Beschreiben Sie das Ereignis, das laut Abbildung 1 die Wahrscheinlichkeit r besitzt. |
| **Tipp 59** | Beachten Sie, dass die Abbildung 2 das Histogramm einer Binomialverteilung zeigt. |
| **Tipp 60** | Die Zufallsgröße X ist binomialverteilt mit $p = 0{,}1$ und $n = 2000$. |
| **Tipp 61** | Z beschreibt die Einnahmen in Euro, die der Besitzer des Kiosk pro Gast erhält. |
| **Tipp 62** | Aus Teilaufgabe c)(1) wissen Sie, dass ein Gast des Schwimmbades im Durchschnitt 5,60 € am Kiosk ausgibt. |
| **Tipp 63** | Die Zufallsgröße X ist binomialverteilt mit $p = 0{,}1$ und $n = 2000$. |
| **Tipp 64** | Die Zufallsgröße Y ist binomialverteilt mit $p = 0{,}12$ und $n = 2000$. |

## Folgende Tipps geben eine weitere Hilfestellung:

| | |
|---|---|
| **Tipp 1** | Nach Umformung entsteht eine quadratische Gleichung. |
| **Tipp 2** | Geben Sie ein Integral an, das das Maß der gesuchten Fläche beschreibt, und bestimmen Sie eine Stammfunktion. |

| | |
|---|---|
| Tipp 3 | Verwenden Sie die Produkt- und Kettenregel zur Bestimmung der 1. Ableitung von f. |
| Tipp 4 | Verwenden Sie die notwendige Bedingung für Wendestellen. |
| Tipp 5 | Das Gegenereignis lautet: „Beide entnommenen Kugeln sind weiß". Berechnen Sie zunächst die Wahrscheinlichkeit für das Gegenereignis. |
| Tipp 6 | Der Erwartungswert von X ist 7 und damit ganzzahlig. Was bedeutet dies für die Wahrscheinlichkeit von $X = 7$ im Vergleich mit den anderen Wahrscheinlichkeiten für $X \neq 7$? |
| Tipp 7 | Setzen Sie die Koordinaten von B in die Geradengleichung ein und vereinfachen Sie das erhaltene Gleichungssystem so weit wie möglich. Nutzen Sie aus, dass es eindeutig lösbar sein muss. |
| Tipp 8 | Berechnen Sie die Länge des Vektors $\overrightarrow{AC}$. Sie erhalten einen von z abhängigen Term. |
| Tipp 9 | Stellen Sie mithilfe der Koordinaten der Punkte die entsprechenden Funktionsgleichungen auf. |
| Tipp 10 | Ermitteln Sie die Anzahl der Jahre seit Beginn der Aufzeichnung. |
| Tipp 11 | Bilden Sie den Quotienten aus dem Wert der Modellierung und dem Wert der Erhebung. |
| Tipp 12 | Berechnen Sie die Funktionswerte der Ableitung für $0 \leqq t \leqq 15$. |
| Tipp 13 | Interpretieren Sie das Ergebnis der Ableitung an der Stelle 15 im Kontext. |
| Tipp 14 | Berechnen Sie $f(4)$ und $g(4)$. Danach bilden Sie den entsprechenden Quotienten. |
| Tipp 15 | Verwenden Sie die notwendige und hinreichende Bedingung für lokale Extrema. |
| Tipp 16 | Die Funktion f beschreibt die Anzahl der Glasfaserhaushalte, die Funktion g beschreibt die Anzahl der Glasfaseranschlüsse, egal ob verwendet oder nicht. |
| Tipp 17 | Der 01.01.2016 beschreibt $t = 15$. |
| Tipp 18 | Berechnen Sie das Integral über $z(t)$ im Intervall von 15 (01.01.2026) bis 25 (01.01.2036). |
| Tipp 19 | Die Ausgangsfunktion und die Funktion der Änderungsrate müssen miteinbezogen werden. |
| Tipp 20 | Interpretieren Sie die Aussagen $z(t) > 0$ und $z'(t) < 0$. |
| Tipp 21 | Ermitteln Sie z. B. die Nullstellen der drei Scharvertreter. |
| Tipp 22 | Setzen Sie die Koordinaten des Punktes in die Gleichung der Funktionsschar ein und lösen Sie die erhaltene Gleichung nach k auf. |
| Tipp 23 | Benutzen Sie die notwendige und hinreichende Bedingung zur Bestimmung der lokalen Extremstellen. |
| Tipp 24 | Die Größe des von dem Graphen von $f_1$ mit der x-Achse im 2. Quadranten eingeschlossenen Flächenstücks wird durch das Integral $\int_{-1}^{0} f(x)\,dx$ gegeben. |
| Tipp 25 | Überlegen Sie, wie man das Maß der Fläche zwischen zwei Funktionsgraphen berechnet und welchen Einfluss dabei die Lage der beiden Graphen zueinander hat. |
| Tipp 26 | Wie muss das Steigungsdreieck im vorliegenden Fall aussehen? |

| | |
|---|---|
| **Tipp 27** | Bestimmen Sie die Stellen, an denen die Funktion $f_1$ dieselbe Steigung wie die Gerade t hat. Nutzen Sie dabei aus, dass die Steigung der Funktion $f_1$ durch ihre Ableitung $f_1'$ ermittelt wird. |
| **Tipp 28** | Berechnen Sie die Größe des eingeschlossenen Flächenstücks mithilfe eines geeigneten Integrals. |
| **Tipp 29** | Bestimmen Sie die Steigung der Funktion $f_1$ an der Stelle $x = -r$. |
| **Tipp 30** | Beachten Sie die besondere Lage der Punkte D und F im Koordinatensystem. |
| **Tipp 31** | Verbinden Sie die eingezeichneten Punkte I, J, K und L. Sie erhalten ein in dem Würfel liegendes Viereck. |
| **Tipp 32** | Bestimmen Sie mit der Dreipunkteform der Ebenengleichung eine Parametergleichung für die Ebene Q. |
| **Tipp 33** | Welche Einschränkung muss für den Parameter der Gleichung der Geraden AG gelten, damit nur die Punkte der *Strecke* $\overline{AG}$ erfasst werden? |
| **Tipp 34** | Setzen Sie die Terme der Parametergleichungen der Strecke $\overline{AG}$ und der Ebene Q gleich und lösen Sie das entstehende Gleichungssystem. |
| **Tipp 35** | Weisen Sie die Parallelität der Seitenvektoren $\overrightarrow{IL}$ und $\overrightarrow{JK}$ nach und bestimmen Sie die Länge der Seitenvektoren $\overrightarrow{IJ}$ und $\overrightarrow{KL}$. |
| **Tipp 36** | Berechnen Sie die Länge der Vektoren $\overrightarrow{IL}$ und $\overrightarrow{JK}$ und vergleichen Sie. |
| **Tipp 37** | Berechnen Sie mit der Formel für den Winkel zwischen zwei Vektoren die Größe des ausgewählten Innenwinkels. |
| **Tipp 38** | Berechnen Sie das Skalarprodukt der Vektoren $\overrightarrow{IL}$ und $\overrightarrow{JP}$. |
| **Tipp 39** | Für den Flächeninhalt F eines gleichschenkligen Trapezes gilt $F = 0{,}5 \cdot (a + c) \cdot h$, wobei a und c die Längen der parallelen Seiten und h die Höhe des Trapezes sind. |
| **Tipp 40** | Ermitteln Sie mithilfe des angegebenen Punktes und der Richtungsvektoren eine Parametergleichung für die Ebene T. |
| **Tipp 41** | Falls die Anzahl der Gummibärchen bei beiden Drehungen jeweils um 1 zunimmt, dann befinden sich 4 Gummibärchen auf dem Spielbrett. Welchem Zustand entspricht dies? |
| **Tipp 42** | Nach drei Drehungen befinden sich höchstens drei Gummibärchen auf dem Spielbrett. |
| **Tipp 43** | Die Abbildung 2 zeigt für jedes n mit $n \leq 25$, die Wahrscheinlichkeit p(n) dafür an, dass das Spiel nach höchstens n Glücksraddrehungen beendet ist. |
| **Tipp 44** | Im Übergangsdiagramm benötigen Sie insgesamt acht Pfeile, von denen nur einer am gleichen Zustand endet, an dem er auch beginnt. Notieren Sie die in der Matrix A gegebenen Übergangswahrscheinlichkeiten auf den entsprechenden Pfeilen. |
| **Tipp 45** | Die Komponenten des erhaltenen Verteilungsvektors $\overrightarrow{x_{10}}$ sind die gesuchten Wahrscheinlichkeiten. Die beiden ersten Komponenten beziehen sich auf die Zustände $Z_0$ und $Z_1$. |
| **Tipp 46** | Berechnen Sie $\overrightarrow{x_{12}} = A^{12} \cdot \overrightarrow{x_0}$. |
| **Tipp 47** | Berechnen Sie $\overrightarrow{x_{12}} = A^{12} \cdot \overrightarrow{x_0}$ und $\overrightarrow{x_{11}} = A^{11} \cdot \overrightarrow{x_0}$. |

| | |
|---|---|
| **Tipp 48** | Nach einer ungeraden Anzahl von Drehungen befindet sich eine ungerade Anzahl von Gummibärchen auf dem Spielbrett. |
| **Tipp 49** | Berechnen Sie $\overrightarrow{x_9} = A^9 \cdot \overrightarrow{x_0}$. |
| **Tipp 50** | Beachten Sie, dass Katja mindestens vier Vorwärtsschritte machen muss, um das Spiel zu beenden. Die Summe aus der Anzahl der Vorwärtsschritte und der Anzahl der Rückwärtsschritte ist hier 6. |
| **Tipp 51** | Beachten Sie, dass man für jeden Rückwärtsschritt einen Vorwärtsschritt benötigt, damit das System sich wieder im selben Zustand $Z_i$ $(i = 1, 2, 3)$ befindet. |
| **Tipp 52** | Man benötigt $2 \cdot 6 + 4 = 16$ Drehungen, damit Katja genau 10 Gummibärchen erhält. Berechnen Sie $\overrightarrow{x_{16}} = A^{16} \cdot \overrightarrow{x_0}$. |
| **Tipp 53** | X beschreibt die Anzahl der Jahreskartenbesitzer, die an einem bestimmten Tag das Schwimmbad besuchen. |
| **Tipp 54** | Berechnen Sie $P(X > 210) = P(X \geqq 211) = 1 - P(X \leqq 210)$. |
| **Tipp 55** | Es gilt $\mu = n \cdot p = 2000 \cdot 0{,}1 = 200$ und $\sigma = \sqrt{n \cdot p \cdot (1-p)} = \sqrt{2000 \cdot 0{,}1 \cdot 0{,}9} \approx 13{,}42$. Beachten Sie, dass die Zufallsgröße X nur natürliche Zahlen annehmen kann. |
| **Tipp 56** | Der gesuchte Wert von k muss folgende Bedingung erfüllen:<br>$P(X < k) = P(X \leqq k-1) \leqq 0{,}1$ |
| **Tipp 57** | Sie können B als „Jahreskartenbesitzer besucht das Bad" interpretieren. Beachten Sie, dass $\overline{B}$ das Gegenereignis zu B ist. |
| **Tipp 58** | Das Ereignis $B\overline{B}$ (Jahreskartenbesitzer 1 besucht das Bad und Jahreskartenbesitzer 2 besucht das Bad nicht) hat die Wahrscheinlichkeit r. |
| **Tipp 59** | Beachten Sie, dass nur die Säulen mit $k \leqq 220$ dunkel eingefärbt sind. |
| **Tipp 60** | Berechnen Sie $P(X \leqq 220)$ mit dem Taschenrechner. |
| **Tipp 61** | Berechnen Sie den Erwartungswert von Z. |
| **Tipp 62** | Berechnen Sie, wie viele Jahreskartenbesitzer an dem bestimmten Tag mindestens ins Bad kommen müssen, damit die Einnahmen des Besitzers mindestens 1000 € betragen. |
| **Tipp 63** | Beachten Sie, dass die Schwimmbadleitung, falls mindestens 215 Jahreskartenbesitzer ins Bad kommen, davon ausgeht, dass die Umbaumaßnahmen wirken. |
| **Tipp 64** | Beachten Sie, dass die Schwimmbadleitung jetzt die Wirksamkeit der Umbaumaßnahmen falsch beurteilt, falls höchstens 214 Jahreskartenbesitzer an diesem bestimmten Tag das Bad besuchen. |

## Folgende Tipps helfen, Lücken zu schließen:

| | |
|---|---|
| **Tipp 1** | Bearbeiten Sie aus F 2 die Beispiele a) und b) sowie die Aufgabe a), c) und d). |
| **Tipp 2** | Bearbeiten Sie aus F 23 das Beispiel 1 und die Aufgabe 1 a) und aus F 27 den 2. Fall, das Beispiel 2 und die Aufgabe 2. |
| **Tipp 3** | Bearbeiten Sie aus F 11 Beispiele b) und c), aus F 12 Beispiel b) und aus F 13 Beispiel a). |

| | |
|---|---|
| **Tipp 4** | Bearbeiten Sie die Fertigkeit F 20. |
| **Tipp 5** | Bearbeiten Sie aus F 68 das Beispiel 1 sowie die Aufgabe 1. |
| **Tipp 6** | Entnehmen Sie der Abbildung 2 näherungsweise die Wahrscheinlichkeiten für $X = 6, 7, 8$ und $9$ und addieren Sie diese Werte.<br>Bearbeiten Sie aus F 75 das Beispiel 2 und die Aufgabe 2. |
| **Tipp 7** | Lesen Sie den Einführungstext von F 54 und behandeln Sie die Beispiele und die Aufgabe. |
| **Tipp 8** | Überlegen Sie anhand des erhaltenen Terms, welche minimale Länge der Vektor $\overrightarrow{AC}$ haben kann. Bearbeiten Sie aus F 45 das Beispiel und die Aufgabe. |
| **Tipp 9** | Bearbeiten Sie aus F 4 das Beispiel 1. |
| **Tipp 10** | Von 2011 bis 2017 sind es sechs Jahre. Berechnen Sie $f(6)$. |
| **Tipp 11** | Berechnen Sie $\frac{f(6)}{880}$ und $1 - \frac{f(6)}{880}$. |
| **Tipp 12** | Das ermittelte Maximum beschreibt die Wachstumsgeschwindigkeit. |
| **Tipp 13** | Das ermittelte Maximum $f'(15)$ beschreibt die Wachstumsgeschwindigkeit in der Einheit „Tausend Glasfaserhaushalte pro Jahr". |
| **Tipp 14** | Der Quotient beschreibt den Anteil der Glasfaserhaushalte. |
| **Tipp 15** | Bearbeiten Sie aus F 18 das Beispiel b). |
| **Tipp 16** | Die Funktion d beschreibt die Anzahl der Glasfaserhaushalte, die diesen Anschluss nicht nutzen. |
| **Tipp 17** | Der Funktionswert an der Stelle $t = 15$ beschreibt die Anzahl der Glasfaserhaushalte. |
| **Tipp 18** | Erarbeiten Sie die Fertigkeiten F 25 und F 39. |
| **Tipp 19** | Erarbeiten Sie die Fertigkeit F 39. |
| **Tipp 20** | Betrachten Sie die Ungleichungen getrennt voneinander. Erarbeiten Sie die Fertigkeit F 21. |
| **Tipp 21** | Ordnen Sie mithilfe der Nullstellen die Graphen zu. Bearbeiten Sie zudem aus F 42 das Beispiel 1. |
| **Tipp 22** | Bearbeiten Sie aus F 42 den Einführungstext und das Beispiel 1. |
| **Tipp 23** | Beachten Sie F 8, F 9 und F 10 und bearbeiten Sie aus F 18 das Beispiel a) sowie die Aufgabe a). |
| **Tipp 24** | Bestimmen Sie eine Stammfunktion zu $f_1$ und berechnen Sie mit ihrer Hilfe das Integral $\int_{-1}^{0} f(x)\,dx$. Bearbeiten Sie aus F 23 das Beispiel 1 a) und die Aufgabe 1 a) und aus F 26 die Aufgabe 2 a). |
| **Tipp 25** | Nutzen Sie die Symmetrie der Funktion $f_1$ und der Geraden $g_a$ aus und geben Sie die Größe des angegebenen Integrals an. Bearbeiten Sie aus F 27 den 2. Fall und lösen Sie die Aufgabe 2 a). |
| **Tipp 26** | Zeichnen Sie mithilfe des y-Achsenabschnitts und eines geeigneten Steigungsdreiecks die Gerade t in die Abbildung 3 ein. |

| | |
|---|---|
| **Tipp 27** | Zeigen Sie, dass an einer der gefundenen Stellen die Funktionswerte der Funktion $f_1$ und der Geraden t übereinstimmen. Bearbeiten Sie aus **F 15** die Hinweise, das Beispiel 1 und die Aufgabe 1 a). |
| **Tipp 28** | Bearbeiten Sie aus **F 27** den Einführungstext sowie das Beispiel 2 und die Aufgabe 2. |
| **Tipp 29** | Bearbeiten Sie aus **F 15** den Teil 4 des Einführungstextes sowie das Beispiel 2 und die Aufgabe 2. |
| **Tipp 30** | Bearbeiten Sie aus **F 52** die Beispiele 1 und 2 sowie die Aufgabe 2. |
| **Tipp 31** | Bearbeiten Sie aus **F 52** die Beispiele und die Aufgabe 2. |
| **Tipp 32** | Betrachten Sie aus **F 55** die Möglichkeit 1 und behandeln Sie das Beispiel 1 und die Aufgabe 1. |
| **Tipp 33** | Arbeiten Sie von **F 53** den Fall 1 durch und bearbeiten Sie das Beispiel 1 und die Aufgabe 1. |
| **Tipp 34** | Bearbeiten Sie aus **F 59** das erste Beispiel und die Aufgabe 1. Beachten Sie auch die Fertigkeit **F 7**. |
| **Tipp 35** | Bearbeiten Sie aus **F 44** und **F 45** die Beispiele und die Aufgaben. |
| **Tipp 36** | Nutzen Sie als Hilfe aus **F 44** und **F 45** die Beispiele und die Aufgaben. |
| **Tipp 37** | Bearbeiten Sie aus **F 65** das Beispiel 1 sowie die Aufgabe 1. |
| **Tipp 38** | Bearbeiten Sie aus **F 51** das Beispiel und die Aufgabe. |
| **Tipp 39** | Beachten Sie, dass die Länge des Vektors $\overrightarrow{JP}$ der Höhe des Trapezes entspricht. Bestimmen Sie die benötigten Seitenlängen des Trapezes und setzen Sie sie in die Formel für den Flächeninhalt ein. |
| **Tipp 40** | Führen Sie eine Punktprobe mit der gefundenen Ebene T durch.<br>Bearbeiten Sie aus **F 56** das Beispiel und die Aufgabe. |
| **Tipp 41** | Wenn sich 4 Gummibärchen auf dem Spielbrett befinden, dann befindet sich das System im Zustand $Z_4$. Falls die Anzahl der Gummibärchen bei beiden Drehungen jeweils um 1 abnimmt, dann befinden sich keine Gummibärchen auf dem Spielbrett ($Z_0$). Beachten Sie, dass die Anzahl der Gummibärchen nach zwei Drehungen auch unverändert sein kann. |
| **Tipp 42** | Beachten Sie, dass das Spiel erst dann beendet ist, falls sich vier Gummibärchen auf dem Spielbrett befinden. |
| **Tipp 43** | Sie können einen Näherungswert an der Säule für $n = 25$ direkt ablesen. |
| **Tipp 44** | Bearbeiten Sie aus **F 77c** das Beispiel 2 und die Aufgabe 1. |
| **Tipp 45** | Bearbeiten Sie aus **F 80** das Beispiel 2 und die Aufgabe 1. Die erste Komponente von $\overrightarrow{x_{10}}$ gibt die Wahrscheinlichkeit an, dass sich das System nach 10 Drehungen im Zustand $Z_0$ befindet, d.h., es befindet sich kein Gummibärchen auf dem Spielbrett. |
| **Tipp 46** | Die Wahrscheinlichkeit, dass das Spiel beendet ist, ist der Wert, der in der letzten Komponente der Verteilung $\overrightarrow{x_{12}}$ steht. Bearbeiten Sie aus **F 80** das Beispiel 2 und die Aufgabe 1. |

| | |
|---|---|
| **Tipp 47** | Die letzte Komponente von $\overrightarrow{x_{12}}$ liefert $P(n \leqq 12)$, die letzte Komponente von $\overrightarrow{x_{11}}$ liefert $P(n \leqq 11)$. Beachten Sie, dass $P(n \leqq 12) - P(n \leqq 11) = P(n = 12)$ gilt. Bearbeiten Sie aus F 80 das Beispiel 2 und die Aufgabe 1. |
| **Tipp 48** | Es können nach neun Drehungen nicht genau zwei Gummibärchen auf dem Spielbrett liegen, somit ist die Wahrscheinlichkeit für $E_3$ gleich null. |
| **Tipp 49** | Die Summe der ersten drei Komponenten der Verteilung $\overrightarrow{x_9}$ ist die gesuchte Wahrscheinlichkeit. Bearbeiten Sie aus F 80 das Beispiel 2 und die Aufgabe 1. |
| **Tipp 50** | Damit das Spiel nach genau sechs Drehungen beendet ist, muss man einen Rückwärtsschritt und fünf Vorwärtsschritte machen. Beachten Sie, dass Katja am Spielende vier Gummibärchen erhält. |
| **Tipp 51** | Da sich nach einem Paar aus Rückwärtsschritt und Vorwärtsschritt der Zustand des Systems nicht verändert, benötigt man noch zusätzlich zu diesen Paaren vier weitere Vorwärtsschritte. |
| **Tipp 52** | Bearbeiten Sie aus F 80 das Beispiel 2 und die Aufgabe 1. |
| **Tipp 53** | Hier wird die Wahrscheinlichkeit, dass an einem bestimmten Tag genau 210 Jahreskartenbesitzer das Schwimmbad besuchen, berechnet. |
| **Tipp 54** | Bearbeiten Sie aus F 73 das Beispiel 3 und die Aufgaben 1 c) und 1 e). |
| **Tipp 55** | Berechnen Sie $P(194 \leqq X \leqq 206)$ und bearbeiten Sie aus F 74 das Beispiel 3b, und die Aufgabe 3 und aus F 73 das Beispiel 4 und die Aufgabe 1 f). |
| **Tipp 56** | Bearbeiten Sie aus F 73 das Beispiel 2 und die Aufgaben 1 b) und 1 d). |
| **Tipp 57** | Von den 2000 Jahreskartenbesitzern werden zwei zufällig ausgewählt und befragt, ob sie an dem bestimmten Tag im Schwimmbad waren. |
| **Tipp 58** | Das Ereignis E: „Genau einer der beiden Jahreskartenbesitzer besucht das Bad." hat die Wahrscheinlichkeit $r + s$. Formulieren Sie das Gegenereignis von E in Worten. |
| **Tipp 59** | Die dunkel getönte Fläche steht für die Wahrscheinlichkeit, dass von den 2000 Jahreskartenbesitzern höchstens 220 am bestimmten Tag das Schwimmbad besuchen. |
| **Tipp 60** | Bearbeiten Sie aus F 73 das Beispiel 2 und die Aufgaben 1 b) und 1 d). |
| **Tipp 61** | Sie müssen den Erwartungswert von Z noch mit 660 multiplizieren. Bearbeiten Sie aus F 70 das Beispiel 1 und die Aufgabe 1. |
| **Tipp 62** | Es müssen mindestens 179 Jahreskartenbesitzer an diesem bestimmten Tag ins Bad kommen. Berechnen Sie $P(X \geqq 179)$. Bearbeiten Sie aus F 73 das Beispiel 3 und die Aufgabe 1 c) und 1 e). |
| **Tipp 63** | Wenn mindestens 215 Jahreskartenbesitzer an diesem bestimmten Tag das Bad besuchen, würde die Schwimmbadleitung, obwohl sich die Wahrscheinlichkeit nicht erhöht hat, von der Wirksamkeit der Umbaumaßnahmen ausgehen. Bearbeiten Sie aus F 73 das Beispiel 3 und die Aufgaben 1 c) und 1 e). |
| **Tipp 64** | Berechnen Sie $P(Y \leqq 214)$. Bearbeiten Sie aus F 73 das Beispiel 2 und die Aufgabe 1 b). |

# Lösungen

## Prüfungsteil A (hilfsmittelfreier Teil)

**a)** (1) Um die Schnittstellen der Funktionen g und h zu bestimmen, setzt man die Funktionsterme gleich:

F 2

$$g(x) = h(x) \iff x^2 - x + 1 = -x^2 - 5x + 1 \iff 2x^2 + 4x = 0$$
$$\iff 2x \cdot (x+2) = 0 \iff x = 0 \vee x = -2$$

Die Schnittstellen der Funktionen g und h sind $x = 0$ und $x = -2$.

(2) Das absolute Flächenmaß der von den Graphen g und h eingeschlossenen Fläche wird gegeben durch:

F 27

F 23

$$\left|\int_{-2}^{0} (g(x) - h(x))\,dx\right| = \left|\int_{-2}^{0} (2x^2 + 4x)\,dx\right| = \left|\left[\tfrac{2}{3}x^3 + 2x^2\right]_{-2}^{0}\right|$$
$$= \left|0 - \left(\tfrac{2}{3} \cdot (-2)^3 + 2 \cdot (-2)^2\right)\right| = \left|-\tfrac{8}{3}\right| = \tfrac{8}{3}$$

Das von den Graphen g und h eingeschlossene Flächenstück ist $\frac{8}{3}$ FE groß.

**b)** (1) $f'(x) = 1 \cdot e^{2x+2} + x \cdot 2 \cdot e^{2x+2} = (2x+1) \cdot e^{2x+2}$

F 11

F 12

F 13

(2) Notwendige Bedingung für eine Wendestelle: $f''(x) = 0$

F 20

$(4x+4) \cdot e^{2x+2} = 0$

$4x + 4 = 0 \quad \vee \quad e^{2x+2} = 0$

$4x + 4 = 0,$ da $e^{2x+2} \neq 0$ für alle $x \in \mathbb{R}$

$4x = -4,$ also $x = -1$

Laut Aufgabenstellung kann auf den Nachweis der hinreichenden Bedingung verzichtet werden.

$f(-1) = -1 \cdot e^{2 \cdot (-1) + 2} = -1$

Der Wendepunkt hat die Koordinaten $W(-1 \mid -1)$.

**c)** (1) Sei Y: „Anzahl der entnommenen weißen Kugeln"

F 68

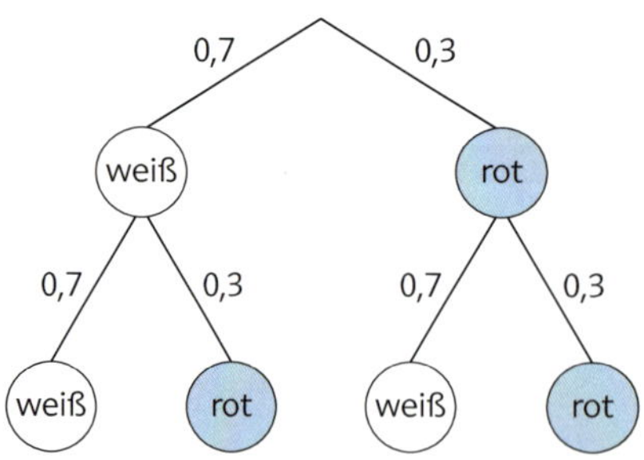


$P(Y \leq 1) = 1 - P(Y = 2) = 1 - 0{,}7 \cdot 0{,}7 = 0{,}51$

Die Wahrscheinlichkeit, dass höchstens eine der Kugeln weiß ist, beträgt 0,51 (51 %).

(2) X ist binomialverteilt mit $n = 10$ und $p = 0{,}7$.
Für den Erwartungswert von X gilt: $\mu = 10 \cdot 0{,}7 = 7$

F 74

Wenn der Erwartungswert $\mu$ ganzzahlig ist, dann muss die Säule für $X = \mu$ am höchsten sein.
In der Abbildung 1 ist jedoch die Säule für $X = 3$ am höchsten, daher kann Abbildung 1 nicht die Wahrscheinlichkeitsverteilung darstellen.

F 75

Es ist $P(6 \leqq X \leqq 9) = P(X = 6) + P(X = 7) + P(X = 8) + P(X = 9)$.

Wenn Abbildung 2 die Wahrscheinlichkeitsverteilung von X wäre, dann würde gelten:
$P(X = 6) > 0{,}25$, $P(X = 7) > 0{,}35$, $P(X = 8) > 0{,}3$ und $P(X = 9) > 0{,}15$
Somit wäre bereits die Summe dieser vier Werte größer als 1. Dies steht im Widerspruch dazu, dass für jede Wahrscheinlichkeitsverteilung gelten muss, dass die Summe aller Wahrscheinlichkeiten 1 ist. Also kann auch Abbildung 2 nicht die Wahrscheinlichkeitsverteilung darstellen.

**d)** (1) Wenn der Punkt B auf der Geraden g liegt, müssen seine Koordinaten die Geradengleichung erfüllen, d.h., es muss eine bestimmte reelle Zahl $r \in \mathbb{R}$ geben, für die gilt:

F 54

$$\begin{pmatrix} 4 \\ -1 \\ z \end{pmatrix} = \begin{pmatrix} 0 \\ 2 \\ 2 \end{pmatrix} + r \cdot \begin{pmatrix} -1 \\ 0{,}75 \\ -2 \end{pmatrix} \Leftrightarrow \begin{cases} 4 = -r \\ -1 = 2 + 0{,}75r \\ z = 2 - 2r \end{cases} \Leftrightarrow \begin{cases} r = -4 \\ -1 = 2 - 3 \\ z = 2 + 8 \end{cases} \Leftrightarrow \begin{cases} r = -4 \\ 0 = 0 \\ z = 10 \end{cases}$$

F 7

Das Gleichungssystem ist eindeutig lösbar, wenn $z = 10$ ist. Daraus folgt:

Der Punkt $B(4 \mid -1 \mid 10)$ liegt auf der Geraden g.

(2) Der Abstand der Punkte A und C entspricht der Länge des Vektors $\overrightarrow{AC}$.

$$|\overrightarrow{AC}| = \left|\begin{pmatrix} -3 \\ y \\ 6 \end{pmatrix} - \begin{pmatrix} 0 \\ 2 \\ 2 \end{pmatrix}\right| = \left|\begin{pmatrix} -3 \\ y-2 \\ 6-2 \end{pmatrix}\right| = \left|\begin{pmatrix} -3 \\ y-2 \\ 4 \end{pmatrix}\right| = \sqrt{(-3)^2 + (y-2)^2 + 4^2}$$
$$= \sqrt{25 + (y-2)^2}$$

F 45

Da der Term $(y-2)^2 \geqq 0$ ist, ist der Radikand $25 + (y-2)^2 \geqq 25$,
d.h. $\sqrt{25 + (y-2)^2} \geqq 5$.

Damit ist $|\overrightarrow{AC}| \geqq 5$, d.h., der Abstand von A zu C ist mindestens 5.

# Prüfungsteil B (mit Hilfsmittel)

## Aufgabe B1

**a)** (1) $f(t) = a \cdot e^{b \cdot t}$

$P_1(0\,|\,296)$ liefert $a \cdot e^{b \cdot 0} = 296 \Leftrightarrow a = 296$

$P_2(4\,|\,590)$ liefert $a \cdot e^{b \cdot 4} = 590 \Leftrightarrow 296 \cdot e^{4b} = 590 \Leftrightarrow e^{4b} = \frac{590}{296}$ F 4

$\Rightarrow b = \frac{1}{4} \ln\left(\frac{590}{296}\right) \approx 0{,}172$

(2) $f(t) = 296 \cdot e^{0{,}17 \cdot t}$

01.01.2017: also 6 Jahre nach Beginn der Erhebung

$f(6) = 296 \cdot e^{0{,}17 \cdot 6} = 296 \cdot e^{1{,}02} \overset{\text{GTR}}{\approx} 820{,}866$ F 4

Es sind ungefähr 820 000 Glasfaserhaushalte.

prozentuale Abweichung:

$\frac{f(6)}{880} \approx \frac{820}{880} \overset{\text{GTR}}{\approx} 0{,}932$ und $1 - 0{,}932 = 0{,}068$

Die prozentuale Abweichung beträgt ungefähr 6,8 %.

(3) $f'(t) = 296 \cdot 0{,}17 \cdot e^{0{,}17 \cdot t} = 50{,}32 \cdot e^{0{,}17 \cdot t}$ F 12

Das Maximum von f′ erhält man durch gezieltes Ausprobieren. Der GTR liefert $t = 15$ mit $f'(15) \approx 644{,}453$

Zum Zeitpunkt $t = 15$ wächst die Anzahl der Glasfaserhaushalte am schnellsten, nämlich mit etwa 644 000 Haushalten pro Jahr.

Alternative Lösung:
Da die Funktion f′ streng monoton wachsend ist, wird das Maximum von f′ am Intervallende $t = 15$ angenommen.

**b)** (1) $\frac{f(4)}{g(4)} = \frac{296 \cdot e^{0{,}17 \cdot 4}}{416{,}5 \cdot 4 + 434} = \frac{296 \cdot e^{0{,}68}}{2100} \approx 0{,}28$

Der Wert 0,28 beschreibt den Anteil der Glasfaserhaushalte am 01.01.2015, die ihren Glasfaseranschluss auch nutzen.

(2) $d(t) = g(t) - f(t) = 416{,}5t + 434 - 296 \cdot e^{0{,}17 \cdot t}$

$d'(t) = 416{,}5 - 296 \cdot 0{,}17 \cdot e^{0{,}17 \cdot t} = 416{,}5 - 50{,}32 \cdot e^{0{,}17 \cdot t}$ F 12

$d''(t) = -50{,}32 \cdot 0{,}17 \cdot e^{0{,}17 \cdot t} = -8{,}5544 \cdot e^{0{,}17 \cdot t}$ F 13

Notwendige Bedingung für eine Extremstelle: $d'(t) = 0$ F 18

$$416{,}5 - 50{,}32 \cdot e^{0{,}17 \cdot t} = 0$$
$$-50{,}32 \cdot e^{0{,}17 \cdot t} = -416{,}5$$
$$e^{0{,}17 \cdot t} = 8{,}27703$$
$$0{,}17 \cdot t = \ln(8{,}27703)$$
$$t = \frac{100}{17} \cdot \ln(8{,}27703)$$
$$t \approx 12{,}43$$

Hinreichende Bedingung für eine Extremstelle: $d'(t) = 0 \wedge d''(t) \neq 0$
$d'(12{,}43) = 0 \wedge d''(12{,}43) = -8{,}5544 \cdot e^{0{,}17 \cdot 12{,}43} < 0$, also liegt ein Maximum vor.

$$d(12{,}43) = g(12{,}43) - f(12{,}43) = 416{,}5 \cdot 12{,}43 + 434 - 296 \cdot e^{0{,}17 \cdot 12{,}43} \approx 3162{,}04$$

$H(12{,}43 \mid 3162{,}04)$

(3) Die Funktion d gibt die Anzahl der Haushalte an, die einen Glasfaseranschluss haben, ihn aber nicht benutzen. Im Punkt H ist diese Anzahl maximal.

**c)** (1) $f(15) = 296 \cdot e^{0{,}17 \cdot 15} = 296 \cdot e^{2{,}55} \approx 3790{,}9$

Die Anzahl der Glasfaserhaushalte am 01.01.2016 beträgt etwa 3,79 Millionen.

$$\int_{15}^{25} z(t)\,dt = \int_{15}^{25} 50{,}32 \cdot e^{6{,}99 - 0{,}296 \cdot t}\,dt \overset{\text{GTR}}{\approx} 2064{,}39 \approx 2064$$

F 25

Im angegebenen Zeitraum nimmt die Anzahl der Glasfaserhaushalte um etwa 2 064 000 zu.

F 39

(2) $h(t) = f(15) + \int_{15}^{t} z(x)\,dx$

F 39

(3) $z(t) = 50{,}32 \cdot e^{6{,}99 - 0{,}296 \cdot t}$

$z(t) > 0$ bedeutet, dass die Anzahl der Glasfaserhaushalte ab $t = 15$ wächst.
$z'(t) < 0$ bedeutet, dass die Anzahl der Glasfaserhaushalte immer langsamer wächst.

F 21

## Aufgabe B2

**a)** (1) Durch Einsetzen der konkreten Werte für den Parameter k erhält man:
$f_1(x) = x^3 - x;\ f_2(x) = x^3 - 2x;\ f_3(x) = x^3 - 3x$

F 42

Durch die Lösung der Gleichungen $x^3 - x = 0$ bzw. $x^3 - 2x = 0$ bzw. $x^3 - 3x = 0$ erhält man bei $f_1$ die Nullstellen $x = 0 \vee x = 1 \vee x = -1$, bei $f_2$ die Nullstellen $x = 0 \vee x \approx 1{,}4 \vee x \approx -1{,}4$ und bei $f_3$ die Nullstellen $x = 0 \vee x \approx 1{,}73 \vee x \approx -1{,}73$.

F 33

Durch Vergleich mit der Abbildung 1 ergibt sich:

Graph III gehört zu $k = 1$, Graph II zu $k = 2$ und Graph I zu $k = 3$.

(2) Der Punkt $(0{,}5 \mid -1)$ liegt auf dem Graphen des gesuchten Scharvertreters, d.h., seine Koordinaten erfüllen seine Funktionsgleichung:

F 42

$$f_k(0{,}5) = -1 \iff 0{,}5^3 - k \cdot 0{,}5 = -1 \iff 0{,}125 + 1 = 0{,}5 \cdot k$$
$$\iff 1{,}125 = 0{,}5 \cdot k \iff k = 2{,}25$$

Der Punkt $(0{,}5 \mid -1)$ liegt auf dem Graphen des Scharvertreters $f_{2{,}25}$.

F 8 F 9 F 10 F 18

**b)** $f_1'(x) = 3x^2 - 1$

$f_1''(x) = 6x$

Notwendige Bedingung für lokale Extrema:

$f_1'(x) = 0 \iff 3x^2 - 1 = 0 \iff x^2 = \frac{1}{3} \iff x = -\sqrt{\frac{1}{3}} \approx -0{,}58 \vee x = \sqrt{\frac{1}{3}} \approx 0{,}58$

Hinreichende Bedingung für lokale Extrema:

$f_1'\left(-\sqrt{\frac{1}{3}}\right) = 0 \wedge f_1'(-1) = 2 > 0 \wedge f_1'(0) = -1 < 0$, d.h., bei $x = -\sqrt{\frac{1}{3}}$ liegt ein Vorzeichenwechsel von + nach − vor, demnach liegt bei $x = -\sqrt{\frac{1}{3}}$ ein lokales Maximum vor.

$f_1'\left(\sqrt{\frac{1}{3}}\right) = 0 \wedge f_1'(0) = -1 < 0 \wedge f_1'(1) = 2 > 0$, d.h., bei $x = \sqrt{\frac{1}{3}}$ liegt ein Vorzeichenwechsel von − nach + vor, demnach liegt bei $x = \sqrt{\frac{1}{3}}$ ein lokales Minimum vor.

Die Funktion $f_1$ hat an der Stelle $x = -\sqrt{\frac{1}{3}}$ ein lokales Maximum und an der Stelle $x = \sqrt{\frac{1}{3}}$ ein lokales Minimum.

**c)** (1) Bestimmung der Nullstellen der Funktion $f_1$:

F 3 F 23 F 26

$f_1(x) = 0 \iff x^3 - x = 0 \iff x(x^2 - 1) = 0 \iff x = 0 \vee x = -1 \vee x = 1$

Eine Stammfunktion zu $f_1$ ist $F_1$ mit $F_1(x) = \frac{1}{4}x^4 - \frac{1}{2}x^2$. Dann ist

$$\int_{-1}^{0} f_1(x)\,dx = \left[\frac{1}{4}x^4 - \frac{1}{2}x^2\right]_{-1}^{0} = \left(\frac{1}{4} \cdot 0^4 - \frac{1}{2} \cdot 0^2\right) - \left(\frac{1}{4} \cdot (-1)^4 - \frac{1}{2} \cdot (-1)^2\right)$$
$$= -\frac{1}{4} + \frac{1}{2} = \frac{1}{4}$$

Der Inhalt der Fläche, die für $x \leqq 0$ vom Graphen von $f_1$ und der x-Achse eingeschlossen wird, beträgt 0,25 FE.

(2) $\int_{s_1}^{s_3} (f_1(x) - a \cdot x)\,dx = 0$, denn es gilt:

F 27 F 33

Da in ihren Funktionstermen nur ungerade Exponenten auftreten, verlaufen die Graphen der Funktion $f_1$ und der Geraden $g_a$ punktsymmetrisch zum Koordinatenursprung. Daher gilt $s_1 = -s_3$ und die beiden Flächen, die die Graphen der beiden Funktionen von $s_1$ bis 0 bzw. 0 bis $s_3$ einschließen, sind gleich groß. Im Intervall $[s_1; 0]$ verläuft der Graph von $f_1$ oberhalb des Graphen von $g_a$, d.h. $\int_{s_1}^{0} (f_1(x) - a \cdot x)\,dx > 0$, im Intervall $[0; s_3]$ verläuft der Graph von $f_1$ unterhalb des Graphen von $g_a$, d.h. $\int_{0}^{s_3} (f_1(x) - a \cdot x)\,dx < 0$.

Somit gilt: $\int_{s_1}^{s_3} (f_1(x) - a \cdot x)\,dx = 0$

**d)** (1) In der Geradengleichung von $t$: $y = -0{,}25 \cdot x + 0{,}25$ gibt $-0{,}25$ die Steigung und $0{,}25$ den y-Achsenabschnitt an. Damit ergibt sich für die Gerade $t$ der nebenstehende Graph:

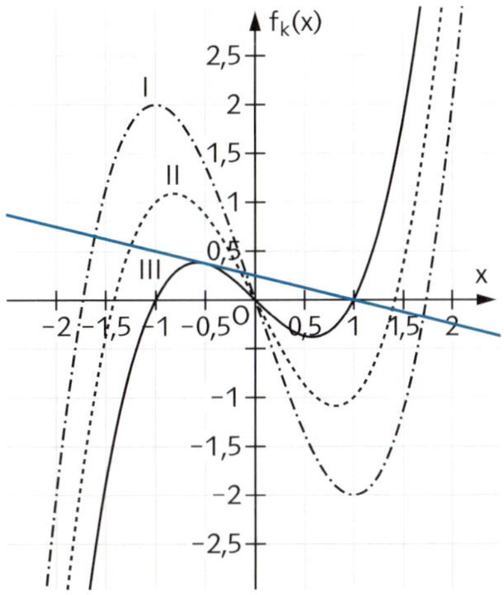


(2) Damit $t$ eine Tangente an den Graphen von $f_1$ darstellt, muss es mindestens eine Stelle geben, an der der Graph von $f_1$ dieselbe Steigung wie die Gerade $t$, also $-0{,}25$, hat.

F 15

Bestimmung der Stellen, an der der Graph von $f_1$ die Steigung $-0{,}25$ hat:

$$f_1'(x) = -0{,}25 \iff 3x^2 - 1 = -0{,}25 \iff 3x^2 = 0{,}75$$
$$\iff x^2 = 0{,}25 \iff x = 0{,}5 \lor x = -0{,}5$$

Zudem gilt: $f_1(-0{,}5) = (-0{,}5)^3 - (-0{,}5) = 0{,}375$ und
$t(-0{,}5) = -0{,}25 \cdot (-0{,}5) + 0{,}25 = 0{,}375$,
d.h., der Punkt $(-0{,}5\,|\,0{,}375)$ ist ein gemeinsamer Punkt der Graphen von $t$ und $f_1$.

Die Gerade $t$ ist in dem Punkt $(-0{,}5\,|\,0{,}375)$ eine Tangente an den Graphen von $f_1$. Die Steigung beider Funktionen beträgt in diesem Punkt $-0{,}25$.

(3) Um die Schnittstellen der Geraden $t$ und $f_1$ zu bestimmen, bestimmt man die Lösungen der Gleichung

$$-0{,}25 \cdot x + 0{,}25 = x^3 - x \iff -x^3 + 0{,}75x + 0{,}25 = 0.$$

Der GTR liefert als Lösungen $x = -0{,}5$ oder $x = 1$.

Das gesuchte Flächenmaß erhält man durch:

F 27

$$\int_{-0{,}5}^{1} (-x^3 + 0{,}75x + 0{,}25)\,dx = \left[-\tfrac{1}{4}x^4 + \tfrac{3}{8}x^2 + \tfrac{1}{4}x\right]_{-0{,}5}^{1}$$
$$= \left(-\tfrac{1}{4} + \tfrac{3}{8} + \tfrac{1}{4}\right) - \left(-\tfrac{1}{64} + \tfrac{3}{32} - \tfrac{1}{8}\right) = \tfrac{3}{8} + \tfrac{3}{64} = \tfrac{27}{64}$$

Der Inhalt der Fläche, die von der Tangente $t$ und dem Graphen von $f_1$ eingeschlossen wird, beträgt $\frac{27}{64} \approx 0{,}42$ FE.

(4) Wegen $f_1(-r) = (-r)^3 - (-r) = -r^3 + r$ und $f_1(2r) = (2r)^3 - (2r) = 8r^3 - 2r$ haben die Punkte $A_r$ und $B_r$ die Koordinaten $A_r(-r\,|\,-r^3 + r)$ und $B_r(2r\,|\,8r^3 - 2r)$.

Für die Steigung der Geraden durch die Punkte $A_r(-r\,|\,-r^3 + r)$ und $B_r(2r\,|\,8r^3 - 2r)$ erhält man nach der Steigungsformel:

$$m = \frac{y_{B_r} - y_{A_r}}{x_{B_r} - x_{A_r}} = \frac{8r^3 - 2r - (-r^3 + r)}{2r - (-r)} = \frac{9r^3 - 3r}{3r} = 3r^2 - 1$$

F 15

Für die Steigung des Graphen von f im Punkt $A_r(-r \mid f_1(-r))$ gilt:
$f_1'(-r) = 3(-r)^2 - 1 = 3r^2 - 1$.

Da die Steigung der Geraden durch $A_r(-r \mid f_1(-r))$ und $B_r(2r \mid f_1(2 \cdot r))$ mit der Steigung des Graphen von $f_1$ übereinstimmt und der Punkt $A_r(-r \mid f_1(-r))$ auf dem Graphen von $f_1$ liegt, handelt es sich bei der Geraden durch $A_r(-r \mid f_1(-r))$ und $B_r(2r \mid f_1(2 \cdot r))$ um die Tangente an den Graphen von $f_1$ im Punkt $A_r$.

## Aufgabe B3

F 52

**a)** Durch Ablesen erhält man: $D(0 \mid 5 \mid 0)$ und $F(5 \mid 0 \mid 5)$.

F 52

**b)**

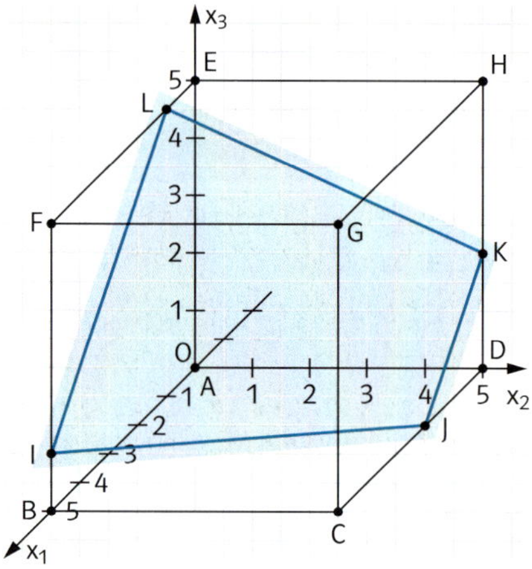


F 55

**c)** Ein Stützvektor der Ebene Q, in der sich das Viereck IJKL befindet, ist z. B. der Vektor $\overrightarrow{OI} = \begin{pmatrix} 5 \\ 0 \\ 1 \end{pmatrix}$, als Richtungsvektoren können z. B. $\overrightarrow{IJ} = \begin{pmatrix} -3 \\ 5 \\ -1 \end{pmatrix}$ und $\overrightarrow{IL} = \begin{pmatrix} -4 \\ 0 \\ 4 \end{pmatrix}$ gewählt werden.

Damit ergibt sich:

Eine Parametergleichung der Ebene Q, in der sich das Viereck IJKL befindet, lautet: $Q: \vec{X} = \begin{pmatrix} 5 \\ 0 \\ 1 \end{pmatrix} + k \cdot \begin{pmatrix} -3 \\ 5 \\ -1 \end{pmatrix} + m \cdot \begin{pmatrix} -4 \\ 0 \\ 4 \end{pmatrix}$; $k, m \in \mathbb{R}$

F 53

**d)** Die Gleichung der Geraden, auf der sich die Raumdiagonale $\overline{AG}$ befindet, lautet: $\vec{X} = \begin{pmatrix} 0 \\ 0 \\ 0 \end{pmatrix} + n \cdot \begin{pmatrix} 5 \\ 5 \\ 5 \end{pmatrix}$; $n \in \mathbb{R}$. Hieraus ergibt sich:

Die Raumdiagonale $\overline{AG}$ hat die Parametergleichung $\vec{X} = n \cdot \begin{pmatrix} 5 \\ 5 \\ 5 \end{pmatrix}$ mit $n \in \mathbb{R}$; $0 \leq n \leq 1$.

Um den Schnittpunkt U der Raumdiagonalen und der Ebene Q zu bestimmen, setzt man die Terme der Geraden- und Ebenengleichung gleich:

F 59

F 7

$$n\cdot\begin{pmatrix}5\\5\\5\end{pmatrix}=\begin{pmatrix}5\\0\\1\end{pmatrix}+k\cdot\begin{pmatrix}-3\\5\\-1\end{pmatrix}+m\cdot\begin{pmatrix}-4\\0\\4\end{pmatrix}\quad\Leftrightarrow\quad\begin{cases}5n=5-3k-4m\\5n=5k\\5n=1-k+4m\end{cases}$$

$$\Leftrightarrow\begin{cases}5k=5-3k-4m\\5n=5k\\5k=1-k+4m\end{cases}\quad\Leftrightarrow\begin{cases}8k=5-4m\\n=k\\6k=1+4m\end{cases}+\quad\Leftrightarrow\begin{cases}8k=5-4m\\n=k\\14k=6\end{cases}$$

$$\Leftrightarrow\begin{cases}m=\frac{11}{28}\\n=\frac{3}{7}\\k=\frac{3}{7}\end{cases}\quad\text{d.h. }\overrightarrow{OU}=\frac{3}{7}\cdot\begin{pmatrix}5\\5\\5\end{pmatrix}=\begin{pmatrix}\frac{15}{7}\\\frac{15}{7}\\\frac{15}{7}\end{pmatrix}$$

Der Schnittpunkt U der Raumdiagonalen $\overline{AG}$ und der Ebene Q ist $U\left(\frac{15}{7}\middle|\frac{15}{7}\middle|\frac{15}{7}\right)$.

Hinweis:
Wählt man für die Parametergleichung von Q die Kontrolllösung, so liefert das entsprechende Gleichungssystem zwar andere Parameterwerte, aber denselben Punkt U.

**e)** Wegen $\overrightarrow{IL}=\begin{pmatrix}-4\\0\\4\end{pmatrix}$ und $\overrightarrow{JK}=\begin{pmatrix}-2\\0\\2\end{pmatrix}$ gilt: $\overrightarrow{IL}=2\cdot\overrightarrow{JK}$

F 44

Die Vierecksseiten $\overline{IL}$ und $\overline{JK}$ sind parallel. Das Viereck IJKL ist daher ein Trapez.

Es gilt: $\left|\overrightarrow{IJ}\right|=\left|\begin{pmatrix}-3\\5\\-1\end{pmatrix}\right|=\sqrt{9+25+1}=\sqrt{35}$ und $\left|\overrightarrow{KL}\right|=\left|\begin{pmatrix}1\\-5\\3\end{pmatrix}\right|=\sqrt{1+25+9}=\sqrt{35}$

F 45

Daher sind zwei Seiten des Trapezes gleich lang.

$\left|\overrightarrow{IL}\right|=\begin{pmatrix}-4\\0\\4\end{pmatrix}=\sqrt{(-4)^2+4^2}=\sqrt{32}=\sqrt{4\cdot 8}=2\cdot\sqrt{8}$ und

F 44
F 45

$\left|\overrightarrow{JK}\right|=\begin{pmatrix}-2\\0\\2\end{pmatrix}=\sqrt{(-2)^2+2^2}=\sqrt{8}$

Die Seite $\overline{IL}$ ist mit $2\cdot\sqrt{8}$ LE doppelt so lang wie die Seite $\overline{JK}$ mit $\sqrt{8}$ LE.

**f)** Für den Winkel α am Punkt I gilt:

F 65

$$\cos(\alpha)=\frac{\overrightarrow{IJ}\cdot\overrightarrow{IL}}{\left|\overrightarrow{IJ}\right|\cdot\left|\overrightarrow{IL}\right|}=\frac{\begin{pmatrix}-3\\5\\-1\end{pmatrix}\cdot\begin{pmatrix}-4\\0\\4\end{pmatrix}}{\left|\begin{pmatrix}-3\\5\\-1\end{pmatrix}\right|\cdot\left|\begin{pmatrix}-4\\0\\4\end{pmatrix}\right|}=\frac{12-4}{\sqrt{35}\cdot\sqrt{32}}=\frac{8}{\sqrt{35}\cdot\sqrt{32}}\approx 0{,}239$$

d.h. $\alpha\approx\cos^{-1}(0{,}236)\approx 76{,}17°$

Hinweis: Aufgrund der Symmetrie des Trapezes IJKL betragen die anderen Winkel 76,17°; 103,83° und 103,83°.

2

F 51

**g)** Damit zwei Vektoren senkrecht aufeinander stehen, muss das Skalarprodukt der Vektoren 0 ergeben.

$$\overrightarrow{JP} \cdot \overrightarrow{IL} = \begin{pmatrix} 2 \\ -5 \\ 2 \end{pmatrix} \cdot \begin{pmatrix} -4 \\ 0 \\ 4 \end{pmatrix} = -8 + 8 = 0$$

Da das Skalarprodukt der Vektoren $\overrightarrow{JP}$ und $\overrightarrow{IL}$ null ist, stehen die beiden Vektoren senkrecht aufeinander.

**h)** Die Vektoren $\overrightarrow{JP}$ und $\overrightarrow{IL}$ stehen senkrecht aufeinander, daher gibt der Abstand der Punkte J und P die Höhe h des Trapezes an.

F 45

$$h = |\overrightarrow{JP}| = \left| \begin{pmatrix} 2 \\ -5 \\ 2 \end{pmatrix} \right| = \sqrt{4 + 25 + 4} = \sqrt{33}\ [\text{LE}].$$

Nach der Flächeninhaltsformel für ein Trapez $F_{Trapez} = 0{,}5 \cdot (a + c) \cdot h$ folgt für das Trapez IJKL:

$$F_{Trapez} = 0{,}5 \cdot \left(|\overrightarrow{IL}| + |\overrightarrow{JK}|\right) \cdot h = 0{,}5 \cdot (\sqrt{32} + \sqrt{8}) \cdot \sqrt{33}$$
$$= 0{,}5 \cdot 6 \cdot \sqrt{2} \cdot \sqrt{33} = 3 \cdot \sqrt{66} \approx 24{,}37\ [\text{FE}]$$

F 55

**i)** Der Punkt K(0 | 5 | 2) liegt auf der Ebene T, daher kann $\overrightarrow{OK} = \begin{pmatrix} 0 \\ 5 \\ 2 \end{pmatrix}$ als Stützvektor der Ebene T gesetzt werden.

Da die Ebene T parallel zur Ebene S liegen soll, können für die Ebene T dieselben Richtungsvektoren $\vec{u} = \begin{pmatrix} -1 \\ -5 \\ 5 \end{pmatrix}$ und $\vec{v} = \begin{pmatrix} -5 \\ 5 \\ 1 \end{pmatrix}$ gewählt werden, daher gilt:

Eine Parametergleichung der Ebene T ist $\vec{X} = \begin{pmatrix} 0 \\ 5 \\ 2 \end{pmatrix} + m \cdot \begin{pmatrix} -1 \\ -5 \\ 5 \end{pmatrix} + n \cdot \begin{pmatrix} -5 \\ 5 \\ 1 \end{pmatrix}$; $m, n \in \mathbb{R}$.

F 56

Zur Prüfung, ob der Punkt L(1 | 0 | 5) in der Ebene T liegt, führt man eine Punktprobe durch, indem man die Koordinaten von L in die Ebenengleichung von T einsetzt:

$$\begin{matrix} 1 = -m - 5n \\ 0 = 5 - 5m + 5n \\ 5 = 2 + 5m + n \end{matrix} \ (+) \iff \begin{cases} 1 = 5 - 6m \\ 0 = 5 - 5m + 5n \\ 5 = 2 + 5m + n \end{cases} \iff \begin{cases} m = \frac{2}{3} \\ 0 = 5 - 5m + 5n \\ 5 = 2 + 5m + n \end{cases}$$

$$\iff \begin{cases} m = \frac{2}{3} \\ 0 = 5 - \frac{10}{3} + 5n \\ 5 = 2 + 5m + n \end{cases} \iff \begin{cases} m = \frac{2}{3} \\ -\frac{5}{3} = 5n \\ 5 = 2 + 5m + n \end{cases} \iff \begin{cases} m = \frac{2}{3} \\ n = -\frac{1}{3} \\ 5 = 2 + \frac{10}{3} - \frac{1}{3} \end{cases} \iff \begin{cases} m = \frac{2}{3} \\ n = -\frac{1}{3} \\ 0 = 0 \end{cases}$$

Das Gleichungssystem ist mit den Parametern $m = \frac{2}{3}$ und $n = -\frac{1}{3}$ eindeutig lösbar. Daher liegt der Punkt L in der Ebene T.

## Aufgabe B4

**a)** Bei jedem der nächsten zwei Züge ändert sich die Anzahl der Gummibärchen auf dem Spielbrett um 1. Somit kann die Anzahl der Gummibärchen um 2 zunehmen, um 2 abnehmen oder gleichbleiben.

Nach zwei weiteren Zügen befindet sich das System im Zustand $Z_0$, im Zustand $Z_2$ oder im Zustand $Z_4$.

**b)** (1) Nach drei Zügen können sich höchstens drei Gummibärchen auf dem Spielbrett befinden.
Also kann das Spiel frühestens nach vier Zügen zu Ende sein. Somit ist die Wahrscheinlichkeit, dass das Spiel nach höchstens drei Zügen beendet ist, gleich null.

(2) Aus der Abbildung 2 kann man den Wert ablesen:

Die Wahrscheinlichkeit, dass das Spiel nach höchstens 25 Spielen beendet ist, beträgt ca. 0,7.

**c)** (1) Ein mögliches Übergangsdiagramm lautet:

F 77c

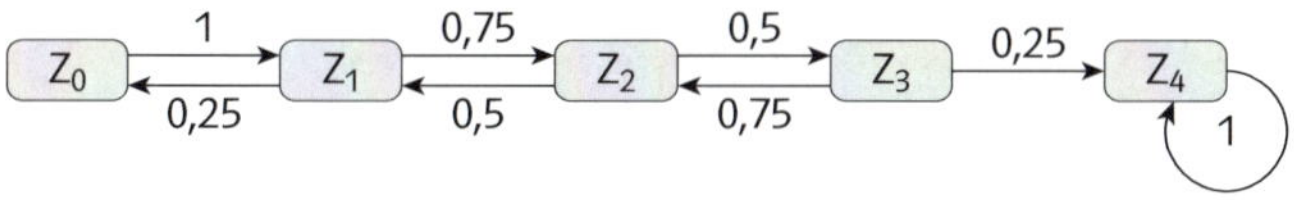


(2) Der GTR liefert: $A^{10} \cdot \begin{pmatrix} 1 \\ 0 \\ 0 \\ 0 \\ 0 \end{pmatrix} \approx \begin{pmatrix} 0{,}1057 \\ 0 \\ 0{,}5457 \\ 0 \\ 0{,}3486 \end{pmatrix}$

F 80

Die erste Komponente des Ergebnisvektors gibt die Wahrscheinlichkeit an, dass sich nach 10 Zügen kein Gummibärchen auf dem Spielbrett befindet, diese beträgt ca. 0,106 (10,6 %).
Die zweite Komponente des Ergebnisvektors gibt die Wahrscheinlichkeit an, dass sich nach 10 Zügen genau ein Gummibärchen auf dem Spielbrett befindet, diese ist null.

(3) Die Zufallsvariable n beschreibt die Anzahl der Drehungen, bis das Spiel beendet ist.

Die Startverteilung lautet: $\overrightarrow{x_0} = \begin{pmatrix} 1 \\ 0 \\ 0 \\ 0 \\ 0 \end{pmatrix}$

Wahrscheinlichkeit von $E_1$:
Gesucht ist $P(n \leqq 12)$. Man erhält diese Wahrscheinlichkeit als fünfte Komponente der Verteilung $\overrightarrow{x_{12}}$.

Es gilt: $\overrightarrow{x_{12}} = A^{12} \cdot \overrightarrow{x_0}$. Der GTR liefert: $\overrightarrow{x_{12}} \approx \begin{pmatrix} 0{,}0946 \\ 0 \\ 0{,}4885 \\ 0 \\ 0{,}4168 \end{pmatrix}$

F 80

Die Wahrscheinlichkeit, dass das Spiel nach höchstens zwölf Drehungen endet, beträgt ca. 0,417 (41,7 %).

Wahrscheinlichkeit von $E_2$:
Gesucht ist $P(n = 12)$. Man erhält diese Wahrscheinlichkeit als Differenz der Wahrscheinlichkeiten $P(n \leqq 12) - P(n \leqq 11)$.

Es gilt: $\overrightarrow{x_{11}} = A^{11} \cdot \overrightarrow{x_0}$. Der GTR liefert: $\overrightarrow{x_{11}} \approx \begin{pmatrix} 0 \\ 0{,}3785 \\ 0 \\ 0{,}2728 \\ 0{,}3486 \end{pmatrix}$ und damit $P(n \leqq 11) \approx 0{,}3486$.

F 80

Daraus folgt: $P(n = 12) \approx 0{,}4168 - 0{,}3486 = 0{,}0682$

Die Wahrscheinlichkeit, dass das Spiel nach genau zwölf Drehungen endet, beträgt ca. 0,068 (6,8 %).

Wahrscheinlichkeit von $E_3$:
Nach einer ungeraden Anzahl von Drehungen ist das Spiel entweder schon zuvor beendet oder es liegt eine ungerade Anzahl von Gummibärchen auf dem Spielbrett.

Die Wahrscheinlichkeit, dass nach genau neun Drehungen genau zwei Gummibärchen auf dem Spielbrett liegen, ist null.

Alternativer Lösungsweg:
Die dritte Komponente der Verteilung $\overrightarrow{x_9}$ ist die gesuchte Wahrscheinlichkeit.

Es gilt: $\overrightarrow{x_9} = A^9 \cdot \overrightarrow{x_0} \approx \begin{pmatrix} 0 \\ 0{,}4229 \\ 0 \\ 0{,}3047 \\ 0{,}2725 \end{pmatrix}$ und somit ist die gesuchte Wahrscheinlichkeit null.

F 80

Wahrscheinlichkeit von $E_4$:
Zunächst berechnet man die Verteilung nach neun Drehungen.

Es gilt: $\overrightarrow{x_9} = A^9 \cdot \overrightarrow{x_0}$. Der GTR liefert: $\overrightarrow{x_9} \approx \begin{pmatrix} 0 \\ 0{,}4229 \\ 0 \\ 0{,}3047 \\ 0{,}2725 \end{pmatrix}$

F 80

Die Summe der ersten drei Komponenten von $\overrightarrow{x_9}$ ergeben die Wahrscheinlichkeit, dass sich nach neun Drehungen höchstens zwei Gummibärchen auf dem Spielbrett befinden.

Die Wahrscheinlichkeit, dass nach genau neun Drehungen höchstens zwei Gummibärchen auf dem Spielbrett liegen, beträgt ca. 0,423 (42,3 %).

**d)** (1) Wenn das Spiel nach sechs Drehungen endet, dann gab es während des Spiels genau fünf Vorwärtsbewegungen und genau eine Rückwärtsbewegung.
Bei jeder Rückwärtsbewegung erhält Katja genau ein Gummibärchen, bei jeder Vorwärtsbewegung, außer der letzen, erhält Katja kein Gummibärchen. Für die letzte Vorwärtsbewegung erhält Katja vier Gummibärchen. Also erhält Katja insgesamt $1 + 4 = 5$ Gummibärchen.

(2) Jedes Spiel beginnt im Zustand $Z_0$ und endet im Zustand $Z_4$. Falls man keinen Rückwärtsschritt macht, benötigt man also genau vier Vorwärtsschritte, um das Spiel zu beenden. Für jeden Rückwärtsschritt muss zusätzlich genau ein Vorwärtsschritt gemacht werden, damit das Spiel beendet wird. Die gesamte Anzahl der benötigten Schritte ist die Summe aus den vier Vorwärtsschritten und jeweils gleich vielen Vorwärtsschritten und Rückwärtsschritten. Also sind es genau vier Vorwärtsschritte mehr als Rückwärtsschritte.

(3) Wenn Katja höchstens zehn Gummibärchen erhalten hat, dann gab es während des Spiels höchstens sechs Rückwärtsschritte. Also gab es nach d)(2) höchstens zehn Vorwärtsschritte und damit insgesamt höchstens 16 Schritte. Das Spiel war also nach höchstens 16 Drehungen beendet. Die Wahrscheinlichkeit dafür ist die fünfte Komponente der Verteilung $\overrightarrow{x_{16}}$.

Es gilt $\overrightarrow{x_{16}} = A^{16} \cdot \overrightarrow{x_0}$. Der GTR liefert: $\overrightarrow{x_{16}} \approx \begin{pmatrix} 0{,}0759 \\ 0 \\ 0{,}3916 \\ 0 \\ 0{,}5326 \end{pmatrix}$ F 80

Die Wahrscheinlichkeit, dass Katja am Ende des Spiels höchstens zehn Gummibärchen erhalten hat, beträgt ca. 0,533 (53,3 %).

## Aufgabe B5

a) (1) Die Wahrscheinlichkeit, dass genau 210 Jahreskartenbesitzer an diesem bestimmten Tag das Schwimmbad besuchen, beträgt ungefähr 2,2 %.

(2) X ist binomialverteilt mit $n = 2000$ und $p = 0{,}1$.
$P(X > 210) = P(X \geqq 211) = 1 - P(X \leqq 210) \approx 0{,}2158$ F 73

Die Wahrscheinlichkeit, dass mehr als 210 Jahreskartenbesitzer das Schwimmbad besuchen, beträgt ca. 0,216 (21,6 %).

Hinweis:
Es gibt GTR-Modelle, mit denen man die Wahrscheinlichkeit $P(X \geqq 211)$ direkt berechnen kann.

(3) Für den Erwartungswert $\mu$ einer binomialverteilten Zufallsvariablen X gilt:
$\mu = n \cdot p$, also $\mu = 2000 \cdot 0{,}1 = 200$ F 74

Für die Standardabweichung $\sigma$ einer binomialverteilten Zufallsvariablen X gilt:
$\sigma = \sqrt{n \cdot p \cdot (1 - p)}$, also $\sigma = \sqrt{2000 \cdot 0{,}1 \cdot 0{,}9} = \sqrt{180} = 6\sqrt{5} \approx 13{,}42$ F 74
Somit gilt:
$\mu - 0{,}5\sigma = 200 - 3\sqrt{5} \approx 193{,}29$ bzw. $\mu + 0{,}5\sigma = 200 + 3\sqrt{5} \approx 206{,}71$
$P(\mu - 0{,}5\sigma \leqq X \leqq \mu + 0{,}5\sigma) = P(194 \leqq X \leqq 206)$
$= P(X \leqq 206) - P(X \leqq 193) \approx 0{,}3719$ F 73

Die Wahrscheinlichkeit, dass der Wert von X höchstens um eine halbe Standardabweichung vom Erwartungswert der Zufallsgröße abweicht, beträgt ca. 0,372 (37,2 %).

Hinweis:
Es gibt GTR-Modelle, mit denen man die Wahrscheinlichkeit $P(194 \leqq X \leqq 206)$ direkt berechnen kann.

(4) Bedingung: $P(X < k) = P(X \leqq k-1) \leqq 0{,}1$
Man berechnet mit dem GTR für verschiedene Werte von k die Wahrscheinlichkeit $P(X \leqq k-1)$:
Für $k-1 = 182$ gilt: $P(X \leqq k-1) \approx 0{,}0947$ F 73
Für $k-1 = 183$ gilt: $P(X \leqq k-1) \approx 0{,}1084$
Demnach gilt für das größte k: $k-1 = 182$ bzw. $k = 183$

Die größte natürliche Zahl k lautet 183.

Hinweis:
Es gibt GTR-Modelle, mit denen man mithilfe des inversen Binomialbefehls $k = 183$ direkt bestimmen kann.

(5) Beschreibung:

Von den 2000 Jahreskartenbesitzer werden zwei zufällig ausgewählt und befragt, ob sie an dem bestimmten Tag im Schwimmbad waren.

Ereignis: Z.B. gilt für $P(B\overline{B}) = r$ und $P(\overline{B}B) = s$: $1-(r+s) = P(BB) + P(\overline{B}\,\overline{B})$

Entweder besuchen beide oder keiner der beiden Jahreskartenbesitzer an diesem bestimmten Tag das Schwimmbad.

**b)** (1) Fragestellung (z.B.):

Wie groß ist die Wahrscheinlichkeit, dass von den 2000 Jahreskartenbesitzern höchstens 220 an dem bestimmten Tag das Schwimmbad besuchen?

(2) X ist binomialverteilt mit $n = 2000$ und $p = 0{,}1$.
$P(X \leqq 220) \approx 0{,}9352$ F 73

Die dargestellte Wahrscheinlichkeit beträgt ca. 0,935 (93,5 %).

**c)** (1) Z beschreibt die Einnahmen in Euro, die der Besitzer des Kiosks pro Gast erhält.
Zunächst berechnet man den Erwartungswert von Z; dieser gibt an, mit welchen durchschnittlichen Einnahmen pro Gast der Besitzer des Kiosks rechnen kann.

$E(Z) = P(Z=0)\cdot 0 + P(Z=4)\cdot 4 + P(Z=12)\cdot 12 = 0{,}5\cdot 4 + 0{,}3\cdot 12 = 5{,}6$ F 70

Da 660 Personen das Bad besuchen, folgt für die zu erwartenden Einnahmen: $660 \cdot 5{,}6 = 3696$

Der Besitzer des Kiosks kann an diesem Tag mit ca. 3696 € Einnahmen rechnen.

(2) Jeder Gast mit Jahreskarte gibt durchschnittlich 5,60 € am Kiosk aus. Wenn der Besitzer des Kiosks mindestens 1000 € einnehmen will, müssen an diesem Tag mindestens j Jahreskartenbesitzer ins Schwimmbad kommen.
Aus $5{,}60 \cdot j \geqq 1000$ folgt $j \geqq 178{,}57\ldots$.

Da j eine natürliche Zahl sein muss, müssen an diesem Tag mindestens 179 Jahreskartenbesitzer ins Schwimmbad kommen.
X ist binomialverteilt mit $n = 2000$ und $p = 0{,}1$.
$P(X \geqq 179) = 1 - P(X \leqq 178) \approx 0{,}9473$

F 73

Die Wahrscheinlichkeit, dass der Besitzer des Kiosks an diesem Tag mindestens 1000 € erwartete Einnahmen von den Jahreskartenbesitzern hat, beträgt ca. 0,947 (94,7 %).

**d)** (1) Ermittlung von $P(X \geqq 215)$:

$P(X \geqq 215) = 1 - P(X \leqq 214) \approx 0{,}1402$

F 73

Erläuterung:

Auf Grundlage, dass der Anteil der Jahreskartenbesitzer, die an einem bestimmten Tag das Schwimmbad besuchen, immer noch 10 % beträgt, ist die Wahrscheinlichkeit, dass von den 2000 Jahreskartenbesitzern mindestens 215 das Schwimmbad besuchen, ca. 14,0 %.
In diesem Fall würde die Schwimmbadleitung, obwohl sich die Wahrscheinlichkeit nicht erhöht hat, von der Wirksamkeit der Umbaumaßnahmen ausgehen.

(2) Eine falsche Beurteilung liegt vor, falls es an diesem Tag höchstens 214 Jahreskartenbesitzer sind, die das Schwimmbad besuchen. Dann geht die Schwimmbadleitung davon aus, dass die Umbaumaßnahmen unwirksam waren, obwohl sich der Anteil auf 12 % erhöht hat.

Y ist binomialverteilt mit $n = 2000$ und $p = 0{,}12$.
Es gilt: $P(Y \leqq 214) \approx 0{,}0380$

F 73

Die Wahrscheinlichkeit, dass die Schwimmbadleitung die Wirksamkeit der Umbaumaßnahmen falsch beurteilt, beträgt ca. 0,038 (3,8 %).

# Abitur 2018

## Aufgaben

### Prüfungsteil A (hilfsmittelfreier Teil)

**a)** Gegeben ist die Funktion f mit $f(x) = \frac{1}{3}x^3 - 3x$.

6 P *Bestimmen Sie alle Nullstellen von f und geben Sie die Bereiche an, in denen der Graph von f oberhalb der x-Achse verläuft.* Tipp 1

**b)** Gegeben sind die in ℝ definierten Funktionen f und g mit $f(x) = e^x + \frac{1}{2}x + 1$ und $g(x) = \frac{1}{2}x$.

Die Graphen der beiden Funktionen sind in Abbildung 1 dargestellt.

2 P (1) *Begründen Sie, dass der Graph von f und der Graph von g keinen gemeinsamen Punkt besitzen.* Tipp 2

4 P (2) *Bestimmen Sie den Inhalt der Fläche, die von den Graphen von f und g, der y-Achse und der parallel zur y-Achse verlaufenden Geraden mit der Gleichung $x = 1$ eingeschlossen wird.* Tipp 3

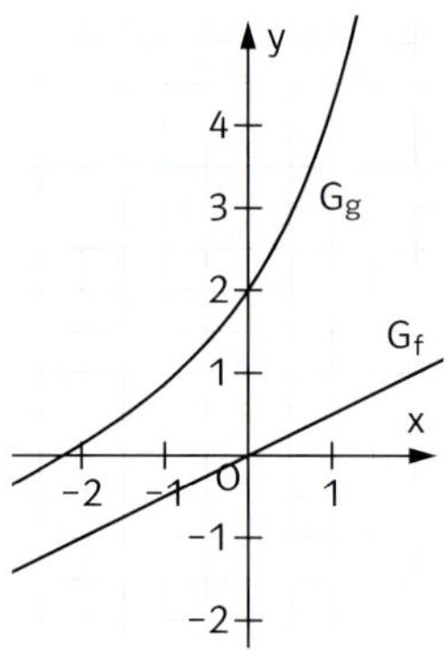


Abbildung 1

**c)** Gegeben sind die Geraden $g\colon \vec{x} = \begin{pmatrix} 3 \\ -3 \\ 3 \end{pmatrix} + r \cdot \begin{pmatrix} 3 \\ 0 \\ -1 \end{pmatrix}$ mit $r \in \mathbb{R}$ und $h\colon \vec{x} = \begin{pmatrix} 3 \\ -3 \\ 3 \end{pmatrix} + s \cdot \begin{pmatrix} 1 \\ 0 \\ 3 \end{pmatrix}$ mit $s \in \mathbb{R}$.

2 P (1) *Geben Sie die Koordinaten des Schnittpunkts von g und h an und zeigen Sie, dass g und h senkrecht zueinander verlaufen.* Tipp 4 Tipp 5

4 P (2) Die Ebene E enthält die Geraden g und h. *Prüfen Sie, ob der Punkt $P(7|-3|5)$ in E liegt.* Tipp 6

**d)** Die Zufallsgröße X ist binomialverteilt mit $n = 10$ und $p = 0{,}8$.

(1) Eine der folgenden Abbildungen stellt die Wahrscheinlichkeitsverteilung von X dar.

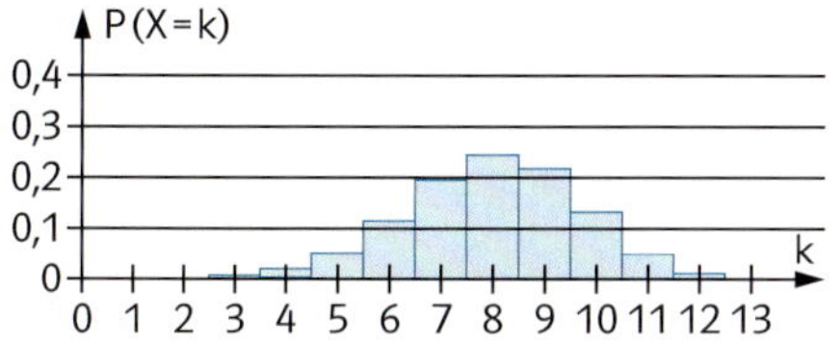


Abbildung 2

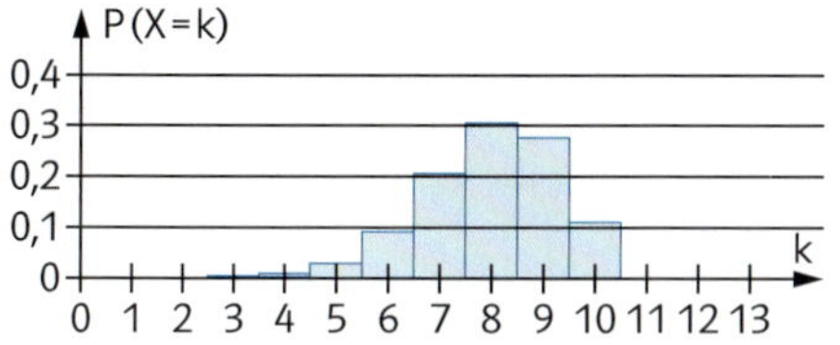


Abbildung 3

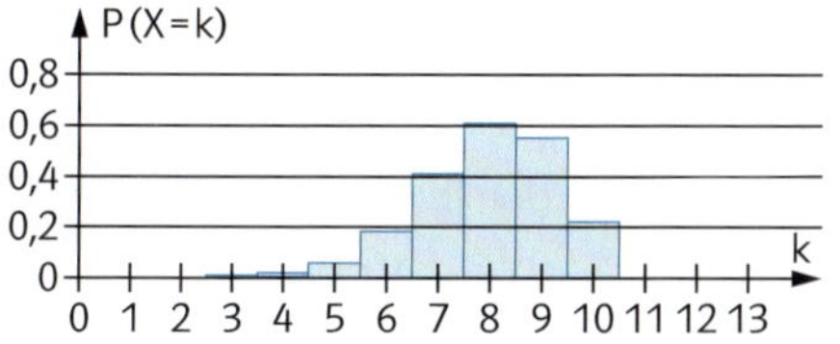


Abbildung 4

4 P *Begründen Sie, warum Abbildung 2 und Abbildung 4 nicht die Wahrscheinlichkeitsverteilung von X darstellen.* Tipp 7

2 P (2) *Ermitteln Sie aus der zugehörigen Abbildung näherungsweise den Wert der Wahrscheinlichkeit $P(6 \leqq X \leqq 8)$.* Tipp 8

2

# Prüfungsteil B (mit Hilfsmittel)

## Aufgabe B1

In einem Entwicklungslabor wird der Ladevorgang bei Akkus an verschiedenen Ladegeräten getestet. Der zeitliche Verlauf des Ladezustands für verschiedene Ladegeräte wird durch die Funktion Q mit $Q(t) = 1000(1 - e^{-0{,}4 \cdot t})$ modelliert und ist in Abbildung 1 dargestellt.

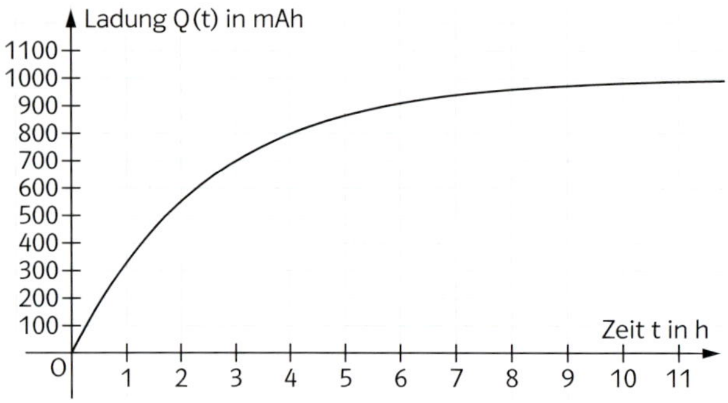


Abbildung 1

Dabei gibt t die seit Beginn des Ladevorgangs vergangene Zeit in Stunden und Q(t) die Ladung des Akkus zum Zeitpunkt t (Einheit: mAh) an. Der Ladevorgang beginnt im Folgenden stets zum Zeitpunkt $t = 0$ und es gilt $Q(0) = 0$, d.h., in der Modellierung wird vereinfacht davon ausgegangen, dass die Ladung des Akkus zu Beginn immer den Wert 0 hat.

**a)** (1) Der Verlauf des Graphen legt die Vermutung nahe, dass sich die Funktion Q für große Werte von t dem Wert 1000 annähert und ihn nicht überschreitet.

3 P *Entscheiden Sie begründet, ob diese Vermutung wahr ist.* — Tipp 9

Die maximale Ladung, die ein Akku unter idealen Bedingungen aufnehmen kann, wird Kapazität genannt. Im Folgenden haben die betrachteten Akkus jeweils eine Kapazität von 1000 mAh.
Eine Balkenanzeige am Ladegerät signalisiert während des Ladevorgangs den aktuellen Ladezustand des Akkus mit folgenden Symbolen:

| | |
|---|---|
| kein Balken: | Die Ladung beträgt weniger als 30 % der Kapazität. |
| ein Balken: | Die Ladung beträgt mindestens 30 % und unter 60 % der Kapazität. |
| zwei Balken: | Die Ladung beträgt mindestens 60 % und unter 90 % der Kapazität. |
| drei Balken: | Die Ladung beträgt mindestens 90 % der Kapazität. |

(2) *Bestimmen Sie, wie viele Minuten es ab dem Start dauert, bis die Balkenanzeige den ersten Balken anzeigt.* — Tipp 10
*Begründen Sie anschaulich, ggf. mit Abbildung 1, dass die Zeitdauer bis zum Erscheinen eines weiteren Balkens von Balken zu Balken beim selben*
5 P *Ladevorgang immer größer wird.* — Tipp 11

Die momentane Änderungsrate der Ladung Q wird Ladestrom I genannt (Einheit: mA). Der Ladestrom wird zur Kontrolle des Ladevorgangs benutzt. In diesem Falle lautet also die Funktionsgleichung für den Ladestrom $I(t) = Q'(t) = 400 \cdot e^{-0,4 \cdot t}$.

**b)** (1) *Begründen Sie, dass der Ladestrom I zum Startzeitpunkt des Ladevorgangs am größten ist.* 3 P — Tipp 12

(2) Um den Akku zu schonen, soll der Ladestrom während des Ladevorgangs den Wert 500 zu keinem Zeitpunkt überschreiten.
*Entscheiden Sie begründet, ob diese Bedingung beim vorliegenden Ladevorgang eingehalten wird.* 3 P — Tipp 13

(3) Der Ladevorgang wird abgeschaltet, wenn der Ladestrom I den Wert 10 unterschreitet.
*Bestimmen Sie die Dauer des Ladevorgangs in Stunden und Minuten, wenn der Ladevorgang nach dieser Bedingung abgeschaltet wird.* — Tipp 14
*Bestimmen Sie die Anzahl der Balken, die die Balkenanzeige dann annimmt.* 6 P — Tipp 15

Im Folgenden wird der Ladevorgang für einen Akku der Kapazität 1000 mAh an verschiedenen Ladegeräten verglichen. Der zeitliche Verlauf des Ladevorgangs für verschiedene Ladegeräte wird durch die Funktionen $Q_k$ mit
$Q_k(t) = 1000(1 - e^{-k \cdot t}),\ k \in \mathbb{R},\ k > 0$
modelliert und ist für $k = 0,2$; $k = 0,4$; $k = 0,6$ und $k = 0,95$ in Abbildung 2 dargestellt.

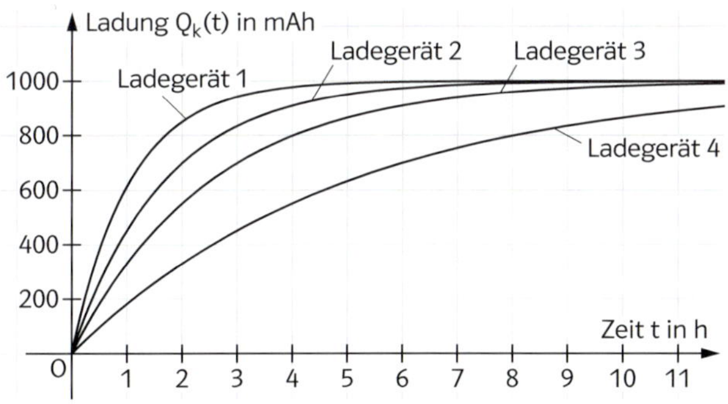


Abbildung 2

**c)** (1) *Beschreiben Sie die Bedeutung größer werdender Werte für den Parameter k im Sachzusammenhang.* 2 P — Tipp 16

(2) *Geben Sie an, welcher Graph in Abbildung 2 zu welchem Parameter gehört.* 2 P — Tipp 17

Ein Akku der Kapazität 1000 mAh wird durch ein defektes Ladegerät fälschlicherweise mit einem Ladestrom geladen, der durch die Funktionsvorschrift $I_d(t) = (100t + 50)\,e^{-0{,}4 \cdot t + 0{,}1}$ modelliert wird.
Nach 12 Stunden wird der Ladevorgang an diesem Ladegerät abgebrochen.

**d)** (1) *Zeigen Sie rechnerisch, dass die Funktion $I_d$ genau ein lokales Maximum besitzt.* 7 P — Tipp 18
[Kontrolllösung: $I_d'(t) = (-40t + 80)\,e^{-0{,}4 \cdot t + 0{,}1}$]

(2) *Begründen Sie, dass der Ladestrom $I_d$ während des Ladevorgangs den Wert 150 nie überschreitet.* 3 P — Tipp 19

Die Funktion $Q_d$ beschreibt die Ladung des Akkus beim Ladevorgang an dem defekten Ladegerät.

(3) *Begründen Sie, dass die Funktion $Q_d$ für $t > 0$ monoton steigt.* 2 P — Tipp 20

(4) *Bestimmen Sie die Ladung des Akkus an diesem Ladegerät, wenn der Ladevorgang nach 12 Stunden abgebrochen wird.* 4 P — Tipp 21

## Aufgabe B2

Gegeben ist die Funktion f mit $f(x) = -\frac{1}{10^6}x^4 + \frac{4}{9375}x^3 - \frac{13}{250}x^2 + \frac{8}{5}x + 140$ mit Definitionsbereich $\mathbb{R}$.

**a)** (1) *Begründen Sie, dass der Graph von f maximal drei Extremstellen besitzt.* 2 P — Tipp 22

(2) *Berechnen Sie die Koordinaten der Extrempunkte des Graphen von f und bestimmen Sie die Art der Extrempunkte.* 8 P — Tipp 23
[Zur Kontrolle: Die Extremstellen sind 20, 100 und 200.]

(3) *Ermitteln Sie das absolute Maximum des Graphen von f.* 3 P — Tipp 24

Die Funktion f besitzt genau zwei Nullstellen.

**b)** *Bestimmen Sie die Nullstellen der Funktion f und geben Sie die Koordinaten des Schnittpunktes des Graphen mit der y-Achse an.* 4 P — Tipp 25
[Zur Kontrolle: Für die eine Nullstelle gilt $x < 0$ und für die andere gilt $x > 240$.]

**c)** Der Graph von der Funktion f soll um p Einheiten ($p \in \mathbb{R}$) nach unten verschoben werden.
*Geben Sie alle Werte von p an, für die der verschobene Graph genau drei Nullstellen besitzt.* 4 P — Tipp 26

**d)** Der Graph von f schließt mit den Koordinatenachsen und der zur y-Achse parallelen Geraden mit der Gleichung $x = 240$ ein Flächenstück ein.

(1) *Stellen Sie das Flächenstück in der nachfolgenden Abbildung graphisch dar.* 2 P — Tipp 27

(2) *Bestimmen Sie den Flächeninhalt des Flächenstücks.* 3 P — Tipp 28

(3) *Bestimmen Sie eine Gleichung der Geraden, die parallel zur y-Achse verläuft und dieses Flächenstück halbiert.* 4 P — Tipp 29

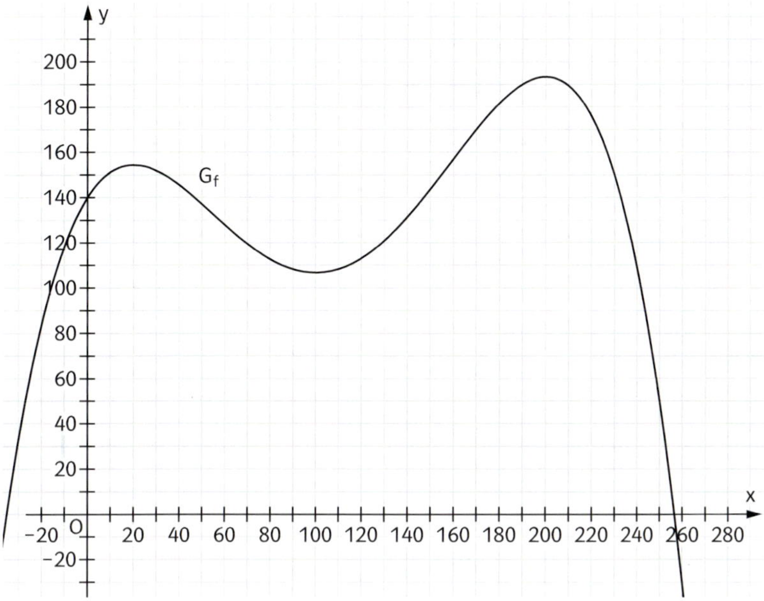


Diabetespatientinnen und -patienten haben die Möglichkeit, mithilfe sogenannter CGM-Geräte ihren Glukosewert, d.h. die Konzentration der Glukose im Blut, ständig zu messen.
Die gegebene Funktion f beschreibt für $0 \leqq x \leqq 240$ modellhaft die Entwicklung des Glukosewerts eines Patienten. Dabei ist x die seit Beobachtungsbeginn vergangene Zeit in Minuten und f(x) der Glukosewert in Milligramm pro Deziliter $\left(\frac{mg}{dl}\right)$.

6 P **e)** *Bestimmen Sie für den betrachteten Zeitraum ($0 \leqq x \leqq 240$) denjenigen Zeitpunkt, zu dem der Glukosewert am stärksten ansteigt.* Tipp 30

4 P **f)** Es gibt Zeitpunkte, an denen sich der Glukosewert um $-0{,}5\,\frac{mg}{dl}$ pro Minute verändert.
*Bestimmen Sie alle Zeitpunkte im betrachteten Zeitraum, an denen eine solche Veränderung auftritt.* Tipp 31

## Aufgabe B3

Das Gebäude eines Museums kann modellhaft durch den abgebildeten Körper ABCDEFG dargestellt werden.
Die obere Etage entspricht dabei der Pyramide DEFG, die untere Etage dem Körper ABCDEF, der Teil der Pyramide DEFS ist. Die Ebene, in der das Dreieck ABC liegt, beschreibt die ebene, horizontale Oberfläche des Untergrunds. Das Dreieck DEF liegt parallel zu dieser Ebene.
In einem kartesischen Koordinatensystem gilt für die Lage einiger der genannten Punkte: $A(-5|5|0)$, $B(-5|25|0)$, $D(0|0|15)$, $E(0|30|15)$, $F(-25|5|15)$ und $G(-10|10|35)$.
Eine Längeneinheit im Koordinatensystem entspricht 1 m in der Realität.

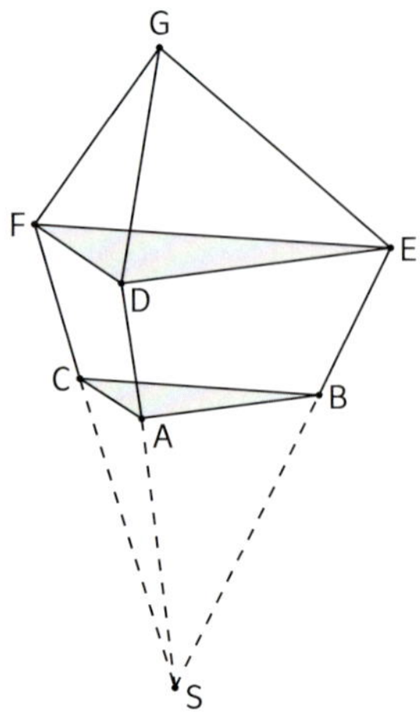

Abbildung 1

**a)** Die folgenden Rechnungen zeigen ein mögliches Vorgehen zur Ermittlung der Koordinaten von S:

$$\begin{pmatrix} 0 \\ 0 \\ 15 \end{pmatrix} + r \cdot \begin{pmatrix} -5 \\ 5 \\ -15 \end{pmatrix} = \begin{pmatrix} 0 \\ 30 \\ 15 \end{pmatrix} + s \cdot \begin{pmatrix} -5 \\ -5 \\ -15 \end{pmatrix} \iff r = s = 3,$$

$$\begin{pmatrix} 0 \\ 0 \\ 15 \end{pmatrix} + 3 \cdot \begin{pmatrix} -5 \\ 5 \\ -15 \end{pmatrix} = \begin{pmatrix} -15 \\ 15 \\ -30 \end{pmatrix}, \text{ d.h. } S(-15|15|-30).$$

5 P *Erläutern Sie das dargestellte Vorgehen.* — Tipp 32

**b)** (1) *Weisen Sie nach, dass die Bodenfläche der oberen Etage nicht rechtwinklig ist.*
4 P — Tipp 33

3 P (2) *Bestimmen Sie für das Dreieck DEF die Größe des Innenwinkels $\varepsilon$ bei E.* — Tipp 34
[Zur Kontrolle: $\varepsilon = 45°$]

(3) Im Dreieck DEF ist der Punkt P der Fußpunkt der Höhe h auf die Seite $\overline{EF}$ (vgl. Abbildung 2).
*Begründen Sie, dass das Dreieck DEP gleichschenklig ist,* — Tipp 35
*und bestimmen Sie die Länge der*
5 P *Höhe h.* — Tipp 36
[Zur Kontrolle: $h = 15\sqrt{2}$]

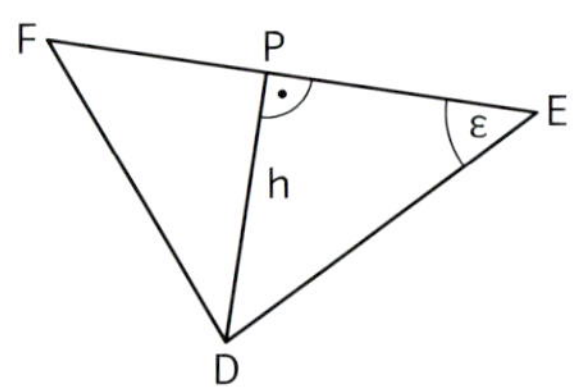

Abbildung 2 [nicht maßstabsgetreu]

(4) *Begründen Sie, dass der Abstand des Punktes G zur Ebene durch DEF direkt aus den $x_3$-Koordinaten der entsprechenden Punkte ermittelt werden*
3 P *kann, und geben Sie diesen Abstand an.* — Tipp 37

(5) Für die obere Etage wird eine Anlage zur Entfeuchtung der Luft installiert, die für 100 m³ Rauminhalt eine elektrische Leistung von 0,8 Kilowatt benötigt.
*Weisen Sie nach, dass für den Betrieb der Anlage eine Leistung von*
5 P *25 Kilowatt ausreichend ist.* — Tipp 38

Die obere Etage wird durch einen Laser alarmgesichert.
Der Laser ist im Punkt Q mit Q(−9 | 8 | 15,5) an einer Metallstange befestigt. Diese Metallstange verläuft geradlinig von der Spitze G der Pyramide über den Punkt Q zur Bodenfläche der oberen Etage.

**c)** (1) *Ermitteln Sie die Koordinaten des Bodenpunktes R der Metallstange in*
7 P *der Bodenfläche und die Länge der Metallstange.* — Tipp 39
[Hinweis: Ein Nachweis, dass der Punkt R innerhalb des Dreiecks DEF liegt, wird nicht erwartet.]

(2) Der Laser im Punkt Q ist so eingestellt, dass der Lichtstrahl in Richtung des Vektors $\vec{v}$ mit $\vec{v} = \begin{pmatrix} 0{,}34 \\ 0{,}84 \\ 0{,}02 \end{pmatrix}$ ausgerichtet ist.
*Zeigen Sie, dass der Lichtstrahl mit dieser Einstellung auf die Kante $\overline{GE}$*
8 P *trifft.* — Tipp 40

## Aufgabe B4

Die Einfahrt zu einem Parkhaus bietet vor der Schranke Platz für maximal drei wartende Autos. Sind diese drei Plätze besetzt, so kann ein ankommendes Auto nicht von der Straße in die Einfahrt zum Parkhaus einbiegen, sondern muss weiterfahren (siehe Abbildung).

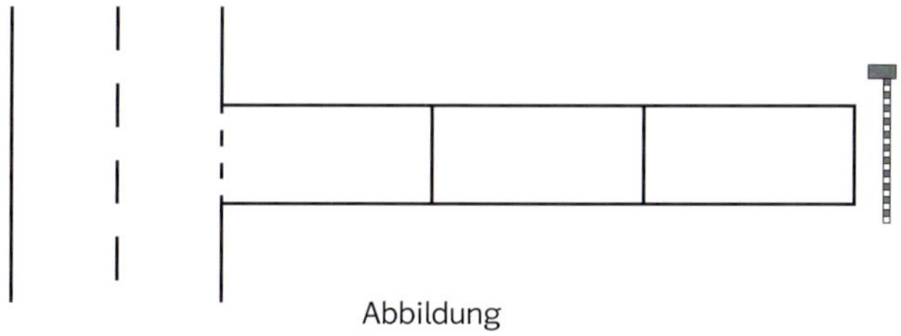

Abbildung

Die Entwicklung der Warteschlange vor der Schranke kann durch einen stochastischen Prozess beschrieben werden. Dieser stochastische Prozess besitzt die vier Zustände $Z_0$: „kein Auto steht in der Einfahrt" bis $Z_3$: „drei Autos stehen in der Einfahrt".

Es wird angenommen, dass maximal ein Auto pro Minute in die Einfahrt zum Parkhaus einbiegt und auch maximal ein Auto pro Minute die Schranke passieren und in das Parkhaus fahren kann („Schranke öffnet").
Wenn in der Einfahrt mindestens ein Platz frei ist, beträgt die Wahrscheinlichkeit für das Einbiegen eines Autos in die Einfahrt in jeder Minute stets $p_1 = 0{,}3$. Vereinfachend wird angenommen, dass sich unabhängig von der bisherigen Wartezeit die Schranke in jeder Minute mit der Wahrscheinlichkeit $p_2 = 0{,}6$ öffnet, sodass ein Auto ins Parkhaus fahren kann. Ein Auto, das in die Einfahrt biegt, kann nicht in derselben Minute weiter ins Parkhaus fahren.

**a)** Angenommen der Prozess befindet sich im Zustand $Z_3$. Der Prozess verbleibt in diesem Zustand,
… wenn ein Auto ins Parkhaus fährt („Schranke öffnet") und gleichzeitig ein neues Auto ankommt,
… wenn kein Auto aus der Warteschlange ins Parkhaus fahren kann („Schranke geschlossen").

Der Prozess befindet sich im Zustand $Z_3$.

3 P (1) *Geben Sie die fehlenden Wahrscheinlichkeiten im Baumdiagramm an.* Tipp 41

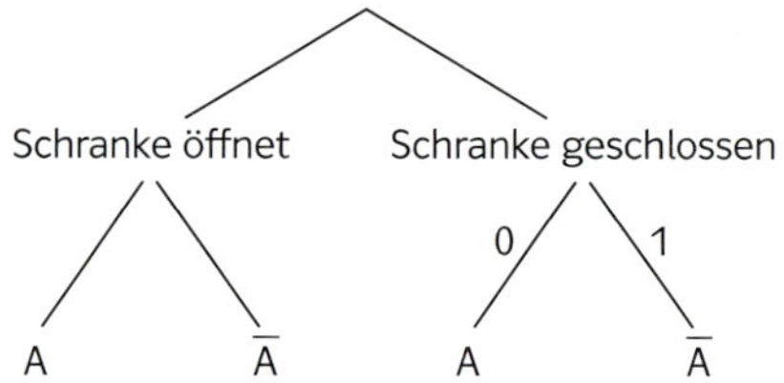


A: ein Auto biegt in die Einfahrt ein

$\overline{A}$: kein Auto biegt in die Einfahrt ein

3 P (2) *Leiten Sie her: Die Wahrscheinlichkeit, dass der Prozess in der nächsten Minute im Zustand $Z_3$ bleibt, beträgt $p = 0{,}58$.* Tipp 42

**b)** Die Wahrscheinlichkeit für die Veränderung des Prozesses von einer Minute zur nächsten wird vollständig beschrieben durch die Übergangsmatrix U.

$$\begin{matrix} \text{von} & Z_0 & Z_1 & Z_2 & Z_3 & \text{nach} \end{matrix}$$

$$U = \begin{pmatrix} 0{,}7 & 0{,}42 & 0 & 0 \\ 0{,}3 & 0{,}46 & 0{,}42 & 0 \\ 0 & 0{,}12 & 0{,}46 & 0{,}42 \\ 0 & 0 & 0{,}12 & 0{,}58 \end{pmatrix} \begin{matrix} Z_0 \\ Z_1 \\ Z_2 \\ Z_3 \end{matrix}$$

4 P (1) *Stellen Sie die durch U beschriebenen Veränderungen mithilfe eines Übergangsdiagramms dar.* Tipp 43

3 P (2) *Begründen Sie im Sachkontext, warum die Matrixelemente $u_{13} = u_{14} = u_{24} = u_{31} = u_{41} = u_{42}$ den Wert null haben.* Tipp 44

**c)** (1) Zu einem bestimmten Zeitpunkt steht kein Auto in der Einfahrt.

4 P *Bestimmen Sie den Term $U^5 \cdot \begin{pmatrix} 1 \\ 0 \\ 0 \\ 0 \end{pmatrix}$ und interpretieren Sie das Ergebnis im Sachzusammenhang.* Tipp 45

Zu einem anderen Zeitpunkt steht genau ein Auto in der Einfahrt.

4 P (2) *Bestimmen Sie die Wahrscheinlichkeit, dass nach 10 Minuten drei Autos in der Einfahrt stehen.* Tipp 46

4 P (3) *Bestimmen Sie die Wahrscheinlichkeit, dass nach 15 Minuten höchstens ein Auto in der Einfahrt steht.* Tipp 47

5 P (4) *Untersuchen Sie, ausgehend von der Startverteilung $\overrightarrow{x_0} = \begin{pmatrix} 1 \\ 0 \\ 0 \\ 0 \end{pmatrix}$ die langfristige Entwicklung der Wahrscheinlichkeitsverteilung* Tipp 48
*und entscheiden Sie begründet, ob der Bereich für wartende Autos vergrößert werden soll.* Tipp 49

**d)** Die zur Abrechnung der Parkgebühren verwendeten Parkchips werden von einem Produzenten als Massenware hergestellt. Sie werden in Kartons mit jeweils 300 Stück geliefert.
Erfahrungsgemäß kann aufgrund von Fehlproduktionen ein Teil der angelieferten Chips nicht verwendet werden. Nach Angaben des Produzenten sind 5 % der Chips fehlerhaft.
Dieser Wert wird als Wahrscheinlichkeit angenommen, dass ein zufällig ausgewählter Chip fehlerhaft ist. Die Anzahl der fehlerhaften Chips pro Karton wird im Folgenden als binomialverteilt angenommen.

Die Kartons werden vom Parkhausinhaber geprüft. Er muss pro Karton den vollen Preis bezahlen, wenn er weniger als 17 fehlerhafte Parkchips entdeckt. Bei 17 bis 24 fehlerhaften Parkchips müssen 60 % des vollen Preises bezahlt werden, bei mehr als 24 fehlerhaften Parkchips erhält er den Karton kostenlos.

6 P (1) *Ermitteln Sie die Wahrscheinlichkeiten für alle drei Fälle.* — Tipp 50

(2) Es sollen im Mittel Einnahmen von 30 € pro Karton erwartet werden können.
4 P *Bestimmen Sie den vollen Verkaufspreis eines Kartons, den der Produzent festlegen muss, um dies zu erreichen.* — Tipp 51

## Aufgabe B5

**a)** Ein Unternehmen stellt Kunststoffteile her. Erfahrungsgemäß sind 4 % der hergestellten Teile fehlerhaft. Die Zufallsvariable X: „Anzahl fehlerhafter Teile" unter zufällig ausgewählten Teilen kann als binomialverteilt angenommen werden.
800 Kunststoffteile werden zufällig ausgewählt.

(1) *Bestimmen Sie für die folgenden Ereignisse jeweils die Wahrscheinlichkeit:*
A: „Genau 30 der Teile sind fehlerhaft." — Tipp 52
5 P B: „Mindestens 25 der Teile sind fehlerhaft." — Tipp 53

4 P (2) *Bestimmen Sie die zu erwartende Anzahl fehlerhafter Teile und die Standardabweichung von X.* — Tipp 54

5 P (3) *Ermitteln Sie, wie viele Kunststoffteile mindestens zufällig ausgewählt werden müssen, damit davon mit einer Wahrscheinlichkeit von mindestens 95 % mindestens ein Teil fehlerhaft ist.* — Tipp 55

Die Kunststoffteile werden aus Kunststoffgranulat hergestellt. Nach einem Wechsel des Granulats vermutet der Produktionsleiter, dass sich der Anteil der fehlerhaften Teile reduziert hat. Um die Vermutung zu überprüfen, werden in einer neuen Stichprobe wiederum 800 Teile ausgewählt. Sind in der Stichprobe höchstens 22 Teile fehlerhaft, so möchte der Produktionsleiter das neue Granulat weiter verwenden.

2 P (4) *Zeigen Sie, dass unter der Annahme $p = 0{,}04$ die Wahrscheinlichkeit für höchstens 22 fehlerhafte Teile unter 5 % liegt.* — Tipp 56

Pro Kunststoffteil möchte das Unternehmen einen durchschnittlichen Gewinn von 1 Euro machen.
Dabei belaufen sich die Herstellungskosten auf 0,50 Euro pro Kunststoffteil. Der Verkaufspreis v wird vom Unternehmen festgesetzt, wobei fehlerhafte Teile nicht verkauft werden.

(5) *Begründen Sie, dass mithilfe der Gleichung* $0{,}04 \cdot (-0{,}5) + 0{,}96 \cdot (v - 0{,}5) = 1$ *der Verkaufspreis bestimmt werden kann.*

4 P — Tipp 57

(6) Das neue Granulat wird nun verwendet und verursacht in Wirklichkeit nur noch 2 % fehlerhafte Teile. Die Herstellungskosten wurden durch den Wechsel des Granulats nicht beeinflusst.
*Ermitteln Sie den prozentualen Preisnachlass, den das Unternehmen beim Verkaufspreis nun gewähren kann.*

5 P — Tipp 58

**b)** Für ein Spiel wird ein Glücksrad verwendet, das drei farbige Sektoren hat. Der Tabelle können die Farben der Sektoren und die Größe der zugehörigen Mittelpunktswinkel entnommen werden.

| Farbe | Blau | Rot | Grün |
|---|---|---|---|
| Mittelpunktswinkel | 180° | 120° | 60° |

Ein Spieler muss das Glücksrad in jedem Spiel dreimal drehen. Er gewinnt das Spiel, wenn er dreimal die gleiche Farbe erzielt.

(1) *Zeigen Sie, dass die Wahrscheinlichkeit, dreimal die gleiche Farbe zu erzielen* $\frac{1}{6}$ *beträgt.*

4 P — Tipp 59

Es werden 10 Spiele absolviert. Die Zufallsvariable Y: „Anzahl der Spiele, in denen dreimal die gleiche Farbe erzielt wird" ist binomialverteilt.

(2) *Entscheiden Sie, welcher der folgenden Ansätze zur Berechnung der Wahrscheinlichkeit für das Eintreten des Ereignisses E: „In genau 3 der 10 Spiele wird jeweils dreimal die gleiche Farbe erzielt" genutzt werden kann, und erläutern Sie die einzelnen Bestandteile dieses ausgewählten Ansatzes.*

5 P — Tipp 60

(I) $P(E) = \left(\frac{1}{2}\right)^3 + \left(\frac{1}{3}\right)^3 + \left(\frac{1}{6}\right)^3$

(II) $P(E) = 3 \cdot \left(\frac{1}{6}\right)^3 \cdot \left(\frac{5}{6}\right)^7$

(III) $P(E) = \binom{10}{3} \cdot \left(\frac{1}{6}\right)^3 \cdot \left(\frac{5}{6}\right)^7$

(3) Es werden die Ereignisse
$E_1$: „In allen 10 Spielen wird jeweils dreimal die gleiche Farbe erzielt" und
$E_2$: „In 30 Drehungen wird immer die gleiche Farbe erzielt"
betrachtet.

*Beurteilen Sie die Aussage: „Ob Ereignis $E_1$ oder Ereignis $E_2$ untersucht wird, ist egal, da sie das Gleiche aussagen und mit derselben Wahrscheinlichkeit eintreten."*

6 P — Tipp 61

# Tipps

## Folgende Tipps geben eine erste Hilfestellung:

| | |
|---|---|
| Tipp 1 | Wie geht man vor, um die Nullstellen einer Funktion zu berechnen? |
| Tipp 2 | Setzen Sie die Funktionsterme der Funktionen f und g gleich. |
| Tipp 3 | Überlegen Sie anhand der Abbildung, welches Flächenstück gemeint sein könnte. |
| Tipp 4 | Überlegen Sie, wie man den Schnittpunkt zweier Geraden bestimmt. |
| Tipp 5 | Unter welcher Bedingung verlaufen zwei Geraden senkrecht zueinander? |
| Tipp 6 | Bestimmen Sie eine Parametergleichung der Ebene, die die beiden sich schneidenden Geraden enthält. Überlegen Sie, welcher Punkt als Stützpunkt geeignet ist und welche Richtungsvektoren Sie wählen können. |
| Tipp 7 | Beachten Sie die möglichen Treffer-Anzahlen und die Summe aller Wahrscheinlichkeiten. |
| Tipp 8 | Überlegen Sie, welche der abgebildeten Säulen die Wahrscheinlichkeit des Ereignisses $6 \leqq X \leqq 8$ darstellen. |
| Tipp 9 | Betrachten Sie den Verlauf des Graphen. |
| Tipp 10 | Stellen Sie eine Gleichung auf, die die Zeit bis zur Anzeige des 1. Balkens beschreibt. |
| Tipp 11 | Betrachten Sie den Verlauf des Graphen hinsichtlich seiner Steigung. |
| Tipp 12 | Betrachten Sie das Monotonieverhalten der Funktion I. |
| Tipp 13 | Interpretieren Sie den Funktionswert der Funktion I an der linken Intervallgrenze. |
| Tipp 14 | Stellen Sie eine Gleichung mit den entsprechenden Bedingungen auf. |
| Tipp 15 | Berechnen Sie mithilfe der Gleichung der Funktion Q die Kapazität zum Zeitpunkt der Abschaltung des Ladegeräts. |
| Tipp 16 | Ordnen Sie $k = 0{,}2$; $k = 0{,}6$ und $k = 0{,}95$ den entsprechenden Ladegeräten zu. |
| Tipp 17 | Zeichnen Sie mithilfe des GTR die Graphen und ordnen Sie diese den abgebildeten Graphen zu. |
| Tipp 18 | Begründet werden soll ein lokales Maximum. |
| Tipp 19 | Berechnen Sie die maximale Ladung. |
| Tipp 20 | Es soll eine Aussage über die Monotonie der Funktion $Q_d$ getroffen werden. |
| Tipp 21 | Berechnen Sie die Gesamtladung des Geräts nach 12 Stunden unter Berücksichtigung der Ladung von 900 mAh. |
| Tipp 22 | Sie benötigen zunächst die notwendige Bedingung für eine lokale Extremstelle. |
| Tipp 23 | Berechnen Sie (ohne Verwendung des GTR) die lokalen Extrempunkte der Funktion f. |
| Tipp 24 | Wie überprüft man, ob ein lokaler Extrempunkt auch ein absoluter Extrempunkt ist? |
| Tipp 25 | Gesucht sind die Schnittpunkte des Graphen der Funktion f mit der x- und y-Achse. |

| | |
|---|---|
| **Tipp 26** | Wie muss der Funktionsterm einer Funktion verändert werden, damit ihr Graph nach oben oder unten verschoben wird? |
| **Tipp 27** | Zeichnen Sie in die Skizze an der Stelle $x = 240$ eine Parallele zur y-Achse ein. |
| **Tipp 28** | Überlegen Sie, wie man das Maß der Fläche, die der Graph von f mit der x-Achse im Intervall $[0;240]$ einschließt, mithilfe eines Integrals bestimmen kann. |
| **Tipp 29** | Der Bereich $[0;240]$ soll zu einem Intervall $[0;k]$ (wobei $k < 240$) so verkleinert werden, dass das von dem Graphen von f und der x-Achse eingeschlossene Flächenstück halb so groß ist. |
| **Tipp 30** | Die Veränderung der Glukosewerte wird durch die Ableitungsfunktion f′ angezeigt. |
| **Tipp 31** | Die Ableitungsfunktion f′ zu der Funktion f gibt die Größe der Veränderung des Glukosewertes zu einem bestimmten Zeitpunkt an. |
| **Tipp 32** | Der Punkt S ist der Schnittpunkt von Geraden. |
| **Tipp 33** | In einem rechtwinkligen Dreieck stehen zwei der drei Seitenvektoren senkrecht aufeinander. |
| **Tipp 34** | Der Winkel ε wird durch die Seitenvektoren $\overrightarrow{ED}$ und $\overrightarrow{EF}$ eingeschlossen. Überlegen Sie, wie man den Winkel zwischen zwei Vektoren berechnet. |
| **Tipp 35** | Orientieren Sie sich an der vorgegebenen Skizze und verwenden Sie das Ergebnis von Teilaufgabe **b)** (2). |
| **Tipp 36** | Beachten Sie den besonderen Typ des Dreiecks DEP. |
| **Tipp 37** | Welche Gemeinsamkeit weisen die Koordinaten der drei Punkte D,E und F auf? |
| **Tipp 38** | Gesucht ist zunächst das Volumen der Pyramide DEFG. |
| **Tipp 39** | Beachten Sie, dass die Metallstange geradlinig von G über Q zum Etagenboden DEF verläuft.<br>Ermitteln Sie die Geradengleichung der Geraden $g_{GQ}$. |
| **Tipp 40** | Bestimmen Sie die Gleichung der Geraden, die den Laserstrahl modelliert und stellen Sie für die Kante $\overline{GE}$ eine Gleichung auf. Die Kante $\overline{GE}$ hat den Anfangspunkt G und den Endpunkt E. |
| **Tipp 41** | Nur wenn die Schranke sich öffnet, kann ein Auto in das Parkhaus fahren. |
| **Tipp 42** | Beachten Sie, dass es zwei Möglichkeiten dafür gibt, dass der Prozess im Zustand $Z_3$ bleibt. |
| **Tipp 43** | Das Übergangsdiagramm hat vier Zustände und 10 Pfeile. |
| **Tipp 44** | Beachten Sie, dass immer nur ein Auto durch die geöffnete Schranke fahren kann. |
| **Tipp 45** | $U^5 \cdot \begin{pmatrix} 1 \\ 0 \\ 0 \\ 0 \end{pmatrix}$ können Sie direkt mit Ihrem GTR berechnen. |
| **Tipp 46** | Die Startverteilung lautet $\vec{x_0} = \begin{pmatrix} 0 \\ 1 \\ 0 \\ 0 \end{pmatrix}$. |
| **Tipp 47** | Die Startverteilung lautet $\vec{x_0} = \begin{pmatrix} 0 \\ 1 \\ 0 \\ 0 \end{pmatrix}$. |

| | |
|---|---|
| **Tipp 48** | Bestimmen Sie mit Ihrem GTR die Verteilung z. B. nach 100 Minuten und nach 101 Minuten. |
| **Tipp 49** | Man sollte den Wartebereich nur dann vergrößern, falls die Wahrscheinlichkeit für drei wartende Autos in der Einfahrt auf lange Sicht groß ist. |
| **Tipp 50** | Sei X: „Anzahl der fehlerhaften Chips pro Karton".<br>X ist binomialverteilt mit $n = 300$ und $p = 0{,}05$. |
| **Tipp 51** | Führen Sie für den vollen Verkaufspreis eine Variable (z. B. v) ein. |
| **Tipp 52** | Die Zufallsvariable X: „Anzahl der fehlerhaften Teile in der Stichprobe" ist binomialverteilt mit $p = 0{,}04$ und $n = 800$. |
| **Tipp 53** | Die Zufallsvariable X: „Anzahl der fehlerhaften Teile in der Stichprobe" ist binomialverteilt mit $p = 0{,}04$ und $n = 800$. |
| **Tipp 54** | Die Zufallsvariable X: „Anzahl der fehlerhaften Teile in der Stichprobe" ist binomialverteilt mit $p = 0{,}04$ und $n = 800$. |
| **Tipp 55** | Die Zufallsvariable X: „Anzahl der fehlerhaften Teile in der Stichprobe" ist binomialverteilt mit $p = 0{,}04$ (n ist noch unbekannt). |
| **Tipp 56** | Die Zufallsvariable X: „Anzahl der fehlerhaften Teile in der Stichprobe" ist binomialverteilt mit $p = 0{,}04$ und $n = 800$. |
| **Tipp 57** | Sei G der erzielte Gewinn pro Kunststoffteil. G kann die Werte $-0{,}5$ und $v - 0{,}5$ annehmen. |
| **Tipp 58** | Durch Lösen der Gleichung aus (5) erhalten Sie den ursprünglichen Verkaufspreis v. |
| **Tipp 59** | Zeichnen Sie, falls nötig, ein geeignetes Baumdiagramm. |
| **Tipp 60** | Das Ereignis E kann auch durch $Y = 3$ beschreiben werden. |
| **Tipp 61** | Wie sehen die Ergebnisse jeweils aus, die zu den Ereignissen $E_1$ bzw. $E_2$ gehören? |

## Folgende Tipps geben eine weitere Hilfestellung:

| | |
|---|---|
| **Tipp 1** | Vor und nach einer Nullstelle weisen die Funktionswerte einer Funktion ein verschiedenes Vorzeichen auf. |
| **Tipp 2** | Lösen Sie die entsprechende Exponentialgleichung. Beachten Sie dabei die Eigenschaften der Exponentialfunktionen. |
| **Tipp 3** | Stellen Sie die Integralfunktion zur Berechnung der Fläche zwischen zwei Graphen auf. |
| **Tipp 4** | Welche Besonderheit weisen die Parameterformen der beiden Geradengleichungen auf? |
| **Tipp 5** | Die Richtungsvektoren der Geraden entscheiden darüber, ob die Geraden senkrecht zueinander stehen. |
| **Tipp 6** | Setzen Sie die Koordinaten des Punktes P in die Parametergleichung von E ein. |
| **Tipp 7** | Die maximale Treffer-Anzahl beträgt 10. Wodurch unterschieden sich die Abbildungen 3 und 4? |

| | |
|---|---|
| Tipp 8 | Es gilt: $P(6 \leqq X \leqq 8) = P(6) + P(7) + P(8)$ |
| Tipp 9 | Betrachten Sie den Grenzwert der Funktion Q für $t \to +\infty$. |
| Tipp 10 | Lösen Sie die Gleichung $Q(t) = 300$. |
| Tipp 11 | Für größer werdendes t wird die Steigung immer kleiner. |
| Tipp 12 | Interpretieren Sie die Ableitung bzgl. der Monotonie von I. |
| Tipp 13 | Berechnen Sie $I(0)$. |
| Tipp 14 | Die Bedingung lautet $I(t) = 10$. |
| Tipp 15 | Berechnen Sie den Funktionswert von Q an der Stelle t. |
| Tipp 16 | Abhängig von k wird der Wert des Terms $e^{-kt}$ immer kleiner. Welche Konsequenz hat dies für die Differenz? |
| Tipp 17 | Lassen Sie sich die entsprechenden Graphen vom GTR anzeigen. |
| Tipp 18 | Bestimmen Sie die 1. und 2. Ableitung der Funktion $I_d$ unter Zuhilfenahme von Faktor- und Produktregel und verwenden Sie die notwendige und hinreichende Bedingung zur Feststellung einer lokalen Extremstelle. |
| Tipp 19 | Berechnen Sie $I_d(2)$. |
| Tipp 20 | Die Monotonie der Funktion $Q_d$ hängt von ihrer Änderungsrate $I_d$ ab. |
| Tipp 21 | Stellen Sie eine Integralfunktion auf. |
| Tipp 22 | Stellen Sie einen Zusammenhang zwischen der Anzahl möglicher lokaler Extremstellen und dem Grad einer ganzrationalen Funktion her. |
| Tipp 23 | Ermitteln Sie die 1. und 2. Ableitung der Funktion f und verwenden Sie die notwendige und hinreichende Bedingung zur Bestimmung der lokalen Extrempunkte. |
| Tipp 24 | Vergleichen Sie die y-Werte an den lokalen Extremstellen mit den Werten von f an den Grenzen des Definitionsbereichs. |
| Tipp 25 | Lösen Sie mit dem GTR die Gleichung $f(x) = 0$. Berechnen Sie $f(0)$. |
| Tipp 26 | Variieren Sie das Absolutglied im Funktionsterm der Funktion f, und stellen Sie mit dem GTR die Graphen der veränderten Funktionen dar. Überprüfen Sie, wie man auf diese Weise eine Funktion mit genau drei Nullstellen erhält. |
| Tipp 27 | Markieren Sie das im I. Quadranten von dem Graphen von f und der bei $x = 240$ gezeichneten Parallele zur y-Achse eingeschlossene Flächenstück. |
| Tipp 28 | Stellen Sie ein geeignetes Integral zur Bestimmung des Flächenmaßes auf, und werten Sie es mit dem GTR aus. |
| Tipp 29 | Wie ist das Integral von Teil (2) zu verändern, damit es das Maß der Fläche unterhalb des Graphen von f bis zu einer Stelle $x = k$; $k \in [0; 240)$ beschreibt? |
| Tipp 30 | Bestimmen Sie das lokale Maximum der Funktion f′ im betrachteten Zeitintervall $(0; 240)$. |
| Tipp 31 | Formulieren Sie eine Bestimmungsgleichung für die Zeitpunkte, an denen sich der Glukosewert um $0{,}5\,\frac{\text{mg}}{\text{dl}}$ pro Minute verringert. |
| Tipp 32 | Denken Sie an das Verfahren zur Ermittlung des Schnittpunkts zweier Geraden, die in Parameterform gegeben sind. |

| | |
|---|---|
| Tipp 33 | Ermitteln Sie aus den Koordinaten der drei Eckpunkte D, E, F die Seitenvektoren und nutzen Sie das Skalarprodukt zur Prüfung der Orthogonalität aus. |
| Tipp 34 | Verwenden Sie die Definition des Skalarprodukts $\vec{a} \cdot \vec{b} = \lvert\vec{a}\rvert \cdot \lvert\vec{b}\rvert \cdot \cos\sphericalangle(\vec{a}, \vec{b})$ zur Berechnung des Winkels $\varepsilon$. |
| Tipp 35 | Nutzen Sie den Winkelsummensatz für Dreiecke. |
| Tipp 36 | Überlegen Sie, wie der Sinus bzw. der Kosinus eines Winkels in einem rechtwinkligen Dreieck definiert sind. |
| Tipp 37 | Charakterisieren Sie die besondere Lage der drei Punkte D, E und F im Koordinatensystem und leiten Sie daraus eine einfache Möglichkeit her, den Abstand des Punktes G von dem Dreieck DEF zu ermitteln. |
| Tipp 38 | Für das Volumen der Pyramide DEFG gilt: $V = \frac{1}{3} \cdot G \cdot h_{Pyramide}$. G entspricht der Fläche des Dreiecks DEF und $h_{Pyramide}$ entspricht der Höhe der Pyramide. Beachten Sie bei der Bestimmung von G und $h_{Pyramide}$ die vorherigen Aufgabenteile (3) und (4). |
| Tipp 39 | Um den Punkt R zu ermitteln, bestimmen Sie den Schnittpunkt der Geraden $g_{GQ}$ mit der Ebene, in der sich das Dreieck DEF befindet. |
| Tipp 40 | Ermitteln Sie den Schnittpunkt der Geraden, auf der sich der Laser ausbreitet, mit der Geraden GE. |
| Tipp 41 | Die Schranke öffnet sich mit einer Wahrscheinlichkeit von 0,6. Eine geschlossene Schranke ist das Gegenereignis zu einer geöffneten Schranke. |
| Tipp 42 | Der Prozess bleibt im Zustand $Z_3$, falls die Schranke geschlossen bleibt oder falls sich die Schranke öffnet und ein weiteres Auto in die Einfahrt einbiegt. |
| Tipp 43 | Vier der Pfeile enden am gleichen Zustand, an dem sie beginnen. |
| Tipp 44 | Beachten Sie, dass sich die Anzahl der Autos in der Warteschlange maximal um 1 verändern kann. |
| Tipp 45 | Die Komponenten des erhaltenen Verteilungsvektors $\vec{x_5}$ sind die gesuchten Wahrscheinlichkeiten. |
| Tipp 46 | Berechnen Sie $U^{10} \cdot \vec{x_0}$. |
| Tipp 47 | Berechnen Sie $U^{15} \cdot \vec{x_0}$. |
| Tipp 48 | Berechnen Sie $U^{100} \cdot \vec{x_0}$ und $U^{101} \cdot \vec{x_0}$. |
| Tipp 49 | Vergleichen Sie die Wahrscheinlichkeit, dass nach z. B. 100 Minuten drei Autos in der Warteschlange stehen mit der Wahrscheinlichkeit, dass kein Auto in der Einfahrt steht. |
| Tipp 50 | Berechnen Sie $P(X < 17) = P(X \leqq 16)$, $P(17 \leqq X \leqq 24)$ und $P(X > 24) = P(X \geqq 25)$. |
| Tipp 51 | Sei Z: „Preis der für einen Karton bezahlt werden muss“.<br>Z kann die Werte v; 0,6 v und 0 annehmen. |
| Tipp 52 | Berechnen Sie $P(X = 30)$. |
| Tipp 53 | Berechnen Sie $P(X \geqq 25)$. |
| Tipp 54 | Für den Erwartungswert von X gilt: $\mu = n \cdot p$ |
| Tipp 55 | Es muss gelten $P(Y \geqq 1) \geqq 0{,}95$. Beachten Sie, dass $P(Y \geqq 1) = 1 - P(Y = 0)$ gilt. |

| | |
|---|---|
| Tipp 56 | Berechnen Sie $P(X \leqq 22)$. |
| Tipp 57 | Mithilfe des Terms auf der linken Seite der Gleichung kann man den Erwartungswert von G berechnen. |
| Tipp 58 | Sei $v^*$ der neue Verkaufspreis und G der Gewinn in Euro pro Karton. Bestimmen Sie einen Term mit Variable $v^*$ für die Berechnung des Erwartungswertes $E(G)$. |
| Tipp 59 | Drei Pfade repräsentieren das Ereignis „dreimal die gleiche Farbe". |
| Tipp 60 | Beachten Sie, dass man $P(Y = 3)$ mithilfe der Formel von Bernoulli berechnen kann. |
| Tipp 61 | Geben Sie ein Ergebnis an, das zwar zum Ereignis $E_1$, aber nicht zum Ereignis $E_2$ gehört. |

## Folgende Tipps helfen, Lücken zu schließen:

| | |
|---|---|
| Tipp 1 | Bearbeiten Sie aus F 32 das Beispiel a) sowie aus F 2 das Beispiel e) und die Aufgabe d). |
| Tipp 2 | Bearbeiten Sie die Fertigkeit F 4. |
| Tipp 3 | Bearbeiten Sie die Fertigkeiten F 27, F 25 und F 24. |
| Tipp 4 | Deuten Sie die Gleichheit der Stützvektoren der Geraden oder setzen Sie alternativ die Terme der Geradengleichungen gleich.<br>Bearbeiten Sie aus F 57 die Beispiele 1 und 2 sowie die Aufgaben 1 und 2. |
| Tipp 5 | Berechnen Sie das Skalarprodukt der Richtungsvektoren der Geraden.<br>Bearbeiten Sie aus F 51 das Beispiel und die Aufgabe sowie den Einführungstext zu F 64. |
| Tipp 6 | Bearbeiten Sie aus F 55 das Beispiel 3 und aus F 56 das Beispiel und die Aufgabe. |
| Tipp 7 | Bearbeiten Sie aus F 75 das Beispiel 1 sowie die Aufgabe 1. |
| Tipp 8 | Entnehmen Sie der Abbildung 3 näherungsweise die Wahrscheinlichkeiten für $X = 6, 7$ und 8 und addieren Sie diese Werte. |
| Tipp 9 | Berechnen Sie $\lim\limits_{t \to +\infty} (1000 - 1000\,e^{-0{,}4t})$. |
| Tipp 10 | Erarbeiten Sie die Fertigkeit F 4. |
| Tipp 11 | Die Steigung des Graphen nimmt mit der Zeit immer weiter ab. Welche Konsequenz hat dies für die Zeit bis zum Erscheinen des nächsten Ladebalkens? |
| Tipp 12 | Erarbeiten Sie die Fertigkeit F 21. |
| Tipp 13 | Vergleichen Sie $I(0)$ mit 500. |
| Tipp 14 | Lösen Sie die Exponentialgleichung mithilfe der Fertigkeit F 4. |
| Tipp 15 | Setzen Sie $t = -\frac{\ln 0{,}025}{0{,}4}$ in $Q(t)$ ein. |
| Tipp 16 | Die Ladezeit des Akkus ist abhängig vom Faktor k. |
| Tipp 17 | Ordnen Sie die Graphen des GTR den entsprechenden Werten zu. |
| Tipp 18 | Erarbeiten Sie die Fertigkeiten F 13 und F 11, um die Fertigkeit F 18 anwenden zu können. |

| | |
|---|---|
| **Tipp 19** | Vergleichen Sie $I_d(2)$ mit dem nicht zu überschreitenden Wert. |
| **Tipp 20** | Erarbeiten Sie die Fertigkeit F 21. |
| **Tipp 21** | Berechnen Sie $\int_0^{12} (100t + 50)e^{-0,4t+0,1}\,dt$ mit dem GTR. |
| **Tipp 22** | Arbeiten Sie den Einführungstext zu F 18 durch. |
| **Tipp 23** | Beachten Sie F 8, F 9, F 10 und bearbeiten Sie aus F 18 das Beispiel a) sowie die Aufgabe a). |
| **Tipp 24** | Beurteilen Sie das Verhalten des Graphen für sehr große bzw. sehr kleine x-Werte anhand des Funktionsterms. Betrachten Sie im Funktionsterm den Summanden mit der höchsten Potenz von x.<br>Bearbeiten Sie aus F 19 die Beispiele a) und c) sowie die Aufgabe a). |
| **Tipp 25** | Lesen Sie aus F 32 den Einführungstext und bearbeiten Sie das Beispiel a). |
| **Tipp 26** | Bearbeiten Sie aus F 35 den Einführungstext und das Beispiel 1. |
| **Tipp 27** | Bearbeiten Sie von F 26 den 1. Fall. |
| **Tipp 28** | Bearbeiten Sie aus F 26 das Beispiel 3 a) und die Aufgaben 1 a) und 2 a). |
| **Tipp 29** | Gehen Sie von der Gleichung $\int_0^k f(x)\,dx = \frac{34\,705,92}{2}$ aus und lösen Sie diese mithilfe des GTR.<br>Beachten Sie den Text zu F 26. |
| **Tipp 30** | Vergleichen Sie das lokale Maximum der Ableitungsfunktion f′ mit den Steigungswerten an den Randstellen $x = 0$ und $x = 240$ des Beobachtungsintervalls.<br>Bearbeiten Sie aus F 18 und aus F 19 jeweils die Aufgabe a). |
| **Tipp 31** | Bearbeiten Sie den Einführungstext aus F 40 und die Aufgaben a), b) und c). |
| **Tipp 32** | Bearbeiten Sie aus F 57 die Beispiele 1 und 2 sowie die Aufgaben 1 und 2. |
| **Tipp 33** | Lesen Sie aus F 51 den Einführungstext und lösen Sie das Beispiel und die Aufgabe. Zur Vertiefung sollten Sie aus F 63 das Beispiel sowie die Aufgabe behandeln. |
| **Tipp 34** | Bearbeiten Sie aus F 63 das Beispiel und die Aufgabe. |
| **Tipp 35** | Was folgern Sie aus der Größe der drei Dreieckswinkel? |
| **Tipp 36** | Verwenden Sie zur Bestimmung der Höhe h in dem rechtwinkligen Dreieck DEP die Definition von $\sin(\varepsilon)$. |
| **Tipp 37** | Nutzen Sie aus F 52 das Beispiel 2 und die Aufgabe 2, um die besondere Lage der Punkte D, E und F zu erkennen und damit eine einfache Abstandsbestimmung des Punktes G zur Dreiecksebene zu ermöglichen. |
| **Tipp 38** | Die Pyramidenhöhe $h_{Pyramide}$ ergibt sich aus dem Abstand des Punktes G von dem Dreieck DEF (siehe (4)). Die Fläche des Dreiecks DEF lässt sich mithilfe der in (3) ermittelten Höhe h zur Dreiecksseite $\overline{EF}$ sowie der Länge der Dreiecksseite $\overline{EF}$ bestimmen.<br>Bearbeiten Sie aus F 45 das Beispiel und die Aufgabe.<br>Weisen Sie abschließend (eventuell unter Zuhilfenahme des Dreisatzes) nach, dass die Leistung von 25 kW zur Befeuchtung der Luft in dem pyramidenförmigen Raum ausreicht. |

2

| | |
|---|---|
| **Tipp 39** | Bearbeiten Sie aus **F 53** das Beispiel 1 sowie die Aufgabe 1 und aus **F 59** das Beispiel. Bei der Bestimmung der Länge der Metallstange hilft **F 45**. |
| **Tipp 40** | Prüfen Sie anhand der ermittelten Parameter, ob der gefundene Punkt auf der Kante $\overline{GE}$ liegt. Bearbeiten Sie aus **F 57** die Beispiele 1 und 2 sowie die Aufgabe 2. |
| **Tipp 41** | Beachten Sie: Wenn die Schranke geöffnet wird, fährt ein Auto ins Parkhaus. Es kann also wieder ein Auto mit einer von null verschiedenen Wahrscheinlichkeit in die Einfahrt einbiegen. |
| **Tipp 42** | Die Wahrscheinlichkeit, dass sich die Schranke öffnet und ein Auto in die Einfahrt einbiegt, beträgt $0{,}6 \cdot 0{,}3 = 0{,}18$. |
| **Tipp 43** | Bearbeiten Sie aus **F 77c** das Beispiel 2 und die Aufgabe 1. |
| **Tipp 44** | Bearbeiten Sie aus **F 77a** das Beispiel 2 und die Aufgabe 2. |
| **Tipp 45** | Bearbeiten Sie aus **F 80** das Beispiel 2 und die Aufgabe 1. |
| **Tipp 46** | Bearbeiten Sie aus **F 80** das Beispiel 2 und die Aufgabe 1. |
| **Tipp 47** | Bearbeiten Sie aus **F 80** das Beispiel 2 und die Aufgabe 1 und aus **F 83** im Beispiel 1 e) die alternative Lösung. |
| **Tipp 48** | Bearbeiten Sie aus **F 81** das Beispiel 2 und die Aufgabe 1. |
| **Tipp 49** | Nach 100 Minuten beträgt die Wahrscheinlichkeit für drei Autos in der Warteschlange nur ca. 3 %. Mit einer Wahrscheinlichkeit von ca. 51 % steht sogar gar kein Auto vor der Schranke. |
| **Tipp 50** | Bearbeiten Sie aus **F 73** die Beispiele 2, 3 und 4 und die Aufgaben 1 b), 1 c) und 1 f). |
| **Tipp 51** | Bearbeiten Sie aus **F 72** das Beispiel 2 und die Aufgabe 1. |
| **Tipp 52** | Bearbeiten Sie aus **F 73** das Beispiel 1 und die Aufgabe 1 a). |
| **Tipp 53** | Bearbeiten Sie aus **F 73** das Beispiel 3 und die Aufgabe 1 c). |
| **Tipp 54** | Bearbeiten Sie aus **F 74** das Beispiel 1 und die Aufgabe 1. |
| **Tipp 55** | Bearbeiten Sie aus **F 76** das Beispiel 1 und die Aufgabe 1. |
| **Tipp 56** | Bearbeiten Sie aus **F 73** das Beispiel 2 und die Aufgabe 1 b). |
| **Tipp 57** | Bearbeiten Sie aus **F 72** das Beispiel 2 und die Aufgabe 1. |
| **Tipp 58** | Durch Lösen der Gleichung $E(G) = 1$ erhalten Sie den neuen Verkaufspreis $v^*$. Bearbeiten Sie aus **F 70** das Beispiel 1 und die Aufgabe 1. |
| **Tipp 59** | Bearbeiten Sie aus **F 68** das Beispiel 1 und die Aufgabe 1. |
| **Tipp 60** | Lesen Sie den einführenden Text aus **F 73** und interpretieren Sie die drei Faktoren des Ansatzes (III). |
| **Tipp 61** | Berechnen Sie die Wahrscheinlichkeiten $P(E_1)$ und $P(E_2)$. Bearbeiten Sie aus **F 68** das Beispiel 1 und die Aufgabe 1. |

# Lösungen

## Prüfungsteil A (hilfsmittelfreier Teil)

**a)** Bestimmung der Nullstellen: F 32 F 2

$f(x) = 0 \Leftrightarrow \frac{1}{3}x^3 - 3x = 0 \Leftrightarrow x \cdot \left(\frac{1}{3}x^2 - 3\right) = 0 \Leftrightarrow x = 0 \vee \frac{1}{3}x^2 - 3 = 0$

$\Leftrightarrow x = 0 \vee x^2 = 9 \Leftrightarrow x = 0 \vee x = 3 \vee x = -3$

Die Nullstellen der Funktion f sind $x_1 = -3;\ x_2 = 0;\ x_3 = 3$.

Da die Funktion f stetig ist und z. B.
$f(-4) = -\frac{28}{3} < 0,\ f(-1) = \frac{8}{3} > 0,\ f(1) = -\frac{8}{3} < 0,\ f(4) = \frac{28}{3} > 0$, gilt:

Der Graph der Funktion f verläuft für $-3 < x < 0$ und für $x > 3$ oberhalb der x-Achse.

**b)** (1) F 4

$$\begin{aligned} & f(x) = g(x) \\ \Leftrightarrow\ & e^x + \tfrac{1}{2}x + 1 = \tfrac{1}{2}x \quad \left| -\tfrac{1}{2}x \right. \\ \Leftrightarrow\ & e^x + 1 = 0 \quad |-1 \\ \Leftrightarrow\ & e^x = -1 \end{aligned}$$

$e^x > 0$ für alle $x \in \mathbb{R}$, deshalb besitzt $e^x = -1$ keine Lösung.
Demnach können die Graphen von f und g keinen gemeinsamen Punkt haben.

(2) $\int_0^1 (f(x) - g(x))\,dx = \int_0^1 (e^x + 1)\,dx = [e^x + x]_0^1 = e + 1 - 1 = e$ F 27 F 25 F 24

Der Flächeninhalt, der von den beiden Graphen, der y-Achse und der parallel zur y-Achse verlaufenden Geraden mit der Gleichung $x = 1$ eingeschlossen wird, beträgt e [Flächeneinheiten].

**c)** (1) Die Geraden g und h haben denselben Stützpunkt $(3\,|\,-3\,|\,3)$, daher schneiden sie sich in diesem Punkt.

Alternativer Lösungsweg: F 57
Man setzt die Terme der beiden Geradengleichungen gleich und löst das lineare Gleichungssystem:

$$\begin{array}{llcll} \text{(I)} & 3 + 3r = 3 + s & & \text{(Ia)} & s = 0 \\ \text{(II)} & -3 = -3 & \Leftrightarrow & \text{(IIa)} & 0 = 0 \\ \text{(III)} & 3 - r = 3 + 3s & & \text{(IIIa)} & r = 0 \end{array}$$

D. h., nach Einsetzung in die Geradengleichung erhält man:

Der Ortsvektor des Schnittpunkts ist $\overrightarrow{OS} = \begin{pmatrix} 3 \\ -3 \\ 3 \end{pmatrix}$ bzw. der Schnittpunkt ist $S(3\,|\,-3\,|\,3)$.

Zur Prüfung der Orthogonalität der Geraden bildet man das Skalarprodukt der Richtungsvektoren: $\begin{pmatrix} 3 \\ 0 \\ -1 \end{pmatrix} \cdot \begin{pmatrix} 1 \\ 0 \\ 3 \end{pmatrix} = 0$ F 51

2

Da das Skalarprodukt der Richtungsvektoren der Geraden 0 ist, stehen die Geraden senkrecht aufeinander.

(2) Da die Geraden g und h sich schneiden und ihre Richtungsvektoren nicht linear abhängig sind, wählt man als Stützpunkt der gesuchten Ebene E den Schnittpunkt der Geraden und als Richtungsvektoren die Richtungsvektoren der beiden Geraden.

F 55

Eine Parametergleichung der Ebene E lautet:

$$\vec{x} = \begin{pmatrix} 3 \\ -3 \\ 3 \end{pmatrix} + u \cdot \begin{pmatrix} 3 \\ 0 \\ -1 \end{pmatrix} + v \cdot \begin{pmatrix} 1 \\ 0 \\ 3 \end{pmatrix}, \quad u, v \in \mathbb{R}.$$

Um zu prüfen, ob der Punkt P auf der Ebene E liegt, setzt man seine Koordinaten in die Ebenengleichung ein und löst das erhaltene Gleichungssystem:

F 56

$$\begin{pmatrix} 7 \\ -3 \\ 5 \end{pmatrix} = \begin{pmatrix} 3 \\ -3 \\ 3 \end{pmatrix} + u \cdot \begin{pmatrix} 3 \\ 0 \\ -1 \end{pmatrix} + v \cdot \begin{pmatrix} 1 \\ 0 \\ 3 \end{pmatrix} \Leftrightarrow \begin{array}{ll} \text{(I)} & 7 = 3 + 3u + v \\ \text{(II)} & -3 = -3 \\ \text{(III)} & 5 = 3 - u + 3v \end{array}$$

$$\Leftrightarrow \begin{array}{ll} \text{(Ia)} & 4 = 3u + v \\ \text{(II)} & -3 = -3 \\ \text{(IIIa)} & 2 = -u + 3v \end{array} \Leftrightarrow \begin{array}{ll} \text{(Ib)} & 10 = 10v \\ \text{(II)} & -3 = -3 \\ \text{(IIIa)} & 2 = -u + 3v \end{array}$$

$$\Leftrightarrow v = 1 \wedge -3 = -3 \wedge u = 1$$

Da das erhaltene Gleichungssystem eindeutig mit $u = v = 1$ lösbar ist, liegt der Punkt P auf der Ebene E.

**d)** (1) Laut Abbildung 2 gilt $P(X = 11) \approx 0{,}05$. Die Länge der gegebenen Bernoulli-Kette ist jedoch 10.

Also kann Abbildung 2 nicht die Wahrscheinlichkeitsverteilung darstellen.

Laut Abbildung 4 gilt $P(X = 8) = 0{,}6$ und $P(X = 9) \approx 0{,}55$. Somit ist bereits die Summe dieser beiden Werte größer als 1. Für die gegebene Wahrscheinlichkeitsverteilung muss aber gelten, dass die Summe aller Wahrscheinlichkeiten 1 ist.

Also kann auch Abbildung 4 nicht die Wahrscheinlichkeitsverteilung darstellen.

(2) Es gilt $P(6 \leqq X \leqq 8) = P(X = 6) + P(X = 7) + P(X = 8)$.
Die drei Wahrscheinlichkeiten kann man näherungsweise der Abbildung 3 entnehmen.
Es gilt: $P(X = 6) \approx 0{,}09$; $P(X = 7) \approx 0{,}2$; $P(X = 8) \approx 0{,}3$

Also folgt $P(6 \leqq X \leqq 8) \approx 0{,}09 + 0{,}2 + 0{,}3 = 0{,}59$.

# Prüfungsteil B (mit Hilfsmittel)

## Aufgabe B1

**a)** (1) $Q(t) = 1000(1 - e^{-0,4 \cdot t})$

$\lim\limits_{t \to +\infty} Q(t) = 1000$, da $\lim\limits_{t \to +\infty} (1000\,e^{-0,4 \cdot t}) = 0$

(2) F 4

$$
\begin{aligned}
& & Q(t) &= 300 \\
&\Leftrightarrow & 1000(1 - e^{-0,4 \cdot t}) &= 300 \qquad | :1000 \\
&\Leftrightarrow & 1 - e^{-0,4 \cdot t} &= 0,3 \\
&\Leftrightarrow & e^{-4t} &= 0,7 \\
&\Leftrightarrow & -0,4t &= \ln(0,7) \qquad | :(-0,4) \\
&\Leftrightarrow & t &= \frac{\ln(0,7)}{0,4} \approx 0,892
\end{aligned}
$$

$t \cdot 60 \approx 53,501$

Nach etwa 53 bis 54 Minuten wird der erste Balken angezeigt.
Aus der Abbildung 1 kann man ablesen, dass die Steigung bei größer werdendem t immer kleiner wird. Somit wird der Zeitraum bis zum nächsten Balken immer größer.

**b)** (1) $I(t) = Q'(t) = 400\,e^{-0,4t}$ F 13

Die Funktion I ist eine Exponentialfunktion mit fallender Monotonie. F 21
Deshalb wird das Maximum w an der linken Intervallgrenze, also bei $t = 0$, angenommen.

(2) Maximaler Wert $I(0) = 400 < 500$.

Folglich wird ein Wert von 500, sogar von 400, nicht überschritten.

(3) Bedingung: $I(t) = 10$ F 4

$$
\begin{aligned}
& & 400\,e^{-0,4 \cdot t} &= 10 \qquad | :400 \\
&\Leftrightarrow & e^{-0,4 \cdot t} &= 0,025 \\
&\Leftrightarrow & -0,4t &= \ln(0,025) \qquad | :(-0,4) \\
&\Leftrightarrow & t &= -\frac{\ln(0,025)}{0,4} \approx 9,22
\end{aligned}
$$

$0,22 \cdot 60 = 13,32$

Nach etwa 9 Stunden und 13 Minuten wird der Ladevorgang beendet.

$Q_k(t) = 1000\left(1 - e^{-0,4 \cdot \left(-\frac{\ln(0,025)}{4}\right)}\right) = 1000(1 - 0,025) = 975 > 900$

Folglich werden drei Balken angezeigt.

**c)** (1) Der Parameter k beeinflusst die Größe des Terms $1 - e^{-kt}$. Je größer k wird, umso kleiner wird $e^{-kt}$. Umso weniger vermindert sich die Differenz. Also je größer k wird, umso schneller wird der Akku geladen.

(2) Aufgrund von (1) ist es folgende Zuordnung:

Ladegerät 1: $k = 0,95$; Ladegerät 2: $k = 0,6$; Ladegerät 3: $k = 0,4$;
Ladegerät 4: $k = 0,2$

**d)** (1) $I_d'(t) = 100\,e^{-0,4t+0,1} - 0,4(100t+50)\,e^{-0,4t+0,1} = (-40t+80)\,e^{-0,4t+0,1}$ F 13

$I_d''(t) = -40\,e^{-0,4t+0,1} - 0,4(-40t+80)\,e^{-0,4t+0,1} = (16t-72)\,e^{-0,4t+0,1}$ F 11

Notwendige Bedingung für eine Extremstelle: $I_d'(t) = 0$ F 18

$I_d'(t) = 0$

$\Leftrightarrow\quad (-40t+80)\,e^{-0,4t+0,1} = 0$

$\Leftrightarrow\quad -40t+80 = 0 \qquad (e^{-0,4t+0,1} \neq 0$ für alle $t \in \mathbb{R})$

$\Leftrightarrow\quad t = 2$

Hinreichende Bedingung für eine Extremstelle: $I_d'(t) = 0 \wedge I_d''(t) \neq 0$

$I_d'(2) = 0 \wedge I_d''(2) = (16\cdot 2-72)\,e^{-0,4\cdot 2+0,1} = -40\,e^{-0,7} < 0$

An der Stelle $t = 2$ hat die Funktion ihr einziges lokales Maximum.

(2) $I_d(2) = (100\cdot 2+50)\,e^{-0,4\cdot 2+0,1} = 250\,e^{-0,7} \approx 124$
Da $I_d(0) \approx 55 < 124$ und $I_d(12) \approx 11 < 124$ liegt bei $t = 2$ sogar ein absolutes Maximum vor.

Das defekte Ladegerät erzeugt maximal 124 mA. Damit wird der Ladevorgang den Wert 150 mA niemals überschreiten.

(3) $I_d(t) = Q'(t) = (100t+50)\,e^{-0,4\cdot t+0,1}$

Für $t > 0$ ist $I_d > 0$, also ist $Q_d'(t) > 0$.

Wegen des Monotoniesatzes ist $Q_d$ monoton steigend.

(4) Der Ladestrom gibt die Änderungsrate der Ladung an. Daher erhält man die Ladung nach 12 Stunden durch:

$$\int_0^{12} I_d(t)\,dt = \int_0^{12} Q_d'(t)\,dt = \int_0^{12} (100t+50)\,e^{-0,4t+0,1}\,dt \overset{GTR}{\approx} 795$$ F 25

Die Ladung beträgt nach 12 Stunden etwa 795 mAh.

## Aufgabe B2

**a)** (1) Die Ableitungsfunktion einer ganzrationalen Funktion 4. Grades hat den Grad 3. Daher hat die Gleichung $f'(x) = 0$ maximal drei verschiedene Lösungen, d.h., die Ableitungsfunktion $f'$ hat maximal drei Nullstellen. Relative Extremstellen der Funktion f liegen höchstens an den Nullstellen der Ableitungsfunktion $f'$ vor, daher besitzt die Funktion f maximal drei relative Extremstellen. F 18

(2) $f'(x) = -\frac{1}{250\,000}\cdot x^3 + \frac{4}{3125}\cdot x^2 - \frac{13}{125}\cdot x + \frac{8}{5}$ F 8

$f''(x) = -\frac{3}{250\,000}\cdot x^2 + \frac{8}{3125}\cdot x - \frac{13}{125}$ F 10

Notwendige Bedingung für lokale Extrema: F 18

$f'(x) = 0 \overset{GTR}{\Leftrightarrow} x = 20 \vee x = 100 \vee x = 200$

Hinreichende Bedingung für lokale Extrema:

$f'(20) = 0 \wedge f''(20) = -\frac{36}{625} < 0 \Rightarrow x = 20$ ist lokale Maximalstelle von f.

$f'(100) = 0 \wedge f''(100) = \frac{4}{125} > 0 \Rightarrow x = 100$ ist lokale Minimalstelle von f.

$f'(200) = 0 \wedge f''(200) = -\frac{9}{125} < 0 \Rightarrow x = 200$ ist lokale Maximalstelle von f.

Durch Einsetzen der lokalen Extremstellen in die Funktionsgleichung erhält man:

Die Funktion f hat die lokalen Hochpunkte $H_1\left(20\,\middle|\,\frac{11584}{75}\right)$ bzw. $H_1(20\,|\,154{,}5)$ und $H_2\left(200\,\middle|\,\frac{580}{3}\right)$ bzw. $H_2(200\,|\,193{,}3)$ sowie den lokalen Tiefpunkt $T\left(100\,\middle|\,\frac{320}{3}\right)$ bzw. $T(100\,|\,106{,}7)$.

(3) Das Verhalten des Graphen von f für sehr große und sehr kleine Werte von x wird durch den Term mit der höchsten Potenz von x bestimmt, d.h. in dem vorliegenden Fall von dem Term $-\frac{1}{10^6}\cdot x^4$.

Da $\lim\limits_{x\to\pm\infty}\left(-\frac{1}{10^6}\cdot x^4\right) = -\infty$, gilt: $\lim\limits_{x\to\pm\infty} f(x) = -\infty$

Die Funktionswerte der Funktion f streben für betragsmäßig große Werte von x gegen minus unendlich, daher liegt das absolute Maximum der Funktion f nach a)(2) bei $x = 200$ und beträgt etwa 193,3.

F 19

**b)** Mithilfe des GTR erhält man als Nullstellen von f: $x \approx -35{,}1$ und $x \approx 256{,}6$. Durch Berechnung von $f(0) = 140$ erhält man als Schnittpunkt mit der y-Achse den Punkt $S(0\,|\,140)$.

F 32

**c)** Damit der Graph der Funktion f genau drei Nullstellen aufweist, kann er so nach unten verschoben werden, dass entweder der Tiefpunkt auf der x-Achse liegt oder der Hochpunkt mit der kleineren y-Koordinate auf der x-Achse liegt. Konkret bedeutet dies:

Die Funktion f hat genau drei Nullstellen, wenn ihr Graph um $p_1 = \frac{320}{3}$ Einheiten oder um $p_2 = \frac{11584}{75}$ Einheiten nach unten verschoben wird.

F 35

**d)** (1)

F 26

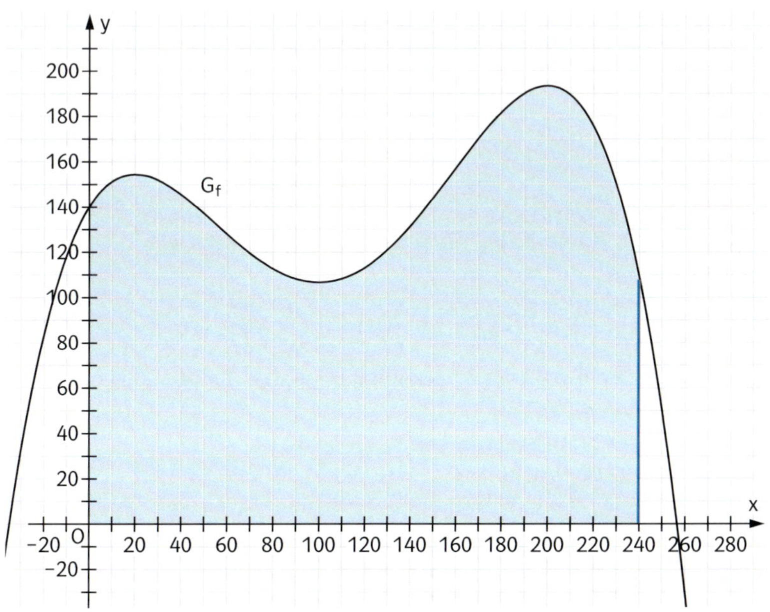

(2) Mithilfe des GTR erhält man für den gesuchten Flächeninhalt:

$$\int_0^{240} f(x)\,dx = 34\,705{,}92 \text{ [FE]}$$

(3) Damit das Maß der in (2) bestimmten Fläche halbiert wird, muss gelten: F 26

$$\int_0^{k} f(x)\,dx = \frac{34\,705{,}92}{2}$$

Der GTR liefert für diese Gleichung im Intervall [0;240] die Lösung k = 135,5.

Die Parallele zur y-Achse mit der Gleichung x = 135,5 halbiert das in (1) markierte Flächenstück.

**e)** Der stärkste Anstieg der Funktionswerte liegt an den Stellen im Intervall [0;240] vor, an denen die Ableitungsfunktion maximal ist. F 20 F 18
Mögliche Zeitpunkte eines maximalen Anstiegs der Glukosewerte liegen somit an den lokalen Maximalstellen von f′ und an den Randstellen des zugrundeliegenden Intervalls vor.
Der GTR liefert ein lokales Maximum von f′ bei $x = 158{,}7$ mit $f'(158{,}7) \approx 1{,}3$.
Wegen $f'(0) = \frac{8}{5} = 1{,}6 > 1{,}3$ und $f'(240) = -\frac{616}{125} < 1{,}3$ lässt sich feststellen: F 19

Zu Beobachtungsbeginn (x = 0) steigt der Glukosewert des Patienten mit $1{,}6\,\frac{mg}{dl}$/min am stärksten an.

**f)** Die Veränderung des Glukosewertes wird durch die Ableitungsfunktion f′ beschrieben. Gesucht sind die Zeitpunkte x, an denen die Veränderung $-0{,}5\,\frac{mg}{dl}$ pro Minute beträgt, d.h. man sucht die Lösungen der Gleichung $f'(x) = -0{,}5$.
Mithilfe des GTR erhält man die Zeitpunkte $x_1 \approx 30{,}6$; $x_2 \approx 83{,}0$ und $x_3 \approx 206{,}3$.

30,6; 83,0 und 206,3 Minuten nach Beobachtungsbeginn verändert sich der Glukosewert des Patienten um $-0{,}5\,\frac{mg}{dl}$/min.

## Aufgabe B3

**a)** Der Punkt S ergibt sich als Schnittpunkt der Geraden $g_{AD}$ durch die Punkte A und D und der Geraden $g_{BE}$ durch die Punkte B und E. Die entsprechenden Geradengleichungen lauten: F 53

$$g_{AD}: \vec{X} = \begin{pmatrix} 0 \\ 0 \\ 15 \end{pmatrix} + r \cdot \begin{pmatrix} -5 \\ 5 \\ -15 \end{pmatrix} \quad r \in \mathbb{R} \qquad g_{BE}: \vec{X} = \begin{pmatrix} 0 \\ 30 \\ 15 \end{pmatrix} + s \cdot \begin{pmatrix} -5 \\ -5 \\ -15 \end{pmatrix} \quad s \in \mathbb{R}$$

Um die Koordinaten des Schnittpunkts S zu erhalten, setzt man die Terme der beiden Geradengleichungen gleich. F 57
Lösen des zugehörigen Gleichungssystems liefert $r = s = 3$.
Setzt man in der Geradengleichung für $g_{AD}$ $r = 3$ (oder in der Geradengleichung für $g_{BE}$ $s = 3$), so erhält man die Koordinaten von S.

F 51

**b)** (1) Um die Rechtwinkligkeit zu prüfen, bildet man die Skalarprodukte der Seitenvektoren $\overrightarrow{DE} = \begin{pmatrix} 0 \\ 30 \\ 0 \end{pmatrix}$, $\overrightarrow{DF} = \begin{pmatrix} -25 \\ 5 \\ 0 \end{pmatrix}$, $\overrightarrow{EF} = \begin{pmatrix} -25 \\ -25 \\ 0 \end{pmatrix}$:

$\overrightarrow{DE} \cdot \overrightarrow{DF} = 150 \neq 0$, $\overrightarrow{DE} \cdot \overrightarrow{EF} = -750 \neq 0$, $\overrightarrow{DF} \cdot \overrightarrow{EF} = -500 \neq 0$

Da die Skalarprodukte alle ungleich 0 sind, liegt kein rechter Winkel im Dreieck DEF vor.

F 63

(2) Der Innenwinkel ε am Punkt E des Dreiecks wird durch die Vektoren $\overrightarrow{EF}$ und $\overrightarrow{ED}$ gebildet. Für diesen Winkel ε gilt:

$$\cos(\varepsilon) = \frac{\overrightarrow{ED} \cdot \overrightarrow{EF}}{|\overrightarrow{ED}| \cdot |\overrightarrow{EF}|} = \frac{750}{30 \cdot \sqrt{1250}} = \frac{1}{\sqrt{2}} = \frac{1}{2}\sqrt{2} \quad \Rightarrow \quad \varepsilon = \cos^{-1}\left(\frac{1}{2}\sqrt{2}\right) = 45°$$

(3) Eine Höhe h des Dreiecks DEF ist die Senkrechte von D auf die Gerade EF. Bei dem Fußpunkt P dieser Höhe liegt im Dreieck DEP ein rechter Winkel vor. Da nach (2) der Winkel ε bei E 45° aufweist, muss nach dem Winkelsummensatz im Dreieck DEP auch der Winkel bei D 45° aufweisen. Wegen der damit gleichgroßen Basiswinkel bei D und E muss das Dreieck DEP gleichschenklig sein.

Nach der Definition des Sinus im rechtwinkligen Dreieck DEP gilt:

$$\sin(45°) = \frac{h}{|\overrightarrow{DE}|} \quad \Rightarrow \quad h = |\overrightarrow{DE}| \cdot \sin(45°) = 30 \cdot \frac{1}{2}\sqrt{2} = 15 \cdot \sqrt{2} \approx 21{,}21\ [\text{m}]$$

F 52

(4) Da die Punkte D, E und F dieselbe $x_3$-Koordinate 15 bzw. die Seitenvektoren $\overrightarrow{DE}$, $\overrightarrow{DF}$ und $\overrightarrow{EF}$ dieselbe $x_3$-Koordinate 0 aufweisen, verläuft die Ebene, in der sich das Dreieck DEF befindet, parallel zur $x_1x_2$-Ebene.

Daher kann der Abstand des Punktes G direkt aus den $x_3$-Koordinaten der Punkte G und z. B. D abgelesen werden: Abstand = 35 [m] – 15 [m] = 20 [m].

(5) Um zu prüfen, ob die Leistung der Entfeuchtungsanlage ausreicht, benötigt man das Volumen der Pyramide DEFG.
Die Höhe $h_{\text{Pyramide}}$ der Pyramide entspricht dem Abstand von G zur Dreiecksebene DEF.
Dieser beträgt nach (4) $h_{\text{Pyramide}} = 20$ [m].

F 45

Die Grundfläche G der Pyramide entspricht dem Flächeninhalt des Dreiecks DEF. Für diesen Flächeninhalt gilt:

$$G = \frac{1}{2} \cdot h \cdot |\overrightarrow{EF}| = \frac{1}{2} \cdot 15 \cdot \sqrt{2} \cdot \sqrt{1250} = 375\ [\text{m}^2]$$

Als Volumen für die Pyramide ergibt sich:

$$V = \frac{1}{3} \cdot G \cdot h_{\text{Pyramide}} = \frac{1}{3} \cdot 375 \cdot 20 = 2500\ [\text{m}^3] = 25 \cdot 100\ [\text{m}^3]$$

Da $25 \cdot 0{,}8\,\text{kW} = 20\,\text{kW}$, reichen 25 kW für den Betrieb der Anlage aus.

**c)** (1) Da die Metallstange geradlinig von Punkt Q zu Punkt G verläuft, liegt sie auf der Geraden $g_{GQ}$ durch G und Q. Diese Gerade hat die Parameterform: F 53

$$g_{GQ}: \vec{X} = \begin{pmatrix} -10 \\ 10 \\ 35 \end{pmatrix} + u \cdot \begin{pmatrix} 1 \\ -2 \\ -19{,}5 \end{pmatrix}; \; u \in \mathbb{R}.$$

Der Punkt R ist der Schnittpunkt der Geraden $g_{GQ}$ mit der Ebene, in der sich das Dreieck DEF befindet. Wie alle Punkte dieser Ebene hat daher R die $x_3$-Koordinate 15. F 59

Für die Koordinaten von R gilt somit:

$$\begin{pmatrix} a \\ b \\ 15 \end{pmatrix} = \begin{pmatrix} -10 \\ 10 \\ 35 \end{pmatrix} + u \cdot \begin{pmatrix} 1 \\ -2 \\ -19{,}5 \end{pmatrix} \Leftrightarrow \begin{array}{lrl} \text{(I)} & a = & -10 + u \\ \text{(II)} & b = & 10 - 2u \\ \text{(III)} & 15 = & 35 - 19{,}5u \end{array}$$

$$\Leftrightarrow \begin{array}{ll} \text{(I)} & a = -10 + u \\ \text{(II)} & b = 10 - 2u \\ \text{(III a)} & u = \frac{40}{39} \end{array} \Leftrightarrow a = -\frac{350}{39} \wedge b = \frac{310}{39} \wedge u = \frac{40}{39}$$

Der Punkt R hat die auf zwei Nachkommastellen gerundeten Koordinaten R(−8,97 | 7,95 | 15).

Die Länge der Metallstange entspricht der Länge der Strecke $\overline{GR}$: F 45

$$|\overline{GR}| = \left| \frac{40}{39} \cdot \begin{pmatrix} 1 \\ -2 \\ -19{,}5 \end{pmatrix} \right| \approx 20{,}13 \text{ [m]}.$$

(2) Der Laserstrahl hat seinen Anfang im Punkt Q und verläuft in Richtung des Vektors $\vec{v}$, d.h. sein Verlauf wird durch die Gerade

$l: \vec{X} = \begin{pmatrix} -9 \\ 8 \\ 15{,}5 \end{pmatrix} + m \cdot \begin{pmatrix} 0{,}34 \\ 0{,}84 \\ 0{,}02 \end{pmatrix}; \; m \in \mathbb{R}$ modelliert. Die Strecke $\overline{GE}$ wird durch F 53

die Parametergleichung $\vec{X} = \begin{pmatrix} -10 \\ 10 \\ 35 \end{pmatrix} + n \cdot \begin{pmatrix} 10 \\ 20 \\ -20 \end{pmatrix}; \; n \in \mathbb{R}$ mit $0 \leqq n \leqq 1$ dargestellt.

Wenn sich die Gerade l und die Gerade GE schneiden und für den Parameter n gilt: $0 \leqq n \leqq 1$, liegt der Schnittpunkt auf der Kante $\overline{GE}$.

Zur Bestimmung des Schnittpunkts setzt man die Terme der Parametergleichungen gleich und bestimmt die Lösungen des erhaltenen Gleichungssystems: F 57

$$\begin{array}{lrl} \text{(I)} & -9 + 0{,}34m = & -10 + 10n \\ \text{(II)} & 8 + 0{,}84m = & 10 + 20n \\ \text{(III)} & 15{,}5 + 0{,}02m = & 35 - 20n \end{array} \Leftrightarrow \begin{array}{lrl} \text{(I a)} & -0{,}16m = & -4 \\ \text{(II)} & 8 + 0{,}84m = & 10 + 20n \\ \text{(III)} & 15{,}5 + 0{,}02m = & 35 - 20n \end{array}$$

$$\Leftrightarrow \begin{array}{ll} \text{(I b)} & m = 25 \\ \text{(II a)} & n = 0{,}95 \\ \text{(III)} & 15{,}5 + 0{,}02m = 35 - 20n \end{array}$$

Da die dritte Gleichung bei Einsetzung der Werte von n und m eine wahre Aussage liefert, schneiden sich die Geraden l und GE in einem Punkt.

Da $n = 0{,}95$ ist, wird somit die Bedingung $0 \leqq n \leqq 1$ erfüllt und der Schnittpunkt liegt auf der Kante $\overline{GE}$, d.h. der Laserstrahl trifft die Kante $\overline{GE}$.

## Aufgabe B4

**a)** (1)

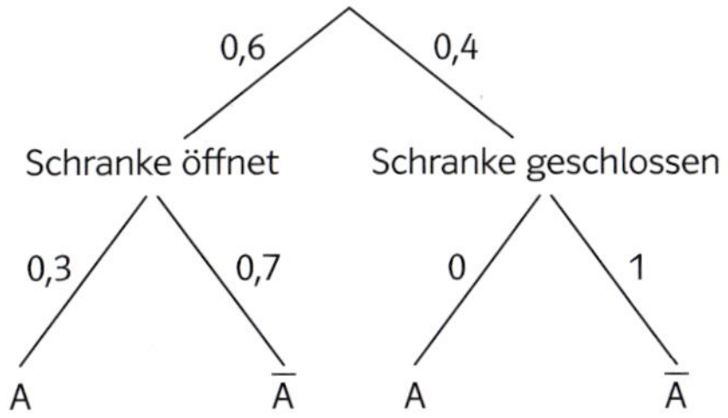


(2) Der Zustand $Z_3$ bleibt erhalten, falls entweder die Schranke sich öffnet und ein Auto in die Einfahrt abbiegt oder die Schranke geschlossen bleibt.
Mithilfe einer Pfadregel folgt: $P(Z_3 \text{ bleibt erhalten}) = 0{,}6 \cdot 0{,}3 + 0{,}4 = 0{,}58$ F 68

Die Wahrscheinlichkeit, dass der Zustand $Z_3$ erhalten bleibt, beträgt 58 %.

**b)** (1) Ein mögliches Übergangsdiagramm lautet: F 77c

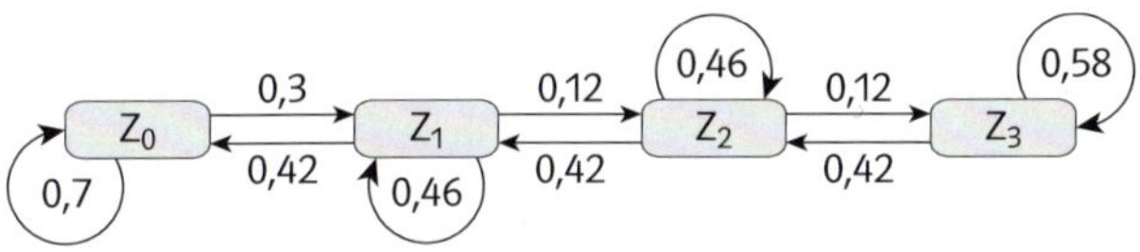


(2) Die Warteschlange vor der Schranke kann sich innerhalb einer Minute höchstens um ein Auto verändern. Somit gibt es nur Übergänge von einem Zustand in sich selbst oder in einen direkt benachbarten Zustand.
Unmögliche Übergänge besitzen die Wahrscheinlichkeit null.
Folgende Übergänge sind unmöglich:
von $Z_0$ nach $Z_2$ und nach $Z_3$ (d.h. $u_{13} = u_{14} = 0$) F 77a
von $Z_1$ nach $Z_3$ (d.h. $u_{24} = 0$)
von $Z_2$ nach $Z_0$ (d.h. $u_{31} = 0$)
von $Z_3$ nach $Z_0$ und nach $Z_1$ (d.h. $u_{41} = u_{42} = 0$)

**c)** (1) Es gilt $\overrightarrow{x_5} = U^5 \cdot \overrightarrow{x_0}$. Der GTR liefert: $\overrightarrow{x_5} \approx \begin{pmatrix} 0{,}5413 \\ 0{,}3639 \\ 0{,}0806 \\ 0{,}0141 \end{pmatrix}$ F 80

Nach fünf Minuten beträgt die Wahrscheinlichkeit, dass kein Auto in der Einfahrt steht, ca. 54,1 %, die Wahrscheinlichkeit, dass genau ein Auto in der Einfahrt steht, beträgt ca. 36,4 %, die Wahrscheinlichkeit, dass genau zwei Autos in der Einfahrt stehen, beträgt ca. 8,1 % und die Wahrscheinlichkeit, dass genau drei Autos in der Einfahrt stehen, beträgt ca. 1,4 %.

(2) Wenn genau ein Auto in der Einfahrt steht, befindet sich der Prozess im Zustand $Z_1$.
Daher lautet die Startverteilung $\overrightarrow{x_0} = \begin{pmatrix} 0 \\ 1 \\ 0 \\ 0 \end{pmatrix}$.
Es gilt $\overrightarrow{x_{10}} = U^{10} \cdot \overrightarrow{x_0}$. Der GTR liefert: $\overrightarrow{x_{10}} \approx \begin{pmatrix} 0{,}5071 \\ 0{,}3615 \\ 0{,}1025 \\ 0{,}0289 \end{pmatrix}$ F 80

Die Wahrscheinlichkeit, dass nach 10 Minuten drei Autos in der Einfahrt stehen (Zustand $Z_3$) wird gegeben durch die letzte Komponente des Verteilungsvektors $\overrightarrow{x_{10}}$.

Die Wahrscheinlichkeit, dass nach 10 Minuten drei Autos in der Einfahrt stehen, beträgt ca. 0,029 (2,9 %).

(3) Es gilt $\overrightarrow{x_{15}} = U^{15} \cdot \overrightarrow{x_0}$. Der GTR liefert: $\overrightarrow{x_{15}} \approx \begin{pmatrix} 0{,}5062 \\ 0{,}3614 \\ 0{,}1031 \\ 0{,}0294 \end{pmatrix}$ **F 80**

Wenn sich der Prozess im Zustand $Z_0$ oder im Zustand $Z_1$ befindet, dann steht höchstens ein Auto in der Einfahrt. Die gesuchte Wahrscheinlichkeit ist die Summe der beiden ersten Komponenten des Verteilungsvektors $\overrightarrow{x_{15}}$.

Es gilt: $0{,}5062 + 0{,}3614 = 0{,}8676$

Die Wahrscheinlichkeit, dass nach 15 Minuten höchstens ein Auto in der Einfahrt steht, beträgt ca. 0,868 (86,8 %).

(4) Langfristige Entwicklung der Wahrscheinlichkeitsverteilung:
Wenn man mit dem GTR für große n die Matrix $U^n$ berechnet, erhält man eine Grenzmatrix G.
Es gilt $U^{100} \approx U^{101} \approx G$.

Der GTR liefert $G \approx \begin{pmatrix} 0{,}5059 & 0{,}5059 & 0{,}5059 & 0{,}5059 \\ 0{,}3614 & 0{,}3614 & 0{,}3614 & 0{,}3614 \\ 0{,}1032 & 0{,}1032 & 0{,}1032 & 0{,}1032 \\ 0{,}0295 & 0{,}0295 & 0{,}0295 & 0{,}0295 \end{pmatrix}$. **F 81**

Man erhält für die langfristige Entwicklung $\vec{g} = G \cdot \overrightarrow{x_0} \approx \begin{pmatrix} 0{,}5059 \\ 0{,}3614 \\ 0{,}1032 \\ 0{,}0295 \end{pmatrix}$

Begründung, ob der Bereich für wartende Autos vergrößert werden soll:

Die erste Komponente des Verteilungsvektors $\vec{g}$ gibt die Wahrscheinlichkeit an, dass langfristig kein Auto im Wartebereich steht. Diese Wahrscheinlichkeit beträgt ca. 50,6 %. D.h., in etwas mehr als der Hälfte der Fälle befindet sich überhaupt kein Auto im Wartebereich. **F 83**
Die letzte Komponente des Verteilungsvektors $\vec{g}$ gibt die Wahrscheinlichkeit an, dass langfristig drei Autos im Wartebereich stehen. Diese Wahrscheinlichkeit beträgt ca. 3,0 %.
Somit wäre nur in ca. 3 % der Fälle eine Erweiterung des Wartebereichs notwendig.
Daher sollte man den Wartebereich nicht vergrößern.

**d)** (1) Die Zufallsvariable X beschreibt die Anzahl der fehlerhaften Parkchips und ist binomialverteilt mit $p = 0{,}05$ und $n = 300$.

Wahrscheinlichkeit für die Bezahlung des vollen Preises:
$P(X < 17) = P(X \leq 16) \approx 0{,}6666$ **F 73**

Wahrscheinlichkeit für die Bezahlung des reduzierten Preises:
$P(17 \leqq X \leqq 24) = P(X \leqq 24) - P(X \leqq 16) \approx 0{,}3240$ F 73

Wahrscheinlichkeit für den kostenlosen Erhalt:
$P(X > 24) = 1 - P(X \leqq 24) \approx 0{,}0093$ F 73

Hinweis:
Bei manchen GTR-Modellen kann man die Wahrscheinlichkeiten $P(17 \leqq X \leqq 24)$ und $P(X > 24) = P(X \geqq 25)$ direkt berechnen.

Die Wahrscheinlichkeit, dass man den vollen Preis bezahlen muss, beträgt ca. 66,7 %.
Die Wahrscheinlichkeit, dass man den reduzierten Preis bezahlen muss, beträgt ca. 32,4 %.
Die Wahrscheinlichkeit, dass man den Karton kostenlos erhält, beträgt ca. 0,9 %.

(2) Sei v der volle Verkaufspreis für einen Karton. Die Zufallsvariable Y beschreibt die Einnahmen pro Karton in Euro. Y kann folgende Werte annehmen: $v;\ 0{,}6v;\ 0$

Für den Erwartungswert von Y gilt:
$E(Y) \approx 0{,}6666 \cdot v + 0{,}3240 \cdot 0{,}6v + 0{,}0093 \cdot 0 \approx 0{,}861 \cdot v$ F 70

Der Erwartungswert der Einnahmen soll 30 € betragen.
Somit gilt: $E(Y) = 0{,}861 \cdot v = 30$

Daraus folgt $v \approx 34{,}84$. F 1

Um im Mittel 30 € pro Karton einnehmen zu können, muss der volle Verkaufspreis eines Kartons ca. 34,84 € betragen.

## Aufgabe B5

**a)** (1) Sei X die Anzahl der fehlerhaften Teile unter den 800 Teilen.
X ist binomialverteilt mit $n = 800$ und $p = 0{,}04$.

$P(A) = P(X = 30) \approx 0{,}0693$ F 73

Die Wahrscheinlichkeit, dass genau 30 Teile fehlerhaft sind, beträgt ca. 0,069 (6,9 %).

$P(B) = P(X \geqq 25) = 1 - P(X \leqq 24) \approx 0{,}9163$ F 73

Hinweis:
Bei manchen GTR-Modellen kann man die Wahrscheinlichkeit $P(X \geqq 25)$ direkt berechnen.

Die Wahrscheinlichkeit, dass mindestens 25 der Teile fehlerhaft sind, beträgt ca. 0,916 (91,6 %).

(2) Erwartungswert von X:
Für den Erwartungswert $\mu$ einer binomialverteilten Zufallsvariablen X gilt: $\mu = n \cdot p$; also $\mu = 800 \cdot 0{,}04 = 32$

Die zu erwartende Anzahl an fehlerhaften Teilen beträgt auf lange Sicht 32.

Standardabweichung von X:
Für die Standardabweichung $\sigma$ einer binomialverteilten Zufallsvariablen X gilt: $\sigma = \sqrt{n \cdot p \cdot (1 - p)}$

Einsetzen liefert: $\sigma = \sqrt{800 \cdot 0{,}04 \cdot (1 - 0{,}04)} = \sqrt{800 \cdot 0{,}04 \cdot 0{,}96} = \sqrt{30{,}72}$
$\approx 5{,}543$

Die Standardabweichung von X beträgt ca. 5,543.

(3) Bedingung: $P(X \geqq 1) = 1 - P(X = 0) \geqq 0{,}95$ bzw. $P(X = 0) \leqq 0{,}05$
Man berechnet mit dem Taschenrechner für verschiedene Werte von n die Wahrscheinlichkeit $P(X = 0)$.

$n = 73;\ P(X = 0) \approx 0{,}0508$ F 76
$n = 74;\ P(X = 0) \approx 0{,}4876$ F 73

Alternativer Lösungsweg:
Man betrachtet den Grenzfall $P(X = 0) = 0{,}05$.
Es gilt: $P(X = 0) = 0{,}96^n = 0{,}05$
Logarithmieren liefert $n = \log_{0{,}96}(0{,}05) \approx 73{,}385$ und damit im Grenzfall $n = 74$. F 4

Man muss mindestens 74 Teile auswählen.

(4) Es gilt $P(X \leqq 22) \approx 0{,}0377 < 0{,}05$. F 73

(5) Die Zufallsvariable G beschreibt den Gewinn in Euro, den das Unternehmen pro Kunststoffteil macht. Das Unternehmen möchte, dass der Erwartungswert von G einen Euro beträgt.
G kann genau zwei Werte annehmen, nämlich $v - 0{,}5$, falls das Kunststoffteil keinen Fehler besitzt, beziehungsweise den Wert $-0{,}5$, falls das Kunststoffteil fehlerhaft ist.
Die Wahrscheinlichkeit, dass das Kunststoffteil fehlerhaft ist, beträgt 0,04.
Demnach beträgt die Wahrscheinlichkeit, dass das Kunststoffteil keinen Fehler besitzt, $1 - 0{,}04 = 0{,}96$.
Für den Erwartungswert von G gilt: $E(G) = 0{,}04 \cdot (-0{,}5) + 0{,}96 \cdot (v - 0{,}5)$ F 70
Somit muss v so festgesetzt werden, dass die Gleichung
$0{,}04 \cdot (-0{,}5) + 0{,}96 \cdot (v - 0{,}5) = 1$ eine wahre Aussage ergibt.
Das heißt, v muss eine Lösung dieser Gleichung sein.

(6) Zunächst berechnet man den alten Verkaufspreis mithilfe der Gleichung aus (5).
$0{,}04 \cdot (-0{,}5) + 0{,}96 \cdot (v - 0{,}5) = 1$
$-0{,}02 \quad + 0{,}96v - 0{,}48 = 0{,}96v - 0{,}5 = 1$

Daraus folgt $0{,}96v = 1{,}5$ beziehungsweise $v = \frac{25}{16} = 1{,}5625$. F 1

Bei der Verwendung des neuen Granulats muss für den neuen Verkaufspreis $v^*$ gelten:

$0{,}02 \cdot (-0{,}5) + 0{,}98 \cdot (v^* - 0{,}5) = 1$
$-0{,}01 \quad + 0{,}98v^* - 0{,}49 = 0{,}98v^* - 0{,}5 = 1$

Daraus folgt $0{,}98v^* = 1{,}5$ beziehungsweise $v^* = \frac{75}{49} \approx 1{,}5306$. F 1

Für den prozentualen Preisnachlass p gilt:

$$p = \frac{v - v^*}{v} \cdot 100 = \frac{\frac{25}{16} - \frac{75}{49}}{\frac{25}{16}} \cdot 100 = \frac{100}{49} \approx 2{,}0408$$

Das Unternehmen kann einen Preisnachlass von ca. 2 % gewähren.

**b)** (1) Das Ereignis „dreimal die gleiche Farbe" besteht aus den drei Ergebnissen „blau - blau - blau", „rot - rot - rot" und „grün - grün - grün".
Mithilfe der Pfadregeln kann man die gesuchte Wahrscheinlichkeit berechnen.

Es gilt: P(dreimal die gleiche Farbe) = P(bbb) + P(rrr) + P(ggg)

$$= \left(\frac{1}{2}\right)^3 + \left(\frac{1}{3}\right)^3 + \left(\frac{1}{6}\right)^3 = \frac{1}{6}$$

F 68

(2) Für die Berechnung der Wahrscheinlichkeit des Ereignisses E kann nur der Ansatz (III) verwendet werden. Es handelt sich hierbei um die Formel von Bernoulli.

F 73

Der Binomialkoeffizient $\binom{10}{3}$ gibt an, wie viele Möglichkeiten es gibt, die drei Spiele mit dem Ereignis „dreimal gleiche Farbe" unter den 10 Spielen zu verteilen.

Der Faktor $\left(\frac{1}{6}\right)^3$ gibt die Wahrscheinlichkeit für drei Spiele mit dem Ereignis „dreimal gleiche Farbe" an.

Der Faktor $\left(\frac{5}{6}\right)^7$ gibt die Wahrscheinlichkeit für sieben Spiele mit dem Ereignis „nicht dreimal gleiche Farbe" an.

(3) Das Glücksrad wird bei den Ereignissen $E_1$ und $E_2$ jeweils 30-mal gedreht. Das Ergebnis „die ersten drei Drehungen ergeben rot und die weiteren 27 Drehungen ergeben blau" gehört zwar zum Ereignis $E_1$ aber nicht zum Ereignis $E_2$. Demnach sagen die beiden Ereignisse nicht das Gleiche aus.

Für die Wahrscheinlichkeit von $E_1$ gilt:

$$P(E_1) = \left(\frac{1}{6}\right)^{10} = \frac{1}{60\,466\,176} \approx 1{,}65 \cdot 10^{-8}$$

F 68

Für die Wahrscheinlichkeit von $E_2$ gilt:

$$P(E_2) = \left(\frac{1}{2}\right)^{30} + \left(\frac{1}{3}\right)^{30} + \left(\frac{1}{6}\right)^{30} \approx 9{,}31 \cdot 10^{-10}$$

F 68

Also sagen die Ereignisse $E_1$ und $E_2$ weder das Gleiche aus, noch haben sie die gleiche Wahrscheinlichkeit.

# Abitur 2017

## Aufgaben

### Prüfungsteil A (hilfsmittelfreier Teil)

**a)** Gegeben ist die in $\mathbb{R}$ definierte Funktion f mit der Gleichung $f(x) = x^3 + 2x^2$.

(1) *Weisen Sie nach, dass $x_1 = -2$ und $x_2 = 0$ die einzigen Nullstellen von f sind.* — 2 P — Tipp 1

(2) *Berechnen Sie den Inhalt der Fläche, die der Graph von f mit der x-Achse einschließt.* — 4 P — Tipp 2

**b)** Untersucht werden die Lösungsmengen von linearen Gleichungssystemen.

(1) *Bestimmen Sie die Lösungsmenge des folgenden Gleichungssystems:*

$$\begin{aligned} 3\cdot x_1 - 2\cdot x_2 \qquad &= 13 \\ x_2 + 2\cdot x_3 &= 5 \\ x_2 + x_3 &= 3 \end{aligned}$$

3 P — Tipp 3

(2) Betrachtet wird das folgende Gleichungssystem mit einem Parameter $p \in \mathbb{R}$:

$$\begin{aligned} 3\cdot x_1 + 2\cdot x_2 + x_3 &= 4 \\ 3\cdot x_1 + 2\cdot x_2 \qquad &= 5 \\ 3\cdot x_1 + 2\cdot x_2 + p\cdot x_3 &= 4 \end{aligned}$$

1 P / 2 P — *Begründen Sie, dass dieses Gleichungssystem für $p = 1$ unendlich viele Lösungen und für $p = 0$ keine Lösung besitzt.* — Tipp 4 / Tipp 5

**c)** Gegeben sind die Punkte $A(-2\,|\,1\,|-2)$, $B(1\,|\,2\,|-1)$ und $C(1\,|\,1\,|\,4)$ sowie für eine reelle Zahl d der Punkt $D(d\,|\,1\,|\,4)$.

(1) *Begründen Sie mithilfe der Vektoren $\overrightarrow{AB}$ und $\overrightarrow{AC}$, dass die Punkte A, B und C nicht auf einer Geraden liegen,* — Tipp 6
*und geben Sie eine Gleichung der Ebene an, in der das Dreieck ABC liegt.* — 4 P — Tipp 7

(2) *Ermitteln Sie den Wert von d, so dass das Dreieck ABD im Punkt B rechtwinklig ist.* — 2 P — Tipp 8

**d)** Jedes Überraschungsei eines Herstellers enthält entweder eine Figur oder keine Figur.
Die Anzahl der Überraschungseier mit einer Figur innerhalb einer Stichprobe ist binomialverteilt mit $p = 0{,}25$.

(1) Zehn Überraschungseier werden nacheinander zufällig ausgewählt.
2 P *Geben Sie einen Term zur Berechnung der Wahrscheinlichkeit dafür an, dass in genau zwei Überraschungseiern jeweils eine Figur enthalten ist.* — Tipp 9

(2) Sechs Überraschungseier werden zufällig ausgewählt. Die Zufallsgröße X gibt an, wie viele dieser Überraschungseier eine Figur enthalten. Eine der folgenden Abbildungen stellt die Wahrscheinlichkeitsverteilung dieser Zufallsgröße X dar:

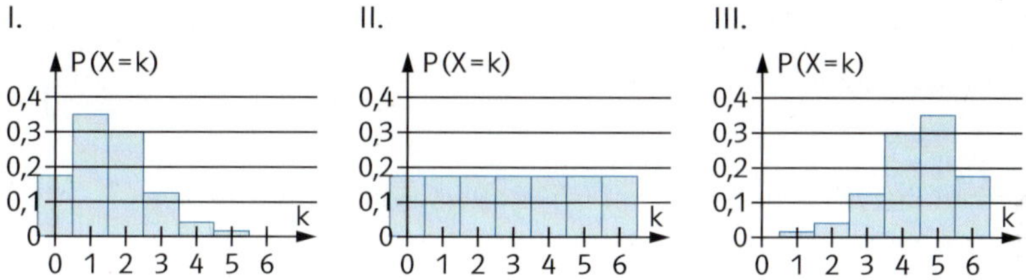


4 P *Geben Sie an, welche Abbildung dies ist. Begründen Sie, dass die beiden anderen Abbildungen dies nicht sind.* — Tipp 10

# Prüfungsteil B (mit Hilfsmittel)

## Aufgabe B1

In einem Produktionsprozess werden Flüssigkeiten erhitzt, eine Zeit lang bei konstanter Temperatur gehalten und anschließend wieder abgekühlt.

**a)** Betrachtet wird zunächst ein Vorgang, bei dem der Temperaturverlauf durchgehend gesteuert wird. In der Tabelle sind die Ergebnisse einer Temperaturmessung angegeben.

| Zeit in Minuten | 0 | 2 | 4 | 10 | 15 | 20 | 40 | 60 | 80 |
|---|---|---|---|---|---|---|---|---|---|
| Temperatur in °C | 23,0 | 54,0 | 76,9 | 76,8 | 77,3 | 76,8 | 37,9 | 26,0 | 23,2 |

Der Temperaturverlauf kann während des Erhitzens und während des Abkühlens mithilfe der in $\mathbb{R}$ definierten Funktion f mit

$$f(t) = 23 + 20 \cdot t \cdot e^{-\frac{1}{10} \cdot t}$$

modellhaft beschrieben werden. Dabei ist t die seit Beginn des Vorgangs vergangene Zeit in Minuten und f(t) die Temperatur in °C.

(1) *Geben Sie an, welche Temperaturen die Funktion f für den Beginn des Vorgangs und für den Zeitpunkt zwei Minuten nach Beginn liefert.* — Tipp 11
*Bestimmen Sie jeweils die prozentuale Abweichung von den angegebenen Messwerten.* — Tipp 12
4 P

(2) *Zeigen Sie rechnerisch, dass der Graph von f genau einen Extrempunkt hat.* — Tipp 13
*Vergleichen Sie die zu diesem Punkt gehörende Temperatur mit den angegebenen Messwerten.* — Tipp 14
12 P

[Zur Kontrolle: $f'(t) = e^{-\frac{1}{10} \cdot t} \cdot (20 - 2 \cdot t)$]

(3) *Beschreiben Sie den Verlauf des Graphen von f für große Werte von t und interpretieren Sie diesen Verlauf im Sachzusammenhang.* — Tipp 15
3 P

Der Zeitabschnitt, in dem die Flüssigkeit im Produktionsprozess konstant bei 77 °C gehalten wird, entspricht im Modell dem Intervall, in dem die Funktion f mindestens diese Temperatur liefert.

(4) *Bestimmen Sie die Zeitpunkte, zu denen dieser Zeitabschnitt beginnt und endet. Stellen Sie den konstanten Temperaturverlauf in diesem Zeitabschnitt in Abbildung 1 dar.* — Tipp 16
5 P

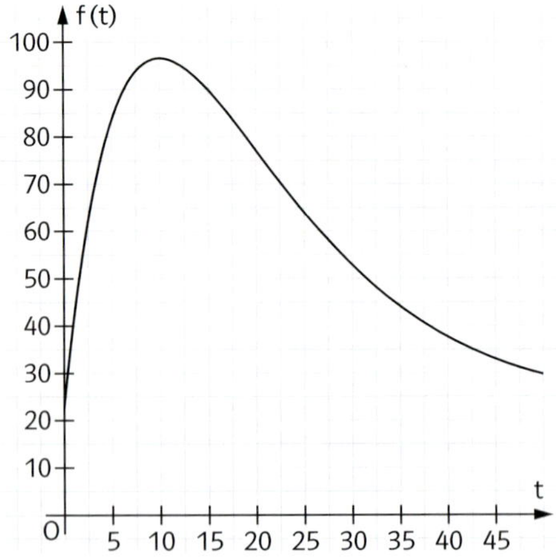


Abbildung 1

Die Steuerung des Prozesses kann so variiert werden, dass sich der Temperaturverlauf während des gesamten Vorgangs für $t \geqq 0$ durch eine der in $\mathbb{R}$ definierten Funktionen $f_k$ mit $f_k(t) = 23 + 20t \cdot e^{-\frac{1}{10} \cdot k \cdot t}$ mit $k > 0$ beschreiben lässt. Dabei ist t die seit Beginn des Vorgangs vergangene Zeit in Minuten und $f_k(t)$ die Temperatur in °C.

(5) Die in der Abbildung 2 dargestellten Graphen A, B und C gehören jeweils zu einem der Werte $k = 0{,}5$, $k = 2$ und $k = 5$.
3 P *Entscheiden Sie, welcher dieser Werte welchem Graphen zugeordnet werden kann.* — Tipp 17

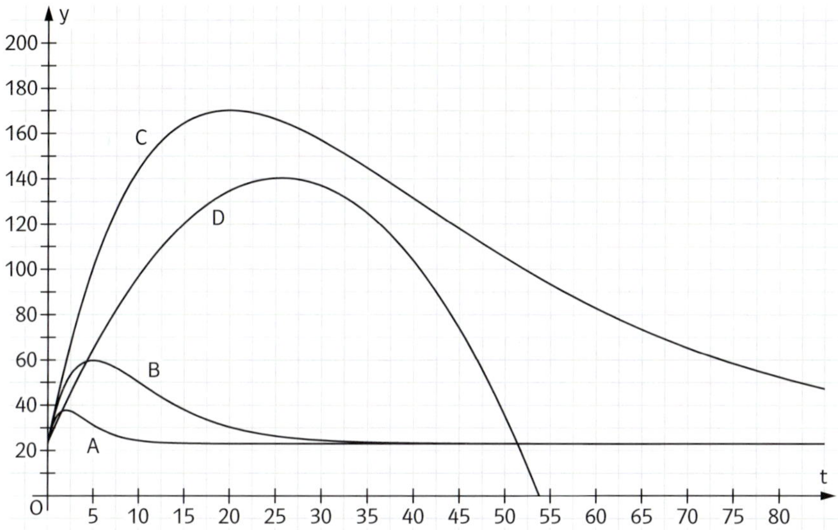


Abbildung 2

(6) *Begründen Sie, dass der in der Abbildung dargestellte Graph D nicht zu*
2 P *einer der Funktionen $f_k$ gehören kann.* — Tipp 18

**b)** Betrachtet wird nun ein Vorgang, bei dem die Steuerung des Temperaturverlaufs zwanzig Minuten nach Beginn des Vorgangs abgeschaltet wird. Das anschließende Abkühlen der Flüssigkeit lässt sich für $t \geqq 20$ durch die in $\mathbb{R}$ definierte Funktion h mit

$$h(t) = c + d \cdot e^{-0{,}065 \cdot t}$$

und $c, d \in \mathbb{R}$ beschreiben.
Zu Beginn des Abkühlens soll die Temperatur 77 °C und die momentane Änderungsrate der Temperatur −3,5 °C pro Minute betragen.

6 P (1) *Bestimmen Sie passende Werte von c und d.* — Tipp 19

(2) *Ermitteln Sie für diese Phase des Abkühlens im Intervall [20 ; 80] denjenigen Zeitpunkt, für den die Werte der Funktion f und der Funktion h mit $c = 23{,}15$ und $d = 197{,}58$ am stärksten voneinander abweichen.* — Tipp 20
5 P *Geben Sie die zugehörige Abweichung an.* — Tipp 21

## Aufgabe B2

Die Zeitspanne vom Sonnenaufgang (Zeitpunkt, zu dem die Oberkante der Sonne den Horizont überschreitet) bis zum Sonnenuntergang (Zeitpunkt, zu dem die Oberkante der Sonne den Horizont unterschreitet) wird als Tageslänge bezeichnet. Sie hängt vom Ort ab und ändert sich im Verlauf des Jahres.
In der folgenden Abbildung 1 sind die Tageslängen in der kleinen ostwestfälischen Stadt Rahden für jeden ersten Tag eines Monats im Zeitraum vom 1. Januar 2017 bis zum 1. Januar 2018 aufgetragen. Vereinfachend wird hier angenommen, dass alle Monate die gleiche Länge von 30 Tagen haben.

Dabei entspricht $t = 0$ dem 1. Januar 2017, $t = \frac{1}{30} \approx 0{,}03$ entspricht dem 2. Januar 2017, …, $t = 1$ entspricht dem 1. Februar 2017, $t = 1\frac{1}{30} \approx 1{,}03$ entspricht dem 2. Februar 2017 usw.

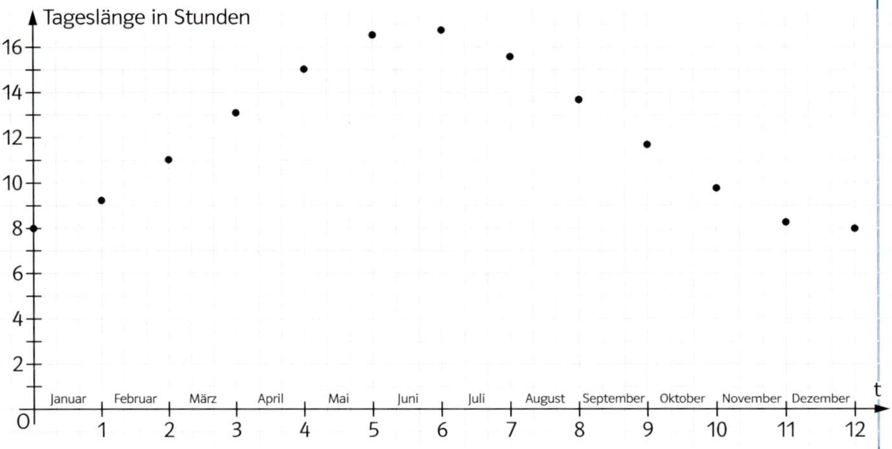


Abbildung 1

Zur Modellierung der Tageslängen in Rahden im Zeitraum vom 1. Januar 2017 bis zum 21. Juni 2017 wird von einem Schüler für $0 \leq t \leq 5{,}67$ die Funktion f mit der Gleichung

$$f(t) = -0{,}08 \cdot t^3 + 0{,}6324 \cdot t^2 + 0{,}54432 \cdot t + 8, \; t \in \mathbb{R},$$

verwendet.
Dabei wird f(t) als Tageslänge in Stunden aufgefasst.

**a)** (1) *Ermitteln Sie mit der Funktion f die Tageslänge in Rahden für den heutigen Tag (3. Mai, also $t = 4{,}07$) und vergleichen Sie den von Ihnen berechneten Wert mit der tatsächlichen heutigen Tageslänge in Rahden von 15 Stunden und 10 Minuten.*

4 P — Tipp 22

(2) *Zeigen Sie, dass der Wert des Terms $\frac{f(2) - f(0)}{2 - 0}$ kleiner ist als der Wert des Terms $\frac{f(4) - f(2)}{4 - 2}$ und interpretieren Sie diese Tatsache im Sachzusammenhang.*

5 P — Tipp 23

(3) Vom 1. Januar 2017 bis zum 21. Juni 2017 ($t = 5{,}67$) werden nördlich des Äquators (und damit auch in Rahden) die Tage immer länger.
7 P *Zeigen Sie rechnerisch, dass diese Tatsache durch die Funktion f zutreffend modelliert wird.* — Tipp 24

(4) Für die zweite Ableitung f″ der Funktion f gilt die folgende Aussage:

$$f''(t) < 0 \text{ für alle } t \in \mathbb{R} \text{ mit } t > 2{,}635$$

*Interpretieren Sie die Bedeutung dieser Aussage für* $2{,}635 < t < 5{,}67$
3 P *unter Berücksichtigung von* **a)** (3) *im Sachzusammenhang.* — Tipp 25
[Hinweis: Ein Nachweis der Aussage ist nicht erforderlich.]

(5) *Begründen Sie, dass die Funktion f nicht zur Modellierung der Tageslängen*
3 P *für das gesamte Jahr 2017 geeignet ist.* — Tipp 26

**b)** Der 21. Juni 2017 ($t \approx 5{,}67$) ist der längste Tag des Jahres 2017, der 21. Dezember 2017 ($t \approx 11{,}67$) ist der kürzeste Tag des Jahres 2017 in Rahden.

Eine Freundin des Schülers schlägt vor, zur Modellierung der Tageslängen vom 21. Juni 2017 bis zum 1. Januar 2018 für $5{,}67 \leq t \leq 12$ eine ganzrationale Funktion g dritten Grades zu verwenden, deren Ableitung g′ eine quadratische Funktion von folgender Form ist:

$$g'(t) = a \cdot (t - 5{,}67) \cdot (t - 11{,}67), \quad t \in \mathbb{R},$$

wobei a eine noch zu bestimmende reelle Zahl ist.

(1) Skizzieren Sie in Abbildung 2 die vier zu $a = -0{,}5$, $a = -0{,}25$, $a = 0{,}25$ und
4 P $a = 0{,}5$ gehörigen Graphen von g′. — Tipp 27

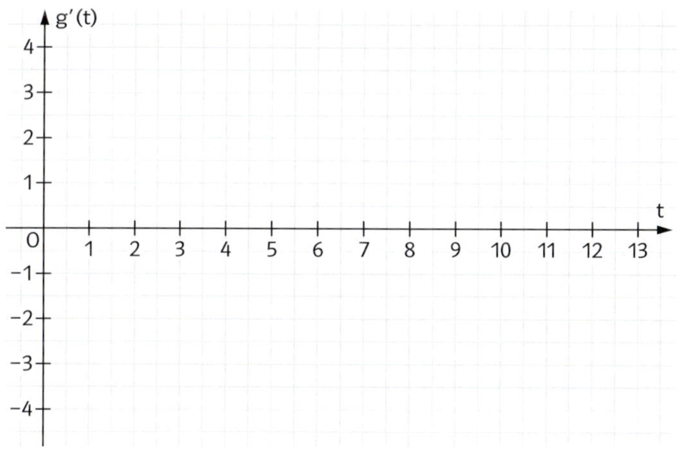


Abbildung 2

(2) *Begründen Sie, dass es sinnvoll ist, von dem Ansatz*

$$g'(t) = a \cdot (t - 5{,}67) \cdot (t - 11{,}67)$$

*auszugehen, wenn die Tageslängen ab dem 21. Juni 2017 durch eine ganzrationale Funktion g dritten Grades modelliert werden sollen.* — Tipp 28

*Entscheiden Sie begründet, ob a zur Modellierung des gegebenen Sach-*
6 P *zusammenhangs positiv oder negativ sein muss.* — Tipp 29

(3) Die Freundin des Schülers hat herausgefunden, dass am 21. Dezember 2017 die Tageslänge in Rahden 7,73 Stunden beträgt. Um einen passenden Wert von a zu bestimmen, verwendet sie die Gleichung

$$f(5{,}67) + a \cdot \int_{5{,}67}^{11{,}67} (t - 5{,}67) \cdot (t - 11{,}67)\,dt = 7{,}73.$$

*Interpretieren Sie diese Gleichung im Sachzusammenhang.* — Tipp 30

8 P *Bestimmen Sie den passenden Wert von a.* — Tipp 31

## Aufgabe B3

In einem kartesischen Koordinatensystem sind die Punkte O(0 | 0 | 0), A(6 | 4 | −2), B(0 | 16 | −8), C(−6 | 4 | −2) und D(0 | 8 | 11) Eckpunkte eines **schiefen** Prismas[1] OABCDEFG mit viereckiger Grundfläche OABC (siehe Abbildung).

**a)** (1)

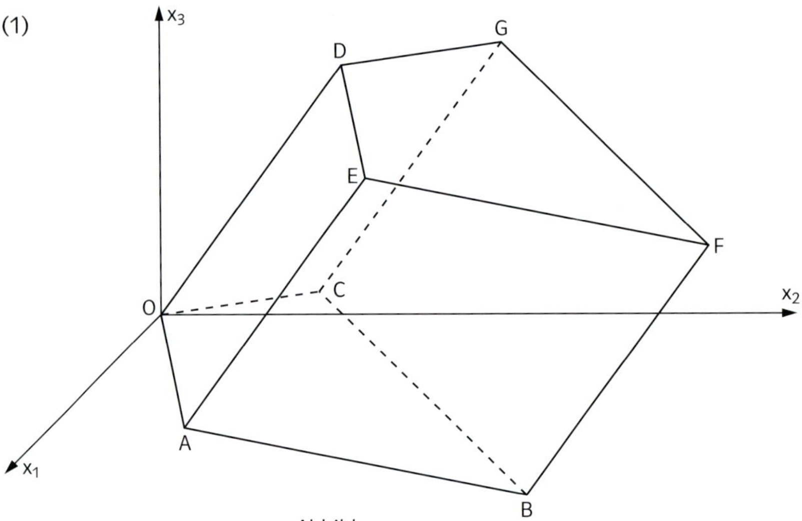


Abbildung

2 P *Stellen Sie eine Parameterform der Geraden g auf, die die Punkte O und D enthält.* — Tipp 32

4 P (2) *Bestimmen Sie die Koordinaten der Punkte F und G.* — Tipp 33

**b)** (1) *Stellen Sie eine Parametergleichung der Ebene H auf, die die Punkte O, A und B enthält.* — Tipp 34 — 3 P

[Mögliche Parametergleichung: $H: \vec{x} = \begin{pmatrix} 0 \\ 6 \\ -3 \end{pmatrix} + r \cdot \begin{pmatrix} 3 \\ 4 \\ -2 \end{pmatrix} + s \cdot \begin{pmatrix} 0 \\ -2 \\ 1 \end{pmatrix}$ $(r, s \in \mathbb{R})$]

---

1 Ein Prisma besitzt eine Grundfläche und eine dazu parallele deckungsgleiche Deckfläche.
Die Seitenflächen sind Parallelogramme. Bei einem schiefen Prisma stehen die Seitenkanten **nicht** senkrecht auf der Grundfläche. Das Volumen ist das Produkt aus der Grundfläche und der Höhe, die senkrecht auf der Grundfläche steht.

(2) *Zeigen Sie, dass der Punkt D auf der Geraden* $h\colon \vec{x} = \begin{pmatrix} 0 \\ 6 \\ 7 \end{pmatrix} + t \cdot \begin{pmatrix} 0 \\ -1 \\ -2 \end{pmatrix},\ t \in \mathbb{R},$
3 P *liegt.* Tipp 35

Die Gerade h schneidet die Ebene H senkrecht.

(3) *Berechnen Sie die Koordinaten des Schnittpunktes S der Geraden h* Tipp 36
6 P *und der Ebene H und die Länge der Strecke* $\overline{DS}$. Tipp 37

[Zur Kontrolle: $|\overline{DS}| = \sqrt{180}$]

**c)** (1) *Zeigen Sie, dass die Diagonalen* $\overline{AC}$ *und* $\overline{OB}$ *des Vierecks OABC zu-*
7 P *einander senkrecht sind und sich im Mittelpunkt T von* $\overline{AC}$ *schneiden.* Tipp 38
[Zur Kontrolle: $T(0\,|\,4\,|-2)$]

Nach Aufgabe **c)** (1) ist das Viereck OABC ein Drachenviereck.

4 P (2) *Bestimmen Sie das Volumen des Prismas OABCDEFG.* Tipp 39

**d)** Die Punkte O, B, F und D liegen in der Ebene K.
*Begründen Sie, dass diese Ebene das Prisma in zwei volumengleiche Teile*
4 P *zerlegt.* Tipp 40

**e)** Der Punkt B wird auf der Strecke $\overline{BO}$ zum Punkt $B' \neq O$ so verschoben, dass alle Seiten des Vierecks OAB'C gleich lang sind.

4 P (1) *Ermitteln Sie die Koordinaten von B'.* Tipp 41

3 P (2) *Begründen Sie, dass das Viereck OAB'C kein Quadrat ist.* Tipp 42

## Aufgabe B4

Beim Onlinebanking gibt es verschiedene Sicherheitsvorkehrungen. Bei einer Sicherheitsabfrage muss der Benutzer (nennen wir ihn Ben) zusätzlich zu seinem Onlinebanking-PIN einen Zahlencode, der aus sechs Ziffern besteht, kennen und teilweise eingeben, um sich anzumelden.
Damit eine potenzielle Angreiferin (nennen wir sie Anna) nicht auf Anhieb alle sechs Ziffern erfährt, werden von der Bank bei jedem Anmeldevorgang nur zwei zufällig ausgewählte Ziffern abgefragt. Welche der sechs Ziffern abgefragt werden, bestimmt die Bank nach dem Zufallsprinzip.
Ist z. B. der Code von Ben 235793 und beim Anmelden öffnet sich folgendes Fenster,

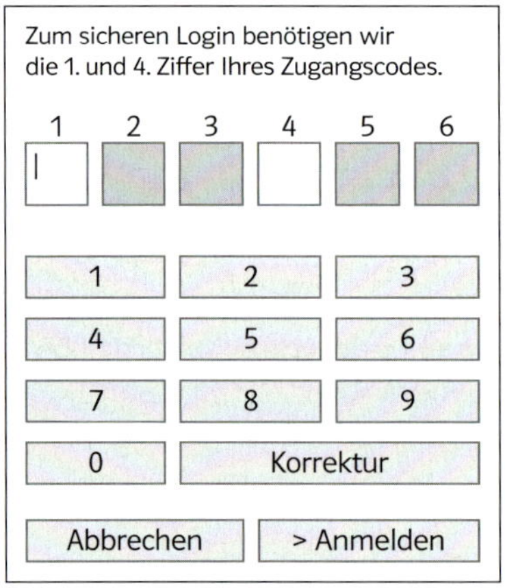


Abbildung

so muss Ben die Ziffern 2 und 7 eingeben. Will Anna nun den gesamten 6-stelligen Code stehlen, muss sie mehrere Male beim Anmelden „zuschauen“. Zu diesem Zweck installiert sie eine Schadsoftware auf Bens Computer, die ihr bei jedem Zuschauen die Beobachtung der beiden eingegebenen Ziffern und ihrer Position ermöglicht.

**a)** Die Matrix U beschreibt den Prozess aus Annas Sicht von anfangs null bekannten Ziffern (Zustand $z_0$) bis hin zu sechs bekannten Ziffern (Zustand $z_6$). Dabei beschreibt $z_i$ den Zustand mit i bekannten Ziffern (i = 0, 2, 3, 4, 5, 6). Der Zustand $z_1$ kann nicht eintreten, da nach dem ersten „Zuschauen“ sofort zwei Ziffern bekannt sind.

$$\begin{array}{c} \text{von} \\ \\ U = \end{array} \begin{array}{c} \begin{matrix} z_0 & z_2 & z_3 & z_4 & z_5 & z_6 \end{matrix} \\ \begin{pmatrix} 0 & 0 & 0 & 0 & 0 & 0 \\ 1 & \frac{1}{15} & 0 & 0 & 0 & 0 \\ 0 & \frac{8}{15} & \frac{3}{15} & 0 & 0 & 0 \\ 0 & \frac{6}{15} & \frac{9}{15} & \frac{6}{15} & 0 & 0 \\ 0 & 0 & \frac{3}{15} & \frac{8}{15} & \frac{10}{15} & 0 \\ 0 & 0 & 0 & \frac{1}{15} & \frac{5}{15} & 1 \end{pmatrix} \end{array} \begin{array}{c} \text{nach} \\ z_0 \\ z_2 \\ z_3 \\ z_4 \\ z_5 \\ z_6 \end{array}$$

4 P (1) *Zeichnen Sie das zugehörige Übergangsdiagramm.* Tipp 43

(2) Betrachten Sie nun die zweite Spalte der Matrix U.
*Erklären Sie im Sachzusammenhang die Einträge mit dem Wert Null in dieser Spalte.* Tipp 44
6 P *Leiten Sie die von Null verschiedenen Werte in dieser Spalte her.* Tipp 45

**b)** Ben meldet sich jeden Monat fünfmal beim Onlinebanking an.

4 P (1) *Bestimmen Sie* $U^2 \cdot \vec{s}$ *mit* $\vec{s} \begin{pmatrix}1\\0\\0\\0\\0\\0\end{pmatrix}$ *und interpretieren Sie das Ergebnis im Sachzusammenhang.* Tipp 46

3 P (2) *Bestimmen Sie die Wahrscheinlichkeit, dass Anna nach einem Monat den Code vollständig kennt, wenn sie vorher keine Ziffer des Codes kannte.* Tipp 47

4 P (3) *Ermitteln Sie die Anzahl der Anmeldevorgänge, die Anna mindestens beobachten muss, um den Code mit mindestens 99%iger Wahrscheinlichkeit vollständig zu kennen.* Tipp 48

**c)** Betrachtet wird ein anderer stochastischer Prozess, der durch die Matrix
$A = \begin{pmatrix}1 & 0{,}2 & 0\\0 & 0{,}3 & 0\\0 & 0{,}5 & 1\end{pmatrix}$ beschrieben wird.

2 P (1) *Erklären Sie die Bedeutung für den stochastischen Prozess, wenn ein Diagonalelement den Wert 1 besitzt.* Tipp 49

5 P (2) *Ermitteln Sie, welcher Wahrscheinlichkeitsverteilung sich der durch A beschriebene Prozess bei Verwendung der Startverteilungen:*
$\vec{v}_1 = \begin{pmatrix}0{,}1\\0{,}3\\0{,}6\end{pmatrix}$ und $\vec{v}_2 = \begin{pmatrix}0{,}4\\0{,}5\\0{,}1\end{pmatrix}$ *auf lange Sicht nähert.* Tipp 50

2 P (3) *Beurteilen Sie nun ohne weitere Rechnung folgende Aussage:*
Auf lange Sicht gibt es für jeden stochastischen Prozess genau eine sich stabilisierende Wahrscheinlichkeitsverteilung, die unabhängig von der Startverteilung ist. Tipp 51

**d)** Eine Bank geht nach bisherigen Erfahrungen von einem Risiko von $p = 0{,}001$ aus, dass ein Konto bei der Anmeldung zum Onlinebanking angegriffen wird. Um diese Vermutung zu kontrollieren, werden 25 000 Anmeldevorgänge genau untersucht.

3 P (1) *Erläutern Sie, welche Annahmen getroffen werden müssen, um diese Vorgehensweise im Folgenden mithilfe einer Binomialverteilung zu modellieren.* Tipp 52

3 P (2) *Bestimmen Sie die Wahrscheinlichkeit, dass mehr als 25 Angriffe erfolgen.* Tipp 53

Falls mindestens 35 Angriffe registriert werden, geht man von einem Anwachsen des Risikos für einen Angriff aus.

3 P (3) *Bestimmen Sie die Wahrscheinlichkeit, dass diese Annahme getroffen wird, wenn das Risiko für einen Angriff* $p = 0{,}00095$ *beträgt.* Tipp 54

## Aufgabe B5

In Deutschland liegt bei 1 % der Bevölkerung eine Glutenunverträglichkeit vor. Die betroffenen Personen reagieren auf den Verzehr von bestimmten Getreidesorten mit körperlichen Beschwerden.
Ob eine Glutenunverträglichkeit vorliegt oder nicht, kann mithilfe eines Schnelltests diagnostiziert werden. Zeigt das Ergebnis dieses Tests die Glutenunverträglichkeit an, so bezeichnet man es als positiv.

**a)** Liegt bei einer Person eine Glutenunverträglichkeit vor, so ist das Testergebnis mit einer Wahrscheinlichkeit von 98 % positiv. Liegt bei einer Person keine Glutenunverträglichkeit vor, so beträgt die Wahrscheinlichkeit dafür, dass das Testergebnis dennoch positiv ist, 4 %.

Bei einer Person, die aus der Bevölkerung Deutschlands zufällig ausgewählt wurde, wird der Test durchgeführt.

4 P (1) *Erstellen Sie zu dem beschriebenen Sachzusammenhang ein beschriftetes Baumdiagramm.* — Tipp 55

(2) *Ermitteln Sie für folgende Ereignisse jeweils die Wahrscheinlichkeit:*

*A: „Bei der Person liegt eine Glutenunverträglichkeit vor und das Testergebnis ist positiv."* — Tipp 56

4 P *B: „Das Testergebnis ist negativ."* — Tipp 57

4 P (3) *Ermitteln Sie die Wahrscheinlichkeit dafür, dass eine Glutenunverträglichkeit vorliegt, wenn das Testergebnis positiv ist.* — Tipp 58

**b)** Im Rahmen einer Studie sollen aus der Bevölkerung Deutschlands 20 000 Personen zufällig ausgewählt werden. Die Zufallsgröße X ist binomialverteilt und gibt die Anzahl der ausgewählten Personen an, bei denen eine Glutenunverträglichkeit vorliegt.

(1) *Bestimmen Sie für folgende Ereignisse jeweils die Wahrscheinlichkeit:* — Tipp 59

*$E_1$: Bei genau 190 Personen liegt eine Glutenunverträglichkeit vor.*
*$E_2$: Bei mehr als 19 800 Personen liegt* **keine** *Glutenunverträglichkeit vor.* — Tipp 60
6 P *$E_3$: Mindestens 240, aber höchstens 2400 Personen besitzen eine Glutenunverträglichkeit.* — Tipp 61

5 P (2) *Bestimmen Sie die Wahrscheinlichkeit dafür, dass die Anzahl der ausgewählten Personen, bei denen eine Glutenunverträglichkeit vorliegt, um mehr als 10 % vom Erwartungswert von X abweicht.* — Tipp 62

**c)** Der Test wird mithilfe eines Teststreifens durchgeführt, auf dem eine Substanz als Indikator aufgebracht ist. Ist die Indikatormenge auf einem Teststreifen zu gering, so ist dieser unbrauchbar.
Der Hersteller der Teststreifen verfolgt das Ziel, dass höchstens 10 % der hergestellten Teststreifen unbrauchbar sind, und führt deshalb regelmäßig eine Qualitätskontrolle durch. Dazu wird der laufenden Produktion eine Stichprobe von 100 Teststreifen entnommen. Nur wenn sich darunter mindestens 16 unbrauchbare Teststreifen befinden, entscheidet man sich dafür, das Herstellungsverfahren zu verbessern.

(1) Wenn 10 % der hergestellten Teststreifen unbrauchbar sind, ist eine Verbesserung des Herstellungsverfahrens entsprechend der Zielvorgabe noch nicht erforderlich.
*Bestimmen Sie die Wahrscheinlichkeit, dass der Hersteller sich aufgrund einer Stichprobe und seiner Entscheidungsregel in diesem Fall dennoch um eine Verbesserung des Verfahrens bemüht.* 4 P — Tipp 63

(2) Durch einen Maschinendefekt sind statt 10 % nun 18 % der Teststreifen unbrauchbar.
*Bestimmen Sie die Wahrscheinlichkeit, dass dieser Defekt bei Beibehaltung der Entscheidungsregel fälschlicherweise nicht bemerkt wird.* 4 P — Tipp 64

**d)** Im Rahmen der Qualitätskontrolle wird u. a. die Indikatormenge auf den einzelnen Teststreifen gemessen. Tabelle 1 zeigt die absoluten Häufigkeiten der aufgetretenen Mengen bei einer Stichprobe von 100 Teststreifen.

| Indikatormenge in mg | 15 | 16 | 17 | 18 | 19 | 20 |
|---|---|---|---|---|---|---|
| Anzahl der Teststreifen | 4 | 9 | 10 | 48 | 18 | 11 |

Tabelle 1

(1) *Bestimmen Sie für diese Häufigkeitsverteilung das arithmetische Mittel und die Standardabweichung.* 6 P — Tipp 65 Tipp 66

(2) Bei einer früheren Qualitätskontrolle lagen das arithmetische Mittel bei 18 mg und die Standardabweichung bei 4,3 mg.
*Erläutern Sie unter Berücksichtigung Ihrer Ergebnisse aus (1), welche Rückschlüsse sich aus diesen Kenngrößen auf die Qualitätsentwicklung des Produktionsverfahrens ziehen lassen.* 3 P — Tipp 67

2

# Tipps

## Folgende Tipps geben eine erste Hilfestellung:

| | |
|---|---|
| Tipp 1 | Bestimmen Sie die Nullstellen der Funktion. |
| Tipp 2 | Berechnet werden soll das Flächenstück zwischen der x-Achse und dem Graphen von f. |
| Tipp 3 | Informieren Sie sich über das Gauß-Verfahren. Wenden Sie dieses Verfahren an, um das Gleichungssystem in eine „Dreiecksform" zu überführen. |
| Tipp 4 | Überlegen Sie, wie viele Lösungen die Lösungsmenge eines linearen Gleichungssystems aufweisen kann. |
| Tipp 5 | Wie kann man z. B. an der mithilfe des Gauß-Verfahrens erhaltenen „Dreiecksform" des linearen Gleichungssystems erkennen, ob es unendlich viele Lösungen oder keine Lösung besitzt? |
| Tipp 6 | Bestimmen Sie die Vektoren $\overrightarrow{AB}$ und $\overrightarrow{AC}$. |
| Tipp 7 | Gegeben sind drei Punkte A, B und C, die auf der Ebene E liegen. |
| Tipp 8 | Zwei Vektoren stehen aufeinander senkrecht, wenn das Skalarprodukt der entsprechenden Vektoren gleich null ist. |
| Tipp 9 | Wie lautet die Formel von Bernoulli? |
| Tipp 10 | Argumentieren Sie mit dem Erwartungswert der Zufallsgröße X. |
| Tipp 11 | Welche Bedeutung hat die Funktion f im Sachzusammenhang? |
| Tipp 12 | Vergleichen Sie den berechneten Wert mit dem Wert, der in der Tabelle steht. |
| Tipp 13 | Überlegen Sie, wie man den Extrempunkt einer Funktion rechnerisch ermittelt. |
| Tipp 14 | Berechnen Sie die höchste Temperatur. |
| Tipp 15 | Ermitteln Sie den Grenzwert der Funktion f. |
| Tipp 16 | Wie kann man am Graphen die Zeitpunkte ablesen, an denen die Temperatur 77 °C beträgt? |
| Tipp 17 | Ermitteln Sie, welcher Graph zu welchem Parameter passend ist. |
| Tipp 18 | Überlegen Sie Kriterien, die belegen, dass der Graph D nicht zu den Funktionen $f_k$ gehören kann. |
| Tipp 19 | Stellen Sie ein LGS auf, das die Informationen der Aufgabe wiedergibt. |
| Tipp 20 | Bilden Sie die Differenzfunktion d der Funktionen f und h. |
| Tipp 21 | Berechnen Sie die Extremstelle von d mithilfe des GTR. |
| Tipp 22 | Die Tageslänge in Rahden wird in dem Modell direkt durch die Funktion f angegeben. |
| Tipp 23 | Informieren Sie sich über den Unterschied zwischen durchschnittlicher und momentaner Änderungsrate. |
| Tipp 24 | Die Änderung der Tageslänge wird durch die Ableitungsfunktion f' angezeigt. |

| | |
|---|---|
| **Tipp 25** | Welche Konsequenz ergibt sich für die Funktion f', wenn in dem Intervall (2,635; 5,67) gilt: $f''(t) < 0$? |
| **Tipp 26** | Zeichnen Sie mit dem GTR den Graphen der Funktion f. |
| **Tipp 27** | Setzen Sie für den Parameter a die vier angegebenen Zahlen ein. Man erhält so vier verschiedene Funktionen als Kandidaten für die Ableitungsfunktion g'. |
| **Tipp 28** | Die gesuchte Funktion g soll bei $t \approx 5{,}67$ bzw. $t \approx 11{,}67$ ihren größten bzw. kleinsten Wert annehmen. |
| **Tipp 29** | Was bedeutet es für die Funktion g, wenn durch den Sachzusammenhang festgestellt wird, dass die Tage in dem Zeitraum vom 21. Juni bis 21. Dezember immer kürzer werden? |
| **Tipp 30** | Wie erhält man aus der Änderungsrate eines Bestandes über einen gewissen Zeitraum den Bestand selbst? |
| **Tipp 31** | Der linke Term der Gleichung stellt die Tageslänge am 21. Dezember 2017 dar, von der andererseits bekannt ist, dass sie 7,73 Stunden beträgt. Um den Parameter a zu bestimmen, multiplizieren Sie zunächst im Integranden die Klammern aus. |
| **Tipp 32** | Gegeben sind zwei Punkte O und D, die auf der Gerade g liegen. |
| **Tipp 33** | Die Vektoren $\overrightarrow{OF}$ und $\overrightarrow{OG}$ ergeben sich als Linearkombination geeigneter Vektoren. |
| **Tipp 34** | Gegeben sind drei Punkte O, A und B, die auf der Ebene H liegen. |
| **Tipp 35** | Setzen Sie die Koordinaten des Punktes D anstelle der Koordinaten des Vektors $\vec{x}$ in die Parametergleichung von h ein. |
| **Tipp 36** | Setzen Sie die Terme der rechten Seiten der beiden Parametergleichungen der Geraden h und der Ebene H gleich. |
| **Tipp 37** | Bestimmen Sie den Vektor $\overrightarrow{DS}$. |
| **Tipp 38** | Ist das Skalarprodukt zweier Vektoren gleich null, so stehen die Vektoren senkrecht aufeinander. Zeigen Sie, dass gilt: $\overrightarrow{AC} \cdot \overrightarrow{OB} = 0$. |
| **Tipp 39** | Das Volumen eines Prismas berechnet man nach der Formel $V_{Prisma} = \text{Grundfläche}_{Prisma} \cdot \text{Höhe}_{Prisma}$. Die Grundfläche des Prismas ist das Drachenviereck OABC. |
| **Tipp 40** | Das Prisma OABCDEFG wird durch die Ebene K in die beiden Teilprismen OABDEF bzw. OBCDFG mit jeweils dreieckiger Grundfläche OAB bzw. OBC zerlegt. |
| **Tipp 41** | Veranschaulichen Sie sich die Situation mittels einer geeigneten Skizze. |
| **Tipp 42** | Das Skalarprodukt zweier Vektoren ist genau dann gleich null, wenn die Vektoren senkrecht aufeinander stehen. |
| **Tipp 43** | Verwenden Sie die im Aufgabentext gegebenen Abkürzungen für die sechs verschiedenen Zustände des stochastischen Prozesses. |
| **Tipp 44** | Welche Übergangswahrscheinlichkeiten stehen in der zweiten Spalte der Matrix U? |
| **Tipp 45** | Um die von null verschiedenen Werte herzuleiten, können Sie ein geeignetes Baumdiagramm verwenden. |
| **Tipp 46** | Berechnen Sie zunächst $U^2 \cdot \vec{s}$ mithilfe des GTR. |

| | |
|---|---|
| Tipp 47 | Wie erhalten Sie aus der Startverteilung (Vektor $\overrightarrow{v_0}$) den Verteilungsvektor nach fünfmaligem Anmelden beim Onlinebanking? |
| Tipp 48 | Stellen Sie eine Gleichung auf, mit deren Hilfe man den Verteilungsvektor nach n Anmeldungen bestimmen kann. |
| Tipp 49 | Welche Bedingung muss für alle stochastischen Matrizen gelten? |
| Tipp 50 | Was bedeutet „auf lange Sicht"? Setzen Sie Ihren GTR ein. |
| Tipp 51 | Was bedeutet es, wenn es unabhängig von der Startverteilung eine stabile Wahrscheinlichkeitsverteilung gibt? |
| Tipp 52 | Was sind die Voraussetzungen, dass eine Zufallsvariable binomialverteilt ist? |
| Tipp 53 | Die Zufallsvariable X: „Anzahl der Anmeldevorgänge, die angegriffen werden" ist binomialverteilt. |
| Tipp 54 | Die Zufallsvariable X: „Anzahl der Anmeldvorgänge, die angegriffen werden" ist binomialverteilt. |
| Tipp 55 | Wie viele Pfade muss ein geeignetes Baumdiagramm haben? |
| Tipp 56 | Wenden Sie eine der Pfadregeln an. |
| Tipp 57 | Wenden Sie die Pfadregeln an. |
| Tipp 58 | Beachten Sie, dass Sie hier eine bedingte Wahrscheinlichkeit bestimmen müssen. |
| Tipp 59 | Die Zufallsgröße X ist binomialverteilt mit $n = 20\,000$ und $p = 0{,}01$. |
| Tipp 60 | Beachten Sie das Wort „keine" in der Aufgabenstellung. |
| Tipp 61 | Hier müssen Sie zunächst zwei Teilwahrscheinlichkeiten bestimmen. |
| Tipp 62 | Berechnen Sie zuerst den Erwartungswert $\mu$ für die binomialverteilte Zufallsvariable X: „Anzahl der ausgewählten Personen, bei denen eine Glutenunverträglichkeit vorliegt". |
| Tipp 63 | Die Zufallsgröße X: „Anzahl der ausgewählten Personen, bei denen eine Glutenunverträglichkeit vorliegt" ist im Grenzfall binomialverteilt mit $n = 100$ und $p = 0{,}1$. |
| Tipp 64 | Die Zufallsgröße X: „Anzahl der ausgewählten Personen, bei denen eine Glutenunverträglichkeit vorliegt" ist jetzt binomialverteilt mit $n = 100$ und $p = 0{,}18$. |
| Tipp 65 | Bei der Berechnung des arithmetischen Mittels müssen Sie die Summe aller Werte in der Tabelle berechnen. |
| Tipp 66 | Die Standardabweichung ist die Quadratwurzel aus der Varianz. |
| Tipp 67 | Welche Bedeutung haben das arithmetische Mittel und die Standardabweichung für das Produktionsverfahren? |

## Folgende Tipps geben eine weitere Hilfestellung:

| | |
|---|---|
| Tipp 1 | Setzen Sie den Funktionsterm gleich null. |
| Tipp 2 | Berechnen Sie mithilfe der Stammfunktion die Fläche zwischen den beiden Nullstellen. |

| | |
|---|---|
| Tipp 3 | Bestimmen Sie mithilfe der „Dreiecksform“ des linearen Gleichungssystems durch sukzessives Einsetzen und Umformen die Lösungsmenge. |
| Tipp 4 | Welches Aussehen hat die „Dreiecksform“ des linearen Gleichungssystems, wenn $p = 1$ ist? Welche Konsequenz ergibt sich für die Lösungsmenge? |
| Tipp 5 | Welches Aussehen hat die „Dreiecksform“ des linearen Gleichungssystems, wenn $p = 0$ ist? Welche Konsequenz ergibt sich für die Lösungsmenge? |
| Tipp 6 | Wenn die Punkte A, B und C auf einer Geraden liegen, so sind die Vektoren $\overrightarrow{AB}$ und $\overrightarrow{AC}$ Vielfache. |
| Tipp 7 | Eine Parametergleichung der Ebene ist: $E: \vec{x} = \overrightarrow{OA} + r \cdot \overrightarrow{AB} + s \cdot \overrightarrow{AC}$ |
| Tipp 8 | Ermitteln Sie den Wert von d, so dass gilt: $\overrightarrow{BA} \cdot \overrightarrow{BD} = 0$ |
| Tipp 9 | Hier liegt eine Bernoulli-Kette der Länge 10 mit der Trefferwahrscheinlichkeit 0,25 vor. |
| Tipp 10 | Der Erwartungswert von X ist 1,5. Was bedeutet dies für die Höhe der Säulen im passenden Diagramm? |
| Tipp 11 | Setzen Sie in der Funktionsgleichung $t = 0$ und $t = 2$. |
| Tipp 12 | Die prozentuale Abweichung wird als Quotient der Differenzen und des Ursprungswertes berechnet. |
| Tipp 13 | Ermitteln Sie mithilfe der 1. und 2. Ableitung der Funktion f über die notwendige und hinreichende Bedingung die Extremstelle der Funktion f. |
| Tipp 14 | Vergleichen Sie die Temperatur an der Extremstelle mit dem Wert in der Tabelle. |
| Tipp 15 | Berechnen Sie $f(t)$ für große Werte von t und vergleichen Sie deren Größe. |
| Tipp 16 | Lösen Sie die Gleichung $f(t) = 77$ mit dem GTR. |
| Tipp 17 | Zeichnen Sie mit dem GTR die drei verschiedenen Graphen für unterschiedliche Parameter. |
| Tipp 18 | Welche Grapheneigenschaften unterstreichen, dass der Graph von D nicht zu der gegebenen Funktionenschar gehört? |
| Tipp 19 | Stellen Sie die Gleichungen $h(20) = 77$ und $h'(20) = -3{,}5$ auf und lösen Sie das LGS. |
| Tipp 20 | Berechnen Sie die Extremstelle der Funktion $d(t) = f(t) - h(t)$ mit dem GTR. |
| Tipp 21 | Der GTR liefert $t_1 \approx 25{,}89$ und $t_2 \approx 56{,}67$. Ermitteln Sie mithilfe der Funktion d die größte Abweichung. |
| Tipp 22 | Berechnen Sie $f(4{,}07)$. |
| Tipp 23 | Berechnen Sie die Terme $\frac{f(2) - f(0)}{2 - 0}$ und $\frac{f(4) - f(2)}{4 - 2}$ und vergleichen Sie die Ergebnisse. |
| Tipp 24 | Die Tatsache, dass die Tage in dem gegebenen Zeitraum immer länger werden, ist gleichbedeutend damit, dass die Ableitung $f'(t)$ in dem Zeitintervall größer als 0 ist. |
| Tipp 25 | Die Funktion f″ charakterisiert, wie schnell sich die Tageslängen im Laufe des Jahres ändern. |
| Tipp 26 | Deuten Sie den Graphenverlauf der Funktion f hinsichtlich des Sachzusammenhangs. |

| | |
|---|---|
| Tipp 27 | Zeichnen Sie mit dem GTR für die verschiedenen Werte des Parameters a die Graphen der Kandidaten für die Funktion g' und übertragen Sie sie auf das Arbeitsblatt. |
| Tipp 28 | An den Stellen, an denen die Funktion g ihren größten bzw. kleinsten Wert annimmt, muss sie ein lokales Maximum bzw. lokales Minimum aufweisen. |
| Tipp 29 | Was bedeutet es für die Ableitungsfunktion g', wenn durch den Sachzusammenhang angedeutet wird, dass die Tage in dem Zeitraum vom 21. Juni bis 21. Dezember kürzer werden? |
| Tipp 30 | Beachten Sie, dass für den 21. Juni 2017 eine bestimmte Tageslänge vorliegt, die an den folgenden Tagen verkürzt wird. |
| Tipp 31 | Bestimmen Sie eine Stammfunktion zur ausgerechneten Integrandenfunktion. |
| Tipp 32 | Eine Parametergleichung der Gerade ist: $g: \vec{x} = t \cdot \overrightarrow{OD}$. |
| Tipp 33 | Es gilt z.B.: $\overrightarrow{OF} = \overrightarrow{OB} + \overrightarrow{BF} = \overrightarrow{OB} + \overrightarrow{OD}$ |
| Tipp 34 | Eine Parametergleichung der Ebene ist: $H: \vec{x} = r \cdot \overrightarrow{OA} + s \cdot \overrightarrow{OB}$. |
| Tipp 35 | Sie erhalten drei Gleichungen für den Geradenparameter t. Werten Sie diese aus. |
| Tipp 36 | Sie erhalten ein lineares Gleichungssystem (LGS). Lösen Sie dieses mit dem GTR. |
| Tipp 37 | Die Länge der Strecke $\overline{DS}$ entspricht der Länge des Vektors $\overrightarrow{DS}$. |
| Tipp 38 | Bestimmen Sie den Mittelpunkt T der Strecke $\overline{AC}$. Zeigen Sie, dass dieser Punkt T auch auf der Strecke $\overline{OB}$ liegt. |
| Tipp 39 | Für die Höhe des Prismas gilt: $h_{Prisma} = \lvert\overrightarrow{DS}\rvert$. |
| Tipp 40 | Zwei (Teil-)Prismen mit gleicher Grundfläche und gleicher Höhe besitzen denselben Flächeninhalt. |
| Tipp 41 | Das Viereck OAB'C ist eine Raute. In einer Raute halbieren sich die Diagonalen. |
| Tipp 42 | Zeigen Sie, dass das Viereck OAB'C z.B. im Eckpunkt O keinen rechten Winkel hat. |
| Tipp 43 | Im Diagramm benötigen Sie 13 Pfeile, von denen fünf Pfeile jeweils an einem Zustand beginnen und an demselben Zustand enden. Notieren Sie die in der Matrix gegebenen Übergangswahrscheinlichkeiten auf den entsprechenden Pfeilen. |
| Tipp 44 | In der zweiten Spalte stehen die Übergangswahrscheinlichkeiten für den Übergang aus dem Zustand $z_2$ (Anna kennt bereits zwei Ziffern des Codes) in die anderen Zustände.<br>Welche dieser Zustände können überhaupt im nächsten Schritt erreicht werden? |
| Tipp 45 | Ein geeignetes Baumdiagramm ist zweistufig, da beim nächsten Anmelden zwei verschiedene Ziffern des Codes eingegeben werden. Machen Sie beim Baumdiagramm eine zweistufige Fallunterscheidung, ob diese Ziffern bereits bekannt sind oder nicht. |
| Tipp 46 | Interpretieren Sie im Sachzusammenhang die von null verschiedenen Komponenten des Zustandsvektors $U^2 \cdot \vec{s}$. Diese Komponenten lassen sich als Wahrscheinlichkeiten deuten. |
| Tipp 47 | Berechnen Sie den Verteilungsvektor $\vec{v_5}$ mithilfe der Gleichung $\vec{v_5} = U^5 \cdot \vec{v_0}$.<br>Setzen Sie dabei Ihren GTR ein. |

| | |
|---|---|
| **Tipp 48** | Die gesuchte Gleichung lautet: $\vec{v_n} = U^n \cdot \vec{v_0}$. Wo können Sie die Wahrscheinlichkeit für das vollständige Kennen des Codes dem Vektor $\vec{v_n}$ entnehmen? |
| **Tipp 49** | Beachten Sie, dass die Summe aller Elemente einer Spalte bei einer stochastischen Matrix stets 1 sein muss. |
| **Tipp 50** | Wenn Sie mit Ihrem GTR $A^n$ für große n berechnen, können Sie feststellen, ob $A^n$ sich einer Grenzmatrix G annähert. |
| **Tipp 51** | Die Grenzverteilung hängt hier von der Wahl von a, b und c ab. Deuten Sie dieses Ergebnis. |
| **Tipp 52** | Es müssen zwei Bedingungen erfüllt sein. Die erste Bedingung besagt, dass ein Bernoulli-Experiment vorliegen muss. Begründen Sie, warum hier ein Bernoulli-Experiment vorliegt. |
| **Tipp 53** | Die Zufallsvariable X ist binomialverteilt mit $n = 25\,000$ und $p = 0{,}001$. Berechnen Sie mit Ihrem GTR die Wahrscheinlichkeit $P(X > 25)$. |
| **Tipp 54** | Die Zufallsvariable X ist binomialverteilt mit $n = 25\,000$ und $p = 0{,}00095$. Berechnen Sie mit Ihrem GTR die Wahrscheinlichkeit $P(X \geqq 35)$. |
| **Tipp 55** | Wählen Sie geeignete Abkürzungen für die auftretenden Ergebnisse. Achten Sie darauf, dass Sie die richtigen Wahrscheinlichkeiten an die Äste des Baumdiagramms schreiben. |
| **Tipp 56** | Das Ereignis A wird nur durch einen Pfad repräsentiert. Berechnen Sie die Wahrscheinlichkeit P(A) mithilfe der Pfadregel. |
| **Tipp 57** | Das Ereignis B wird nur durch zwei Pfade repräsentiert. Berechnen Sie die Wahrscheinlichkeit für die Ergebnisse, die durch die beiden Pfade repräsentiert werden, und addieren Sie anschließend diese beiden Werte. |
| **Tipp 58** | Sie können alle benötigten Wahrscheinlichkeiten mithilfe der Pfadregeln aus dem Baumdiagramm bestimmen. |
| **Tipp 59** | Berechnen Sie mit dem GTR die Wahrscheinlichkeit $P(X = 190)$. |
| **Tipp 60** | Wenn mehr als 19 800 Personen keine Glutenunverträglichkeit haben, dann ist dies gleichbedeutend damit, dass weniger als 200 Personen eine Glutenunverträglichkeit besitzen. |
| **Tipp 61** | Berechnen Sie mit dem GTR die Wahrscheinlichkeiten $P(X \leqq 239)$ und $P(X \leqq 2400)$. |
| **Tipp 62** | X ist binomialverteilt mit $n = 20\,000$ und $p = 0{,}01$. Für den Erwartungswert gilt $\mu = n \cdot p = 200$. Bestimmen Sie 10 % von $\mu$. |
| **Tipp 63** | Berechnen Sie mit dem GTR die Wahrscheinlichkeit $P(X \geqq 16)$. |
| **Tipp 64** | Berechnen Sie mit dem GTR die Wahrscheinlichkeit $P(X < 16)$. |
| **Tipp 65** | Beachten Sie, dass die absolute Häufigkeit der Werte unterschiedlich ist. Berechnen Sie zudem die Summe aller kontrollierten Teststreifen. |
| **Tipp 66** | Unter der Wurzel müssen Sie die Quadrate der Abweichungen der Werte zum arithmetischen Mittel summieren. |
| **Tipp 67** | Das arithmetische Mittel hat sich nicht verändert. Die Standardabweichung ist jedoch deutlich kleiner geworden. |

## Folgende Tipps helfen, Lücken zu schließen:

| | |
|---|---|
| **Tipp 1** | Die Nullstellen lassen sich mithilfe einer Zerlegung in Linearfaktoren berechnen: $x^3 + 2x^2 = x^2(x+2)$. |
| **Tipp 2** | Bearbeiten Sie die Fertigkeiten F 25 und F 26. |
| **Tipp 3** | Bearbeiten Sie aus F 7 das Beispiel a) und die Aufgabe a). |
| **Tipp 4** | Bearbeiten Sie aus F 7 das Beispiel c) sowie die Aufgabe b). |
| **Tipp 5** | Bearbeiten Sie aus F 7 das Beispiel b). |
| **Tipp 6** | Bearbeiten Sie aus F 44 die Beispiele 1 und 2 sowie die Aufgabe. |
| **Tipp 7** | Bearbeiten Sie aus F 55 das Beispiel 1 und die Aufgabe 1. |
| **Tipp 8** | Bearbeiten Sie aus F 51 das Beispiel und die Aufgabe. |
| **Tipp 9** | Lesen Sie den einleitenden Text von F 73. |
| **Tipp 10** | Bearbeiten Sie aus F 75 das Beispiel 2 und die Aufgabe 2. |
| **Tipp 11** | Berechnen Sie $f(0)$ und $f(2)$. |
| **Tipp 12** | Berechnen Sie $\frac{f(0)-23}{23}$ und $\frac{f(0)-54}{54}$. |
| **Tipp 13** | Beachten Sie F 9, F 10, F 11, F 12, F 13 und bearbeiten Sie aus F 18 das Beispiel b). |
| **Tipp 14** | Die Extremstelle befindet sich bei $t = 10$. Berechnen Sie $f(10)$ und vergleichen Sie diesen Wert mit 76,8 °C. |
| **Tipp 15** | Berechnen Sie $\lim\limits_{t \to \infty} f(t)$. |
| **Tipp 16** | Der GTR liefert: $t_1 \approx 4{,}047$ und $t_2 \approx 20{,}050$. Zeichnen Sie die entsprechenden Punkte in die Abbildung 1 ein und markieren Sie das entsprechende Intervall. |
| **Tipp 17** | Vergleichen Sie die vom GTR gezeichneten Graphen mit denen in Abbildung 1. |
| **Tipp 18** | An den Funktionstermen von $f_k$ ist zu erkennen: $f_k(t) > 23$ für $k > 0$. Entscheiden Sie mithilfe dieser Aussage über die Nicht-Zugehörigkeit von Graph D. |
| **Tipp 19** | Die notwendigen Gleichungen lauten: $c + d \cdot e^{-1{,}3} = 77$ und $0{,}065 \cdot d \cdot e^{-1{,}3} = -3{,}5$. Der GTR liefert die Lösung. |
| **Tipp 20** | Die Differenzfunktion hat den Funktionsterm $23 + 20t \cdot e^{-\frac{1}{10} \cdot t} - (23{,}15 + 197{,}58 \cdot e^{-0{,}065 \cdot t})$. |
| **Tipp 21** | $d(25{,}89) \approx 2{,}0$ und $d(56{,}67) \approx -1{,}2$. Interpretieren Sie die Ergebnisse im Kontext der Aufgabe. |
| **Tipp 22** | Wandeln Sie das als Dezimalzahl erhaltene Ergebnis in Stunden und Minuten um und vergleichen Sie es mit der tatsächlichen Tageslänge. |
| **Tipp 23** | Deuten Sie die berechneten Dezimalzahlen im Sachzusammenhang und arbeiten Sie den Einführungstext aus F 40 durch. |
| **Tipp 24** | Bestimmen Sie zunächst die Nullstellen von f' und dann das Vorzeichen von f' im Intervall [0;5,67].<br>Bearbeiten Sie aus F 21 den Text und das Beispiel 3 sowie die Aufgabe b). |

**Tipp 25** Überlegen Sie, was es für die Geschwindigkeit der Änderung der Tageslängen bedeutet, wenn $f''(t) < 0$ ist.
Bearbeiten Sie unter Beachtung der Tatsache, dass f″ die Ableitungsfunktion zu f′ ist, aus F 21 den Text und das Beispiel 3 sowie die Aufgabe b).

**Tipp 26** Bestimmen Sie mit dem GTR eine Nullstelle der Funktion f. Welches Vorzeichen müssen die Funktionswerte aufweisen, um dem Sachzusammenhang gerecht zu werden?

**Tipp 27** Die vorgegebenen Graphen weisen alle dieselben Schnittpunkte mit der x-Achse auf und haben alle an derselben Stelle einen Extrempunkt.

**Tipp 28** Als notwendiges Kriterium für ein lokales Maximum bzw. lokales Minimum gilt: $h'(t) = 0$. Bearbeiten Sie aus F 18 das Beispiel a) sowie die Aufgabe a).

**Tipp 29** Bestimmen Sie, welches Vorzeichen a haben muss, damit für $5{,}67 < t < 11{,}67$ der Term $g'(t) = a \cdot (t - 5{,}67) \cdot (t - 11{,}67) < 0$ ist.

**Tipp 30** Überlegen Sie, wie man mithilfe von $f(5{,}67)$ und $\int_{5{,}67}^{11{,}67} g'(z)\,dz$ die Tageslänge zu einem Zeitpunkt t für $t > 5{,}67$ berechnen kann.
Bearbeiten Sie aus F 40 den Text und von dem Beispiel die Teilaufgabe d) und von der Aufgabe die Teilaufgaben d) und e).

**Tipp 31** Berechnen Sie das Integral und lösen Sie die erhaltene lineare Gleichung nach dem Parameter a auf.
Bearbeiten Sie aus F 26 das Beispiel 3 c) und die Aufgabe 4 c).

**Tipp 32** Bearbeiten Sie aus F 53 das Beispiel 1 und die Aufgabe 1.

**Tipp 33** Bearbeiten Sie aus F 46 das Beispiel und die Aufgaben 1 und 2.

**Tipp 34** Bearbeiten Sie aus F 55 das Beispiel 1 und die Aufgabe 1.

**Tipp 35** Bearbeiten Sie aus F 54 die Beispiele 1 und 2 sowie die Aufgabe.

**Tipp 36** Bearbeiten Sie aus F 59 das Beispiel und die Aufgabe 1.

**Tipp 37** Bearbeiten Sie aus F 45 das Beispiel und die Aufgabe.

**Tipp 38** Bearbeiten Sie aus F 48 das Beispiel 2 und die Aufgabe.

**Tipp 39** Bearbeiten Sie aus F 45 das Beispiel und die Aufgabe.

**Tipp 40** Nutzen Sie zur Begründung der Volumengleichheit der beiden Teilkörper die Symmetrie des Drachenvierecks aus.

**Tipp 41** Wiederholen Sie die speziellen Eigenschaften besonderer Vierecke (Parallelogramm, Raute, Rechteck, Quadrat). Bearbeiten Sie aus F 49 das Beispiel und die Aufgabe.

**Tipp 42** Bearbeiten Sie aus F 51 das Beispiel und die Aufgabe.

**Tipp 43** Bearbeiten Sie aus F 77b das Beispiel 1 und die Au gabe 1.

**Tipp 44** Bearbeiten Sie aus F 77b das Beispiel 2 und die Aufgabe 2.

**Tipp 45** Das Baumdiagramm hat vier Pfade. Bearbeiten Sie aus F 68 das Beispiel 1 und die Aufgabe 1.

**Tipp 46** Bearbeiten Sie aus F 80 das Beispiel 2 und die Aufgabe 1 und aus F 83 das Beispiel 1.

| | |
|---|---|
| **Tipp 47** | Bearbeiten Sie aus F 80 das Beispiel 2 und die Aufgabe 1. |
| **Tipp 48** | Variieren Sie n so lange, bis die letzte Komponente des Vektors $\vec{v}_n$ erstmalig mindestens 0,99 beträgt. Bearbeiten Sie aus F 80 das Beispiel 2 und die Aufgabe 1. |
| **Tipp 49** | Wenn ein Diagonalelement den Wert 1 besitzt, dann müssen alle anderen Elemente dieser Spalte null sein. Das bedeutet, dass die Wahrscheinlichkeit für einen Übergang in einen anderen Zustand null ist. Somit verbleibt das System sicher in dem erreichten Zustand.<br>Bearbeiten Sie aus F 77a die Aufgabe 2. |
| **Tipp 50** | Lesen Sie aus F 81 insbesondere den Text von Weg 1 und bearbeiten Sie das Beispiel 2 und die Aufgabe 1. |
| **Tipp 51** | Lesen Sie aus F 81 den einleitenden Text. |
| **Tipp 52** | Die zweite Bedingung besagt, dass sich die Trefferwahrscheinlichkeit p nicht verändern darf, damit eine Bernoulli-Kette (hier der Länge 25 000) vorliegt. |
| **Tipp 53** | Bearbeiten Sie aus F 73 das Beispiel 3 und die Aufgaben 1 c), 1 e) und 2 a). |
| **Tipp 54** | Bearbeiten Sie aus F 73 das Beispiel 3 und die Aufgaben 1 c) und 1 e). |
| **Tipp 55** | Ein geeignetes Baumdiagramm hat vier Pfade. Die benötigten Wahrscheinlichkeiten können Sie dem Aufgabentext entnehmen. Sie lauten 0,01 und 0,99 sowie 0,98 und 0,02 sowie 0,04 und 0,96. |
| **Tipp 56** | Bearbeiten Sie aus F 68 das Beispiel 1 und die Aufgabe 1. |
| **Tipp 57** | Bearbeiten Sie aus F 68 das Beispiel 1 und die Aufgabe 1. |
| **Tipp 58** | Für die bedingte Wahrscheinlichkeit gilt allgemein: $P_C(D) = \frac{P(C \cap D)}{P(C)}$.<br>Hier gilt: C = Der Test ist positiv.<br>D = Es liegt eine Glutenunverträglichkeit vor. |
| **Tipp 59** | Bearbeiten Sie aus F 73 das Beispiel 1 und die Aufgabe 1 a). |
| **Tipp 60** | Bearbeiten Sie aus F 73 das Beispiel 2 und die Aufgaben 1 b) und 1 d). |
| **Tipp 61** | Bearbeiten Sie aus F 73 das Beispiel 4 und die Aufgabe 1 f). |
| **Tipp 62** | Berechnen Sie P(X) für $X < 180$ und für $X > 220$. Bearbeiten Sie aus F 74 das Beispiel 3 und die Aufgabe 3. |
| **Tipp 63** | Bearbeiten Sie aus F 73 das Beispiel 3 und die Aufgaben 1 c) und 1 e). |
| **Tipp 64** | Bearbeiten Sie aus F 73 das Beispiel 2 und die Aufgaben 1 b) und 1 d). |
| **Tipp 65** | Die Summe aller Indikatormengen beträgt 1800 mg. Es wurden 100 Teststreifen kontrolliert. |
| **Tipp 66** | Die Summe der Quadrate beträgt 144 $(mg)^2$. Es wurden 100 Teststreifen kontrolliert. |
| **Tipp 67** | Die Standardabweichung ist ein Maß für die Streuung der Messwerte. Hier bedeutet dies, dass die Indikatormenge auf den Teststreifen im Durchschnitt deutlich weniger abweicht als zuvor. |

# Lösungen

## Prüfungsteil A (hilfsmittelfreier Teil)

**a)** (1) $f(x) = 0 \iff x^3 + 2x^2 = 0 \iff x^2(x+2) = 0 \iff x^2 = 0 \vee x + 2 = 0$
$\iff x = 0 \vee x = -2$

(2) $A = \int_{-2}^{0} (x^3 + 2x^2)\,dx = \left[\frac{1}{4}x^4 + \frac{2}{3}x^3\right]_{-2}^{0} = 0 - \left(\frac{1}{4}\cdot(-2)^4 + \frac{2}{3}\cdot(-2)^3\right)$ F 25
$= 0 - \left(-\frac{4}{3}\right) = \frac{4}{3}$ [FE] F 26

**b)** (1)

| | | | | |
|---|---|---|---|---|
| (I) | $3\cdot x_1 - 2\cdot x_2 = 13$ | | (I) | $3\cdot x_1 - 2\cdot x_2 = 13$ |
| (II) | $x_2 + 2\cdot x_3 = 5$ | | (II) | $x_2 + 2\cdot x_3 = 5$ |
| (III) | $x_2 + x_3 = 3$ | | (III a) = (III) − (II) | $-x_3 = -2$ |

Aus (IIIa) folgt $x_3 = 2$. Einsetzen in (II) liefert $x_2 = 1$, Einsetzen in (I) ergibt $x_1 = 5$.

D.h. $L = \{(5;1;2)\}$

Alternative Lösung:

$$\left(\begin{array}{ccc|c} 3 & -2 & 0 & 13 \\ 0 & 1 & 2 & 5 \\ 0 & 1 & 1 & 3 \end{array}\right) \ |\cdot(-1) \ \text{(zur 3. Zeile addieren: +)} \Rightarrow \left(\begin{array}{ccc|c} 3 & -2 & 0 & 13 \\ 0 & 1 & 2 & 5 \\ 0 & 0 & -1 & -2 \end{array}\right) \Rightarrow \left(\begin{array}{ccc|c} 3 & -2 & 0 & 13 \\ 0 & 1 & 2 & 5 \\ 0 & 0 & 1 & 2 \end{array}\right)$$

Aus der unteren Zeile liest man $x_3 = 2$ ab. Durch Einsetzen in die 2. Zeile erhält man $x_2 = 1$ und mithilfe der 1. Zeile ergibt sich $x_1 = 5$, also $L = \{(5;1;2)\}$

(2) Für $p = 1$ sind die Gleichungen (I) und (III) übereinstimmend. Das verbleibende LGS hat Dreiecksform und ist unterbestimmt. F 7

Damit existieren für $p = 1$ unendlich viele Lösungen.

Für $p = 0$ widersprechen sich die Gleichungen (II) und (III). F 7

Das LGS besitzt daher für $p = 0$ keine Lösung.

**c)** (1) Berechnung der Vektoren $\overrightarrow{AB}$ und $\overrightarrow{AC}$: F 44

$\overrightarrow{AB} = \begin{pmatrix} 3 \\ 1 \\ 1 \end{pmatrix}$ und $\overrightarrow{AC} = \begin{pmatrix} 3 \\ 0 \\ 6 \end{pmatrix}$

Da die Vektoren $\overrightarrow{AB}$ und $\overrightarrow{AC}$ keine Vielfachen sind, liegen A, B und C nicht auf einer Geraden.

Eine Gleichung der Ebene, in der das Dreieck ABC liegt, lautet: F 55

$E\colon \vec{x} = \overrightarrow{OA} + r\cdot\overrightarrow{AB} + s\cdot\overrightarrow{AC} = \begin{pmatrix} -2 \\ 1 \\ -2 \end{pmatrix} + r\cdot\begin{pmatrix} 3 \\ 1 \\ 1 \end{pmatrix} + s\cdot\begin{pmatrix} 3 \\ 0 \\ 6 \end{pmatrix}$ mit $r, s \in \mathbb{R}$.

(2) Das Dreieck ABD ist im Punkt B rechtwinklig, wenn gilt: $\overrightarrow{BA} \cdot \overrightarrow{BD} = 0$.
Daraus ergibt sich der gesuchte Wert für d:

F 51

$$\overrightarrow{BA} \cdot \overrightarrow{BD} = \begin{pmatrix} -3 \\ -1 \\ -1 \end{pmatrix} \cdot \begin{pmatrix} d-1 \\ -1 \\ 5 \end{pmatrix} = 0 \quad \Leftrightarrow \quad -3 \cdot (d-1) + 1 - 5 = 0$$
$$\Leftrightarrow \quad -3d - 1 = 0$$
$$\Leftrightarrow \quad d = -\tfrac{1}{3}.$$

Für $d = -\frac{1}{3}$ ist das Dreieck ABD im Punkt B rechtwinklig.

**d)** (1) Die Zufallsgröße X beschreibt die Anzahl der Überraschungseier mit einer Figur.
X ist binomialverteilt mit $n = 10$ und $p = 0{,}25$.
Die Wahrscheinlichkeit, dass das Ei keine Figur enthält, beträgt also $1 - p = 0{,}75$.
Berechnet werden soll die Wahrscheinlichkeit $P(X = 2)$.

Ein Term zur Berechnung der gesuchten Wahrscheinlichkeit lautet:
$\binom{10}{2} \cdot 0{,}25^2 \cdot 0{,}75^8$

F 73

(2) Die Zufallsvariable X ist binomialverteilt mit $n = 6$ und $p = 0{,}25$.
Für den Erwartungswert von X gilt: $\mu = n \cdot p = 6 \cdot 0{,}25 = 1{,}5$
Wenn der Erwartungswert 1,5 ist, dann muss im Säulendiagramm von X entweder die Säule für $X = 1$ oder $X = 2$ am größten sein.

F 75

Das Diagramm I ist die gesuchte Abbildung.
Das Diagramm II zeigt eine Gleichverteilung und kann daher nicht das gesuchte Diagramm sein.
Das Diagramm III hat für $X = 5$ die größte Säule. Daher muss für den Erwartungswert $4 < \mu < 6$ gelten. Also ist auch das Diagramm III nicht geeignet.

Alternativer Lösungsweg:
Eine Binomialverteilung hat nur für $p = 0{,}5$ ein symmetrisches Säulendiagramm. Wenn $p < 0{,}5$ ist, dann sind die Säulen auf der linken Seite des Diagramms höher als die auf der rechten Seite.
Für $p > 0{,}5$ ist dies genau umgekehrt.
Somit kommt nur Diagramm I infrage.

F 75

# Prüfungsteil B (mit Hilfsmittel)

## Aufgabe B1

**a)** (1) $f(0) = 23$

Es liegt keine Abweichung von der Messung vor.

$f(2) \approx 55{,}7$

Abweichung: $\frac{55{,}7 - 54}{54} \approx 0{,}031$

Der Funktionswert für $t = 2$ weicht vom gemessenen Wert 3,1 % ab.

(2) $f'(t) = 20 \cdot e^{-\frac{1}{10} \cdot t} + 20t \cdot \left(-\frac{1}{10}\right) \cdot e^{-\frac{1}{10} \cdot x} = (20 - 2t) \cdot e^{-\frac{1}{10} \cdot t}$

$f''(t) = -2 \cdot e^{-\frac{1}{10} \cdot t} + (20 - 2t) \cdot \left(-\frac{1}{10}\right) \cdot e^{-\frac{1}{10} \cdot x} = (-4 + 0{,}2t) \cdot e^{-\frac{1}{10} \cdot t}$

F 9
F 10
F 11
F 12
F 13

Notwendige Bedingung für eine Extremstelle: $f'(t) = 0$.

$(20 - 2t) \cdot e^{-\frac{1}{10} \cdot t} = 0$

$\Leftrightarrow \quad 20 - 2t = 0, \quad$ da $e^{-\frac{1}{10} \cdot t} > 0$ für alle $t \in \mathbb{R}$

$\Leftrightarrow \quad t = 10$

F 18

Hinreichende Bedingung für eine Extremstelle: $f'(t) = 0 \wedge f''(t) \neq 0$.

$f'(10) = 0 \wedge f''(10) = -2e^{-1} < 0$

An der Stelle $t = 10$ befindet sich ein Maximum; $f(10) \approx 96{,}6$.
Die Temperatur beträgt 96,6 °C. Der Wert ist deutlich höher als der Messwert.

(3) $\lim\limits_{t \to \infty} \left(23 + 20t \cdot e^{-\frac{1}{10} \cdot t}\right) = 23,$ da $\lim\limits_{t \to \infty} \left(20t \cdot e^{-\frac{1}{10} \cdot t}\right) = 0.$

Die Temperatur nähert sich mit der Zeit 23 °C an.

(4) Zu lösen ist die Gleichung $f(t) = 77$. Der GTR liefert:
$t_1 \approx 4{,}047$;
$t_2 \approx 20{,}050$

Ab 4,047 min bis 20,050 min beträgt die Temperatur mindestens 77 °C.

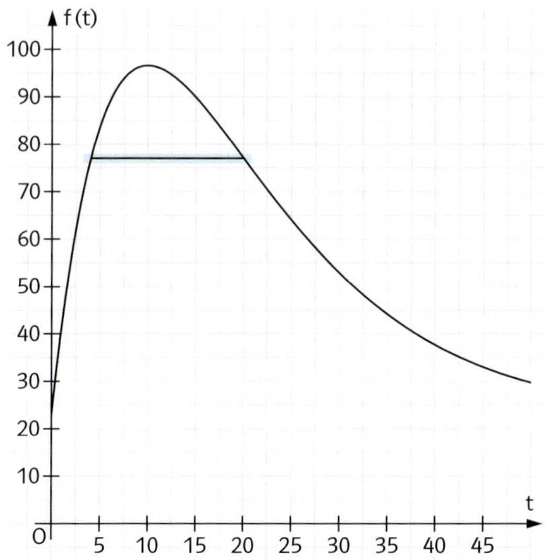


Abbildung 1

(5) $k = 0{,}5 \rightarrow C$; $k = 2 \rightarrow B$; $k = 5 \rightarrow A$

(6) Es gilt $f_k(t) \geqq 23$ für alle $t \geqq 0$ und alle k.

Der Graph von D nimmt für größere Werte von t ($t \approx 52$) auch Funktionswerte kleiner als 23 an und damit kann D nicht dazugehören.

**b)** (1) $h(t) = c + d \cdot e^{-0{,}065 \cdot t}$; $t \geqq 20$ F 7

Es gilt: $h'(t) = -0{,}065\,d \cdot e^{-0{,}065 \cdot t}$

Weiter gilt:

$h(20) = 77$, also $c + d \cdot e^{-1{,}3} = 77$

$h'(20) = -3{,}5$, also $-0{,}0065 \cdot d \cdot e^{-1{,}3} = -3{,}5$

Mithilfe dieser Gleichungen lässt sich das folgende lineare Gleichungssystem aufstellen:

(I) $c + d \cdot e^{-1{,}3} = 77$

(II) $-0{,}0065 \cdot d \cdot e^{-1{,}3} = -3{,}5$

Der GTR liefert als Lösung: $c \approx 23{,}15$; $d \approx 197{,}58$

(2) $d(t) = f(t) - h(t) = 23 + 20t \cdot e^{-\frac{1}{10} \cdot t} - (23{,}15 + 197{,}58 \cdot e^{-0{,}065t})$

Die Extremstellen von d und die Randstellen sind Kandidaten für die stärkste Abweichung.

Der GTR liefert: $t_1 \approx 25{,}89$; $t_2 \approx 56{,}67$ und $d(t_1) \approx 2{,}0$; $d(t_2) \approx -1{,}2$.

Eine gesonderte Betrachtung von Randextrema ist nicht notwendig, da der Rand bei der Analyse des Graphen im Intervall [20;80] betrachtet wurde.

Also erhält man die größte Abweichung nach ungefähr 26 Minuten.
Die Abweichung beträgt etwa 2 °C.

## Aufgabe B2

**a)** (1) $f(4{,}07) \approx 15{,}30$

15,30 entspricht einer Tageslänge von 15 Stunden und $0{,}3 \cdot 60$ Minuten = 18 Minuten.

Die mit der Funktion g berechnete Tageslänge beträgt ungefähr 15 Stunden und 18 Minuten. Somit unterscheidet sie sich um etwa 8 Minuten von der tatsächlichen Tageslänge in Rahden am 3. Mai 2017 von 15 Stunden und 10 Minuten.

(2) Mit dem GTR erhält man: $\frac{f(2) - f(0)}{2 - 0} \approx 1{,}49 < 2{,}10 \approx \frac{f(4) - f(2)}{4 - 2}$. F 40

Die Tageslänge in Rahden nimmt – bei Modellierung mit der Funktion f – in den ersten beiden Monaten des Jahres 2017 mit 1 Stunde und 29 Minuten pro Monat (Berechnung siehe **a)** (1)) durchschnittlich langsamer zu als in den nächsten beiden Monaten dieses Jahres mit 2 Stunden und 6 Minuten pro Monat (Berechnung siehe **a)** (1)).

(3) $f'(t) = -0{,}24t^2 + 1{,}2648t + 0{,}54432$ F 10

Es gilt: $f'(t) = 0 \Leftrightarrow -0{,}24t^2 + 1{,}2648t + 0{,}54432 = 0$ F 2

$\Leftrightarrow t = -0{,}4$ oder $t = 5{,}67$

Da $f'(t) < 0$ ist für $t < -0{,}4$ und für $t > 5{,}67$
und $f'(t) > 0$ ist für $-0{,}4 < t < 5{,}67$ (z.B. $f'(0) = 0{,}54432$),
gilt insbesondere $f'(t) > 0$ für $0 \leqq t < 5{,}67$.
Die Funktion f ist somit im Intervall $[0; 5{,}67)$ streng monoton steigend.

F 21

Da die Änderungsrate von f für alle $t \in \mathbb{R}$ mit $0 \leqq t < 5{,}67$ positiv ist, wird die Tatsache, dass die Tage vom 1. Januar 2017 bis zum 21. Juni 2017 immer länger werden, durch die Funktion f zutreffend modelliert.

(4) Im Intervall $(2{,}635; 5{,}67)$ ist $f''(t) < 0$, d.h., die Funktion f′ fällt in diesem Bereich streng monoton, d.h., die Zunahme der Tageslängen wird in diesem Intervall immer geringer.

F 21

Für $2{,}635 < t < 5{,}67$ (d.h. ungefähr vom 20. März 2017 bis zum 21. Juni 2017) nehmen die Tageslängen immer langsamer zu.

(5) Als reelle Nullstelle von f erhält man mit dem GTR $t = 9{,}676$. Man berechnet z.B. $f(9{,}7) \approx -0{,}23 < 0$.
Der Graph von f hat folgendes Aussehen:

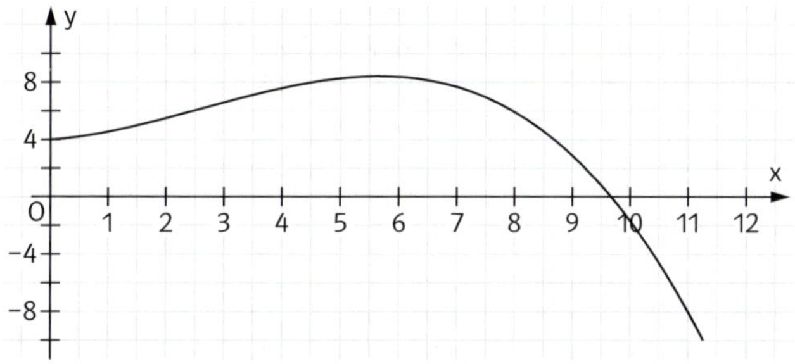


Ab ungefähr $t = 9{,}7$ werden die Funktionswerte von f negativ. Da negative Werte im Sachzusammenhang keinen Sinn haben, ist die Funktion nicht zur Modellierung der Tageslängen für das gesamte Jahr 2017 geeignet.

**b)** (1)

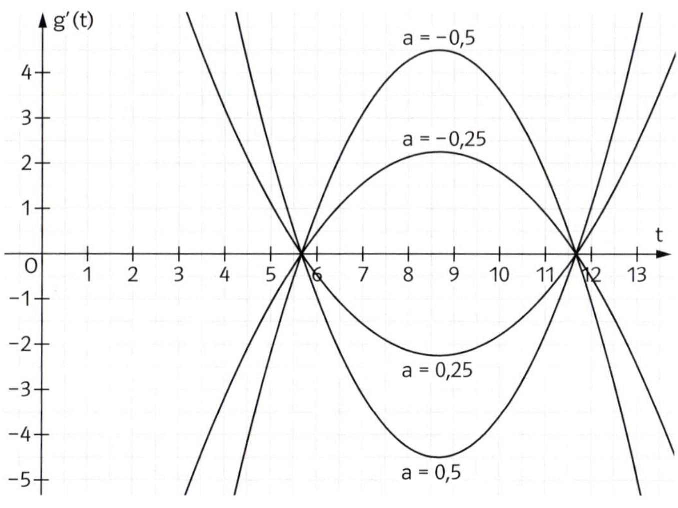

(2) Der 21. Juni 2017 ist der längste und der 21. Dezember 2017 der kürzeste Tag des Jahres 2017. Daher ist es sinnvoll, zur Modellierung der Tageslängen ab dem 21. Juni 2017 eine Funktion g zu verwenden, deren Graph an den Stellen $t = 5{,}67$ und $t = 11{,}67$ einen relativen Hochpunkt bzw. einen relativen Tiefpunkt besitzt. **F 18**

Die zugehörige Ableitungsfunktion muss dann bei $t = 5{,}67$ und $t = 11{,}67$ Nullstellen besitzen, was für alle $a \in \mathbb{R}$ für alle Funktionen g' mit

$$g'(t) = a \cdot (t - 5{,}67) \cdot (t - 11{,}67)$$

der Fall ist.

Da die Tage vom 21. Juni 2017 bis zum 21. Dezember 2017 kürzer werden, müssen die Werte der Funktion g', die die Änderungsrate der Tageslängen für $5{,}67 < t < 11{,}67$ beschreibt, negativ sein. Da das Produkt der Klammerterme wegen $t > 5{,}67$ und $t < 11{,}67$ negativ ist, muss a positiv sein. **F 40**

Die Funktionen g mit $g'(t) = a \cdot (t - 5{,}67) \cdot (t - 11{,}67)$ haben an den Stellen $t = 5{,}67$ und $t = 11{,}67$ ein lokales Maximum bzw. Minimum und entsprechen somit der Bedingung, dass der 21. Juni der längste und der 21. Dezember der kürzeste Tag des Jahres sind. Damit die Änderungsrate im Bereich $5{,}67 < t < 11{,}67$ negativ ist (die Tage werden vom 21. Juni bis 21. Dezember kürzer), muss a positiv sein.

(3) Durch das Integral $\int_{5{,}67}^{11{,}67} g'(t)\,dt$ über die Änderungsrate g' ergibt sich die Gesamtänderung der Tageslängen im Zeitraum vom 21. Juni 2017 bis zum 21. Dezember 2017. **F 40**

Wird diese Änderung zur Tageslänge am 21. Juni 2017 addiert, so ergibt sich die Tageslänge am 21. Dezember 2017. Somit muss gelten:

$$f(5{,}67) + a \cdot \int_{5{,}67}^{11{,}67} (t - 5{,}67) \cdot (t - 11{,}67)\,dt = 7{,}73$$ **F 42**

$$\Leftrightarrow \quad f(5{,}67) + a \cdot \int_{5{,}67}^{11{,}67} (t^2 - 17{,}34t + 66{,}1689)\,dt = 7{,}73$$

$$\Leftrightarrow \quad f(5{,}67) + a \cdot \left[\tfrac{1}{3}t^3 - 8{,}67t^2 + 66{,}1689t\right]_{5{,}67}^{11{,}67} = 7{,}73$$ **F 23**

$$\Leftrightarrow \quad f(5{,}67) + a \cdot (-36) = 7{,}73$$ **F 25**

$$\Leftrightarrow \quad a \cdot (-36) = 7{,}73 - f(5{,}67)$$

$$\Leftrightarrow \quad a = \frac{7{,}73 - f(5{,}67)}{-36}$$

$$\Leftrightarrow \quad a = \frac{7{,}73 - 16{,}835}{-36}$$

$$\Leftrightarrow \quad a = 0{,}2529$$

## Aufgabe B3

**a)** (1) Bestimmung einer Parametergleichung der Geraden g, die die Punkte O und D enthält: F 53

$g: \vec{x} = \begin{pmatrix} 0 \\ 0 \\ 0 \end{pmatrix} + t \cdot \begin{pmatrix} 0 \\ 8 \\ 11 \end{pmatrix}$ oder einfach $g: \vec{x} = t \cdot \begin{pmatrix} 0 \\ 8 \\ 11 \end{pmatrix}$ mit $t \in \mathbb{R}$.

Eine Parametergleichung von g lautet: $g: \vec{x} = t \cdot \begin{pmatrix} 0 \\ 8 \\ 11 \end{pmatrix}$ mit $t \in \mathbb{R}$.

(2) Die gesuchten Punkte F und G lassen sich z.B. wie folgt ermitteln: F 46

$\overrightarrow{OF} = \overrightarrow{OB} + \overrightarrow{BF} = \overrightarrow{OB} + \overrightarrow{OD} = \begin{pmatrix} 0 \\ 16 \\ -8 \end{pmatrix} + \begin{pmatrix} 0 \\ 8 \\ 11 \end{pmatrix} = \begin{pmatrix} 0 \\ 24 \\ 3 \end{pmatrix}$ und

$\overrightarrow{OG} = \overrightarrow{OD} + \overrightarrow{DG} = \overrightarrow{OD} + \overrightarrow{OC} = \begin{pmatrix} 0 \\ 8 \\ 11 \end{pmatrix} + \begin{pmatrix} -6 \\ 4 \\ -2 \end{pmatrix} = \begin{pmatrix} -6 \\ 12 \\ 9 \end{pmatrix}$

Die Koordinaten der Punkte lauten: F(0 | 24 | 3) und G(−6 | 12 | 9).

**b)** (1) Eine Parametergleichung der Ebene H, die die Punkte O, A und B enthält, lautet: F 55

$H: \vec{x} = r \cdot \overrightarrow{OA} + s \cdot \overrightarrow{OB} = r \cdot \begin{pmatrix} 6 \\ 4 \\ -2 \end{pmatrix} + s \cdot \begin{pmatrix} 0 \\ 16 \\ -8 \end{pmatrix}$ mit $r, s \in \mathbb{R}$.

(2) Punktprobe für D(0 | 8 | 11). Einsetzen von $\vec{d}$ in h liefert: F 54

$\begin{pmatrix} 0 \\ 8 \\ 11 \end{pmatrix} = \begin{pmatrix} 0 \\ 6 \\ 7 \end{pmatrix} + t \cdot \begin{pmatrix} 0 \\ -1 \\ -2 \end{pmatrix}$ LGS: $\begin{array}{ll} \text{(I)} & 0 = 0 \\ \text{(II)} & 8 = 6 - t \\ \text{(III)} & 11 = 7 - 2t \end{array} \Leftrightarrow \left\{ \begin{array}{l} 0 = 0 \\ t = -2 \\ t = -2 \end{array} \right.$

Somit folgt, dass der Punkt D auf der Geraden h liegt.

(3) Bestimmung des Schnittpunktes S der Geraden h und der Ebene H:

Gleichsetzen: F 59

$\begin{pmatrix} 0 \\ 6 \\ 7 \end{pmatrix} + t \cdot \begin{pmatrix} 0 \\ -1 \\ -2 \end{pmatrix} = r \cdot \begin{pmatrix} 6 \\ 4 \\ -2 \end{pmatrix} + s \cdot \begin{pmatrix} 0 \\ 16 \\ -8 \end{pmatrix}$ LGS: $\begin{array}{ll} \text{(I)} & 6r = 0 \\ \text{(II)} & t + 4r + 16s = 6 \\ \text{(III)} & 2t - 2r - 8s = 7 \end{array}$ F 7

Das LGS liefert: $t = 4$, $r = 0$, $s = \frac{1}{8}$.

Durch Einsetzen von $t = 4$ in die Geradengleichung erhält man den Schnittpunkt S(0 | 2 | −1).

Bestimmung der Länge der Strecke $\overline{DS}$:

$\overrightarrow{DS} = \begin{pmatrix} 0 \\ -6 \\ -12 \end{pmatrix}$, $|\overrightarrow{DS}| = \sqrt{180} = 6\sqrt{5} \approx 13{,}42$ [LE]. F 45

Die Länge der Strecke beträgt $|\overrightarrow{DS}| = \sqrt{180} \approx 13{,}42$ [LE].

**c)** (1) Ist das Skalarprodukt zweier Vektoren gleich null, so stehen die Vektoren senkrecht aufeinander. F 51

Es ist $\overrightarrow{AC} = \begin{pmatrix} -12 \\ 0 \\ 0 \end{pmatrix}$ und $\overrightarrow{OB} = \begin{pmatrix} 0 \\ 16 \\ -8 \end{pmatrix}$.

Damit gilt: $\overrightarrow{AC} \cdot \overrightarrow{OB} = -12 \cdot 0 + 0 \cdot 16 + 0 \cdot (-8) = 0$.

Also sind die Diagonalen $\overline{AC}$ und $\overline{OB}$ des Vierecks OABC senkrecht zueinander.

Für den Mittelpunkt T der Strecke $\overline{AC}$ gilt: F 48

$T = M_{AC}\left(\frac{6+(-6)}{2} \middle| \frac{4+4}{2} \middle| \frac{(-2)+(-2)}{2}\right) = M_{AC}(0\,|\,4\,|\,-2)$.

Alternativ erhält man durch Vektoraddition:

$$\overrightarrow{OM}_{AC} = \overrightarrow{OA} + \tfrac{1}{2}\overrightarrow{AC} = \begin{pmatrix} 6 \\ 4 \\ -2 \end{pmatrix} + \tfrac{1}{2}\begin{pmatrix} -12 \\ 0 \\ 0 \end{pmatrix} = \begin{pmatrix} 0 \\ 4 \\ -2 \end{pmatrix}$$

Nun ist zu zeigen, dass der Punkt $T(0\,|\,4\,|\,-2)$ auch auf der Strecke $\overline{OB}$ liegt.

Bestimmung einer Gleichung der Gerade OB:

$$g_{OB}: \vec{x} = t \cdot \overrightarrow{OB} = t \cdot \begin{pmatrix} 0 \\ 16 \\ -8 \end{pmatrix} \text{ mit } t \in \mathbb{R}.$$

Punktprobe für $T(0\,|\,4\,|\,-2)$: F 54

Einsetzen der Koordinaten von $\vec{t}$ in die Gleichung von $g_{OB}$ liefert:

$$\begin{pmatrix} 0 \\ 4 \\ -2 \end{pmatrix} = t \cdot \begin{pmatrix} 0 \\ 16 \\ -8 \end{pmatrix} \qquad \text{LGS: } \begin{array}{ll} \text{(I)} & 0 = 0 \\ \text{(II)} & 4 = 16t \\ \text{(III)} & -2 = -8t \end{array} \iff \left\{ \begin{array}{l} 0 = 0 \\ t = 0{,}25 \\ t = 0{,}25 \end{array} \right.$$

Also liegt der Punkt T auf der Gerade $g_{OB}$.

Da zusätzlich die Bedingung $0 \leq t \leq 1$ erfüllt ist, liegt T auf der Strecke $\overline{OB}$.

Damit schneiden sich die Diagonalen $\overline{AC}$ und $\overline{OB}$ des Vierecks OABC im Mittelpunkt T von $\overline{AC}$.

(2) Das Volumen des Prismas lässt sich mit folgender Formel berechnen:

$V_{Prisma} = G_{Prisma} \cdot h_{Prisma}$. Dabei ist $G_{Prisma}$ die Grundfläche des Prismas und $h_{Prisma}$ die Höhe des Prismas.

Hier ist das Viereck OABC ein Drachenviereck. Daher gilt für den Inhalt der Grundfläche:

$$G_{Prisma} = \tfrac{1}{2} \cdot |\overrightarrow{OB}| \cdot |\overrightarrow{AC}| = \tfrac{1}{2} \cdot \left|\begin{pmatrix} 0 \\ 16 \\ -8 \end{pmatrix}\right| \cdot \left|\begin{pmatrix} -12 \\ 0 \\ 0 \end{pmatrix}\right| = \tfrac{1}{2} \cdot \sqrt{320} \cdot 12 = 48\sqrt{5}$$

$[\approx 107{,}33\ [FE]]$ F 45

Da der Punkt D auf der Gerade h liegt, die die Ebene des Vierecks OABC senkrecht in $S(0\,|\,2\,|\,-1)$ schneidet (vgl. b) (1) – (3)), gilt für die Höhe des Prismas:

$$h_{Prisma} = |\overrightarrow{DS}| = \left|\begin{pmatrix} 0 \\ -6 \\ -12 \end{pmatrix}\right| = \sqrt{180} = 6\sqrt{5} \approx 13{,}42\ [LE]$$

Für das Volumen des Prismas ergibt sich damit:

$V_{Prisma} = 48\sqrt{5} \cdot 6\sqrt{5} = 1440\ [VE]$

Das Volumen des Prismas OABCDEFG beträgt 1440 [VE].

F 45

**d)** Das Prisma OABCDEFG wird durch die Ebene K in die beiden Teilprismen OABDEF bzw. OBCDFG mit jeweils dreieckiger Grundfläche OAB bzw. OBC zerlegt (vgl. Abbildung).

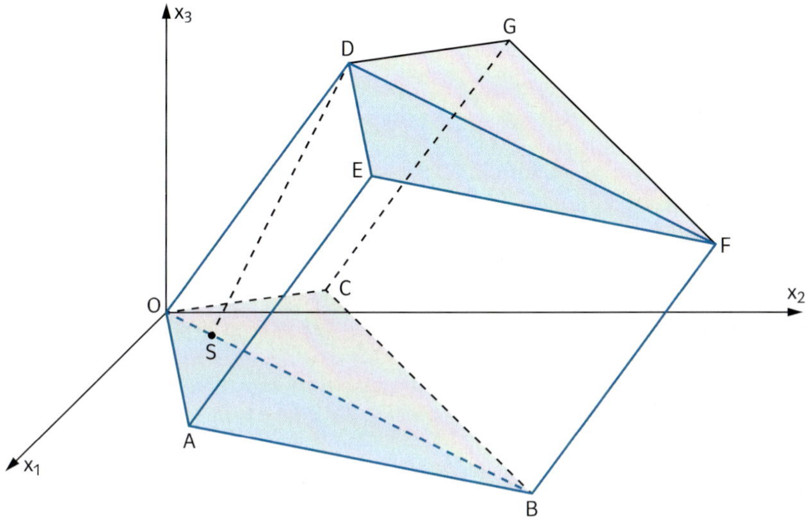


Da die Diagonale $\overline{OB}$ die Fläche des Drachenvierecks OABC halbiert, sind die Dreiecke OAB bzw. OBC flächengleich. Ebenso sind auch die Dreiecke DEF und DFG flächengleich. Zudem ist die Länge der Strecke $\overline{DS}$ nach **b)** (2), (3) die gemeinsame Höhe beider Teilprismen.

Wegen $V_{Prisma} = G_{Prisma} \cdot h_{Prisma}$ haben die beiden Teilprismen daher das gleiche Volumen.

F 48

**e)** (1) Das Viereck OABC ist ein Drachenviereck. Der Punkt B wird auf der Strecke $\overline{BO}$ zum Punkt $B' \neq O$ so verschoben, dass das Viereck OAB'C eine Raute ist (vgl. Abbildung). In der Raute OAB'C halbieren sich die Diagonalen. Sie schneiden sich im Mittelpunkt T(0 | 4 | −2) der Strecke $\overline{AC}$.

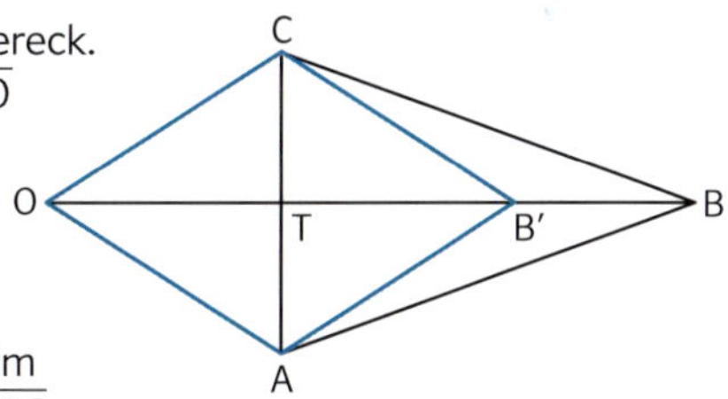


Damit erhält man den Punkt B′ aus $\overrightarrow{OB'} = 2 \cdot \overrightarrow{OT} = 2 \cdot \begin{pmatrix} 0 \\ 4 \\ -2 \end{pmatrix} = \begin{pmatrix} 0 \\ 8 \\ -4 \end{pmatrix}$.

Der Punkt lautet B′(0 | 8 | −4).

F 51

(2) Das Skalarprodukt zweier Vektoren ist genau dann gleich null, wenn die Vektoren senkrecht aufeinander stehen.

Man zeigt, dass das Viereck OAB′C z. B. im Eckpunkt O keinen rechten Winkel hat.

Es gilt: $\overrightarrow{OA} \cdot \overrightarrow{OC} = \begin{pmatrix} 6 \\ 4 \\ -2 \end{pmatrix} \cdot \begin{pmatrix} -6 \\ 4 \\ -2 \end{pmatrix} = -36 + 16 + 4 = -16 \neq 0.$

Das Viereck OAB′C ist also kein Quadrat.

## Aufgabe B4

**a)** (1) Ein mögliches Übergangsdiagramm wäre: F 77c

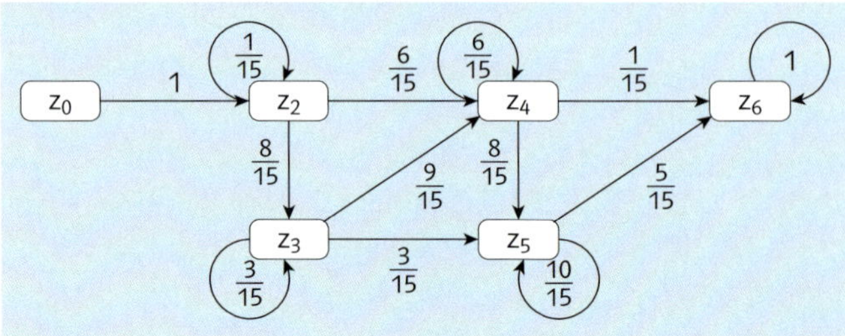


(2) Die Einträge in der zweiten Spalte sind die Übergangswahrscheinlichkeiten vom Zustand 2 (Anna kennt zwei Ziffern) in den Zustand i (Anna kennt i Ziffern). F 77b
Da Anna beim nächsten Anmelden von Ben keine, eine oder zwei neue Ziffern erfährt, sind nur die Übergänge zu Zustand 2, Zustand 3 und Zustand 4 möglich.
Da alle anderen Übergänge nicht möglich sind, sind deren Übergangswahrscheinlichkeiten null.

Herleitung der von null verschiedenen Übergangswahrscheinlichkeiten:
Man kann die drei gesuchten Wahrscheinlichkeiten mithilfe eines Baumdiagramms bestimmen.
Dabei bedeutet: „Neu": eine neue, noch nicht bekannte Ziffer des Codes erscheint
„Alt": eine alte, schon bekannte Ziffer des Codes erscheint

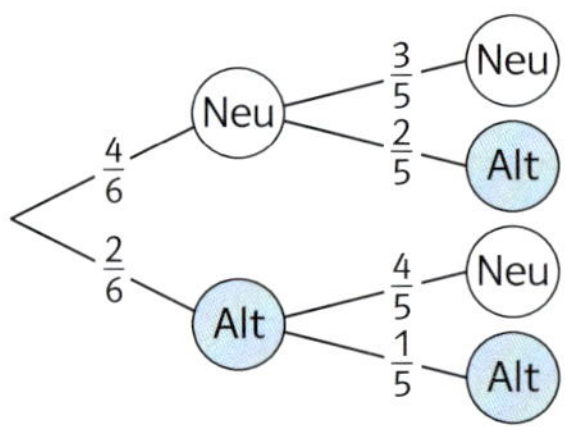


Somit ergeben sich mit der Pfadregel folgende Übergangswahrscheinlichkeiten:

$P(z_2 \rightarrow z_2) = P(\text{Alt};\text{Alt}) = \frac{2}{6} \cdot \frac{1}{5} = \frac{2}{30} = \frac{1}{15}$ F 68

$P(z_2 \rightarrow z_3) = P(\text{Alt};\text{Neu}) + P(\text{Neu};\text{Alt}) = \frac{2}{6} \cdot \frac{4}{5} + \frac{4}{6} \cdot \frac{2}{5} = \frac{8}{30} + \frac{8}{30} = \frac{16}{30} = \frac{8}{15}$ F 68

$P(z_2 \rightarrow z_4) = P(\text{Neu};\text{Neu}) = \frac{4}{6} \cdot \frac{3}{5} = \frac{12}{30} = \frac{6}{15}$ F 68

Hinweis:
Beachten Sie dabei, dass bei jedem Einloggen immer zwei verschiedene Stellen des Codes abgefragt werden, das heißt, im Urnenmodell liegt ein Ziehen ohne Zurücklegen vor.

**b)** (1) $U^2 \cdot \vec{s} = \begin{pmatrix} 0 \\ \frac{1}{15} \\ \frac{8}{15} \\ \frac{6}{15} \\ 0 \\ 0 \end{pmatrix}$ (GTR)

F 80

Der Anfangszustand wird durch den Zustandsvektor $\vec{s}$ beschrieben. Da die erste Komponente 1 lautet, erkennt man, dass Anna zu Beginn keine Ziffer des Codes kennt.
Nach zweimaligem Zuschauen kennt Anna zwei, drei oder maximal vier Ziffern des Codes.
Den Komponenten des Vektors $U^2 \cdot \vec{s}$ kann man entnehmen, dass Anna mit einer Wahrscheinlichkeit von $\frac{1}{15}$ genau zwei Ziffern, mit einer Wahrscheinlichkeit von $\frac{8}{15}$ genau drei Ziffern und mit einer Wahrscheinlichkeit von $\frac{6}{15}$ genau vier Ziffern des Codes kennt.

F 83

(2) Wenn Anna zu Beginn noch keine Ziffer des Codes kennt, bedeutet dies,

dass zu Beginn der Verteilungsvektor $\vec{v_0} = \begin{pmatrix} 1 \\ 0 \\ 0 \\ 0 \\ 0 \\ 0 \end{pmatrix}$ vorliegt.

Nach fünfmaligem Anmelden lautet der Verteilungsvektor:

$\vec{v_5} = U^5 \cdot \vec{v_0} \approx \begin{pmatrix} 0 \\ 0{,}0000 \\ 0{,}0063 \\ 0{,}1345 \\ 0{,}5020 \\ 0{,}3571 \end{pmatrix}$ (GTR)

F 80

Die letzte Komponente dieses Vektors gibt die gesuchte Wahrscheinlichkeit an.

Die Wahrscheinlichkeit, dass Anna nach fünfmaligem Anmelden alle sechs Ziffern des Codes kennt, beträgt ca. 0,357 (35,7 %).

(3) Man muss in der Gleichung $\vec{v_n} = U^n \cdot \vec{v_0}$ mithilfe des GTR den Parameter n so lange variieren, bis die letzte Komponente des Verteilungsvektors $\vec{v_n}$ mindestens 0,99 beträgt.

Für $n = 15$ gilt $\vec{v_{15}} \approx \begin{pmatrix} 0 \\ 0{,}0000 \\ 0{,}0000 \\ 0{,}0000 \\ 0{,}0137 \\ 0{,}9863 \end{pmatrix}$ und für $n = 16$ gilt $\vec{v_{16}} \approx \begin{pmatrix} 0 \\ 0{,}0000 \\ 0{,}0000 \\ 0{,}0000 \\ 0{,}1090 \\ 0{,}9909 \end{pmatrix}$.

F 80

Anna muss mindestens 16 Anmeldevorgänge beobachten, damit sie mit einer Wahrscheinlichkeit von mindestens 99 % alle Ziffern des Codes kennt.

**c)** (1) Das Matrixelement $a_{kk}$ gibt an, wie groß die Wahrscheinlichkeit ist, dass das System im Zustand $z_k$ verbleibt. Ist diese Wahrscheinlichkeit 1, dann bleibt der Prozess mit Sicherheit in diesem Zustand, wenn er einmal erreicht ist.

F 77a

(2) Wenn man mit dem GTR für große n die Matrix $A^n$ berechnet, erhält man eine Grenzmatrix G.

So gilt zum Beispiel: $A^{100} = A^{101} \approx G$

Der GTR liefert: $G \approx \begin{pmatrix} 1 & \frac{2}{7} & 0 \\ 0 & 0 & 0 \\ 0 & \frac{5}{7} & 1 \end{pmatrix}$

F 81

Somit ergeben sich auf lange Sicht die Verteilungsvektoren

F 80

$\vec{v}_{1;\infty} = G \cdot \vec{v}_1 \approx \begin{pmatrix} \frac{13}{70} \\ 0 \\ \frac{57}{70} \end{pmatrix}$ und $\vec{v}_{2;\infty} = G \cdot \vec{v}_2 \approx \begin{pmatrix} \frac{19}{35} \\ 0 \\ \frac{16}{35} \end{pmatrix}$.

(3) Die Aussage ist falsch. Die Ergebnisse in (2) zeigen, dass die Wahrscheinlichkeitsverteilung auf lange Sicht bei dem durch die Matrix A beschriebenen stochastischen Prozess abhängig von der Startverteilung ist. Somit gibt es nicht für jeden stochastischen Prozess eine sich stabilisierende Wahrscheinlichkeitsverteilung, die unabhängig von der Startverteilung ist.

**d)** (1) Da ein Konto bei der Anmeldung entweder angegriffen wird oder nicht, liegt hier ein Bernoulli-Experiment vor. Wenn man davon ausgeht, dass die Angriffe jeweils unabhängig voneinander und mit der gleichen Wahrscheinlichkeit von 0,001 stattfinden, dann handelt es sich um eine Bernoulli-Kette der Länge 25 000. Somit kann man eine Modellierung mithilfe einer Binomialverteilung durchführen.

(2) X sei die Anzahl der Angriffe.
Es liegt eine Binomialverteilung mit $n = 25\,000$ und $p = 0{,}001$ vor.
$P(X > 25) = 1 - P(X \leqq 25) = 0{,}4471$ (GTR)

F 73

Hinweis:
Bei manchen GTR-Modellen kann man die Wahrscheinlichkeit $P(X > 25) = P(X \geqq 26)$ direkt berechnen.

Die Wahrscheinlichkeit für mehr als 25 Angriffe beträgt ca. 0,447 (44,7 %).

(3) Die Zufallsgröße X beschreibt die Anzahl der registrierten Angriffe.
X ist binomialverteilt mit $n = 25\,000$ und $p = 0{,}00095$.

$P(X \geqq 35) = 1 - P(X \leqq 34) \approx 0{,}0180$

F 81

Mit einer Wahrscheinlichkeit von ca. 1,8 % geht man von einem Anwachsen des Risikos für einen Angriff aus.

Hinweis:
Bei manchen GTR-Modellen kann man die Wahrscheinlichkeit $P(X \geqq 35)$ direkt berechnen.

## Aufgabe B5

**a)** (1) Baumdiagramm:

Dabei bedeutet: G: Die Person hat eine Glutenunverträglichkeit
$\overline{G}$: Die Person hat keine Glutenunverträglichkeit
$T^+$: Das Testergebnis ist positiv
$T^-$: Das Testergebnis ist negativ

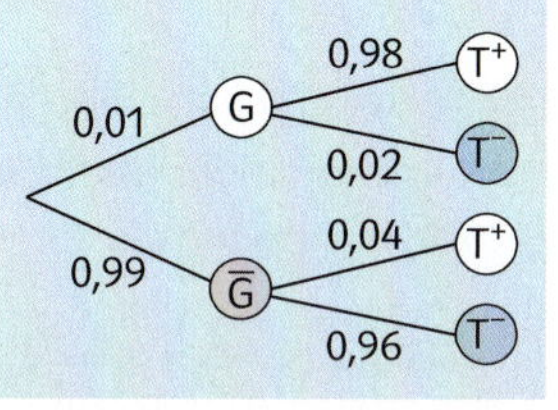


(2) Mithilfe der Pfadregeln folgt:

$P(A) = 0{,}01 \cdot 0{,}98 = 0{,}0098$; $P(B) = 0{,}01 \cdot 0{,}02 + 0{,}99 \cdot 0{,}96 = 0{,}9506$ F 68

(3) Gesucht ist die bedingte Wahrscheinlichkeit $P_{T^+}(G)$.

Es gilt: $P_{T^+}(G) = \frac{P(T^+ \cap G)}{P(T^+)}$

$P(T^+ \cap G) = P(A) = 0{,}0098$; $P(T^+) = 1 - P(B) = 0{,}0494$

$P_{T^+}(G) = \frac{0{,}0098}{0{,}0494} \approx 0{,}1984$

Die Wahrscheinlichkeit dafür, dass eine Glutenunverträglichkeit vorliegt, wenn das Testergebnis positiv ist, beträgt ca. 0,198 (19,8 %).

**b)** (1) Die Zufallsgröße X ist binomialverteilt mit $n = 20\,000$ und $p = 0{,}01$.

$P(E_1) = P(X = 190) \approx 0{,}0225$ (▦) F 73

Die Wahrscheinlichkeit, dass bei genau 190 Personen eine Glutenunverträglichkeit vorliegt, beträgt ca. 2,25 %.

Wenn mehr als 19 800 Personen keine Glutenunverträglichkeit haben, dann bedeutet dies, dass weniger als 200 Personen eine Glutenunverträglichkeit besitzen.

$P(E_2) = P(X < 200) = P(X \leqq 199) \approx 0{,}4905$ (▦) F 73

Die Wahrscheinlichkeit, dass bei mehr als 19 800 Personen keine Glutenunverträglichkeit vorliegt, beträgt ca. 49,05 %.

$P(E_3) = P(240 \leqq X \leqq 2400) = P(X \leqq 2400) - P(X \leqq 239) \approx 0{,}0031$ (▦) F 73

Hinweis:
Bei manchen GTR-Modellen kann man die Wahrscheinlichkeit $P(240 \leqq X \leqq 2400)$ direkt berechnen.

Die Wahrscheinlichkeit, dass bei mindestens 240, aber höchstens 2400 Personen eine Glutenunverträglichkeit vorliegt, beträgt ca. 0,31 %.

(2) X ist binomialverteilt mit $n = 20\,000$ und $p = 0{,}01$.

Für den Erwartungswert bei dieser Stichprobe gilt:
$\mu = n \cdot p = 20\,000 \cdot 0{,}01 = 200$

10 % von 200 sind $200 \cdot 0{,}1 = 20$.
$P(X < 180) + P(X > 220) = P(X \leqq 179) + 1 - P(X \leqq 220) = 0{,}1450$ (▦) **F 73**

Alternative Lösung:
$P(X < 180) + P(X > 220) = 1 - P(180 \leqq X \leqq 220) = 0{,}1450$

Hinweis:
Bei manchen GTR-Modellen kann man die Wahrscheinlichkeit $P(180 \leqq X \leqq 220)$ direkt berechnen.

Die Wahrscheinlichkeit dafür, dass die Anzahl der ausgewählten Personen, bei denen eine Glutenunverträglichkeit vorliegt, um mehr als 10 % vom Erwartungswert von X abweicht, beträgt ca. 0,145 (14,5 %).

**c)** (1) Die Zufallsgröße Y beschreibe die Anzahl der Teststreifen in der Stichprobe, die unbrauchbar sind.
Y ist binomialverteilt mit $n = 100$ und $p = 0{,}1$.

$P(Y \geqq 16) = 1 - P(Y \leqq 15) \approx 0{,}0399$ (▦) **F 73**

Hinweis:
Bei manchen GTR-Modellen kann man die Wahrscheinlichkeit $P(Y \geqq 15)$ direkt berechnen.

Die Wahrscheinlichkeit, dass man sich aufgrund der Stichprobe dennoch um eine Verbesserung des Verfahrens bemüht, beträgt ca. 3,99 %.

(2) Jetzt ist die Zufallsgröße Y binomialverteilt mit $n = 100$ und $p = 0{,}18$.

$P(Y \leqq 15) \approx 0{,}2630$ (▦) **F 73**

Die Wahrscheinlichkeit, dass man aufgrund der Stichprobe den Defekt nicht bemerkt, beträgt ca. 26,3 %.

**d)** (1) Für das arithmetische Mittel der gegebenen Werte gilt:

$$\overline{x} = \frac{15 \cdot 4 + 16 \cdot 9 + 17 \cdot 10 + 18 \cdot 48 + 19 \cdot 18 + 20 \cdot 11}{4 + 9 + 10 + 48 + 18 + 11} = \frac{1800}{100} = 18$$

Das arithmetische Mittel der Indikatormengen beträgt 18 mg.

Für die Standardabweichung der gegebenen Werte gilt:

$$s = \sqrt{\frac{(18-15)^2 \cdot 4 + (18-16)^2 \cdot 9 + (18-17)^2 \cdot 10 + (18-18)^2 \cdot 48 + (18-19)^2 \cdot 18 + (18-20)^2 \cdot 11}{100}}$$

$$= \sqrt{\frac{144}{100}} = 1{,}2$$

Die Standardabweichung der Indikatormengen beträgt 1,2 mg.

(2) Das arithmetische Mittel und damit die durchschnittliche Indikatormenge pro Teststreifen ist konstant geblieben. Die Standardabweichung ist stark von 4,3 mg auf 1,2 mg gesunken.
Diese geringere Streuung der Werte bedeutet, dass die Indikatormengen auf den Teststreifen weniger stark von der durchschnittlichen Menge abweichen als zuvor.
Das Produktionsverfahren ist demnach genauer und somit qualitativ besser geworden.

# Algebra

## Lösen von Gleichungen, Ungleichungen und Gleichungssystemen

### F 1 Lineare Gleichungen lösen

*... da bin ich noch unsicher* ☐ *... das kann ich (jetzt)* ☐

Wenn in einer Gleichung die Lösungsvariable, meist x, nur in der ersten Potenz vorkommt, dann handelt es sich um eine lineare Gleichung.
Jede lineare Gleichung kann unter Verwendung der Rechengesetze auf die Form $ax = b$ gebracht werden. Bei der Lösung dieser Gleichung müssen drei Fälle unterschieden werden:

1. Fall: $a \neq 0$
$a \cdot x = b$
$x = \frac{b}{a}$

2. Fall: $a = 0$ und $b \neq 0$
$0 \cdot x = b$
$L = \{\ \}$

3. Fall: $a = 0$ und $b = 0$
$0 \cdot x = 0$
$L = \mathbb{R}$

**Tipp**
Bei komplexeren linearen Gleichungen sollten Sie zur Erhöhung der Übersicht zunächst die Terme auf den beiden Seiten des Gleichheitszeichens so weit wie möglich unter der Verwendung der Rechengesetze vereinfachen. Erst dann führen Sie die erforderlichen Äquivalenzumformungen durch, um die Lösungsvariable auf die linke Seite der Gleichung, die Zahlen auf die rechte Seite zu bringen.

**Beispiel**
Lösen Sie die Gleichung.
a) $3 \cdot (x - 2) + 1 = x + 7$
b) $\frac{2}{3}x - 1 = x - \frac{1}{3}(x - 1)$
c) $2x + 4 = \left(\frac{1}{2}x + 1\right) \cdot 4$
d) $2(x - t) = t + 1;\ t \in \mathbb{R}$

**Lösung:**
a) $3 \cdot (x - 2) + 1 = x + 7$
$3x - 6 + 1 = x + 7$
$3x - 5 = x + 7$
$2x = 12$
$x = 6$
Die Gleichung hat die Lösung 6.

b) $\frac{2}{3}x - 1 = x - \frac{1}{3}(x - 1)$
$\frac{2}{3}x - 1 = x - \frac{1}{3}x + \frac{1}{3}$
$\frac{2}{3}x - 1 = \frac{2}{3}x + \frac{1}{3}$
$0x = \frac{4}{3}$
$L = \{\ \}$
Die Gleichung ist unerfüllbar, es gibt kein x, das diese Gleichung erfüllt.

c) $2x + 4 = \left(\frac{1}{2}x + 1\right) \cdot 4$
$2x + 4 = 2x + 4$
$0x = 0$
$L = \mathbb{R}$
Die Gleichung hat jede reelle Zahl als Lösung. Die Gleichung ist allgemeingültig.

d) $2(x - t) = t + 1$
$2x - 2t = t + 1$
$2x = 3t + 1$
$x = \frac{3}{2}t + \frac{1}{2}$
Die Gleichung hat die Lösung $x = \frac{3}{2}t + \frac{1}{2}$.

**Aufgabe**
Lösen Sie die Gleichungen.
a) $4x - 5 = \frac{1}{2}(3x - 1)$
b) $x - (2x + 1) = 4 - x$
c) $3 \cdot \left(\frac{1}{4}x - 2\right) = \frac{1}{2}x - (24 - x) \cdot \frac{1}{4}$
d) $2(x - t) = 4t - 3x$

**Ergebnis:**

a) $x = \frac{9}{5}$ b) $L = \{\ \}$ c) $L = \mathbb{R}$ d) $x = \frac{6}{5}t$

## F 2 Quadratische Gleichungen lösen

***... da bin ich noch unsicher*** ☐ ***... das kann ich (jetzt)*** ☐

Wenn in einer Gleichung die Lösungsvariable, meist x, in der zweiten Potenz, aber keiner höheren Potenz vorkommt, dann handelt es sich um eine quadratische Gleichung.

Jede quadratische Gleichung kann unter Verwendung der Rechengesetze auf die Form $x^2 + px + q = 0$ gebracht werden.

Die Kurzschreibweise für die Lösungen lautet $x_{1/2} = -\frac{p}{2} \pm \sqrt{\left(\frac{p}{2}\right)^2 - q}$.

Die Lösungen lauten dann $x_1 = -\frac{p}{2} + \sqrt{\left(\frac{p}{2}\right)^2 - q}$; $x_2 = -\frac{p}{2} - \sqrt{\left(\frac{p}{2}\right)^2 - q}$.

**Hinweise**

1. Wenn $p = 0$ ist, dann lautet die Gleichung $x^2 + q = 0$. Hier verwendet man nicht die pq-Formel. Allerdings hat diese Gleichung auch nur für $q < 0$ eine Lösung.
2. Wenn $q = 0$ ist, dann lautet die Gleichung $x^2 + px = 0$. Hier klammert man x aus (siehe Beispiel e)).
3. Wenn es sich um eine biquadratische Gleichung $ax^4 + bx^2 + c = 0$ handelt, dann führen Sie eine Substitution mit $x^2 = u$ durch, lösen die entstandene quadratische Gleichung mit der Variablen u und machen anschließend die Resubstitution, um die Lösungen der ursprünglichen Gleichung zu erhalten (siehe Beispiel f)).
4. Wenn digital ermittelte Lösungen nicht exakt sind, geben Sie diese als Näherungswerte und sinnvoll gerundet an. Häufig reichen eine oder zwei Nachkommastellen aus.

⚠ Achten Sie bei der digitalen graphischen Bestimmung von Lösungen darauf, dass Sie Lösungen außerhalb des eingestellten Graphikbildschirms nicht übersehen. Ändern Sie gegebenenfalls die Bildschirmeinstellungen.

**Beispiel**

Lösen Sie die Gleichung.

a) $x^2 + x = 6$ b) $4x^2 = 3x - \frac{9}{16}$ c) $\frac{1}{2}x^2 + x + \frac{3}{2} = 0$

d) $(x-1)^2 = (2-x)^2 + 2x - 3$ e) $4x^2 + 6x = 0$ f) $2x^4 - 17x^2 - 9 = 0$

**Lösung:**

a)
$$x^2 + x = 6$$
$$x^2 + x - 6 = 0$$
$$x_{1/2} = -\frac{1}{2} \pm \sqrt{\left(\frac{1}{2}\right)^2 + 6}$$
$$x_{1/2} = -\frac{1}{2} \pm \sqrt{\frac{25}{4}}$$
$$x_{1/2} = -\frac{1}{2} \pm \frac{5}{2}$$
$$x_1 = -\frac{1}{2} + \frac{5}{2} = 2; \quad x_2 = -\frac{1}{2} - \frac{5}{2} = -3$$

Die Gleichung hat die Lösungen 2 und −3.

b)
$$4x^2 = 3x - \frac{9}{16}$$
$$4x^2 - 3x + \frac{9}{16} = 0$$
$$x^2 - \frac{3}{4}x + \frac{9}{64} = 0$$
$$x_{1/2} = \frac{3}{8} \pm \sqrt{\left(\frac{3}{8}\right)^2 - \frac{9}{64}}$$
$$x_{1/2} = \frac{3}{8} + \sqrt{0}$$
$$x = \frac{3}{8}$$

Die Gleichung hat nur die Lösung $\frac{3}{8}$.

c) $\frac{1}{2}x^2 + x + \frac{3}{2} = 0$

$x^2 + 2x + 3 = 0$

$x_{1/2} = -1 \pm \sqrt{1^2 - 3}$

$x_{1/2} = -1 \pm \sqrt{-2}$

Die Gleichung hat keine reelle Lösung, da $\sqrt{-2}$ nicht definiert ist.

d) $(x - 1)^2 = (2 - x)^2 + 2x - 3$

$x^2 - 2x + 1 = 4 - 4x + x^2 + 2x - 3$

$0x = 0$

Die Gleichung hat jede reelle Zahl als Lösung: $L = \mathbb{R}$

e) $4x^2 + 6x = 0$

$x \cdot (4x + 6) = 0$

$x_1 = 0;\ x_2 = -\frac{3}{2}$

Die Gleichung hat die Lösungen 0 und $-\frac{3}{2}$.

f) $2x^4 - 17x^2 - 9 = 0$

$x^4 - \frac{17}{2}x - \frac{9}{2} = 0$

Substitution: $x^2 = u$

$u^2 - \frac{17}{2}u - \frac{9}{2} = 0$

$u_{1/2} = \frac{17}{4} \pm \sqrt{\left(\frac{17}{4}\right)^2 + \frac{9}{2}}$

$u_{1/2} = \frac{17}{4} \pm \sqrt{\frac{361}{16}}$

$u_{1/2} = \frac{17}{4} \pm \frac{19}{4}$

$u_1 = \frac{17}{4} + \frac{19}{4} = 9;\ u_2 = \frac{17}{4} - \frac{19}{4} = -\frac{1}{2}$

Substitution rückgängig machen:

$u_1 = 9$: $x^2 = 9$, also $x_{1/2} = \pm 3$

$u_2 = -\frac{1}{2}$: $x^2 = -\frac{1}{2}$, also keine Lösung

Die Gleichung hat die Lösungen −3 und 3.

**Aufgabe**

Lösen Sie die Gleichungen.

a) $2x^2 - 5x - 3 = 0$ b) $\frac{9}{4}x^2 = 6x - 4$ c) $x^2 = 2x - 4$

d) $2x^2 = 3x$ e) $x^4 - x^2 = 12$ f) $x^2 + x + t^2 = 0$

**Ergebnis:**

a) $x_1 = 3;\ x_2 = -\frac{1}{2}$ b) $x = \frac{4}{3}$ c) $L = \{\ \}$

d) $x_1 = 0;\ x_2 = \frac{3}{2}$ e) $x_1 = 2;\ x_2 = -2$

f) 1. Fall: $-\frac{1}{2} < t < \frac{1}{2}$: $x_1 = \frac{1}{2}\left(-1 + \sqrt{1 - 4t^2}\right);\ x_2 = \frac{1}{2}\left(-1 - \sqrt{1 - 4t^2}\right)$

2. Fall: $t = -\frac{1}{2}$ oder $t = \frac{1}{2}$: $x_1 = -\frac{1}{2}$

3. Fall: $t < -\frac{1}{2}$ oder $t > \frac{1}{2}$: keine Lösung

## F 3 Potenzgleichungen mit ganzzahligen Exponenten lösen

***... da bin ich noch unsicher*** ☐ ***... das kann ich (jetzt)*** ☐

Gleichungen, die sich auf die Form $x^n = a$ mit $n \in \mathbb{N}, a \in \mathbb{R}$ bringen lassen, heißen Potenzgleichungen.

Die Anzahl der Lösungen einer solchen Gleichung hängt von der Wahl von n und a ab.

1. Fall: n gerade

Die Gleichung hat für

$a > 0$ die beiden Lösungen $+\sqrt[n]{a}$ und $-\sqrt[n]{a}$,

$a = 0$ die Lösung 0,

$a < 0$ keine Lösung.

2. Fall: n ungerade

Die Gleichung hat für

$a > 0$ die Lösung $+\sqrt[n]{a}$,

$a = 0$ die Lösung 0,

$a < 0$ die Lösung $-\sqrt[n]{|a|}$.

⚠ Unter dem Wurzelzeichen steht niemals eine negative Zahl!

**Beispiel**

Lösen Sie die Gleichungen.

a) $x^4 = 81$ b) $x^6 = -64$ c) $x^8 = 0$ d) $x^3 = 27$

e) $x^5 = -32$ f) $x^3 = 0$ g) $x^4 - \frac{1}{16} = 0$

**Lösung:**

a) $x_1 = +\sqrt[4]{81} = 3;\ x_2 = -\sqrt[4]{81} = -3$

b) Diese Gleichung hat keine Lösung.

c) $x = 0$

d) $x = +\sqrt[3]{27} = 3$

e) $x = -\sqrt[5]{|-32|} = -2$

f) $x = 0$

g) $x^4 - \frac{1}{16} = 0$

$x^4 = \frac{1}{16}$

$x_1 = \sqrt[4]{\frac{1}{16}} = \frac{1}{2};\ x_2 = -\sqrt[4]{\frac{1}{16}} = -\frac{1}{2}$

**Aufgabe**

Lösen Sie die Gleichungen.

a) $x^6 = 64$ b) $2x^3 + \frac{1}{4} = 0$ c) $2x^4 - 1 = 7$

d) $\frac{1}{x^4} + 1 = 17$ e) $2x^5 + 200 = x^5 - 43$ f) $10^5 \cdot \frac{1}{x^3} = \frac{1}{10}$

**Ergebnis:**

a) $x_1 = \sqrt[6]{64} = 2;\ x_2 = -\sqrt[6]{64} = -2$

b) $x = -\sqrt[3]{\left|-\frac{1}{8}\right|} = -\frac{1}{2}$

c) $x_1 = \sqrt[4]{4} = \sqrt{2};\ x_2 = -\sqrt[4]{4} = -\sqrt{2}$

d) $x = -\frac{1}{2};\ x_2 = \frac{1}{2}$

e) $x = -\sqrt[5]{|-243|} = -3$

f) $x = 100$

## F 4 Exponentialgleichungen lösen

***... da bin ich noch unsicher*** ☐ ***... das kann ich (jetzt)*** ☐

Gleichungen, bei denen die Lösungsvariable im Exponenten vorkommt, nennt man Exponentialgleichungen.

Eine häufig, aber nicht ausschließlich verwendete Basis ist die Zahl e (Euler'sche Zahl).

Beim Lösen von Exponentialgleichungen kommt es meist darauf an, diese durch Äquivalenzumformungen in eine der Formen $e^x = a$ oder $e^{2x} + a \cdot e^x + b = 0$ umzuschreiben.

Die erste Gleichung wird durch Logarithmieren zur Basis e gelöst, wenn $a > 0$ gilt. Die Lösung lautet dann $x = \ln(a)$. Für andere Werte von a hat die Gleichung keine Lösung.

Die zweite Gleichung ist eine quadratische Gleichung in $e^x$. Verwenden Sie die Substitution $e^x = u$. Entsprechendes gilt bei der Verwendung anderer Basen. Es ergibt sich eine quadratische Gleichung (vgl. F 2).

Beachten Sie, dass definitionsgemäß gilt: $e^{-x} = \frac{1}{e^x}$

⚠

1. Nicht immer zielführend ist es, die ursprüngliche Gleichung zu logarithmieren. Denken Sie daran, dass eine Vereinfachung durch Logarithmieren nur möglich ist, wenn der Term ein Produkt oder ein Quotient ist. Summen oder Differenzen sollten Sie daher nicht logarithmieren!
   Beachten Sie z.B.: $\ln(e^{2x} + e^x) \neq \ln(e^{2x}) + \ln(e^x)$
2. Ein Potenzsatz besagt: Man multipliziert Potenzen mit gleicher Basis, indem man die Basis beibehält und die Exponenten addiert. Daher gilt: $e^x \cdot e^x = e^{x+x} = e^{2x}$
   Andererseits gilt: $e^x \cdot e^x = (e^x)^2$

**Beispiel 1**
Lösen Sie die Gleichung $e^{2x} - 4e^x = 0;\ x \in \mathbb{R}$.
**Lösung:**
Weil $e^{2x} = (e^x)^2$ gilt (Potenzsatz), ergibt sich durch Ausklammern von $e^x$ auf der linken Seite der Gleichung ein Produkt. Dann wird ausgenutzt, dass ein Produkt den Wert 0 hat, wenn einer der Faktoren den Wert 0 hat.
$(e^x)^2 - 4 \cdot e^x = 0$
$e^x \cdot (e^x - 4) = 0$
$e^x = 0$ oder $e^x - 4 = 0$
Die Gleichung $e^x = 0$ hat keine Lösung, da $e^x > 0$ für alle $x \in \mathbb{R}$.
Lösen der zweiten Gleichung:
$e^x - 4 = 0$
$e^x = 4$
$x = \ln(4)$

**Beispiel 2**
Lösen Sie die Gleichung $2 \cdot e^x - \frac{6}{e^x} = 4;\ x \in \mathbb{R}$.
**Lösung:**
Um die Variable x aus dem Nenner des Bruches zu beseitigen, wird man die ganze Gleichung mit $e^x$ multiplizieren. Dies ist eine Äquivalenzumformung, da $e^x \neq 0$ für alle $x \in \mathbb{R}$.
Damit ergibt sich:
$2 \cdot (e^x)^2 - 6 = 4 \cdot e^x$
$2 \cdot (e^x)^2 - 4 \cdot e^x - 6 = 0$
Hier können Sie erkennen, dass eine quadratische Gleichung vorliegt, die sich mit der Substitution $u = e^x$ lösen lässt (siehe F 2).
$2u^2 - 4u - 6 = 0$ liefert $u_1 = 3;\ u_2 = -1$.
Resubstitution ergibt: $e^x = 3$ oder $e^x = -1$
Da $e^x > 0$ für alle $x \in \mathbb{R}$, ist nur die Gleichung $e^x = 3$ zu lösen.
Die einzige Lösung ist $x = \ln(3)$.

**Aufgabe**
Lösen Sie die folgenden Gleichungen.

| | | |
|---|---|---|
| a) $\frac{1}{3} \cdot e^{-x} = 3$ | b) $2e^{3x} - e^x = 0$ | c) $e^x - 2e^{-x} = 1$ |
| d) $e^{2x} - 4e^x - 5 = 0$ | e) 🖩 $3 \cdot 4^x = 5$ | f) 🖩 $e^{3x} - 2e^x = 5$ |

**Ergebnis:**

| | | |
|---|---|---|
| a) $x = -\ln(9) \approx -2{,}1972$ | b) $x = \frac{1}{2} \cdot \ln\left(\frac{1}{2}\right) = -\frac{1}{2} \cdot \ln(2)$ | c) $x = \ln(2)$ |
| d) $x = \ln(5)$ | e) $x = \log_4\left(\frac{5}{3}\right) \approx 0{,}3685$ | f) $x_1 \approx 0{,}397;\ x_2 \approx 3{,}480$ |

## F 5 Betragsgleichungen lösen

*... da bin ich noch unsicher* ☐ *... das kann ich (jetzt)* ☐

Für jede reelle Zahl a gilt: Falls $a \geqq 0$, dann $|a| = a$, falls $a < 0$, dann $|a| = -a$.
Das heißt: $|4| = 4;\ \ |-5| = -(-5) = 5;\ \ |0| = 0$
Gleichungen, bei denen die Lösungsvariable zwischen Betragstrichen steht, nennt man Betragsgleichungen.
Beim Lösen einer Betragsgleichung kommt es zunächst darauf an, die Betragstriche zu beseitigen, die Gleichung also betragsfrei zu schreiben.

Eine einfache Betragsgleichung hat die Form $|t(x)| = a,\ x \in \mathbb{R}, a \in \mathbb{R}$. In diesem Fall gilt: $t(x) = a$ oder $t(x) = -a$. Um *alle* Lösungen dieser Betragsgleichung zu erhalten, müssen Sie also *zwei* Gleichungen lösen.

**Beispiel**
Lösen Sie die Gleichung.

a) $|x + 1| = 2$

b) $|-3x + 4| = \frac{1}{2}$

**Lösung:**

a) $x + 1 = 2$ oder $x + 1 = -2$
$x_1 = 1$ $\quad x_2 = -3$

Die Lösungen sind $x_1 = 1$ und $x_2 = -3$.

b) $-3x + 4 = \frac{1}{2}$ oder $-3x + 4 = -\frac{1}{2}$
$x_1 = \frac{7}{6}$ $\quad x_2 = \frac{3}{2}$

Die Lösungen sind $x_1 = \frac{7}{6}$ und $x_2 = \frac{3}{2}$.

**Aufgabe**
Lösen Sie die Gleichungen.

a) $|4 - x| = 1$ b) $\left|\frac{3}{4}x - 1\right| = 2$ c) $|-5x + 8| = 0$ d) $|2x + 1| = -1$

**Ergebnis:**

a) $x_1 = 3;\ x_2 = 5$ b) $x_1 = 4;\ x_2 = -\frac{4}{3}$ c) $x = \frac{8}{5}$ d) keine Lösung

## F 6 Ungleichungen lösen

***... da bin ich noch unsicher*** ☐ ***... das kann ich (jetzt)*** ☐

Bei Fragestellungen im Zusammenhang mit Graphen von Funktionen müssen Sie manchmal untersuchen, für welche Werte des Definitionsbereichs oder eines Teilintervalls davon der jeweilige Graph zu einer Funktion f oberhalb oder unterhalb der x-Achse verläuft. Dies ist gleichbedeutend mit der Frage, für welche Werte von x entweder $f(x) > 0$ oder $f(x) < 0$ gilt.

Eine einfache Möglichkeit, dies zu entscheiden, ergibt sich über die zeichnerische Darstellung des Graphen mithilfe des Grafikrechners und der Bestimmung aller Nullstellen. Damit liegen auch die Intervalle fest, in denen die Funktionswerte positiv bzw. negativ sind. Welcher der beiden Fälle jeweils zutrifft, sehen Sie unmittelbar am Graphen.

Im Falle ganzrationaler Funktionen kann man zur Entscheidung oft auch Eigenschaften des Graphen, wie beispielsweise Öffnung nach oben oder unten, Symmetrie, Verhalten für betragsmäßig große Werte von x, Kenntnis von Extrempunkten usw., ausnutzen (Beispiel 1).

Ist eine der Ungleichungen $f(x) > g(x)$ oder $f(x) < g(x)$ zu lösen, so lassen Sie beide Graphen zeichnen und bestimmen Sie deren Schnittstellen. Sie können jedoch auch die Funktion h mit $h(x) = f(x) - g(x)$ betrachten und die Nullstellen von h für die Entscheidung heranziehen (Beispiel 2).

Die Notwendigkeit zur Lösung einer Ungleichung ergibt sich gelegentlich auch bei Fragen zu Abständen von Punkten zu Ebenen. Da sich der Abstand eines Punktes von einer Ebene mithilfe der Hesse'schen Normalenform berechnen lässt, können Betragsungleichungen der Form $|f(x)| > c$ oder $|f(x)| < c$ auftreten.

Aus $|f(x)| > c$ folgt: $f(x) > c$ **oder** $f(x) < -c$ (Beispiel 3).
Aus $|f(x)| < c$ folgt: $f(x) < c$ **und** $f(x) > -c$, zusammengefasst also $-c < f(x) < c$.

**Beispiel 1**

Lösen Sie die Ungleichung $\frac{1}{3}\cdot(x-2)\cdot(x+5)>0,\ x\in\mathbb{R}$.

**Lösung:**

Die Funktion f mit $f(x)=\frac{1}{3}\cdot(x-2)\cdot(x+5)$ hat die Nullstellen $x_1=2$ und $x_2=-5$ („Nullprodukt"). Damit liegen die Bereiche $x<-5,\ -5<x<2$ und $2<x$ auf der x-Achse fest.
Der Graph von f ist eine nach oben geöffnete Parabel zweiter Ordnung. Daher liegt der Parabelscheitel unterhalb der x-Achse. Die Funktionswerte im Intervall $]-5;2[$ sind negativ.
Die Ungleichung $\frac{1}{3}\cdot(x-2)\cdot(x+5)>0$ wird demzufolge für $x<-5$ bzw. $x>2$ erfüllt.

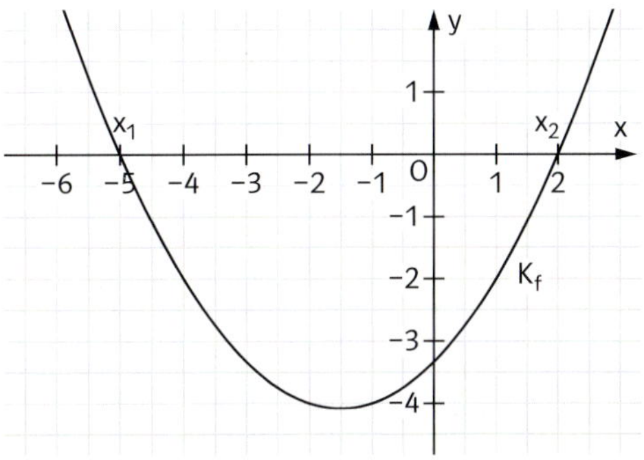


**Beispiel 2**

Gegeben sind die Funktionen f mit $f(x)=-x^2+\frac{1}{2}x+3$ und g mit $g(x)=-2,\ x\in\mathbb{R}$.
Für welche Werte von x verläuft der Graph von f oberhalb des Graphen von g?

**Lösung:**

Bestimmung der Schnittstellen beider Graphen:

$$f(x)=g(x)$$

$$-x^2+\frac{1}{2}x+3=-2$$

Lösung mit GTR ergibt: $x_1=-2;\ x_2=\frac{5}{2}$

An der Abbildung erkennt man:
Der Graph von f verläuft für alle x-Werte größer als $-2$ und kleiner als $\frac{5}{2}$ oberhalb des Graphen von g.

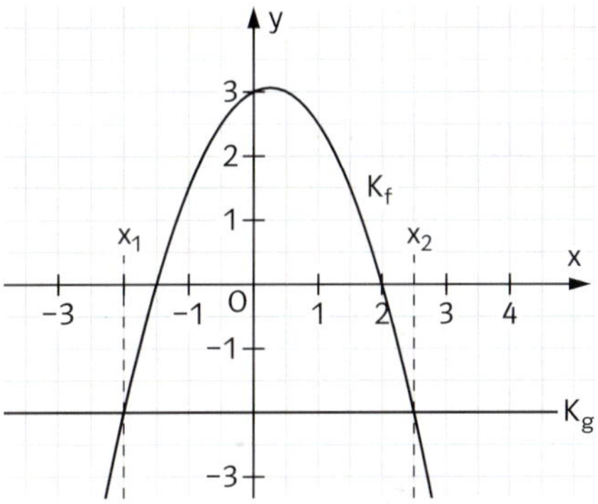


**Aufgaben**

1. Lösen Sie die Ungleichung $(2-x)\cdot e^{-x}>0$.
2. Gegeben ist die Funktion f durch $f(x)=x+\frac{1}{x},\ x\in\mathbb{R}^+$.
   Für welche Werte von x sind die Funktionswerte größer als 3?

**Ergebnisse:**

1. $x<2$
2. $x<0{,}3819\ldots;\ x>2{,}6180\ldots$

## F 7 Lineare Gleichungssysteme (LGS) lösen

***... da bin ich noch unsicher*** ☐ ***... das kann ich (jetzt)*** ☐

Die Standardmethode, um lineare Gleichungssysteme (kurz: LGS) zu lösen, ist das sogenannte „Gauß-Verfahren". Beim Gauß-Verfahren wird durch mehrfaches Anwenden des Additionsverfahrens das ursprüngliche LGS in ein äquivalentes, einfacher zu lösendes LGS umgewandelt. Dieses hat idealerweise Dreiecksform.
Beachten Sie, dass ein LGS entweder keine Lösung, genau eine Lösung oder unendlich viele Lösungen besitzt.
Typische Aufgabenstellungen, die auf ein LGS führen, sind Schnittprobleme in der Geometrie sowie die Bestimmung von Funktionen zu gegebenen Bedingungen in der Analysis.

**Beispiel**

Lösen Sie das LGS.

a)
$$\begin{array}{ll} \text{(I)} & 2a - 4b + 5c = 3 \\ \text{(II)} & 3a + 3b + 7c = 13 \\ \text{(III)} & 4a - 2b - 3c = -1 \end{array}$$

b)
$$\begin{array}{ll} \text{(I)} & x + 2y - z = 4 \\ \text{(II)} & 2x - y + 3z = -2 \\ \text{(III)} & 3x - 4y + 7z = 2 \end{array}$$

c)
$$\begin{array}{ll} \text{(I)} & 2x_1 + x_2 + x_3 = 0 \\ \text{(II)} & -x_1 + 2x_2 - 8x_3 = -5 \\ \text{(III)} & x_1 - x_2 + 5x_3 = 3 \end{array}$$

**Lösung:**

a)
$$\begin{array}{lrcl|lr} \text{(I)} & 2a - 4b + 5c &=& 3 & \text{(I)} & 2a - 4b - 5c = 3 \\ \text{(II a)} = 3\cdot\text{(I)} + (-2)\cdot\text{(II)} & -18b + c &=& -17 & \text{(II a)} & -18b + c = -17 \\ \text{(III a)} = -2\cdot\text{(I)} + \text{(III)} & 6b - 13c &=& -7 & \text{(III b)} = \text{(II a)} + 3\cdot\text{(III a)} & -38c = -38 \end{array}$$

Aus (III b) folgt $c = 1$. Einsetzen in (II a) liefert $b = 1$, einsetzen in (I) ergibt $a = 1$.
$L = \{(1;1;1)\}$

Alternative Lösung:

$$\left(\begin{array}{rrr|r} 2 & -4 & 5 & 3 \\ 3 & 3 & 7 & 13 \\ 4 & -2 & -3 & -1 \end{array}\right) \begin{array}{l} |\cdot 3 \;\; |\cdot(-2) \\ |\cdot(-4) \;\; + \\ \;\; + \end{array} \rightarrow \left(\begin{array}{rrr|r} 2 & -4 & 5 & 3 \\ 0 & -18 & 1 & -17 \\ 0 & 6 & -13 & -7 \end{array}\right) \begin{array}{l} \\ \\ |\cdot 3 \;\; + \end{array}$$

$$\rightarrow \left(\begin{array}{rrr|r} 2 & -4 & 5 & 3 \\ 0 & -18 & 1 & -17 \\ 0 & 0 & -38 & -38 \end{array}\right) \begin{array}{l} \\ \\ |:(-38) \end{array}$$

Aus der 3. Zeile liest man $c = 1$ ab. Durch Einsetzen in die 2. Zeile erhält man $b = 1$.
Mithilfe der 1. Zeile $a = 1$.
$L = \{(1;1;1)\}$

b)
$$\begin{array}{lrcl|lr} \text{(I)} & x + 2y - z &=& 4 & \text{(I)} & x + 2y - z = 4 \\ \text{(II a)} = 3\cdot\text{(I)} + \text{(II)} & 5x + 5y &=& 10 & \text{(II a)} & 5x + 5y = 10 \\ \text{(III a)} = 7\cdot\text{(I)} + \text{(III)} & 10x + 10y &=& 30 & \text{(III b)} = -2\cdot\text{(II a)} + \text{(III a)} & 0x = 10 \end{array}$$

(III b) ist unerfüllbar.
Das LGS hat keine Lösung. $L = \{\ \}$

Alternative Lösung:

$$\left(\begin{array}{rrr|r} 1 & 2 & -1 & 4 \\ 2 & -1 & 3 & -2 \\ 3 & -4 & 7 & 2 \end{array}\right) \begin{array}{l} |\cdot(-2) \;\; |\cdot(-3) \\ + \\ \;\; + \end{array} \rightarrow \left(\begin{array}{rrr|r} 1 & 2 & -1 & 4 \\ 0 & -5 & 5 & -10 \\ 0 & -10 & 10 & -10 \end{array}\right) \begin{array}{l} \\ |\cdot(-2) \\ + \end{array}$$

$$\rightarrow \left(\begin{array}{rrr|r} 1 & 2 & -1 & 4 \\ 0 & -5 & 5 & -10 \\ 0 & 0 & 0 & 10 \end{array}\right)$$

Das LGS hat keine Lösung: Die letzte Zeile ist als $0 = 10$ zu interpretieren. Diese Gleichung ist falsch und unerfüllbar.

c)
$$\begin{array}{lrcl|lr} \text{(I)} & 2x_1 + x_2 + x_3 &=& 0 & \text{(I)} & 2x_1 + x_2 + x_3 = 0 \\ \text{(II a)} = \text{(I)} + 2\cdot\text{(II)} & 5x_2 - 15x_3 &=& -10 & \text{(II a)} & 5x_2 - 15x_3 = -10 \\ \text{(III a)} = \text{(II)} + \text{(III)} & x_2 - 3x_3 &=& -2 & \text{(III b)} = \text{(II a)} - 5\cdot\text{(III a)} & 0x_3 = 0 \end{array}$$

Aus (III b) folgt, dass das LGS unendlich viele Lösungen hat.
Sei $x_3 = r$, dann folgt aus (II a): $x_2 = 3r - 2$
Einsetzen in (I) liefert $x_1 = -2r + 1$.
$L = \{(-2r+1; 3r-2; r \in \mathbb{R})\}$

Alternative Lösung:

$$\left(\begin{array}{ccc|c} 2 & 1 & 1 & 0 \\ -1 & 2 & -8 & -5 \\ 1 & -1 & 5 & 3 \end{array}\right) \begin{array}{l} \\ \mid \cdot 2 \\ \mid \cdot (-2) \end{array} \rightarrow \left(\begin{array}{ccc|c} 2 & 1 & 1 & 0 \\ 0 & 5 & -15 & -10 \\ 0 & 3 & -9 & -6 \end{array}\right) \begin{array}{l} \\ \mid :5 \\ \mid :(-3) \end{array}$$

$$\rightarrow \left(\begin{array}{ccc|c} 2 & 1 & 1 & 0 \\ 0 & 1 & -3 & -2 \\ 0 & -1 & 3 & 2 \end{array}\right) \rightarrow \left(\begin{array}{ccc|c} 2 & 1 & 1 & 0 \\ 0 & 1 & -3 & -2 \\ 0 & 0 & 0 & 0 \end{array}\right)$$

Das LGS hat unendlich viele Lösungen: Die letzte Zeile ist als $0 = 0$ zu interpretieren. Diese Gleichung ist wahr. Aus der 2. Zeile folgt $x_2 = 3r - 2$. Einsetzen in die 1. Zeile führt zu $x_1 = -2r + 1$.

$L = \{(-2r+1; 3r-2; r);\ r \in \mathbb{R}\}$

**Aufgabe**

Bestimmen Sie jeweils die Lösungsmenge des gegebenen LGS.

a)
$$\begin{aligned} 4a - 5b + 3c &= -2 \\ -3a - 4b + c &= 10 \\ 2a + 6b - 2c &= -10 \end{aligned}$$

b)
$$\begin{aligned} 2x_1 - 3x_2 + 3x_3 &= 6 \\ -x_1 + 3x_2 - 2x_3 &= 0 \\ 5x_1 - 6x_2 + 7x_3 &= 18 \end{aligned}$$

**Ergebnis:**

a) $L = \{(-3; 1; 5)\}$

b) $L = \left\{\left(6 - r; 2 + \frac{1}{3}r; r \in \mathbb{R}\right)\right\}$

# Analysis

## Ableitungsregeln

Es wird stets vorausgesetzt, dass zu allen angegebenen Funktionen die größtmögliche Definitionsmenge bekannt oder erkennbar ist und dass die Funktionen an den jeweils inneren Stellen der Definitionsmengen ableitbar sind. Definitionsmengen werden daher hier nicht angegeben.

In vielen Fällen werden beim Ableiten mehrere verschiedene Ableitungsregeln benötigt. In Prüfungsaufgaben sind Fragen beliebt, bei denen (neben den „einfachen“ Regeln) im Zusammenhang mit der Produktregel auch noch die Kettenregel anzuwenden ist.

### F 8 Potenzfunktionen ableiten

***... da bin ich noch unsicher*** ☐ ***... das kann ich (jetzt)*** ☐

Für alle reellen Exponenten r gilt: Aus $f(x) = x^r$ folgt $f'(x) = r \cdot x^{r-1}$.

Bevor Sie diese Ableitungsregel anwenden können, müssen Sie daher den Funktionsterm als Potenz von x darstellen, falls dies nicht von vornherein der Fall sein sollte. Ersetzen Sie also Wurzelausdrücke durch die entsprechenden Potenzen bzw. schreiben Sie Terme mit einer Potenz von x im Nenner eines Bruches ohne Bruchstrich.

Es gilt: $\frac{1}{x^n} = x^{-n}$, $\sqrt[n]{x} = x^{\frac{1}{n}}$, $\sqrt[n]{x^z} = x^{\frac{z}{n}}$

**Beispiel**

Leiten Sie ab:

a) $f(x) = x^4$ b) $f(x) = \frac{1}{x^2}$ c) $f(x) = \sqrt{x}$ d) $f(x) = \sqrt[3]{x^2}$

**Lösung:**

a) $f'(x) = 4 \cdot x^{4-1} = 4 \cdot x^3$

b) Der Funktionsterm wird als Potenz mit negativer Hochzahl geschrieben:
$f(x) = \frac{1}{x^2} = x^{-2}$; $f'(x) = (-2) \cdot x^{-2-1} = -2 \cdot x^{-3} = -\frac{2}{x^3}$

c) Potenzschreibweise: $f(x) = x^{\frac{1}{2}}$; $f'(x) = \frac{1}{2} \cdot x^{\frac{1}{2}-1} = \frac{1}{2} \cdot x^{-\frac{1}{2}} = \frac{1}{2} \cdot \frac{1}{x^{\frac{1}{2}}} = \frac{1}{2 \cdot \sqrt{x}}$

d) $f(x) = \sqrt[3]{x^2} = (x^2)^{\frac{1}{3}} = x^{\frac{2}{3}}$; $f'(x) = \frac{2}{3} \cdot x^{\frac{2}{3}-1} = \frac{2}{3} \cdot x^{-\frac{1}{3}} = \frac{2}{3} \cdot \frac{1}{x^{\frac{1}{3}}} = \frac{2}{3} \cdot \frac{1}{\sqrt[3]{x}}$

**Aufgabe**

Bilden Sie jeweils die erste Ableitung der Funktion f.

a) $f(x) = x^3$ b) $f(x) = x^{-5}$ c) $f(x) = \frac{1}{x^3}$ d) $f(x) = \sqrt[4]{x}$

**Ergebnis:**

a) $f'(x) = 3 \cdot x^{3-1} = 3 \cdot x^2$

b) $f'(x) = -5 \cdot x^{-6} = -\frac{5}{x^6}$

c) $f'(x) = (-3) \cdot x^{-3-1} = -3 \cdot x^{-4} = -\frac{3}{x^4}$

d) $f'(x) = \frac{1}{4} \cdot x^{-\frac{3}{4}} = \frac{1}{4} \cdot \frac{1}{\sqrt[4]{x^3}}$

## F 9 Mit der Faktorregel ableiten

***... da bin ich noch unsicher*** ☐ ***... das kann ich (jetzt)*** ☐

Für alle reellen Zahlen r gilt: Aus $f(x) = r \cdot g(x)$ folgt $f'(x) = r \cdot g'(x)$.
(Merke: „Ein konstanter Faktor bleibt beim Ableiten erhalten.")

**Hinweis**
Beachten Sie dabei, dass das Multiplikationszeichen nicht immer geschrieben wird.
Vereinbarungsgemäß darf man bekanntlich verkürzt schreiben: $4 \cdot x^2 = 4x^2$

⚠
$2x^3$ ist nicht dasselbe wie $(2x)^3$; $x^{-3}$ ist nicht dasselbe wie $-x^3$, $x^{-3} = \frac{1}{x^3}$

**Beispiel**
Leiten Sie ab.
a) $f(x) = 2x^5$
b) $f(x) = \frac{6}{x^3}$

**Lösung:**
a) $f(x) = 2x^5 = 2 \cdot x^5$, daher $f'(x) = 2 \cdot 5 \cdot x^{5-1} = 10 \cdot x^4$ (siehe F 8)
b) $f(x) = \frac{6}{x^3} = 6 \cdot x^{-3}$, daher $f'(x) = 6 \cdot (-3) \cdot x^{-3-1} = -18 \cdot x^{-4} = -\frac{18}{x^4}$ (siehe F 8)

## F 10 Summen von Funktionen ableiten

***... da bin ich noch unsicher*** ☐ ***... das kann ich (jetzt)*** ☐

Es sei $f(x) = u(x) \pm v(x)$. Dann gilt: $f'(x) = u'(x) \pm v'(x)$

(Merke: „Eine Summe/Differenz von Funktionen hat als Ableitung die Summe/Differenz der einzelnen Ableitungsfunktionen.")

Auf jeden einzelnen Summanden sind dann gegebenenfalls Faktorregel, Potenzregel, Kettenregel, Produktregel usw. anzuwenden.

**Beispiel**
Leiten Sie ab.
a) $f(x) = \frac{1}{4}x^2 - x^4$
b) $f(x) = 2 \cdot \sqrt{x} + 3 \cdot e^{-x}$

**Lösung:**
a) $f'(x) = \frac{1}{2}x - 4x^3$ (siehe F 8 und F 9)
b) $f'(x) = 2 \cdot \frac{1}{2\sqrt{x}} + (-1) \cdot 3 \cdot e^{-x} = \frac{1}{\sqrt{x}} - 3 \cdot e^{-x}$ (siehe F 8, F 9, F 12 und F 13)

## F 11 Produkte von Funktionen ableiten

***... da bin ich noch unsicher*** ☐ ***... das kann ich (jetzt)*** ☐

Es sei $f(x) = u(x) \cdot v(x)$. Dann gilt: $f'(x) = u'(x) \cdot v(x) + u(x) \cdot v'(x)$

(Merke: „Das Produkt zweier Funktionen wird abgeleitet, indem man die Ableitung der ersten Funktion mit der unveränderten zweiten Funktion multipliziert, dann die unveränderte erste Funktion mit der Ableitung der zweiten Funktion multipliziert und schließlich die beiden Produkte addiert.")

### Tipps

1. Wenn nach dem Ableiten eine weitere Vereinfachung des Terms nicht verlangt wird, verzichten Sie auf diese, ehe Sie möglicherweise durch weitere Rechnungen unnötige Rechenfehler machen.
2. Wenn Sie Nullstellen von f′ bestimmen sollen, schreiben Sie die nach dem Ableiten erhaltene Summe als Produkt, falls möglich. Sie können dann die einzelnen Faktoren separat behandeln (siehe Beispiele b), c) und d)).

### Hinweise

1. Beim Beispiel b) dürfen Sie anstelle der Produktregel auch die Quotientenregel verwenden, falls Ihnen diese aus dem Unterricht oder der Formelsammlung bekannt ist.
2. Beim Beispiel d) können Sie auch mit der Summenregel ableiten, falls Sie das Produkt zuerst als Summe schreiben.
3. Gelegentlich müssen Sie bei der Anwendung der Produktregel bei der Ableitung der einzelnen Faktoren selbst noch die Kettenregel anwenden (F 12).

### Beispiel

Bilden Sie die erste Ableitung der Funktion f.

a) $f(x) = x^2 \cdot (x + 3)$ b) $f(x) = \frac{e^x}{x}$ c) $f(x) = (x+1) \cdot e^{\frac{1}{4}x}$

**Lösung:**

a) Mit $u(x) = x^2$ und $v(x) = x + 3$ folgt $u'(x) = 2x$ (F 8), $v'(x) = 1$.

Daher gilt: $f'(x) = 2x \cdot (x + 3) + x^2 \cdot 1 = 2x^2 + 6x + x^2 = 3x^2 + 6x$

b) Der Funktionsterm kann als Produkt geschrieben werden: $f(x) = e^x \cdot x^{-1}$

Mit $u(x) = e^x$ und $v(x) = x^{-1}$ ergibt sich $u'(x) = e^x$ (F 13) und $v'(x) = (-1) \cdot x^{-2}$ (F 8).

Daher gilt: $f'(x) = e^x \cdot x^{-1} + e^x \cdot (-1) \cdot x^{-2} = e^x \cdot \left(\frac{1}{x} - \frac{1}{x^2}\right)$

c) $f'(x) = 1 \cdot e^{\frac{1}{4}x} + (x+1) \cdot \frac{1}{4} \cdot e^{\frac{1}{4}x} = \left(1 + (x+1) \cdot \frac{1}{4}\right) \cdot e^{\frac{1}{4}x} = \frac{1}{4} \cdot (x+5) \cdot e^{\frac{1}{4}x}$ (F 12, F 13)

### Aufgabe

Bilden Sie jeweils die erste Ableitung der Funktion f.

a) $f(x) = \left(\frac{1}{4}x^4 - x\right) \cdot e^x$ b) $f(x) = \frac{x+1}{e^x} = (x+1) \cdot e^{-x}$

**Ergebnis:**

a) $f'(x) = (x^3 - 1) \cdot e^x + \left(\frac{1}{4}x^4 - x\right) \cdot e^x$ b) $f'(x) = 1 \cdot e^{-x} + (x+1) \cdot (-e^{-x}) = e^{-x} \cdot (-x)$

## F 12 Verkettete Funktionen ableiten

***... da bin ich noch unsicher*** ☐ ***... das kann ich (jetzt)*** ☐

Es sei $f(x) = u(v(x))$. Dann gilt: $f'(x) = u'(v(x)) \cdot v'(x)$

(Merke: „Die Verkettung zweier Funktionen wird abgeleitet, indem man sowohl die äußere Funktion als auch die innere Funktion ableitet und dann die Ergebnisse miteinander multipliziert.")

### Hinweis

Man muss für die innere und die äußere Funktion den Funktionstyp erkennen. Die äußere Funktion beschreibt immer die letzte Wirkung auf die vorher vorkommenden Funktionsterme. Denken Sie sich also für x irgendeine Zahl eingesetzt und berechnen Sie den zugehörigen Termwert.
Die Funktion, die Sie zuletzt anwenden, ist die äußere Funktion.

**Beispiel**

Bilden Sie die erste Ableitung der Funktion f.

a) $f(x) = (2x+1)^4$ b) $f(x) = \frac{1}{4}e^{2x-3}$

**Lösung:**

a) Die äußere Funktion ist die Potenzfunktion u mit $u(v) = v^4$, die innere Funktion ist die lineare Funktion v mit $v(x) = 2x+1$. Die Ableitung der Potenzfunktion (F 8) ergibt $4v^3$. Die Ableitung der inneren Funktion ergibt 2 (F 8, F 10).

Somit gilt: $f'(x) = 4\cdot(2x+1)^3\cdot 2 = 8\cdot(2x+1)^3$

b) Der Faktor $\frac{1}{4}$ ist ein konstanter Faktor, bleibt also beim Ableiten erhalten (F 9). Die äußere Funktion ist die Exponentialfunktion u mit $u(v) = e^v$, die innere Funktion ist die lineare Funktion v mit $v(x) = 2x-3$. Die Ableitung von $e^v$ ist $e^v$ (F 13). Die Ableitung der Funktion v ergibt nach der Summen-, der Faktor- und der Potenzregel (F 9, F 8) nur 2.

Daher gilt: $f'(x) = \frac{1}{4}\cdot 2\cdot e^{2x-3} = \frac{1}{2}\cdot e^{2x-3}$

**Aufgabe**

Bilden Sie jeweils die erste Ableitung der Funktion f.

a) $f(x) = \left(\frac{1}{2}x^2 - x\right)^3$ b) $f(x) = 2\cdot e^{-\frac{1}{4}x^2}$ c) $f(x) = e^{\sqrt{x}}$

**Ergebnis:**

a) $f'(x) = 3\left(\frac{1}{2}x^2 - x\right)^2\cdot(x-1)$ b) $f'(x) = 2\cdot e^{-\frac{1}{4}x^2}\cdot\left(-\frac{1}{2}x\right) = -x\cdot e^{-\frac{1}{4}x^2}$ c) $f'(x) = e^{\sqrt{x}}\cdot\frac{1}{2\sqrt{x}}$

## F 13 Exponentialfunktionen ableiten

***... da bin ich noch unsicher*** ☐ ***... das kann ich (jetzt)*** ☐

Aus $f(x) = e^x$ folgt $f'(x) = e^x$.

**Hinweis**

Auch diese Regel wird selten in dieser einfachen Form Verwendung finden. Häufig steht der Exponentialterm in Verbindung mit anderen Funktionstermen, sodass die Faktorregel, die Summenregel, die Produktregel oder die Kettenregel oder auch mehrere dieser Regeln zum Ableiten erforderlich sind.

⚠

Den Exponenten in einem Exponentialterm dürfen Sie beim Ableiten *nicht* verändern! Er wird immer unverändert beibehalten.

**Beispiel**

Leiten Sie ab.

a) $f(x) = e^{2x+1}$ b) $f(x) = \frac{1}{3}\cdot e^{-x}$ c) $f(x) = e^{\frac{1}{2}x}\cdot e^{-\frac{2}{3}x}$

**Lösung:**

a) $f'(x) = e^{2x+1}\cdot 2 = 2\cdot e^{2x+1}$ (F 12)

b) $f'(x) = \frac{1}{3}\cdot e^{-x}\cdot(-1) = -\frac{1}{3}\cdot e^{-x}$ (F 9, F 12)

c) Hier könnte man zuerst an die Anwendung der Produktregel (F 11) denken. Erkennt man jedoch, dass man das Produkt zweier Potenzen mit gleicher Basis e vor sich hat, so lässt sich dieses mit der Rechenregel für Potenzen $a^n\cdot a^m = a^{n+m}$ vereinfachen und es gilt:

$f(x) = e^{\frac{1}{2}x}\cdot e^{-\frac{2}{3}x} = e^{\frac{1}{2}x+\left(-\frac{2}{3}x\right)} = e^{-\frac{1}{6}x}$

Daraus folgt: $f'(x) = e^{-\frac{1}{6}x}\cdot\left(-\frac{1}{6}\right) = -\frac{1}{6}\cdot e^{-\frac{1}{6}x}$ (F 12)

3

**Aufgabe**

Leiten Sie ab.

a) $f(x) = e^{x-2}$ b) $f(x) = 4 \cdot e^{\frac{1}{2}x+1}$ c) $f(x) = e^{-4x} + e^{-2x}$

d) $f(x) = x^2 \cdot e^{-2x}$ e) $f(x) = \sqrt{x} \cdot e^{x^2}$ f) $f(x) = a \cdot e^{b \cdot x}$

**Ergebnis:**

a) $f'(x) = e^{x-2} \cdot 1 = e^{x-2}$ b) $f'(x) = 4 \cdot e^{\frac{1}{2}x+1} \cdot \frac{1}{2} = 2 \cdot e^{\frac{1}{2}x+1}$

c) $f'(x) = e^{-4x} \cdot (-4) + e^{-2x} \cdot (-2) = -4 \cdot e^{-4x} - 2 \cdot e^{-2x}$

d) $f'(x) = 2x \cdot e^{-2x} + x^2 \cdot e^{-2x} \cdot (-2) = (2x - 2x^2) \cdot e^{-2x} = 2x \cdot (1-x) \cdot e^{-2x}$ (F 11, F 12)

e) $f'(x) = \frac{1}{2\sqrt{x}} \cdot e^{x^2} + \sqrt{x} \cdot e^{x^2} \cdot 2x = \frac{1}{\sqrt{x}} \cdot \left(\frac{1}{2} + 2x^2\right) \cdot e^{x^2}$

f) $f'(x) = a \cdot b \cdot e^{bx}$ (F 9)

## Anwendungen der Ableitung

Im Weiteren wird vorausgesetzt, dass alle vorkommenden Funktionen in ihrem Definitionsbereich genügend oft differenzierbar sind.

### F 14 Die Gleichung der Tangente durch einen Punkt des Graphen aufstellen

***... da bin ich noch unsicher*** ☐ ***... das kann ich (jetzt)*** ☐

Die Steigung des Graphen zu einer Funktion f in einem gegebenen Punkt $P(x_0 \mid f(x_0))$ des Graphen erhält man, indem man die Ableitung f′ von f bildet und den x-Wert des Punktes P in die Funktionsgleichung von f′ einsetzt. Für die Steigung $m_t$ gilt dann also: $m_t = f'(x_0)$

(Bei Problemen mit Ableitungen bearbeiten Sie zuerst die Fertigkeiten F 8 bis F 13.)

Die Tangentengleichung können Sie jetzt auf zwei Wegen gewinnen:

**1. Weg**

Wenn eine Gerade die Steigung m hat, dann kann ihre Gleichung in der Form $y = m \cdot x + n$ geschrieben werden. Da der gegebene Punkt $P(x_0 \mid f(x_0))$ auf der Geraden liegt, führt man eine Punktprobe mit diesem Punkt durch. Man setzt also die Koordinaten des Punktes und die Steigung $m_t$ in diese Gleichung ein und erhält $f(x_0) = m_t \cdot x_0 + n$. Aus dieser Gleichung ergibt sich der y-Achsenabschnitt n. Die Tangentengleichung kann nun vollständig notiert werden.

**2. Weg**

Die Gleichung der Tangente an den Graphen im Punkt $P(x_0 \mid f(x_0))$ lautet allgemein $y = f'(x_0) \cdot (x - x_0) + f(x_0)$ (siehe Formelsammlung). Einsetzen der Steigung $m_t = f'(x_0)$ und der Punktekoordinaten $x_0$ und $y_0 = f(x_0)$, Ausmultiplizieren und Zusammenfassen ergibt die Tangentengleichung in der Form $y = mx + n$.

**Beispiel 1**

Bestimmen Sie die Gleichung der Tangente an den Graphen von f mit $f(x) = x^2$ im Punkt $P(2 \mid 4)$.

Lösung (1. Weg):

Ableitung f′ von f und Steigung $m_t$ der Tangente in $P(2 \mid 4)$: $f'(x) = 2x$, $m_t = f'(2) = 4$

Punktprobe $y_0 = m_t \cdot x_0 + n$ für P liefert $4 = 4 \cdot 2 + n$ und somit $n = -4$.

Die Tangentengleichung lautet also $y = 4 \cdot x - 4$.

**Beispiel 2**

Ermitteln Sie die Gleichungen der Tangenten an den Graphen von f mit $f(x) = \frac{3}{x^2} - 1$, $x \in \mathbb{R} \setminus \{0\}$, in den Punkten $P(1 \mid f(1))$ und $Q\left(-\frac{1}{2} \middle| f\left(-\frac{1}{2}\right)\right)$.

**Lösung** (2. Weg):

Bestimmung der y-Koordinaten der Punkte P und Q:

$y_P = f(1) = \frac{3}{1^2} - 1 = 2;$ $\quad y_Q = f\left(-\frac{1}{2}\right) = \frac{3}{\left(-\frac{1}{2}\right)^2} - 1 = 11$

Ableitung f' von f und Steigungen $m_{t_P}$ und $m_{t_Q}$ in den Punkten P und Q:

Wegen $f(x) = 3 \cdot x^{-2} - 1$ gilt: $f'(x) = -6 \cdot x^{-3} = -\frac{6}{x^3}$

$m_{t_P} = f'(1) = -\frac{6}{1^3} = -6;$ $\quad m_{t_Q} = f'\left(-\frac{1}{2}\right) = -\frac{6}{\left(-\frac{1}{2}\right)^3} = 48$

Tangentengleichungen in P und Q:

$y = f'(x_P) \cdot (x - x_P) + f(x_P)$ $\quad y = f'(x_Q) \cdot (x - x_Q) + f(x_Q)$

$y = -6 \cdot (x - 1) + 2$ $\quad y = 48 \cdot \left(x - \left(-\frac{1}{2}\right)\right) + 11$

$y = -6x + 8$ $\quad y = 48x + 35$

**Aufgabe**

Ermitteln Sie die Gleichungen der Tangenten an den Graphen von f in den Punkten P und Q.

a) $f(x) = \frac{1}{6}x^3 - 2x;\ x \in \mathbb{R};\ P(0\,|\,f(0));\ Q(-1\,|\,f(-1))$

b) $f(x) = \frac{3}{x} + \frac{1}{4}x^2;\ x \in \mathbb{R} \setminus \{0\};\ P(1\,|\,f(1));\ Q(-2\,|\,f(-2))$

c) $f(x) = x - \sqrt{x};\ x \in \mathbb{R}_0^+;\ P(4\,|\,f(4));\ Q\left(\frac{1}{4}\,\middle|\,f\left(\frac{1}{4}\right)\right)$

d) $f(x) = x \cdot e^{-x};\ x \in \mathbb{R};\ P(0\,|\,f(0));\ Q(1\,|\,f(1))$

**Ergebnis:**

a) $y_P = 0;\ m_{t_P} = -2;\ t_P\colon y = -2x;$ $\quad y_Q = \frac{11}{6};\ m_{t_Q} = -\frac{3}{2};\ t_Q\colon y = -\frac{3}{2}x + \frac{1}{3}$

b) $y_P = \frac{13}{4};\ m_{t_P} = -\frac{5}{2};\ t_P\colon y = -\frac{5}{2}x + \frac{23}{4};$ $\quad y_Q = -\frac{1}{2};\ m_{t_Q} = -\frac{7}{4};\ t_Q\colon y = -\frac{7}{4}x - 4$

c) $y_P = 2;\ m_{t_P} = \frac{3}{4};\ t_P\colon y = \frac{3}{4}x - 1;$ $\quad y_Q = -\frac{1}{4};\ m_{t_Q} = 0;\ t_Q\colon y = -\frac{1}{4}$

d) $y_P = 0;\ m_{t_P} = 1;\ t_P\colon y = x;$ $\quad y_Q = \frac{1}{e};\ m_{t_Q} = 0;\ t_Q\colon y = \frac{1}{e}$

## F 15 Den Berührpunkt einer Tangente mit vorgegebener Steigung bestimmen

***... da bin ich noch unsicher*** ☐ ***... das kann ich (jetzt)*** ☐

Für die Steigung $m_t$ einer Tangente t im Punkt $B(u\,|\,f(u))$ des Funktionsgraphen gilt $m_t = f'(u)$, woraus u berechnet werden kann. Die y-Koordinate des Berührpunkts ist f(u).

**Hinweise**

1. Die Gleichung $m_t = f'(u)$ kann mehrere Lösungen haben. Dann gibt es mehrere (zueinander parallele) Tangenten an den Funktionsgraphen und daher mehrere verschiedene Berührpunkte.
2. Bei nicht elementar lösbaren Gleichungen $m_t = f'(u)$ muss ein digitales Hilfsmittel eingesetzt werden.
3. Gelegentlich sollen Sie die Gleichung der Tangente t an einen Graphen der Funktion f berechnen, die parallel zu einer gegebenen Geraden g mit der Gleichung $y = mx + n$ verläuft. Da die Tangente dieselbe Steigung wie die gegebene Gerade hat, können Sie die Steigung ablesen und analog wie oben beschrieben vorgehen.
4. Wenn die Tangente t an einen Funktionsgraphen parallel zu der Geraden durch zwei beliebig gegebene Punkte $A(x_A\,|\,y_A)$ und $B(x_B\,|\,y_B)$ verlaufen soll, so berechnen Sie die Steigung $m = \frac{y_B - y_A}{x_B - x_A}$ dieser Geraden. Die Tangente t hat dieselbe Steigung und Sie können ebenfalls wie oben beschrieben vorgehen.

### Beispiel 1

Eine Tangente an den Graphen der Funktion f hat die gegebene Steigung m.
Berechnen Sie den Berührpunkt dieser Tangente an den Graphen.

$f(x) = \frac{1}{3}x^3 - x^2$; $m = -1$

**Lösung:**

Ableitung f': $f'(x) = x^2 - 2x$ (siehe F 8, F 9, F 10)

Bedingung für die Berührstelle: $-1 = u^2 - 2u$

Daraus folgt: $u^2 - 2u + 1 = 0$

Diese quadratische Gleichung hat die einzige Lösung $u = 1$ (siehe F 2).
Dies ist die Berührstelle.

y-Koordinate des Berührpunkts: $y_B = f(1) = \frac{1}{3} \cdot 1^3 - 1^2 = -\frac{2}{3}$

Der Berührpunkt der Tangente ist $B\left(1 \middle| -\frac{2}{3}\right)$.

### Beispiel 2

Eine Tangente an den Graphen der Funktion f mit $f(x) = \frac{2}{x} - 4$; $x \in \mathbb{R} \setminus \{0\}$, ist parallel zur Geraden durch die Punkte $A(-2|4)$ und $B(6|3)$.
Berechnen Sie den Berührpunkt dieser Tangente an den Graphen.

**Lösung:**

Es gilt: $f(x) = \frac{2}{x} - 4 = 2 \cdot x^{-1} - 4$; Ableitung f': $f'(x) = -\frac{2}{x^2}$ (siehe F 8, F 9, F 10)

Steigung der Geraden (AB): $m = \frac{y_B - y_A}{x_B - x_A} = \frac{3-4}{6-(-2)} = -\frac{1}{8}$

Bedingung für die Berührstelle: $-\frac{1}{8} = -\frac{2}{u^2}$

Diese quadratische Gleichung hat die beiden Lösungen $u_1 = 4$ und $u_2 = -4$ (siehe F 2).
Es gibt also zwei derartige Tangenten.

y-Koordinaten der Berührpunkte: $y_1 = f(4) = \frac{2}{4} - 4 = -\frac{7}{2}$; $y_2 = f(-4) = \frac{2}{-4} - 4 = -\frac{9}{2}$

Die Berührpunkte der beiden Tangenten sind $B_1\left(4 \middle| -\frac{7}{2}\right)$ und $B_2\left(-4 \middle| -\frac{9}{2}\right)$.

### Aufgaben

1. Untersuchen Sie, ob es eine Tangente mit der angegebenen Steigung m an den Funktionsgraphen gibt. Bestimmen Sie gegebenenfalls den Berührpunkt.
   a) $f(x) = \frac{1}{3}x^3 - 2x^2$; $x \in \mathbb{R}$; $m = -4$
   b) $f(x) = x - \frac{2}{x}$; $x \in \mathbb{R} \setminus \{0\}$; $m = 3$
   c) $f(x) = e^{\frac{1}{2}x} - x$; $x \in \mathbb{R}$; $m = -2$
2. Gegeben sind die Funktion f und die beiden Punkte P und Q. Berechnen Sie den Berührpunkt der Tangente an den Graphen von f, die parallel zur Geraden durch P und Q verläuft.
   $f(x) = \frac{2}{x}$; $x \in \mathbb{R}$; $x < 0$; $P(2|0)$; $Q(-1|24)$

**Ergebnisse:**

1. a) Berührpunkt $B\left(2 \middle| -\frac{16}{3}\right)$
   b) Berührpunkte $B_1(1|-1)$ und $B_2(-1|1)$
   c) Es gibt keine derartige Tangente.
2. $B\left(-\frac{1}{2} \middle| -4\right)$

## F 16 Untersuchen, ob sich zwei Graphen berühren

*... da bin ich noch unsicher* ☐ *... das kann ich (jetzt)* ☐

Wenn es einen Berührpunkt gibt, dann muss er auf beiden Graphen liegen. Für die Berührstelle $x_0$ müssen also zunächst die Funktionswerte übereinstimmen: $f(x_0) = g(x_0)$
Es ist daher zunächst die Gleichung $f(x) = g(x)$ zu lösen. Jede Lösung $x_0$ führt zu einem Punkt $P(x_0 | f(x_0))$, der gemeinsamer Punkt der beiden Graphen ist.

Ein solcher Punkt P ist jedoch nur dann zugleich ein Berührpunkt, wenn dort die Steigungen der beiden Graphen übereinstimmen. Dies muss geprüft werden, indem $f'(x_0)$ und $g'(x_0)$ berechnet und verglichen werden. Stimmen auch diese beiden Werte überein, dann ist der Punkt P ein Berührpunkt der Graphen, sonst nicht.

### Tipp

Es kann im Einzelfall einfacher sein, zuerst diejenigen Stellen zu ermitteln, an denen die beiden Graphen die gleiche Steigung haben, also die Gleichung $f'(x) = g'(x)$ zu lösen.
Wenn $P(x_P | f(x_P))$ Berührpunkt der beiden Graphen von f und g ist, muss P auf jedem der Graphen liegen.
Falls diese Gleichung die Lösung $x_0$ hat, berechnen Sie $f(x_0)$ und $g(x_0)$. Wenn $f(x_0) = g(x_0)$ gilt, ist $P(x_0 | f(x_0))$ ein Berührpunkt der Graphen.

### Beispiel 1

Gegeben sind die Funktionen f und g durch $f(x) = x^2 - 4x + 5$ und $g(x) = -(x - 4)^2 + 3$, $x \in \mathbb{R}$.
Weisen Sie nach, dass sich die zugehörigen Graphen berühren. Geben Sie den Berührpunkt an.

**Lösung:**

Bestimmung gemeinsamer Punkte der beiden Graphen:

$$f(x) = g(x)$$
$$x^2 - 4x + 5 = -(x - 4)^2 + 3$$
$$2x^2 - 12x + 18 = 0$$

Diese quadratische Gleichung hat die einzige Lösung $x = 3$ (siehe F 2).
Daraus ergibt sich $y = f(3) = 2$.
Die Graphen haben den Punkt $S(3 | 2)$ gemeinsam.
Berechnung der Steigungen beider Graphen an der Stelle $x = 3$:
$f'(x) = 2x - 4$, daher $f'(3) = 2$; $g'(x) = -2 \cdot (x - 4)^1 = -2x + 8$, daher $g'(3) = 2$
Da die Steigungen der beiden Graphen im gemeinsamen Punkt S übereinstimmen, berühren sich die Graphen in S.

### Beispiel 2 ▦

Gegeben sind die Funktionen f und g durch $f(x) = e^x + x$ und $g(x) = -\frac{1}{x+1} + 2$; $x \in \mathbb{R}$.
Untersuchen Sie, ob sich die zugehörigen Graphen berühren.

**Lösung:**

Bestimmung gemeinsamer Punkte der beiden Graphen:

$$f(x) = g(x)$$
$$e^x + x = -\frac{1}{x+1} + 2$$

Diese Gleichung kann nur mit einem digitalen Hilfsmittel gelöst werden.
Die Lösungen sind $x_1 = 0$ und $x_2 \approx -0{,}4465$.
Damit ergibt sich $f(0) = 1$; $f(x_2) \approx 0{,}1934$;
$g(0) = 1$; $g(x_2) \approx 0{,}1934$.

Berechnung der Steigungen beider Graphen an der Stelle $x_1 = 0$:
$f'(x) = e^x + 1$, daher $f'(0) = 2$; $g'(x) = (x+1)^{-2}$ (F 8), daher $g'(0) = 1$; also: $f'(0) \neq g'(0)$
Die Graphen berühren sich nicht in P(0 | 1).

Berechnung der Steigungen beider Graphen an der Stelle $x_2$:
$f'(x_2) \approx 1{,}6399$; $g'(x_2) \approx 3{,}2638$; also: $f'(x_2) \neq g'(x_2)$
Die Graphen berühren sich nicht in Q*(−0,45 | 0,19).

**Aufgabe**

Untersuchen Sie, ob sich die durch die Funktionen f und g beschriebenen Graphen berühren. Geben Sie gegebenenfalls den Berührpunkt an.

a) $f(x) = x^2$; $g(x) = -\frac{1}{4}x^4 + x^3$; $x \in \mathbb{R}$
b) $f(x) = x^3 - 3x^2$; $g(x) = x^2 - 4x$; $x \in \mathbb{R}$
c) 🖩 $f(x) = \frac{1}{4}x^2 - 5 + \frac{16}{x^2}$; $g(x) = -\frac{3}{4}x^2 + \frac{16}{5}$; $x \in \mathbb{R}$; $x > 0$
d) 🖩 $f(x) = e^x$; $g(x) = x^2 + x + 1$; $x \in \mathbb{R}$

**Ergebnis:**

Hier werden auch Zwischenergebnisse zur Rechenkontrolle angegeben.

a) Aus $f(x) = g(x)$ folgt $x^2 \cdot \left(\frac{1}{4}x^2 - x + 1\right) = 0$ mit den Lösungen $x_1 = 0$ und $x_2 = 2$.
$f'(x) = 2x$, $g'(x) = -x^3 + 3x^2$, somit $f'(0) = 0$, $g'(0) = 0$ und $f'(2) = 4$, $g'(2) = 4$.
Die Graphen berühren sich in $S_1(0 | 0)$ und $S_2(2 | 4)$.

b) Aus $f(x) = g(x)$ folgt $x_1 = 0$ und $x_2 = 2$.
$f'(x) = 3x^2 - 6x$, $g'(x) = 2x - 4$, somit $f'(0) = 0$, $g'(0) = -4$ und $f'(2) = 0$, $g'(2) = 0$.
Die Graphen berühren sich in $S_2(2 | -4)$ und schneiden sich in $S_1(0 | 0)$.

c) Aus $f(x) = g(x)$ folgt mit digitalem Hilfsmittel $x_1 \approx 1{,}789$ und $x_2 \approx 2{,}236$.
(Hinweis: Manche GTR-Modelle liefern exakte Ergebnisse: $x_1 = \frac{4}{5}\sqrt{5}$; $x_2 = \sqrt{5}$.)
$f'(x) = \frac{1}{2}x - \frac{32}{x^3}$, $g'(x) = -\frac{3}{2}x$,
somit $f'(1{,}789) \approx -4{,}69$, $g'(1{,}789) \approx -2{,}68$ und $f'(2{,}236) \approx -1{,}74$, $g'(2{,}236) \approx -3{,}35$
Die Graphen schneiden sich für $x > 0$ zweimal, berühren sich jedoch nicht.

d) Aus $f(x) = g(x)$ folgt $x_1 = 0$ und $x_2 \approx 1{,}793$.
$f'(0) = g'(0) = 1$; $f'(x_2) \approx 6{,}009$, $g'(x_2) \approx 4{,}587$
Die Graphen berühren sich im Punkt $S_1(0 | 1)$ und schneiden sich im Punkt $S_2(1{,}793 | 6{,}009)$.

## F 17 Den Schnittwinkel einer Geraden mit der x-Achse berechnen

***… da bin ich noch unsicher*** ☐ ***… das kann ich (jetzt)*** ☐

Wenn eine Gerade die Steigung m hat, dann ergibt sich die Weite α des Winkels, den sie mit der positiven x-Achse bildet, mithilfe der Beziehung $\tan(\alpha) = m$.

**Hinweis**

Die Beziehung $\tan(\alpha) = m$ liefert bei negativer Geradensteigung eine negative Winkelweite. Um die Weite des Winkels zwischen der Geraden und der positiven x-Achse zu erhalten, addieren Sie dazu 180°.

⚠

Achten Sie beim Lösen der Gleichung $\tan(\alpha) = m$ darauf, dass Ihr Taschenrechner auf das Winkelmaß Grad (häufig mit DEG oder DEGREE bezeichnet) eingestellt ist.

**Beispiel**
Die Gleichung einer Geraden ist gegeben.
Wie groß ist der Winkel, den die Gerade mit der positiven x-Achse bildet?

a) $y = \frac{1}{2}x - 3$ b) $y = -x + 1$ c) $y = -3x$

**Lösung:**

a) $\tan(\alpha) = \frac{1}{2}$; $\alpha \approx 26{,}6°$ b) $\tan(\alpha) = -1$; $\alpha = 135°$ c) $\tan(\alpha) = -3$; $\alpha \approx 108{,}4°$

**Aufgabe**
Die Gleichung einer Geraden ist gegeben.
Wie groß ist der Winkel, den die Gerade mit der positiven x-Achse bildet?

a) $y = \frac{2}{5}x + 1$ b) $y = -2x - 1$ c) $y = x$

**Ergebnis:**

a) $\alpha \approx 21{,}8°$ b) $\alpha \approx 116{,}6°$ c) $\alpha = 45°$

## F 18 Lokale Extrempunkte (Hoch- und Tiefpunkte) eines Graphen bestimmen

***... da bin ich noch unsicher*** ☐ ***... das kann ich (jetzt)*** ☐

Vorgehensweise in fünf Schritten:

1. Bilden Sie die Ableitungen f′ und f″ der Funktion f.
2. Notwendige Bedingung für eine Extremstelle: $f'(x) = 0$.
   Lösen Sie diese Gleichung.
   Falls die Gleichung im Innern des Definitionsbereichs keine Lösung hat, gibt es dort keine lokalen Extremstellen von f.
   Die ermittelten Lösungen sind möglicherweise Extremstellen. Dazu ist die Überprüfung mit der hinreichenden Bedingung notwendig.
3. Hinreichende Bedingung für eine Extremstelle: $f'(x) = 0 \wedge f''(x) \neq 0$.
   Falls $f'(x_0) = 0 \wedge f''(x_0) < 0$, dann liegt an der Stelle $x_0$ ein lokales Maximum vor.
   Falls $f'(x_0) = 0 \wedge f''(x_0) > 0$, dann liegt an der Stelle $x_0$ ein lokales Minimum vor.
   Falls $f'(x_0) = 0 \wedge f''(x_0) = 0$, dann liegt an der Stelle $x_0$ möglicherweise ein Sattelpunkt vor.
   In diesem Fall überprüfen Sie, ob an der Stelle $x_0$ ein Vorzeichenwechsel (VZW) von f′ vorliegt.
   Falls dort ein VZW von – nach + vorliegt, dann ist an der Stelle $x_0$ ein lokales Minimum.
   Falls dort ein VZW von + nach – vorliegt, dann ist an der Stelle $x_0$ ein lokales Maximum.
   Falls kein VZW vorliegt, dann liegt an der Stelle $x_0$ ein Sattelpunkt vor.
4. Berechnen Sie zu allen lokalen Extremstellen den Funktionswert.
5. Geben Sie die ermittelten lokalen Hoch- und Tiefpunkte, möglicherweise auch Sattelpunkte, an.

**Tipp**
Bei aufwendig zu berechnender erster Ableitung sollten Sie zunächst überprüfen, ob die erste Ableitung überhaupt Nullstellen und damit „Kandidaten" für Extremstellen hat, ehe Sie die möglicherweise noch aufwendigere zweite Ableitung in Angriff nehmen. Die Feststellung möglicher „Kandidaten" kann auch mithilfe des GTR erfolgen.

**Beispiel**
Berechnen Sie die Koordinaten der lokalen Extrempunkte des Graphen von f.

a) $f(x) = x^3 - 6x$; $x \in \mathbb{R}$ b) $f(x) = (x - 2) \cdot e^x$; $x \in \mathbb{R}$

**Lösung:**

a) 1. Berechnen der Ableitungen:

$f'(x) = 3x^2 - 6;\ f''(x) = 6x$

2. Notwendige Bedingung für eine Extremstelle: $f'(x) = 0$.

$f'(x) = 0$

$3x^2 - 6 = 0$

$3x^2 = 6$

$x^2 = 2$

$x_1 = \sqrt{2} \vee x_2 = -\sqrt{2}$

3. Hinreichende Bedingung für eine Extremstelle: $f'(x) = 0 \wedge f''(x) \neq 0$.

$f'(\sqrt{2}) = 0 \ \wedge\ f''(\sqrt{2}) = 6 \cdot \sqrt{2} > 0$

$f'(-\sqrt{2}) = 0 \ \wedge\ f''(-\sqrt{2}) = -6 \cdot \sqrt{2} < 0$

An der Stelle $x_1 = \sqrt{2}$ liegt ein lokales Minimum vor, an der Stelle $x_2 = -\sqrt{2}$ liegt ein lokales Maximum vor.

4. Berechnen der Funktionswerte:

$f(\sqrt{2}) = (\sqrt{2})^3 - 6 \cdot \sqrt{2} = -4 \cdot \sqrt{2}$

$f(-\sqrt{2}) = (-\sqrt{2})^3 - 6 \cdot (-\sqrt{2}) = 4 \cdot \sqrt{2}$

5. Die Koordinaten der lokalen Extrempunkte lauten:

$TP(\sqrt{2} \mid -4 \cdot \sqrt{2});\ HP(-\sqrt{2} \mid 4 \cdot \sqrt{2})$

b) 1. Berechnen der Ableitungen:

$f'(x) = 1 \cdot e^x + (x-2) \cdot e^x = (x-1) \cdot e^x;\quad f''(x) = 1 \cdot e^x + (x-1) \cdot e^x = x \cdot e^x$ (F 11)

2. Notwendige Bedingung für eine Extremstelle: $f'(x) = 0$:

$f'(x) = 0$

$(x-1) \cdot e^x = 0$

Wegen $e^x \neq 0$ folgt:

$x - 1 = 0$

$x = 1$

3. Hinreichende Bedingung für eine Extremstelle: $f'(x) = 0 \wedge f''(x) \neq 0$.

$f'(1) = 0 \wedge f''(1) = 1 \cdot e^1 = e > 0$

An der Stelle $x = 1$ liegt ein lokales Minimum vor.

4. Berechnen des Funktionswertes:

$f(1) = (1-2) \cdot e^1 = -e$

5. Die Koordinaten des Tiefpunktes lauten:

$TP(1 \mid -e)$

**Aufgabe**

Untersuchen Sie den Graphen der Funktion f auf lokale Extrempunkte.

a) $f(x) = x^3 - 3x^2 + 1;\ x \in \mathbb{R}$

b) $f(x) = \frac{1}{x^2} + \frac{4}{x};\ x \in \mathbb{R} \setminus \{0\}$

c) $f(x) = x^2 \cdot e^{-x};\ x \in \mathbb{R}, x \geqq -1$

**Ergebnis:**

a) $f'(x) = 3x^2 - 6x;\ f''(x) = 6x - 6;\ H(0 \mid 1);\ T(2 \mid -3)$

b) $f'(x) = -\frac{2}{x^3} - \frac{4}{x^2};\ f''(x) = \frac{6}{x^4} + \frac{8}{x^3}$ (F 8); $T\left(-\frac{1}{2} \middle| -4\right)$

c) $f'(x) = (2x - x^2) \cdot e^{-x};\ f''(x) = (x^2 - 4x + 2) \cdot e^{-x}$ (F 11, F 12, F 13); $T(0 \mid 0);\ H\left(2 \middle| \frac{4}{e^2}\right)$

## F 19 Globale Extrempunkte eines Graphen bestimmen

*... da bin ich noch unsicher* ☐ *... das kann ich (jetzt)* ☐

Mithilfe der ersten und zweiten Ableitung einer Funktion f kann man die lokalen Extremstellen der Funktion f auf dem gegebenen Definitionsbereich ermitteln (siehe F 18). Auf die dort geschilderte Weise erhält man aber immer nur Punkte des Graphen, an denen die Steigung den Wert 0 hat, die Tangente also waagrecht verläuft. Diese Punkte müssen jedoch nicht die absolut am höchsten bzw. am tiefsten liegenden Punkte des Graphen auf dem betrachteten Definitionsbereich sein. Es kann Punkte des Graphen geben, deren y-Koordinate größer als die y-Koordinate des Hochpunkts oder deren y-Koordinate kleiner als die y-Koordinate des Tiefpunkts ist.
Um solche Punkte zu ermitteln, führen Sie eine sogenannte Randwertbetrachtung durch. Durch Vergleichen der y-Koordinaten aller lokalen Extrempunkte und gegebenenfalls der Randpunkte kann man die globalen Extrempunkte erkennen.

### Beispiel

Der Graph von f hat die angegebenen lokalen Extrempunkte.
Bestimmen Sie die globalen Extrempunkte.

a) $f(x) = x^3 - 6x;\ x \in \mathbb{R};\ T(\sqrt{2}\,|\,-4\sqrt{2})$ und $H(-\sqrt{2}\,|\,4\sqrt{2})$

b) $f(x) = (x-2)\cdot e^x;\ x \in \mathbb{R};\ T(1\,|\,-e)$

c) $f(x) = \frac{1}{3}x^3 - 2x^2 + 2;\ x \in [-3;5];\ T\left(4\,\middle|\,-\frac{26}{3}\right),\ H(0\,|\,2)$

**Lösung:**

a) Randwertbetrachtung:
Für $x \to +\infty$ streben die Funktionswerte von f gegen $+\infty$.
Für $x \to -\infty$ streben die Funktionswerte von f gegen $-\infty$.
Die lokalen Extrempunkte H und T sind daher keine globalen Extrempunkte des Graphen.

b) Randwertbetrachtung:
Für $x \to +\infty$ streben die Funktionswerte von f gegen $+\infty$.
Für $x \to -\infty$ streben die Funktionswerte von f gegen 0.
Der angegebene Tiefpunkt ist der absolut tiefste Punkt des Graphen.

c) Randwertbetrachtung:
$f(-3) = -25;\ f(5) = -\frac{19}{3}$
Der angegebene Hochpunkt ist globaler Extrempunkt. Der Punkt $(-3\,|\,-25)$ ist der absolut tiefste Punkt des Graphen.

### Aufgabe

Untersuchen Sie, ob die in der Aufgabe a), b), c) von F 18 berechneten lokalen Extrempunkte auch globale Extrempunkte des jeweiligen Graphen sind.

**Ergebnis:**

a) $H(0\,|\,1), T(2\,|\,-3)$ sind keine globalen Extrempunkte.

b) $T\left(-\frac{1}{2}\,\middle|\,-4\right)$ ist globaler Tiefpunkt.

c) $T(0\,|\,0)$ ist ein globaler Tiefpunkt; $H\left(2\,\middle|\,\frac{4}{e^2}\right)$ ist nur ein lokaler Hochpunkt.
Randwerte: $f(-1) = e,\ \lim\limits_{x \to +\infty} f(x) = 0$ und $f(x) \geqq 0$ für $x \in \mathbb{R}, x \geqq -1$

3

## F 20 Wendepunkte bzw. Sattelpunkte eines Graphen bestimmen

***... da bin ich noch unsicher* ☐ *... das kann ich (jetzt)* ☐**

Wenn sich das Krümmungsverhalten eines Graphen in einem Punkt dieses Graphen ändert, er also von einer Links- in eine Rechtskurve übergeht oder umgekehrt, so heißt dieser Punkt Wendepunkt des Graphen.
Im Weiteren wird vorausgesetzt, dass die Funktion f in ihrem Definitionsbereich wenigstens dreimal differenzierbar ist.

Vorgehensweise in fünf Schritten:
1. Bilden Sie die Ableitungen f′, f″ und f‴ der Funktion f.
2. Notwendige Bedingung für eine Extremstelle: $f''(x) = 0$.
   Lösen Sie diese Gleichung.
   Falls die Gleichung im Innern des Definitionsbereichs keine Lösung hat, gibt es dort keine Wendestellen von f.
   Die ermittelten Lösungen sind möglicherweise Wendestellen. Dazu ist die Überprüfung mit der hinreichenden Bedingung notwendig.
3. Hinreichende Bedingung für eine Extremstelle: $f''(x) = 0 \wedge f'''(x) \neq 0$.
   Falls $f''(x_0) = 0 \wedge f'''(x_0) \neq 0$, dann liegt an der Stelle $x_0$ eine Wendestelle vor.
   Falls $f''(x_0) = 0 \wedge f'''(x_0) = 0$, dann ist keine Entscheidung möglich.
   In diesem Fall überprüfen Sie, ob an der Stelle $x_0$ ein Vorzeichenwechsel (VZW) von f″ vorliegt. Ist dies der Fall, dann ist an der Stelle $x_0$ eine Wendestelle, anderenfalls nicht.
4. Berechnen Sie zu allen Wendestellen den Funktionswert.
5. Geben Sie die Wendepunkte des Graphen von f an.

### Hinweise
1. Merkregel für das Krümmungsverhalten eines Graphen auf einem Intervall:
   Wenn $f''(x) > 0$ (pos**i**tiv), dann beschreibt der Graph eine L**i**nkskurve.
   Wenn $f''(x) < 0$ (n**e**gativ), dann beschreibt der Graph eine R**e**chtskurve.
2. Wenn die Tangente in einem Wendepunkt $W(x_0 \mid f(x_0))$ waagrecht verläuft, d.h. $f'(x_0) = 0$ gilt, dann heißt der Wendepunkt auch Sattelpunkt.
3. Zur Bestimmung der Wendetangente gehen Sie vor wie bei F 14.

### Tipp
Bei aufwendig zu berechnender erster und zweiter Ableitung sollten Sie zunächst überprüfen, ob die zweite Ableitung überhaupt Nullstellen und damit „Kandidaten" für Wendestellen hat, ehe Sie die möglicherweise noch aufwendigere dritte Ableitung in Angriff nehmen.

### Beispiel 1
Gegeben ist die Funktion f durch $f(x) = -\frac{1}{3}x^3 + x^2;\ x \in \mathbb{R}$.

Untersuchen Sie den Graphen von f auf Wendepunkte.

**Lösung:**
1. Berechnen der Ableitungen:
   $f'(x) = -x^2 + 2x;\ f''(x) = -2x + 2;\ f'''(x) = -2$
2. Notwendige Bedingung für eine Extremstelle: $f''(x) = 0$:
   $$\begin{aligned} f''(x) &= 0 \\ -2x + 2 &= 0 \\ -2x &= -2 \\ x &= 1 \end{aligned}$$

3. Hinreichende Bedingung für eine Wendestelle: $f''(x) = 0 \wedge f'''(x) \neq 0$
   $f''(1) = 0 \wedge f'''(1) = -2 \neq 0$
   An der Stelle $x = 1$ liegt eine Wendestelle vor.
4. Berechnen des Funktionswertes:
   $f(1) = -\frac{1}{3} \cdot 1^3 + 1^2 = \frac{2}{3}$
5. Die Koordinaten des Wendepunktes lauten:
   $WP\left(1 \middle| \frac{2}{3}\right)$

**Beispiel 2**
Gegeben ist die Funktion f mit $f(x) = \frac{4 \cdot e^x}{4 + e^x}$; $x \in \mathbb{R}$.
Berechnen Sie den Wendepunkt des Graphen von f und beschreiben Sie das Krümmungsverhalten.
**Lösung:**
Berechnung des Wendepunkts:
Mit dem GTR bestimmt man die (einzige) Extremstelle von f'.
Man erhält näherungsweise $x_1 \approx 1{,}39$ und $f(1{,}39) \approx 2{,}00$.
Der Wendepunkt ist $W_1^*(1{,}39 \mid 2{,}00)$.
Bestimmung des Krümmungsverhaltens:
Da die Steigung des Graphen von f' für $x < x_1$ positiv und für $x > x_1$ negativ ist, hat f'' beim Überschreiten dieser Stelle einen Vorzeichenwechsel. Der Graph von f ändert daher sein Krümmungsverhalten von einer Linkskurve in eine Rechtskurve bei der Wendestelle $x_1$.

**Beispiel 3**
Gegeben ist die Funktion f mit $f(x) = \frac{1}{4}x^4 - 2$; $x \in \mathbb{R}$.
Untersuchen Sie, ob der Graph von f einen Wendepunkt hat. Geben Sie das Krümmungsverhalten an.
**Lösung:**
Ableitungen:
$f'(x) = x^3$; $f''(x) = 3x^2$; $f'''(x) = 6x$

Die einzige Nullstelle von f'' ist $x = 0$. Da $f'''(0) = 0$ gilt, wird das Vorzeichenwechsel-Kriterium verwendet.
Man erkennt:
Falls $x < 0$, dann $f''(x) > 0$, falls $x > 0$, dann $f''(x) > 0$.

Die Funktionswerte der zweiten Ableitung von f wechseln also beim Überschreiten der Stelle $x_1 = 0$ nicht das Vorzeichen. Daher liegt an dieser Stelle keine Wendestelle vor.
Für alle $x \in \mathbb{R} \setminus \{0\}$ gilt: $f''(x) > 0$.
Die einzige Stelle $x = 0$ mit $f''(x) = 0$ ändert am Krümmungsverhalten des Graphen nichts.
Der Graph von f ist daher auf seinem gesamten Definitionsbereich linksgekrümmt.

**Aufgabe**
Untersuchen Sie die Graphen der Funktionen f auf Wendepunkte. Geben Sie die Intervalle an, auf denen die Graphen Rechts- bzw. Linkskurven sind.
a) $f(x) = \frac{1}{12}x^4 - \frac{1}{6}x^3 - x^2$; $x \in \mathbb{R}$
b) $f(x) = \frac{1}{4}x^4 + x^3$; $x \in \mathbb{R}$
c) $f(x) = 2x^2 \cdot e^{-\frac{1}{2}x}$; $x \in \mathbb{R}$

**Ergebnis:**
a) $W_1(2 \mid -4)$; $W_2\left(-1 \middle| -\frac{3}{4}\right)$;
Linkskurve für $x < -1$ oder $x > 2$;
Rechtskurve für $-1 < x < 2$

b) $W_1(0 \mid 0)$, zugleich Sattelpunkt; $W_2(-2 \mid -4)$;
Linkskurve für $x < -2$ oder $x > 0$;
Rechtskurve für $-2 < x < 0$

c) $W_1^*(1{,}17\,|\,1{,}53)$, $W_2^*(6{,}83\,|\,3{,}07)$
Linkskurve für x kleiner als etwa 1,17 oder größer als etwa 6,83;
Rechtskurve für x etwa zwischen 1,17 und 6,83

## F 21 Funktionen auf Monotonie untersuchen

***... da bin ich noch unsicher* ☐ *... das kann ich (jetzt)* ☐**

Die Funktion f sei für alle inneren Stellen des Intervalls $I = [a\,;b]$ differenzierbar.
Wenn für alle diese Stellen $f'(x) > 0$ gilt, dann ist f dort streng monoton zunehmend.
Wenn für alle diese Stellen $f'(x) < 0$ gilt, dann ist f dort streng monoton abnehmend.

Will man also Monotonieintervalle für eine Funktion f ermitteln, so kann man die Bereiche suchen, auf denen die Ableitungsfunktion f′ positive bzw. negative Funktionswerte annimmt. Um das Rechnen mit Ungleichungen zu vermeiden, kann es hilfreich sein, diejenigen x-Werte zu berechnen, an denen die Ableitungsfunktion den Wert 0 hat, da sich zwischen zwei benachbarten Nullstellen von f′ das Vorzeichen der Funktionswerte von f′ nicht verändert.

Da sich an einer Randstelle des Intervalls $[a\,;b]$ das Monotonieverhalten der Funktion f nicht ändert, kann diese Randstelle noch zum jeweiligen Monotonieintervall hinzugenommen werden. Man kann dann beispielsweise immer die linke Grenze des jeweiligen Intervalls einbeziehen (siehe Beispiel 3).

**Beispiel 1**
Gegeben ist die Funktion f mit $f(x) = e^{-2x}$; $x \in \mathbb{R}$.
Untersuchen Sie f auf Monotonie.
**Lösung:**
Es gilt: $f'(x) = -2 \cdot e^{-2x}$ (F 12, F 13); $x \in \mathbb{R}$.
Da $e^{ax} > 0$ für alle $x \in \mathbb{R}, a \in \mathbb{R}$, folgt: $f'(x) < 0$ für alle $x \in \mathbb{R}$.
Die Funktion f ist daher auf $\mathbb{R}$ streng monoton abnehmend.

**Beispiel 2**
Gegeben ist die Funktion f mit $f(x) = e^{x+1} - x$; $x \in \mathbb{R}$.
Zeigen Sie, dass f für $x \geqq -1$ streng monoton zunehmend ist.
**Lösung:**
Es gilt: $f'(x) = e^{x+1} - 1$ (F 13); $x \in \mathbb{R}$.
Aus $x \geqq -1$ folgt $x + 1 \geqq 0$ und $e^{x+1} \geqq e^0 = 1$, daher $f'(x) = e^{x+1} - 1 \geqq 0$.
Für $x \geqq -1$ gilt $f'(x) \geqq 0$. Somit ist f für $x \geqq -1$ streng monoton zunehmend.

**Beispiel 3**
Gegeben ist die Funktion f mit $f(x) = \frac{1}{2}x^2 - 2x + 1$; $x \in \mathbb{R}$.
Untersuchen Sie f auf Monotonie.
**Lösung:**
Es gilt: $f'(x) = x - 2$; $x \in \mathbb{R}$.
Da $x - 2 > 0$ für $x > 2$, ist f streng monoton zunehmend für $x > 2$.
Da $x - 2 < 0$ für $x < 2$, ist f streng monoton abnehmend für $x < 2$.
Weil sich an der Nahtstelle $x_0 = 2$ der beiden Monotoniebereiche das Monotonieverhalten nicht verändert, kann diese Stelle zu einem der beiden Monotoniebereiche hinzugefügt werden.
Man darf also z. B. auch schreiben:
f ist streng monoton abnehmend für $x < 2$, f ist streng monoton zunehmend für $x \geqq 2$.

**Aufgabe**

Untersuchen Sie das Monotonieverhalten der Funktion f.

a) $f(x) = x + \frac{1}{x}$, $x \in \mathbb{R}^+$  b) $f(x) = \frac{1}{3}x^3 - \frac{1}{2}x^2$, $x \in \mathbb{R}$

**Ergebnis:**

a) $f'(x) = 1 - \frac{1}{x^2} > 0$ für $x > 1$ und $f'(x) = 1 - \frac{1}{x^2} < 0$ für $0 < x < 1$ (F 8)

Da die einzige Stelle $x = 1$ mit $f'(1) = 0$ am Monotonieverhalten nichts ändert, ist f für $x \geqq 1$ streng monoton zunehmend und für $0 < x < 1$ streng monoton abnehmend.

b) $f'(x) = x^2 - x = x \cdot (x - 1)$

Für $x < 0$ ist f streng monoton zunehmend.

Für $0 \leqq x < 1$ ist f streng monoton abnehmend.

Für $x \geqq 1$ ist f streng monoton zunehmend.

## F 22 Für ein Extremwertproblem eine Zielfunktion aufstellen

***... da bin ich noch unsicher*** ☐ ***... das kann ich (jetzt)*** ☐

In der Regel ist einem Aufgabentext unmittelbar anzusehen, dass er die Bearbeitung eines Extremwertproblems fordert. Sie erkennen dies an Formulierungen wie „G soll den größtmöglichen/kleinstmöglichen Wert annehmen". Dabei steht G in der Analysis häufig für eine Größe wie z. B. Länge, Flächeninhalt, Volumen. Dies bedeutet, dass Sie die wichtigsten Formeln zur Beschreibung dieser Größen auswendig wissen sollten oder gegebenenfalls in der Formelsammlung nachschlagen.

Meist tritt diese Größe im Zusammenhang mit Graphen von Funktionen auf. Daher ergeben sich Fragestellungen wie die folgenden:

- Der Abstand eines Punktes des Graphen von einem gegebenen Punkt soll möglichst klein sein.
- Ein Dreieck, von dem zwei Ecken auf einem Graphen liegen, soll einen möglichst großen Flächeninhalt haben.
- Ein Rechteck, von dem zwei Ecken auf einem Graphen liegen, soll einen möglichst großen Flächeninhalt haben.
- Ein Dreieck, von dem zwei Ecken auf einem Graphen liegen, soll um eine Koordinatenachse rotieren und dabei einen Körper (Kreiskegel) mit extremalem Volumen erzeugen.

Arbeiten Sie bei einer Extremwertaufgabe immer die folgenden Schritte nacheinander ab.

1. Veranschaulichen der Situation anhand einer beschrifteten Zeichnung
2. Extremalbedingung: Größe, die extremal werden soll, mithilfe der gewählten Bezeichnungen beschreiben. Die Extremalbedingung kann auch von mehreren Variablen abhängig sein.
3. Aufstellen der Nebenbedingung
4. Aufschreiben der Zielfunktion. Diese darf nur eine Variable enthalten.
5. Zielfunktion ableiten
6. Globale Extremstellen ermitteln
7. Ausgangsfragen beantworten

Wenn Sie die Extremstellen mit einem digitalen Hilfsmittel ermitteln, entfällt Schritt 5. Achten Sie darauf, die anderen Schritte sorgfältig zu dokumentieren.

**Beispiel 1**

Gegeben ist die Funktion f mit $f(x) = 4 - x^2$, $x \in \mathbb{R}$. Auf dem Graphen von f werden zwei symmetrisch liegende Punkte P und Q oberhalb der x-Achse gewählt. Diese Punkte bilden mit dem Koordinatenursprung O ein Dreieck.
Für welche Lage der Punkte P und Q hat dieses Dreieck den maximalen Flächeninhalt und wie groß ist dieser?

**Lösung:**

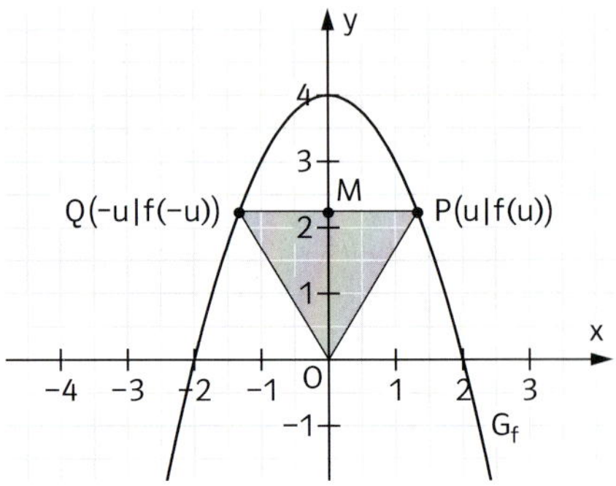


1. Veranschaulichen der Situation anhand einer beschrifteten Zeichnung (siehe Abbildung)
2. Größe, die extremal werden soll, mithilfe der gewählten Bezeichnungen beschreiben:
   Da der Graph symmetrisch zur y-Achse ist, gilt dies auch für das Dreieck OPQ. Die Strecke PQ (Grundseite) ist daher doppelt so groß wie die x-Koordinate des beliebig auf dem Graphen gewählten Punktes P. Die Höhe ergibt sich durch die y-Koordinate des Punktes M bzw. P.
   Der Flächeninhalt A des Dreiecks OPQ soll möglichst groß werden. Es gilt: $A = \frac{1}{2} \cdot \overline{PQ} \cdot \overline{OM} = \frac{1}{2} \cdot \overline{PQ} \cdot y_P$
3. Aufstellen der Nebenbedingung:
   Da der Punkt P auf dem Graphen von f liegt, hat dieser bei beliebig im Intervall [0;2] gewählter x-Koordinate u die y-Koordinate f(u). Das heißt:
   $\overline{OM} = f(u) = 4 - u^2$
4. Aufschreiben der Zielfunktion:
   Der Flächeninhalt des Dreiecks kann jetzt allein in Abhängigkeit von der Variablen u beschrieben werden:
   $A(u) = \frac{1}{2} \cdot 2u \cdot (4 - u^2) = u \cdot (4 - u^2)$, $u \in [0;2]$
5. Zielfunktion ableiten (vgl. F 8, F 9, F 10):
   $A(u) = u \cdot (4 - u^2) = 4u - u^3$; $A'(u) = 4 - 3u^2$; $A''(u) = -6u$
6. Globale Extremstellen ermitteln (vgl. F 18, F 19):
   $A'(u) = 0$ liefert $u_1 = \sqrt{\frac{4}{3}}$, $A''(u_1) < 0$.
   Die einzige lokale Maximumstelle im Intervall [0;2] ist $u_1 = \sqrt{\frac{4}{3}} = \frac{2}{3}\sqrt{3}$.
   Randwertbetrachtung:
   Wenn u gegen die linke Intervallgrenze 0 strebt, dann strebt der Flächeninhalt A(u) offenkundig gegen 0. Entsprechendes gilt, wenn u gegen die rechte Intervallgrenze 2 strebt. Das lokale Maximum ist daher auf dem Intervall [0;2] sogar ein globales Maximum.
7. Ausgangsfragen beantworten:
   Die Punkte auf dem Graphen von f sind $P\left(\frac{2}{3}\sqrt{3} \middle| \frac{8}{3}\right)$ und $Q\left(-\frac{2}{3}\sqrt{3} \middle| \frac{8}{3}\right)$. Das Dreieck OPQ hat den maximalen Flächeninhalt $A(u_1) = \frac{16}{9}\sqrt{3}$ Flächeneinheiten.

**Beispiel 2**

Gegeben ist die Funktion f mit $f(x) = 0{,}55x \cdot (x - 6)$, $x \in \mathbb{R}$. Durch den Koordinatenursprung O und einen Parabelpunkt $T(u \mid v)$ mit $3 \leq u \leq 6$ wird eine Sehne gezeichnet.
Wie muss man u wählen, damit diese Sehne eine extremale Länge hat? Geben Sie die Art des Extremums und die extremale Länge an.

**Lösung:**

1. Veranschaulichen der Situation anhand einer beschrifteten Zeichnung (siehe Abbildung)

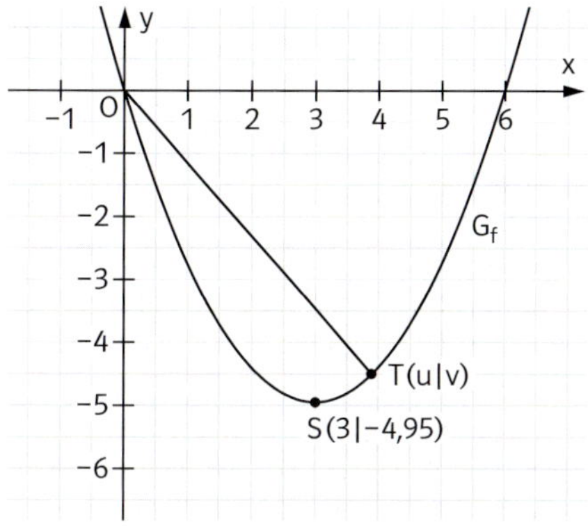


2. Größe, die extremal werden soll, mithilfe der gewählten Bezeichnungen beschreiben:
   Die Sehne durch den Koordinatenursprung O und den Punkt T(u | v) mit $3 \leqq u \leqq 6$ soll eine extremale Länge besitzen.
   Für die Länge d der Strecke OT gilt mit dem Satz des Pythagoras:
   $$d = \sqrt{(x_T - x_O)^2 + (y_T - y_O)^2}$$
3. Aufstellen der Nebenbedingung:
   Da der Punkt T(u | v) auf dem Graphen von f liegt, hat dieser die y-Koordinate:
   $$y_T = f(u)$$
4. Aufschreiben der Zielfunktion:
   Die Länge der Sehne kann jetzt allein in Abhängigkeit von u ausgedrückt werden.
   $$d(u) = \sqrt{(u-0)^2 + (f(u)-0)^2} = \sqrt{u^2 + (0{,}55\,u \cdot (u-6))^2}$$
6. Extremstellenermittlung durchführen:
   Der GTR liefert: H* (3,73 | 5,97), T* (5,27 | 5,68)
   Randwertbetrachtung:
   $$d(3) \approx 5{,}79; \; d(6) = 6$$
7. Ausgangsfragen beantworten:
   An der Stelle $u_1 = 6$ liegt mit exakt 6 Längeneinheiten das globale Maximum für die Sehnenlänge vor, an der Stelle $u_2 \approx 5{,}27$ mit etwa 5,68 Längeneinheiten das globale Minimum.

**Beispiel 3**

Gegeben sind die Funktionen $f_t$ mit $f_t(x) = e^{tx}$, $x \in \mathbb{R}, t \in \mathbb{R}^+$. Die Tangente und die Normale im Schnittpunkt S des Graphen von $f_t$ mit der y-Achse begrenzen mit der x-Achse ein Dreieck.
Wie muss man t wählen, damit der Flächeninhalt dieses Dreiecks minimal wird?
Wie groß ist dieser minimale Flächeninhalt?

**Lösung:**

1. Veranschaulichen der Situation anhand einer beschrifteten Zeichnung (siehe Abbildung).

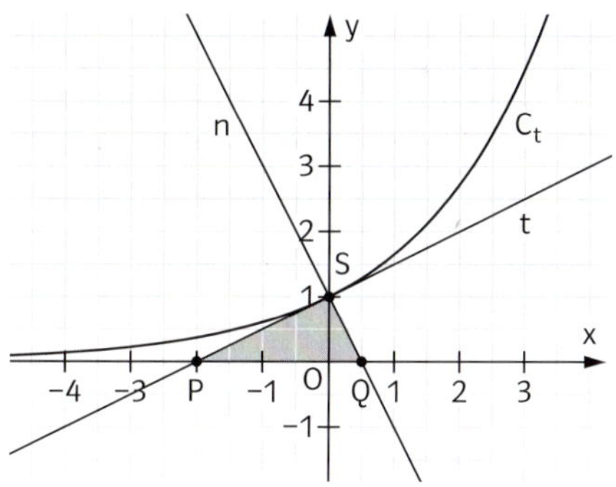


2. Größe, die extremal werden soll, mithilfe der gewählten Bezeichnungen beschreiben:
   Die Tangente in S schneide die x-Achse in P. Die Normale in S schneide die x-Achse in Q. Das entstehende Dreieck PQS hat die Grundseite PQ. Seine Höhe entspricht der y-Koordinate des Punktes S.
   Für den Flächeninhalt A dieses Dreiecks gilt:
   $$A = \frac{1}{2} \cdot \overline{PQ} \cdot y_S$$
3. Aufstellen der Nebenbedingung:
   Da S auf der y-Achse liegt, folgt: $y_S = f_t(0) = e^{t \cdot 0} = 1$
   Um die Punkte P und Q zu ermitteln, wird die Gleichung der Tangente bzw. Normale an den Graphen von $f_t$ in S berechnet. Dazu bestimmt man die Ableitung von $f_t$.
   Es gilt: $f_t'(x) = t \cdot e^{tx}$ ( F 12 )

Tangentensteigung $m_t$ in $S(0|1)$: $m_t = f_t'(0) = t \cdot e^{t \cdot 0} = t$
Tangentengleichung in $S(0|1)$: $y = t \cdot (x - 0) + 1 = tx + 1$
Normalensteigung $m_n$ in $S(0|1)$: $m_n = -\frac{1}{m_t} = -\frac{1}{t}$
Normalengleichung in $S(0|1)$: $y = -\frac{1}{t} \cdot (x - 0) + 1 = -\frac{1}{t}x + 1$
Schnittpunkt der Tangente mit der x-Achse ist daher $P\left(-\frac{1}{t}\middle|0\right)$, Schnittpunkt Q der Normale mit der x-Achse ist $Q(t|0)$. Damit ergibt sich: $\overline{PQ} = y_Q - y_P = t - \left(-\frac{1}{t}\right) = t + \frac{1}{t}$

4. Aufschreiben der Zielfunktion:
   Der Flächeninhalt des Dreiecks PQS kann jetzt allein in Abhängigkeit von der Variablen t beschrieben werden:
   $A(t) = \frac{1}{2} \cdot \left(t + \frac{1}{t}\right) \cdot 1 = \frac{1}{2} \cdot \left(t + \frac{1}{t}\right);\ t \in \mathbb{R}^+$
6. Extremstellenermittlung durchführen:
   Der GTR liefert: $T(1|1)$
   Randwertbetrachtung:
   Wenn t gegen 0 strebt, strebt A(t) gegen $+\infty$. Wenn t gegen $+\infty$ strebt, strebt A(t) ebenfalls gegen $+\infty$. Die lokale Minimumstelle ist zugleich eine globale.
7. Ausgangsfragen beantworten:
   Der Flächeninhalt des Dreiecks wird für $t = 1$ minimal, nämlich 1 Flächeneinheit.

## Aufgaben

1. Gegeben ist die Funktion f mit $f(x) = \frac{3}{x},\ x \in \mathbb{R}^+$. In einem Punkt P des Graphen wird die Tangente gezeichnet. Die Schnittpunkte Q und R dieser Tangente mit den Koordinatenachsen bilden zusammen mit dem Koordinatenursprung O ein Dreieck.
   a) Wie muss man P wählen, damit der Flächeninhalt dieses Dreiecks maximal ist? Wie groß ist er?
   b) Das Dreieck OQR rotiert um die x-Achse und erzeugt einen Drehkegel. Kann man P so wählen, dass dieser Kegel maximales Volumen hat? Wie groß ist es gegebenenfalls?
2. Gegeben sind die Funktionen $f_t$ durch $f_t(x) = tx - t^2,\ x \in \mathbb{R}, t \in ]0;6[$.
   Wie muss man t wählen, damit der Graph von $f_t$ von der Geraden mit der Gleichung $x = 6$ die längste oberhalb der x-Achse liegende Strecke abschneidet?
   Wie lang ist diese Strecke?

**Ergebnisse:**

1. Die Schnittpunkte mit den Koordinatenachsen sind $Q(2u|0)$, $R\left(0\middle|\frac{6}{u}\right)$.
   Die zugehörige Tangentengleichung lautet $t\colon y = -\frac{3}{u^2}x + \frac{6}{u}$.
   a) Zielfunktion A mit $A(u) = 6$. Die Zielfunktion ist eine konstante Funktion. Gleichgültig, welchen Punkt P auf dem Graphen man wählt, hat das Dreieck OQR immer denselben Flächeninhalt.
   b) Zielfunktion $V_x$ mit $V_x(u) = \frac{1}{3}\pi \cdot \frac{72}{u}$; kein lokales Maximum;
   wenn $u \to 0$, dann $V \to +\infty$, wenn $u \to +\infty$, dann $V \to 0$.
2. Zielfunktion s mit $s(t) = 6t - t^2$; wenn man $t = 3$ wählt, dann hat die Strecke die maximale Länge, nämlich 9 Längeneinheiten.

# Stammfunktion, Integral, Integralfunktion

## F 23 Eine Stammfunktion angeben

*... da bin ich noch unsicher* ☐ *... das kann ich (jetzt)* ☐

Wenn die Ableitung F′ einer Funktion F die Funktion f ergibt, dann heißt F Stammfunktion zu f.

Wenn Sie eine Stammfunktion zu einer gegebenen Funktion f angeben sollen, müssen Sie also eine Funktion F suchen, deren Ableitung wieder f ergibt. Wenn Sie die üblichen Ableitungsregeln beherrschen, werden Sie in den meisten Fällen keine Probleme haben, Stammfunktionen anzugeben.
Prüfen Sie die Richtigkeit der unten angegebenen Stammfunktionen nach, indem sie diese wieder ableiten. Es sollte sich dann die ursprüngliche Funktion ergeben.

Folgende Regeln zum Finden von Stammfunktionen sollten Ihnen geläufig sein:

| Zur Funktion f ... | ... ist F eine Stammfunktion |
|---|---|
| $f(x) = x^r,\ r \in \mathbb{R} \setminus \{-1\}$ | $F(x) = \frac{1}{r+1} \cdot x^{r+1}$ |
| $f(x) = c \cdot g(x)$ | $F(x) = c \cdot G(x)$, wobei G Stammfunktion zu g ist |
| $f(x) = g(x) + h(x)$ | $F(x) = G(x) + H(x)$, wobei G bzw. H Stammfunktionen von g bzw. h sind |
| $f(x) = g(ax + b)$ | $F(x) = \frac{1}{a} G(ax + b)$, wobei G Stammfunktion zu g ist |
| $f(x) = e^x$ | $F(x) = e^x$ |
| $f(x) = \frac{1}{x},\ x \in \mathbb{R} \setminus \{0\}$ | $F(x) = \ln(\lvert x \rvert)$; Sonderfall: Für $x > 0$ gilt: $F(x) = \ln(x)$ |

### Hinweis
Es gibt eine Vielzahl weiterer Funktionen, die mit obigen Regeln nicht erfasst werden können. Gegebenenfalls müssen Sie dann eine Formelsammlung zu Rate ziehen.

### Beispiel 1
Geben Sie eine Stammfunktion F zur Funktion f an.

a) $f(x) = \frac{1}{4}x^4$  b) $f(x) = \frac{3}{x^4}$  c) $f(x) = -x^{-3}$  d) $f(x) = 3\sqrt{x}$

**Lösung:**

a) $F(x) = \frac{1}{4} \cdot \frac{1}{5} x^5 = \frac{1}{20} x^5$

b) $F(x) = 3 \cdot \frac{1}{-3} \cdot x^{-3} = -x^{-3} = -\frac{1}{x^3}$

c) $F(x) = -\frac{1}{-2} \cdot x^{-2} = \frac{1}{2} x^{-2} = \frac{1}{2x^2}$

d) $F(x) = 3 \cdot \frac{1}{\frac{3}{2}} \cdot x^{\frac{3}{2}} = 2x^{\frac{3}{2}} = 2 \cdot (\sqrt{x})^3$

### Beispiel 2
Geben Sie eine Stammfunktion F zur Funktion f an.

a) $f(x) = (2x + 3)^4$  b) $f(x) = (x - 1)^{-2}$  c) $f(x) = \frac{1}{4x}$  d) $f(x) = \frac{3}{5x + 1}$

**Lösung:**

a) $F(x) = \frac{1}{5} \cdot \frac{1}{2} \cdot (2x + 3)^5 = \frac{1}{10} \cdot (2x + 3)^5$

b) $F(x) = \frac{1}{-1} \cdot (x - 1)^{-1} = -1 \cdot (x - 1)^{-1} = -\frac{1}{x - 1}$

c) $F(x) = \frac{1}{4} \cdot \ln\lvert 4x \rvert$  Alternative: Aus $f(x) = \frac{1}{4} \cdot \frac{1}{x}$ folgt $F(x) = \frac{1}{4} \cdot \ln\lvert x \rvert$ (vgl. F 24)

d) $F(x) = \frac{3}{5} \cdot \ln\left\lvert \frac{5x + 1}{3} \right\rvert$  Alternative: Aus $f(x) = 3 \cdot \frac{1}{5x + 1}$ folgt $F(x) = \frac{3}{5} \cdot \ln\lvert 5x + 1 \rvert$

### Beispiel 3
Geben Sie eine Stammfunktion F zur Funktion f an.

a) $f(x) = e^{4x - 1}$  b) $f(x) = 2 \cdot e^{-\frac{1}{2}x + 3}$

**Lösung:**

a) $F(x) = \frac{1}{4} \cdot e^{4x-1}$

b) $F(x) = 2 \cdot \frac{1}{-\frac{1}{2}} e^{-\frac{1}{2}x+3} = -4 \cdot e^{-\frac{1}{2}x+3}$

**Aufgaben**

Geben Sie jeweils eine Stammfunktion F zur Funktion f an.

1. a) $f(x) = \frac{1}{2}x^5 + x$ b) $f(x) = \frac{3}{x^4} + \frac{2}{x^2}$ c) $f(x) = (2x-3)^2$ d) $f(x) = \frac{3}{(x+1)^2}$

2. a) $f(x) = 4 \cdot e^{-3x-1}$ b) $f(x) = \frac{x}{e^2}$ c) $f(x) = e^{2x} - 1$ d) $f(x) = x - \frac{1}{x}$

**Ergebnisse:**

1. a) $F(x) = \frac{1}{12}x^6 + \frac{1}{2}x^2$ b) $F(x) = -\frac{1}{x^3} - \frac{2}{x}$ c) $F(x) = \frac{1}{6} \cdot (2x-3)^3$ d) $F(x) = -\frac{3}{x+1}$

2. a) $F(x) = -\frac{4}{3} \cdot e^{-3x-1}$ b) $F(x) = \frac{x^2}{2 \cdot e^2}$ c) $F(x) = \frac{1}{2}e^{2x} - x$ d) $F(x) = \frac{1}{2}x^2 - \ln|x|$

## F 24 Eine Stammfunktion mit vorgegebenen Eigenschaften bestimmen

***... da bin ich noch unsicher*** ☐ ***... das kann ich (jetzt)*** ☐

Wenn F eine Stammfunktion von f in I ist, dann ist auch jede Funktion G mit $G(x) = F(x) + c,\ x \in I,\ c \in \mathbb{R}$, eine Stammfunktion von f.

Kennt man also eine einzige Stammfunktion F von f, so erhält man weitere solche Stammfunktionen durch Addition eines konstanten Summanden c zum Funktionsterm von F.
Leitet man nämlich die Funktion G mit $G(x) = F(x) + c$ ab, so ergibt sich $G'(x) = F'(x) = f(x)$.

**Beispiel 1**

Gegeben ist die Funktion f mit $f(x) = \frac{4}{x^2},\ x \in \mathbb{R} \setminus \{0\}$.
Bestimmen Sie diejenige Stammfunktion F von f, deren Graph durch den Punkt $P\left(\frac{1}{2} \middle| -6\right)$ geht.

**Lösung:**

Die Stammfunktionen G von f lassen sich beschreiben durch $G(x) = -4 \cdot x^{-1} + c = -\frac{4}{x} + c$ (F 23).
Aus $G\left(\frac{1}{2}\right) = -6$ folgt $-6 = -\frac{4}{\frac{1}{2}} + c$. Daraus erhält man $c = 2$.
Die gesuchte Stammfunktion ist F mit $F(x) = -\frac{4}{x} + 2$.

**Beispiel 2**

Gegeben ist die Funktion f mit $f(x) = \frac{1}{4}x^2 + x,\ x \in \mathbb{R}$.
Bestimmen Sie diejenige Stammfunktion F von f, für die $F(-4) = 0$ gilt.

**Lösung:**

Die Stammfunktionen G von f lassen sich beschreiben durch $G(x) = \frac{1}{12} \cdot x^3 + \frac{1}{2} \cdot x^2 + c$ (F 23).
Aus $G(-4) = 0$, also $\frac{1}{12} \cdot (-4)^3 + \frac{1}{2} \cdot (-4)^2 + c = \frac{8}{3} + c = 0$ ergibt sich $c = -\frac{8}{3}$.
Die gesuchte Stammfunktion ist F mit $F(x) = \frac{1}{12} \cdot x^3 + \frac{1}{2} \cdot x^2 - \frac{8}{3},\ x \in \mathbb{R}$.

**Aufgabe**

Bestimmen Sie diejenige Stammfunktion F von f, deren Graph durch den angegebenen Punkt P geht.

a) $f(x) = e^{-2x};\ P\left(0 \middle| -\frac{1}{2}\right)$

b) $f(x) = \frac{1}{4}\sqrt{x};\ P\left(4 \middle| \frac{1}{3}\right)$

**Ergebnis:**

a) $F(x) = -\frac{1}{2}e^{-2x}$

b) $F(x) = \frac{1}{6} \cdot x^{\frac{3}{2}} - 1$

## F 25 Eine Integralfunktion angeben und Integrale berechnen

***... da bin ich noch unsicher*** ☐ ***... das kann ich (jetzt)*** ☐

Wenn die Funktion f: $t \mapsto f(t)$ auf einem Intervall I stetig ist und a in diesem Intervall liegt, dann heißt die Funktion $I_a$ mit $I_a(x) = \int_a^x f(t)\,dt$ für $x \in I$ Integralfunktion von f zur unteren Grenze a. Diese Integralfunktion ist differenzierbar und es gilt: $I_a'(x) = f(x)$ für $x \in I$
Der Funktionswert $I_a(b)$ dieser Integralfunktion heißt bestimmtes Integral von f mit den Grenzen a und b.
Wenn die Funktion f auf einem Intervall I stetig ist und F eine beliebige Stammfunktion von f in I ist, dann gilt für $a, b \in I$:

$$\int_a^b f(x)\,dx = F(b) - F(a) \quad \text{(Hauptsatz der Differenzial- und Integralrechnung)}$$

Um eine Integralfunktion angeben oder ein bestimmtes Integral berechnen zu können, müssen Sie also lediglich eine Stammfunktion finden und gegebenenfalls deren Funktionswerte berechnen können.

### Beispiel 1

Die Funktion f ist gegeben. Bestimmen Sie den Funktionsterm der Integralfunktion $I_a$.

a) $f(x) = \frac{1}{4}x^2 + x$; $I_0(x)$, $I_2(x)$ b) $f(x) = -2 \cdot e^x$; $I_{-1}(x)$

**Lösung:**

a) $I_0(x) = \int_0^x f(t)\,dt = \int_0^x \left(\frac{1}{4}t^2 + t\right)dt = \left[\frac{1}{12}t^3 + \frac{1}{2}t^2\right]_0^x = \frac{1}{12}x^3 + \frac{1}{2}x^2$ (F 23)

$I_2(x) = \int_2^x f(t)\,dt = \int_2^x \left(\frac{1}{4}t^2 + t\right)dt = \left[\frac{1}{12}t^3 + \frac{1}{2}t^2\right]_2^x = \frac{1}{12}x^3 + \frac{1}{2}x^2 - \frac{8}{3}$ (F 23)

b) $I_{-1}(x) = \int_{-1}^x f(t)\,dt = \int_{-1}^x (-2 \cdot e^t)\,dt = [-2 \cdot e^t]_0^x = -2 \cdot e^x - (-2 \cdot e^{-1})$
$= -2 \cdot e^x + 2 \cdot e^{-1} = -2e^x + \frac{2}{e}$ (F 23)

### Beispiel 2

Berechnen Sie die Integrale.

a) $\int_{-1}^{2} \frac{1}{2}x^3\,dx$ b) $\int_1^2 \left(\frac{1}{x^2} - x\right)dx$ c) $\int_{-\frac{1}{2}}^{\frac{1}{2}} e^{-2x+1}\,dx$

**Lösung:**

a) $\int_{-1}^{2} \frac{1}{2}x^3\,dx = \left[\frac{1}{2} \cdot \frac{1}{4}x^4\right]_{-1}^2 = \left[\frac{1}{8}x^4\right]_{-1}^2 = \frac{1}{8} \cdot 2^4 - \frac{1}{8} \cdot (-1)^4 = 2 - \frac{1}{8} = \frac{15}{8}$

b) $\int_1^2 \left(\frac{1}{x^2} - x\right)dx = \left[-\frac{1}{x} - \frac{1}{2}x^2\right]_1^2 = \left(-\frac{1}{2} - \frac{1}{2} \cdot 2^2\right) - \left(-\frac{1}{1} - \frac{1}{2} \cdot 1^2\right) = -\frac{5}{2} + \frac{3}{2} = -1$

c) $\int_{-\frac{1}{2}}^{\frac{1}{2}} e^{-2x+1}\,dx = \left[-\frac{1}{2} \cdot e^{-2x+1}\right]_{-\frac{1}{2}}^{\frac{1}{2}} = \left(-\frac{1}{2} \cdot e^{-2 \cdot \frac{1}{2}+1}\right) - \left(-\frac{1}{2} \cdot e^{-2 \cdot \left(-\frac{1}{2}\right)+1}\right) = -\frac{1}{2} \cdot e^0 + \frac{1}{2} \cdot e^2 = -\frac{1}{2} + \frac{1}{2} \cdot e^2$

### Beispiel 3

Berechnen Sie die Integrale.

a) $\int_1^2 \frac{2x^3 + 1}{x^2}\,dx$ b) $\int_{-1}^{1} (2x - 4)^3\,dx$ c) $\int_0^2 \frac{3}{\left(\frac{1}{2}x - 2\right)^4}\,dx$

**Lösung:**

a) $\int_1^2 \frac{2x^3 + 1}{x^2}\,dx = \int_1^2 \left(2x + \frac{1}{x^2}\right)dx = \left[x^2 - \frac{1}{x}\right]_1^2 = \left(2^2 - \frac{1}{2}\right) - \left(1^2 - \frac{1}{1}\right) = \frac{7}{2}$

b) $\int_{-1}^{1} (2x-4)^3\,dx = \left[\frac{1}{4}\cdot\frac{1}{2}(2x-4)^4\right]_{-1}^{1} = \left(\frac{1}{8}(2-4)^4\right) - \left(\frac{1}{8}(-2-4)^4\right) = 2 - 162 = -160$

c) $\int_{0}^{2} \frac{3}{\left(\frac{1}{2}x-2\right)^4}\,dx = 3\cdot\left[-\frac{1}{3}\cdot 2\cdot\left(\frac{1}{2}x-2\right)^{-3}\right]_0^2 = -2\cdot((-1)^{-3}-(-2)^{-3}) = -2\cdot\left(-1+\frac{1}{8}\right) = \frac{7}{4}$

**Aufgaben**

1. Geben Sie für $f(x) = \frac{8}{(4x+2)^2}$ die Funktionsgleichung der Integralfunktion $I_2$ an.
2. Berechnen Sie die Integrale.
   a) $\int_{-1}^{1} (x^4 - x^2)\,dx$  b) $\int_{2}^{4} (x^{-2}+1)\,dx$  c) $\int_{1}^{5} (5-x)^3\,dx$
   d) $\int_{-1}^{0} e^{3x}\,dx$  e) $\int_{3}^{4} \frac{1}{(2-x)^2}\,dx$

**Ergebnisse:**

1. $I_2(x) = -2\cdot\frac{1}{4x+2} + \frac{1}{5}$ (F 23)
2. a) $-\frac{4}{15}$  b) $\frac{9}{4}$  c) 64
   d) $\frac{1}{3} - \frac{1}{3}e^{-3}$  e) $\frac{1}{2}$

# Anwendungen des Integrals

## F 26 Den Inhalt der Fläche zwischen Funktionsgraph und x-Achse berechnen

*... da bin ich noch unsicher* ☐ *... das kann ich (jetzt)* ☐

**1. Fall:** Die Fläche liegt zwischen dem Graphen einer Funktion f und der x-Achse und es gibt keine gemeinsamen Punkte des Graphen und der x-Achse.
In diesem Fall muss ein Intervall [a ; b] angegeben sein, über dem die Fläche bestimmt werden soll.

Vorgehensweise:
Berechnen Sie $A = \left|\int_a^b f(x)\,dx\right|$ (F 25)

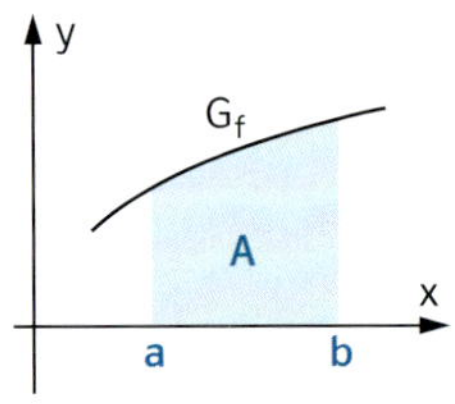


Das Ergebnis ist die Maßzahl des gesuchten Flächeninhalts. Die Betragstriche garantieren, dass sich keine negative Maßzahl ergibt. Wenn Sie bereits wissen, dass im angegebenen Intervall die Funktionswerte von f alle nicht negativ sind, der Graph von f also oberhalb der x-Achse liegt, dann sind die Betragstriche entbehrlich.

**2. Fall:** Die Fläche liegt zwischen dem Graphen einer Funktion f und der x-Achse und es gibt gemeinsame Punkte des Graphen und der x-Achse.

Vorgehensweise:
Berechnen Sie alle Schnittstellen des Graphen mit der x-Achse (siehe F 1 bis F 4) und ordnen Sie diese der Größe nach:
$x_1 < x_2 < x_3 < \ldots < x_n$
Berechnen Sie die einzelnen Teilflächen und addieren Sie deren Maßzahlen:

$$A = \left|\int_a^{x_1} f(x)\,dx\right| + \left|\int_{x_1}^{x_2} f(x)\,dx\right| + \left|\int_{x_2}^{x_3} f(x)\,dx\right| + \ldots + \left|\int_{x_n}^{b} f(x)\,dx\right|$$

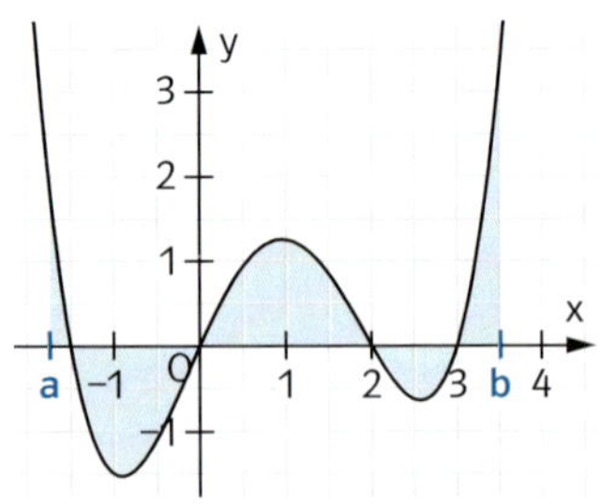

**Hinweise**

1. Wenn Sie ohne Rücksicht auf Schnittstellen des Graphen von f mit der x-Achse das Integral $\int_a^b f(x)\,dx$ berechnen, so erhalten Sie den sogenannten orientierten Flächeninhalt über dem Intervall [a;b]. Das Integral gibt in diesem Fall die algebraische Summe der Maßzahlen aller Teilflächen an, wobei die Flächenstücke unterhalb der x-Achse negativ, die Flächenstücke oberhalb der x-Achse positiv gezählt werden.
2. Beachten Sie, dass manche Grafikrechner bei Gleichungen der Form $\int_a^b f(x)\,dx = c$ unmittelbar Näherungswerte für a oder b bestimmen und damit Lösungswege verkürzen können. Achten Sie daher darauf, ob Sie Lösungen exakt (also ohne Taschenrechner) bestimmen müssen oder eine näherungsweise Lösung (mit Taschenrechner) ausreicht.

**Tipp**

Prüfen Sie bei Bestimmung der Stammfunktion per Hand vorsorglich die jeweils von Ihnen notierte Stammfunktion durch Ableiten nach, ehe Sie weiterrechnen. Es muss sich immer die Funktion unter dem Integralzeichen (die Integrandenfunktion) ergeben.

**Beispiel 1**

Berechnen Sie den Inhalt der Fläche zwischen dem Graphen von f mit $f(x) = e^{-\frac{1}{2}x}$, $x \in \mathbb{R}$, und der x-Achse über dem Intervall [2;4] exakt.

**Lösung:**

Da $e^{-\frac{1}{2}x} > 0$ für $x \in [2;4]$ gilt, folgt (F 23, Beispiel 3):

$$A = \int_2^4 e^{-\frac{1}{2}x}dx = \left[-2\cdot e^{-\frac{1}{2}x}\right]_2^4 = (-2\cdot e^{-2}) - (-2\cdot e^{-1}) = 2\cdot(e^{-1} - e^{-2}) = 2\cdot\left(\frac{1}{e} - \frac{1}{e^2}\right)$$

Die Flächeninhaltsmaßzahl ist $2\cdot\left(\frac{1}{e} - \frac{1}{e^2}\right)$ Flächeneinheiten.

**Beispiel 2**

Berechnen Sie den Inhalt der Fläche zwischen dem Graphen von f mit $f(x) = \frac{2}{(3x+1)^2}$ und der x-Achse über dem Intervall [0;1] exakt. Zeigen Sie zunächst, dass F mit $F(x) = \frac{-2}{3(3x+1)}$ eine Stammfunktion zu f ist.

**Lösung:**

Man erkennt, dass der Graph die x-Achse nicht schneidet, da alle Funktionswerte positiv sind. Daher kann man beim Integral auf die Betragstriche verzichten.

$$A = \int_0^1 \frac{2}{(3x+1)^2}dx = -\frac{2}{3}\cdot\left[\frac{1}{3x+1}\right]_0^1 = -\frac{2}{3}\left(\frac{1}{4} - 1\right) = \frac{1}{2}$$

Die Flächeninhaltsmaßzahl beträgt 0,5 Flächeneinheiten.

**Beispiel 3**

Gegeben ist die Funktion f mit $f(x) = \frac{1}{2}x^2 - 2;\ x \in \mathbb{R}$.

a) Berechnen Sie das Integral $\int_{-2}^{b} f(x)\,dx$ für $b = 3$ und deuten Sie es als orientierten Flächeninhalt.

b) 🖩 Wie muss man b wählen, damit die beiden Teilflächen über den Intervallen [−2;2] und [2;b] gleich groß sind?

c) Der Graph von g mit $g(x) = f(x) + c$ schließt auf dem Intervall [0;3] mit der x-Achse zwei Flächen ein.
Bestimmen Sie c so, dass diese beiden Flächen den gleichen Flächeninhalt haben.

**Lösung:**

a) Es gilt ( F 23 , Beispiel 1):

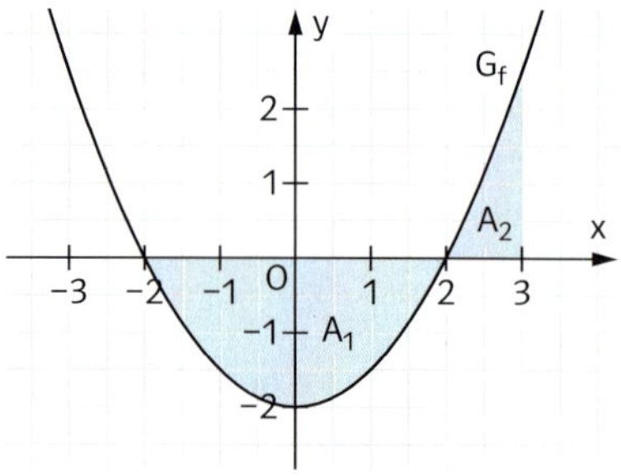


$$\int_{-2}^{3}\left(\tfrac{1}{2}x^2-2\right)dx = \left[\tfrac{1}{6}x^3-2x\right]_{-2}^{3}$$
$$= \left(\tfrac{27}{6}-6\right)-\left(\left(-\tfrac{8}{6}\right)-(-4)\right) = -\tfrac{25}{6}$$

Das Flächenstück $A_1$ unterhalb der x-Achse wird negativ, das Flächenstück $A_2$ oberhalb der x-Achse wird positiv gezählt. Das Integral beschreibt die Summe der beiden Zahlen, die hier negativ ist, weil die unterhalb der x-Achse liegende Fläche größer ist als die oberhalb liegende.

b) Der orientierte Flächeninhalt über dem Intervall $[-2;b]$ muss den Wert 0 haben:

$$\int_{-2}^{b}\left(\tfrac{1}{2}x^2-2\right)dx = 0$$

Der GTR liefert die Lösung $b = 4$.

c) Der orientierte Inhalt über dem Intervall $[0;3]$ für $g(x) = f(x) + c$ muss den Wert 0 haben:

$$\int_{0}^{3}\left(\tfrac{1}{2}x^2-2+c\right)dx = \left[\tfrac{1}{6}x^3-2x+cx\right]_{0}^{3} = \left(\tfrac{27}{6}-6+3c\right)-0 = 3c-\tfrac{3}{2}$$

Bedingung: $3c-\frac{3}{2}=0$

Die Gleichung hat die Lösung $c=\frac{1}{2}$.

**Beispiel 4**

Berechnen Sie den Inhalt der Fläche, die der Graph von f mit $f(x) = x^2 + 2x - 3, x \in \mathbb{R}$, mit der x-Achse einschließt, exakt.

**Lösung:**

Schnittstellen des Graphen mit der x-Achse:

Aus $f(x) = 0$ folgt: $x_1 = -3$, $x_2 = 1$ (siehe F 2 )

Wert des Integrals: $\int_{-3}^{1}(x^2+2x-3)\,dx = \left[\tfrac{1}{3}x^3+x^2-3x\right]_{-3}^{1} = \left(\tfrac{1}{3}+1-3\right)-((-9)+9+9) = -\tfrac{32}{3}$

Der Flächeninhalt beträgt $\frac{32}{3}$ Flächeneinheiten.

**Aufgaben**

1. Berechnen Sie den Inhalt der Fläche zwischen dem Graphen von f und der x-Achse über dem angegebenen Intervall $[a;b]$.
   a) $f(x) = -x^2 + 4x;\ x \in [1;3]$
   b) $f(x) = -\frac{2}{x^2};\ x \in [0{,}5;4]$
   c) 🖩 $f(x) = \sin(x) + 1;\ x \in [0;\pi]$
   d) 🖩 $f(x) = e^{-\frac{2}{3}x};\ x \in \left[0;\frac{3}{2}\right]$
2. Berechnen Sie den Inhalt der Fläche, die der Graph von f mit der x-Achse einschließt.
   a) $f(x) = -\frac{1}{2}x^4 + x^3;\ x \in \mathbb{R}$
   b) 🖩 $f(x) = (x-5)\cdot(x^2-x-2);\ x \in \mathbb{R}$
3. Berechnen Sie den orientierten Flächeninhalt über dem angegebenen Intervall.

   $f(x) = 2e^{-x} - 1;\ x \in [0;2]$
4. 🖩 Gegeben ist die Funktion f mit $f(x) = e^{-x} - 2,\ x \in \mathbb{R}$.
   a) Berechnen Sie einen Näherungswert für den orientierten Flächeninhalt über dem Intervall $[-2;0]$.
   b) Bestimmen Sie einen Näherungswert für a so, dass der orientierte Flächeninhalt über dem Intervall $[a;0]$ den Wert 0 hat.

c) Bestimmen Sie für die Funktion g mit $g(x) = f(x) + c$ einen Näherungswert für c so, dass der orientierte Flächeninhalt über dem Intervall $[-3;0]$ den Wert 0 hat.

**Ergebnisse:**

1. a) $A = \frac{22}{3}$ b) $A = \frac{7}{2}$ c) $A = 2 + \pi \approx 5{,}14$ d) $A = \frac{3}{2} \cdot \left(1 - \frac{1}{e}\right) \approx 0{,}948$
2. a) $A = \frac{4}{5}$ ($x_1 = 0$; $x_2 = 2$) b) $A = 40{,}5$ ($x_1 = -1$; $x_2 = 2$; $x_3 = 5$)
3. $A = -2e^{-2} \approx -0{,}271$
4. a) $A \approx 2{,}389$ b) $a \approx -1{,}256$ c) $c \approx -4{,}362$

## F 27 Den Inhalt von Flächen zwischen zwei Funktionsgraphen berechnen

***… da bin ich noch unsicher*** ☐ ***… das kann ich (jetzt)*** ☐

**1. Fall:** Die Fläche liegt zwischen den beiden Graphen der Funktionen f und g und es gibt *keine* gemeinsamen Punkte der beiden Graphen.

In diesem Fall muss ein Intervall $[a;b]$ angegeben sein, über dem die Fläche bestimmt werden soll.

Vorgehensweise:
Berechnen Sie $A = \left| \int_a^b (f(x) - g(x))\,dx \right|$ (siehe F 25).

Das Ergebnis ist die Maßzahl des gesuchten Flächeninhalts. Die Betragstriche garantieren, dass sich keine negative Maßzahl ergibt. Wenn Sie bereits wissen, dass im angegebenen Intervall die Funktionswerte von f mindestens so groß sind wie die von g, der Graph von f also oberhalb des Graphen von g liegt, dann sind die Betragstriche entbehrlich.

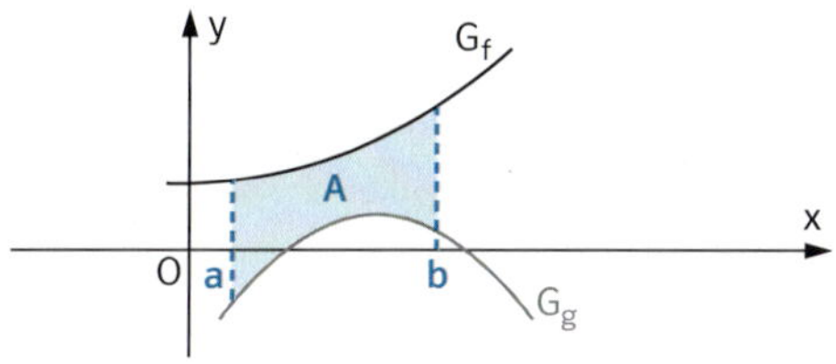


**2. Fall:** Die Fläche liegt zwischen den beiden Graphen der Funktionen f und g und es gibt gemeinsame Punkte der beiden Graphen.

Vorgehensweise:
Berechnen Sie alle Schnittstellen der beiden Graphen (vgl. F 1 bis F 5) und ordnen Sie diese der Größe nach: $x_1 < x_2 < x_3 < \ldots < x_n$
Berechnen Sie die einzelnen Teilflächen und addieren Sie deren Maßzahlen:

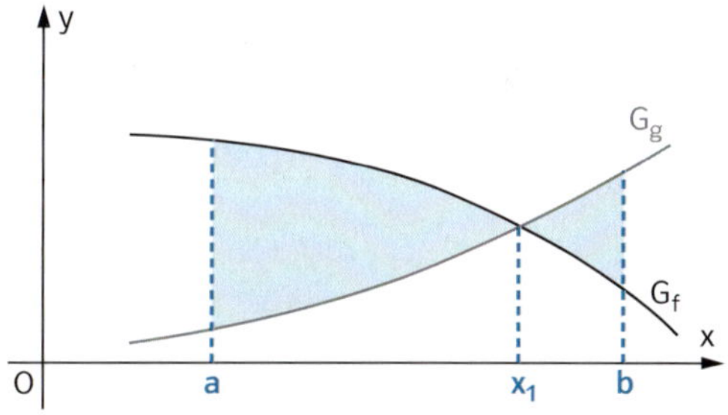


$$A = \left| \int_a^{x_1} (f(x) - g(x))\,dx \right| + \left| \int_{x_1}^{x_2} (f(x) - g(x))\,dx \right| + \left| \int_{x_2}^{x_3} (f(x) - g(x))\,dx \right| + \ldots + \left| \int_{x_n}^{b} (f(x) - g(x))\,dx \right|$$

**Hinweis**
Es ist für die Berechnung unwesentlich, ob Teile dieser Fläche oberhalb und andere Teile unterhalb der x-Achse liegen!

**Tipp**
Wenn Sie ein digitales Hilfsmittel verwenden dürfen, dann können Sie dort unmittelbar die Integrandenfunktion mit den angegebenen Grenzen eingeben, manchmal sogar das vollständige Integral.

**Beispiel 1**

Berechnen Sie den Inhalt der Fläche zwischen den Graphen von f und g mit $f(x) = 3x^2 - 2x + 1,\ x \in \mathbb{R}$, und $g(x) = \frac{1}{4}x - 1,\ x \in \mathbb{R}$, über dem Intervall $[1;2]$ exakt.

**Lösung:**

Die beiden Graphen schneiden sich auf dem gegebenen Intervall nicht.
Für die Maßzahl A des Flächeninhalts gilt:

$$A = \left|\int_1^2 \left((3x^2 - 2x + 1) - \left(\tfrac{1}{4}x - 1\right)\right) dx\right| = \left|\int_1^2 \left(3x^2 - \tfrac{9}{4}x + 2\right) dx\right|$$

$$A = \left|\left[x^3 - \tfrac{9}{8}x^2 + 2x\right]_1^2\right| = \left|\left(8 - \tfrac{9}{2} + 4\right) - \left(1 - \tfrac{9}{8} + 2\right)\right| = 5{,}625$$

Die Flächeninhaltsmaßzahl beträgt 5,625 Flächeneinheiten.

**Beispiel 2**

Bestimmen Sie mithilfe des GTR einen Näherungswert für den Inhalt der Fläche zwischen den Graphen von f und g mit $f(x) = -2(x^2 - 4x),\ x \in \mathbb{R}$, und $g(x) = e^x - 1,\ x \in \mathbb{R}$.

**Lösung:**

Die Schnittstellen der zugehörigen Graphen erhält man als Nullstellen der Funktion h mit $h(x) = f(x) - g(x)$. Mithilfe des GTR ergibt sich: $x_1 = 0,\ x_2 \approx 2{,}1892$.

Für die Maßzahl des Flächeninhalts folgt damit: $A^* = \int_0^{2{,}1892} h(x)\,dx \approx 6{,}437$

Die Fläche zwischen den Graphen hat näherungsweise den Inhalt 6,437 Flächeneinheiten.

**Aufgaben**

1. Berechnen Sie den Inhalt der Fläche zwischen den Graphen von f und g über dem angegebenen Intervall $[a;b]$ exakt.

   a) $f(x) = \frac{1}{2}x^2 + 2;\ g(x) = -x - 2;\ x \in [-2;2]$ b) $f(x) = e^{\frac{1}{2}x};\ g(x) = -x + 1;\ x \in [0;2]$

2. Berechnen Sie den Inhalt der von den Graphen von f und g eingeschlossenen Fläche:
   $f(x) = -x^2 + 4x,\ g(x) = \frac{3}{x^2};\ x \in \mathbb{R}^+$

**Ergebnisse:**

1. a) $A = 18\frac{2}{3}$ b) $A = 2e - 2$
2. $x_1 = 1;\ x_2 \approx 3{,}9514;\ A \approx 6{,}755$

## F 28 Den Inhalt einer Fläche berechnen, die in x-Richtung ins Unendliche reicht

***… da bin ich noch unsicher*** ☐ ***… das kann ich (jetzt)*** ☐

Gegeben ist der Graph einer Funktion f, der die x-Achse als Asymptote hat. Dieser Graph, die Gerade mit der Gleichung $x = a$ und die x-Achse begrenzen eine nach rechts offene ins Unendliche reichende Fläche. Wenn diese Fläche einen endlichen Inhalt hat, kann dieser berechnet werden.

Vorgehensweise:
Bestimmen Sie zunächst das Integral mit der angegebenen unteren Grenze a und der variabel gehaltenen oberen Grenze u, $u > a$. Anschließend prüfen Sie, ob der Grenzwert

$$\lim_{u \to +\infty} \int_a^u f(x)\,dx$$ existiert.

Entsprechend gehen Sie vor, wenn die Fläche von der Geraden mit der Gleichung $x = b$ aus „nach links" ins Unendliche reicht.

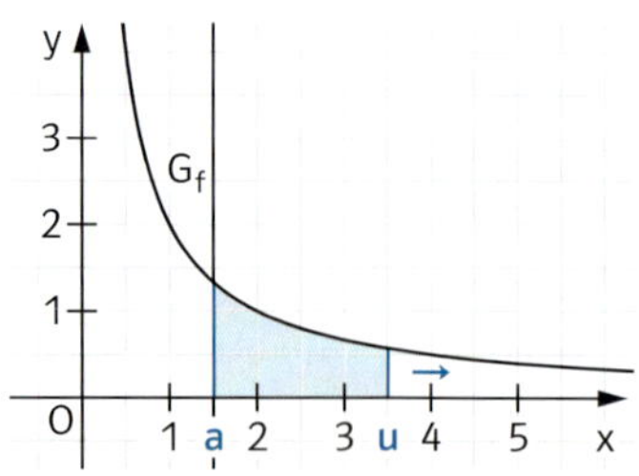

In diesem Fall ist zu prüfen, ob für ein festgewähltes b der Grenzwert

$\lim\limits_{u \to -\infty} \int_u^b f(x)\,dx,\ u < b,$ existiert.

Um erkennen zu können, ob die genannten Grenzwerte existieren, ist es wichtig, einige typische Grenzwerte auswendig zu wissen.

Es gilt: $\lim\limits_{x \to +\infty} \frac{t}{x^p} = 0;\ t \in \mathbb{R};\ p \in \mathbb{R}^+$

$\lim\limits_{x \to +\infty} \frac{t}{e^{px}} = \lim\limits_{x \to +\infty} (t \cdot e^{-px}) = 0;\ t \in \mathbb{R};\ p \in \mathbb{R}^+$

$\lim\limits_{x \to +\infty} \frac{tx^r}{e^{px}} = \lim\limits_{x \to +\infty} (tx^r \cdot e^{-px}) = 0;\ t \in \mathbb{R};\ r \in \mathbb{R};\ p \in \mathbb{R}^+$

Sollen Sie den Grenzwert einer Summe bestimmen, so bestimmen Sie die Grenzwerte der einzelnen Summanden, sofern diese existieren, und addieren diese:

$\lim\limits_{x \to +\infty} \left(2 + \frac{3}{x^2}\right) = 2 + 0 = 2;\ \lim\limits_{x \to \infty} \left(3e^{-x} - \frac{1}{\sqrt{x}}\right) = 0 - 0 = 0$

Entsprechend ergibt sich der Grenzwert eines Produkts als Produkt der Grenzwerte der einzelnen Faktoren, sofern diese existieren:

$\lim\limits_{x \to +\infty} \left(\left(\frac{2}{x^3} - 4\right) \cdot (e^{-x} - 1)\right) = (-4) \cdot (-1) = 4$

**Tipp**

Wenn Sie hinsichtlich der Existenz oder Nichtexistenz eines Grenzwerts unsicher sind, setzen Sie in den Funktionsterm nacheinander „sehr große Zahlen" ein und beobachten Sie, ob sich die Funktionswerte einer bestimmten Zahl anzunähern scheinen.

**Beispiel 1**

Gegeben sei die Funktion f mit $f(x) = e^{-2x},\ x \in \mathbb{R}_0^+$.

Untersuchen Sie, ob der Graph von f mit den Koordinatenachsen eine Fläche von endlichem Inhalt einschließt.

**Lösung:**

Berechnung des Integrals mit unterer Grenze 0 und oberer Grenze u, $u > 0$ (F 23, Beispiel 3):

$\int_0^u f(x)\,dx = \int_0^u e^{-2x}\,dx = \left[-\frac{1}{2}e^{-2x}\right]_0^u = -\frac{1}{2}e^{-2u} - \left(-\frac{1}{2}e^0\right) = \frac{1}{2} \cdot (1 - e^{-2u})$

Bestimmung des Grenzwerts für $u \to +\infty$:

Wenn $u \to +\infty$, dann $e^{-2u} \to 0$, und daher $\lim\limits_{u \to +\infty} \left(\frac{1}{2} \cdot (1 - e^{-2u})\right) = \frac{1}{2}$.

Der Inhalt der Fläche zwischen dem Graphen von f und den Koordinatenachsen hat die Maßzahl $\frac{1}{2}$.

**Beispiel 2**

Gegeben sei die Funktion f mit $f(x) = -\frac{3}{x^2},\ x \in \mathbb{R}^+$.

Untersuchen Sie, ob der Graph von f mit der x-Achse und der Geraden mit der Gleichung $x = 2$ eine nach rechts offene Fläche von endlichem Inhalt einschließt.

**Lösung:**

Berechnung des Integrals mit unterer Grenze 2 und oberer Grenze u, $u > 2$ (F 23, Beispiel 1):

$\int_2^u f(x)\,dx = \int_2^u \left(-\frac{3}{x^2}\right) dx = \left[3 \cdot \frac{1}{x}\right]_2^u = \frac{3}{u} - \frac{3}{2}$

Bestimmung des Grenzwerts für $u \to +\infty$:

Wenn $u \to +\infty$, dann $\frac{3}{u} \to 0$, und daher $\lim\limits_{u \to \infty} \left(\frac{3}{u} - \frac{3}{2}\right) = -\frac{3}{2}$.

Da die Fläche unterhalb der x-Achse liegt, ist der Betrag des errechneten Werts zu nehmen.

Die Maßzahl des Flächeninhalts beträgt somit $\frac{3}{2}$.

**Beispiel 3**

Gegeben sei die Funktion f mit $f(x) = e^x + 1,\ x \in \mathbb{R}$.
Untersuchen Sie, ob der Graph von f mit der x-Achse und der Geraden mit der Gleichung $x = -1$ im 2. Quadranten eine nach links offene Fläche von endlichem Inhalt einschließt.

**Lösung:**

Berechnung des Integrals mit unterer Grenze u, $u < -1$, und oberer Grenze $-1$:

$$\int_u^{-1} (e^x + 1)\,dx = [e^x + x]_u^{-1} = (e^{-1} - 1) - (e^u + u)$$

Bestimmung des Grenzwerts für $u \to -\infty$:
Wenn $u \to -\infty$, dann $e^u \to 0$. Der Summand $e^u + u$ strebt also gegen $-\infty$. Ein Grenzwert des Integrals existiert nicht.
Die nach links ins Unendliche reichende Fläche hat somit keinen endlichen Flächeninhalt.

**Aufgabe**

Untersuchen Sie, ob die nach rechts ins Unendliche reichende Fläche zwischen dem Graphen von f, der x-Achse und der Geraden g einen endlichen Flächeninhalt hat.

a) $f(x) = \frac{2}{x^3};\ x \in \mathbb{R}^+;\ g\colon x = 1$

b) $f(x) = -e^{-\frac{1}{2}x};\ x \in \mathbb{R};\ g\colon x = -2$

**Ergebnis:**

a) $A = 1$

b) $A = 2e \approx 5{,}437$

## F 29 Mittelwerte bei stetigen Funktionen berechnen

***... da bin ich noch unsicher*** ☐ ***... das kann ich (jetzt)*** ☐

Die Funktion f sei auf dem Intervall [a ; b] stetig.
Dann heißt

$$\overline{m} = \frac{1}{b-a} \cdot \int_a^b f(x)\,dx$$

Mittelwert der Funktionswerte von f auf diesem Intervall.

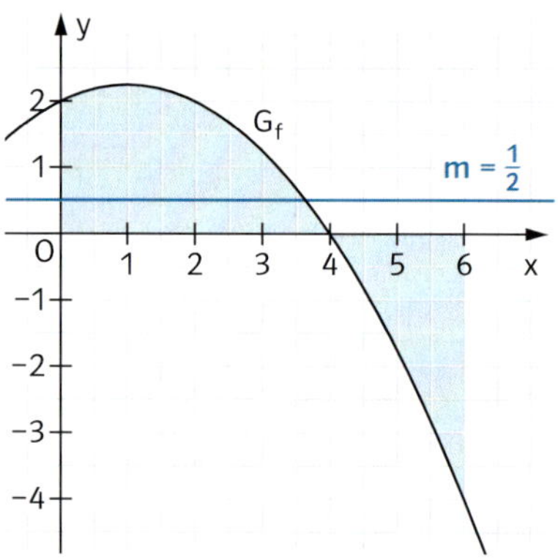


**Hinweis**

In Anwendungsaufgaben sollen Sie beispielsweise die durchschnittliche Anzahl verkaufter Produkte, die durchschnittliche Geschwindigkeit, den durchschnittlichen Pegelstand, das durchschnittliche Gewicht usw. auf einem Zeitintervall [a ; b] angeben. Dazu verwenden Sie die obige Formel, wobei Sie für f den Funktionsterm eingeben, der die betrachtete Größe in Abhängigkeit von der Zeit beschreibt.

**Beispiel 1**

Berechnen Sie den Mittelwert der Funktionswerte von f mit $f(x) = x^2 - 6x$ auf dem Intervall $[-1;3]$.

**Lösung:**

Es gilt:

$$\overline{m} = \frac{1}{b-a} \cdot \int_a^b f(x)\,dx = \frac{1}{3-(-1)} \cdot \int_{-1}^{3} (x^2 - 6x)\,dx = \frac{1}{4} \cdot \left[\frac{1}{3}x^3 - 3x^2\right]_{-1}^{3}$$

$$= \frac{1}{4} \cdot \left(\left(\frac{1}{3} \cdot 3^3 - 3 \cdot 3^2\right) - \left(\frac{1}{3} \cdot (-1)^3 - 3 \cdot (-1)^2\right)\right)$$

$$\overline{m} = -\frac{11}{3}$$

**Beispiel 2**

Bestimmen Sie ein Intervall der Länge 4 Längeneinheiten, sodass die Funktionswerte der Funktion f mit $f(x) = \frac{1}{x^2}$, $x > 0$, auf diesem Intervall den Mittelwert 1 haben.

**Lösung:**

Es muss gelten:

$$1 = \overline{m} = \frac{1}{b-a} \cdot \int_a^b f(x)\,dx$$

$$1 = \frac{1}{4} \cdot \int_a^{a+4} \frac{1}{x^2}\,dx = \frac{1}{4} \cdot \left[-\frac{1}{x}\right]_a^{a+4}$$

$$4 = -\frac{1}{a+4} - \left(-\frac{1}{a}\right) = -\frac{1}{a+4} + \frac{1}{a}$$

Diese Gleichung wird mit dem GTR gelöst. Man erhält den Näherungswert $a \approx 0{,}2361$. Das gesuchte Intervall ist näherungsweise $[0{,}2361; 4{,}2361]$.
(Manche GTR-Modelle sind in der Lage, die Gleichung $1 = \frac{1}{4} \cdot \int_a^{a+4} \frac{1}{x^2}\,dx$ direkt näherungsweise zu lösen.)

**Aufgaben**

1. Die Geschwindigkeit eines Fahrzeugs wird beschrieben durch die Funktion f mit $f(x) = \frac{1}{4}x^2$, $x \in \mathbb{R}_0^+$. Dabei bedeutet x die Anzahl der verstrichenen Sekunden seit dem Beginn der Bewegung, f(x) die erreichte Geschwindigkeit nach x Sekunden in der Einheit $1\,\frac{\text{cm}}{\text{s}}$.
   Berechnen Sie die Durchschnittsgeschwindigkeit in den ersten 10 Sekunden und im Zeitraum von 20 bis 24 Sekunden nach dem Start.
2. Berechnen Sie den Mittelwert der Funktionswerte der Funktion f mit $f(x) = x \cdot e^{-x}$ über dem Intervall $[0; 3]$. Zeigen Sie zunächst, dass $F(x) = -e^{-x}(x+1)$ eine Stammfunktion zu f ist.
3. Bestimmen Sie mithilfe des GTR ein Intervall der Länge 3 Längeneinheiten, sodass die Funktionswerte der Funktion f mit $f(x) = x^2 - e^x$, $x \in \mathbb{R}$, auf diesem Intervall den Mittelwert 0 haben.

**Ergebnisse:**

1. Die Durchschnittsgeschwindigkeiten betragen etwa $8{,}33\,\frac{\text{cm}}{\text{s}}$ bzw. $121{,}33\,\frac{\text{cm}}{\text{s}}$.
2. Der Mittelwert ist näherungsweise 0,267.
3. Die Intervallgrenzen sind näherungsweise $a \approx -1{,}92$ und $b \approx 1{,}08$.

# Funktionsbestimmungen

Manche Aufgaben verlangen die Bestimmung einer Funktionsgleichung zu einer Funktion f, die gewisse vorgegebene Eigenschaften haben soll. Je nach Funktionstyp sind ganz unterschiedliche Eigenschaften wichtig.

## F 30 Funktionsgleichungen ganzrationaler Funktionen bestimmen

*... da bin ich noch unsicher* ☐ *... das kann ich (jetzt)* ☐

In Abhängigkeit vom geforderten Grad 2, 3, 4 usw. machen Sie für den Funktionsterm einen der folgenden Ansätze:

$f(x) = a \cdot x^2 + b \cdot x + c$

$f(x) = a \cdot x^3 + b \cdot x^2 + c \cdot x + d$

$f(x) = a \cdot x^4 + b \cdot x^3 + c \cdot x^2 + d \cdot x + e$

usw.

Sie erkennen, dass für eine ganzrationale Funktion vom Grad 2 drei Koeffizienten a, b und c zu bestimmen sind, bei einer ganzrationalen Funktion vom Grad 3 sind es vier, bei einer solchen vom Grad 4 bereits fünf Koeffizienten usw.

Zur Bestimmung dieser Koeffizienten benötigen Sie daher ein lineares Gleichungssystem mit genauso vielen Gleichungen wie Koeffizienten zu berechnen sind.

Für die Aufstellung eines solchen Gleichungssystems verwenden Sie die folgenden Hinweise mit typischen Formulierungen im Aufgabentext und den sich daraus ergebenden Bedingungen. Beachten Sie dabei, dass manche Aussagen die Aufstellung mehrerer Bedingungen erlauben!

a) Der Graph von f ist symmetrisch zur y-Achse.
In diesem Fall dürfen in der Funktionsgleichung nur gerade Hochzahlen vorkommen, was den Ansatz vereinfacht und die Anzahl der Koeffizienten und somit der Bedingungen sofort verringert.
$f(x) = a \cdot x^2 + c$ oder $f(x) = a \cdot x^4 + c \cdot x^2 + e$ usw.

b) Der Graph von f ist symmetrisch zum Koordinatenursprung O.
Hier dürfen in der Funktionsgleichung nur ungerade Hochzahlen vorkommen.
$f(x) = a \cdot x$, $f(x) = a \cdot x^3 + c \cdot x$ usw.
Auch in diesem Fall sollten Sie mit dem vereinfachten Ansatz weiterarbeiten.

c) Der Punkt $P(u \mid v)$ liegt auf dem Graphen von f.
(I) $f(u) = v$

d) Im Punkt $P(u \mid v)$ des Graphen von f hat die Steigung den Wert m.
(I) $f(u) = v$
(II) $f'(u) = m$

e) Der Punkt $P(u \mid v)$ ist ein Extrempunkt des Graphen von f.
(I) $f(u) = v$
(II) $f'(u) = 0$

f) Der Punkt $P(u \mid v)$ ist ein Wendepunkt des Graphen von f.
(I) $f(u) = v$
(II) $f''(u) = 0$

g) Der Punkt $P(u \mid v)$ ist ein Sattelpunkt des Graphen von f.
(I) $f(u) = v$
(II) $f'(u) = 0$
(III) $f''(u) = 0$

**Beispiel 1**

Der Graph einer ganzrationalen Funktion 3. Grades berührt im Ursprung die x-Achse.
Die Tangente in $P(-3 \mid 0)$ hat die Steigung 6.
Bestimmen Sie die Funktionsgleichung.

**Lösung:**

Die Funktion f ist ganzrational vom Grad 3, d.h.:
$f(x) = a \cdot x^3 + b \cdot x^2 + c \cdot x + d$, $f'(x) = 3a \cdot x^2 + 2b \cdot x + c$

1. Der Punkt $O(0 \mid 0)$ liegt auf dem Graphen von f, d.h.: $f(0) = 0$
   (I) $d = 0$
2. Die Steigung des Graphen im Punkt O ist 0, d.h.: $f'(0) = 0$
   (II) $c = 0$
   Damit ergeben sich Vereinfachungen: $f(x) = a \cdot x^3 + b \cdot x^2$, $f'(x) = 3a \cdot x^2 + 2b \cdot x$
3. Der Punkt $P(-3 \mid 0)$ liegt auf dem Graphen von f, d.h.: $f(-3) = 0$
   $f(-3) = a \cdot (-3)^3 + b \cdot (-3)^2 = -27a + 9b$
   (III) $-27a + 9b = 0$
4. Die Steigung im Punkt $P(-3 \mid 0)$ ist 6, d.h.: $f'(-3) = 6$
   $f'(-3) = 3a \cdot (-3)^2 + 2b \cdot (-3) = 27a - 6b$
   (IV) $27a - 6b = 6$

Aus (III) und (IV) erhält man $a = \frac{2}{3}$, $b = 2$ (F 7).
Die gesuchte Funktionsgleichung lautet also $f(x) = \frac{2}{3}x^3 + 2x^2$.

### Beispiel 2

Der Graph einer ganzrationalen Funktion 4. Grades ist symmetrisch zur y-Achse, geht durch den Punkt $Y(0\,|\,-2)$ und hat den Hochpunkt $H(2\,|\,0)$.
Bestimmen Sie die Funktionsgleichung.

**Lösung:**

Die Funktion ist ganzrational vom Grad 4, d.h.: $f(x) = a \cdot x^4 + b \cdot x^3 + c \cdot x^2 + d \cdot x + e$
Wegen der Symmetrie zur y-Achse folgt: $f(x) = a \cdot x^4 + c \cdot x^2 + e$, $f'(x) = 4a \cdot x^3 + 2c \cdot x$

1. Der Punkt $Y(0\,|\,-2)$ liegt auf dem Graphen von f, d.h.: $f(0) = -2$
   (I) $e = -2$
   Damit ergibt sich die Vereinfachung zu $f(x) = a \cdot x^4 + c \cdot x^2 - 2$.
2. Der Punkt $H(2\,|\,0)$ liegt auf dem Graphen von f, d.h.: $f(2) = 0$
   $f(2) = a \cdot 2^4 + c \cdot 2^2 - 2 = 16a + 4c - 2$
   (II) $16a + 4c - 2 = 0$
3. Der Punkt $H(2\,|\,0)$ ist Hochpunkt des Graphen von f, d.h.: $f'(2) = 0$
   $f'(2) = 4a \cdot 2^3 + 2c \cdot 2$
   (III) $32a + 4c = 0$

Aus (II) und (III) erhält man $a = -\frac{1}{8}$, $c = 1$ (F 7).
Die gesuchte Funktionsgleichung lautet also $f(x) = -\frac{1}{8}x^4 + x^2 - 2$.

### Beispiel 3

Der Graph einer ganzrationalen Funktion 3. Grades geht durch den Ursprung des Koordinatensystems und hat den Wendepunkt $W(1\,|\,-2)$. Die Tangente im Wendepunkt hat die Steigung 2.
Bestimmen Sie die Funktionsgleichung.

**Lösung:**

Die Funktion f ist ganzrational vom Grad 3, d.h.:
$f(x) = a \cdot x^3 + b \cdot x^2 + c \cdot x + d$, $f'(x) = 3a \cdot x^2 + 2b \cdot x + c$, $f''(x) = 6a \cdot x + 2b$

1. Der Punkt $O(0\,|\,0)$ liegt auf dem Graphen von f, d.h.: $f(0) = 0$
   (I) $d = 0$
   Damit ergibt sich die Vereinfachung $f(x) = a \cdot x^3 + b \cdot x^2 + c \cdot x$.
2. Der Punkt $W(1\,|\,-2)$ liegt auf dem Graphen von f, d.h.: $f(1) = -2$
   $f(1) = a \cdot 1^3 + b \cdot 1^2 + c \cdot 1 = a + b + c$
   (II) $a + b + c = -2$
3. Der Punkt $W(1\,|\,-2)$ ist Wendepunkt, d.h.: $f''(1) = 0$
   $f''(1) = 6a \cdot 1 + 2b = 6a + 2b$
   (III) $6a + 2b = 0$
4. Die Steigung im Wendepunkt ist 2, d.h.: $f'(1) = 2$
   $f'(1) = 3a \cdot 1^2 + 2b \cdot 1 + c = 3a + 2b + c$
   (IV) $3a + 2b + c = 2$

Aus (II), (III) und (IV) erhält man $a = -4$, $b = 12$ und $c = -10$ (F 7).
Die gesuchte Funktionsgleichung lautet also $f(x) = -4x^3 + 12x^2 - 10x$.

### Aufgaben

Bestimmen Sie jeweils die Funktionsgleichung.

1. Der Graph einer ganzrationalen Funktion 3. Grades geht durch die Punkte $P(0\,|\,-5)$ und $Q(1\,|\,0)$ und berührt die x-Achse im Punkt $R(5\,|\,0)$.
2. Der Graph einer ganzrationalen Funktion 3. Grades geht durch den Punkt $X(-1\,|\,0)$, hat den Wendepunkt $Q(-2\,|\,y_W)$ und die Wendetangente mit der Gleichung $y = 3x + \frac{5}{2}$.
3. Der Graph einer ganzrationalen Funktion 4. Grades ist symmetrisch zur y-Achse, geht durch den Punkt $Y(0\,|\,-4)$ und hat im Punkt $Q(-4\,|\,0)$ eine Tangente parallel zur x-Achse.
4. Der Graph einer ganzrationalen Funktion 5. Grades ist symmetrisch zum Koordinatenursprung O, hat in O eine Tangente mit der Steigung 7 und in $P(1\,|\,0)$ einen Wendepunkt.

**Ergebnisse:**

1. $f(x) = \frac{1}{5}x^3 - \frac{11}{5}x^2 + 7x - 5$
2. $f(x) = \frac{1}{2}x^3 + 3x^2 + 9x + \frac{13}{2}$
3. $f(x) = -\frac{1}{64}x^4 + \frac{1}{2}x^2 - 4$
4. $f(x) = 3x^5 - 10x^3 + 7x$

## F 31 Funktionsgleichungen von Exponentialfunktionen bestimmen

***... da bin ich noch unsicher*** ☐ ***... das kann ich (jetzt)*** ☐

Viele Exponentialfunktionen lassen sich durch eine Funktionsgleichung der Form $f(x) = a \cdot e^{b \cdot x} + c$, $x \in \mathbb{R}$, beschreiben. Zur eindeutigen Beschreibung einer solchen Funktion sind wegen der Parameter a, b und c drei Bedingungen für diese aufzustellen und das entstehende Gleichungssystem ist zu lösen.
Auch hier kann man manche Parameterwerte unmittelbar dem Graphen oder dem Aufgabentext entnehmen, z. B.:

a) Die Gerade mit der Gleichung $y = c$ ist waagrechte Asymptote des Graphen. Für $c = 0$ ist dies die x-Achse, für andere Werte von c die Parallele zur x-Achse mit der Gleichung $y = c$.
Wenn $b > 0$ (Wachstum, Zunahme), dann nähert sich der Graph für $x \to -\infty$ dieser Asymptote an.
Ist $b < 0$ (Zerfall, Abnahme), dann nähert sich der Graph für $x \to +\infty$ der Asymptote an.

b) Der Graph von f schneidet die y-Achse im Punkt $Y(0 \mid a + c)$, denn $f(0) = a \cdot e^{b \cdot 0} + c = a \cdot 1 + c$.
Wenn man also c bereits kennt, dann ist auch a bekannt. Kennt man umgekehrt a, so ist damit auch c und die Lage der Asymptote bekannt.

c) b heißt oft Wachstumskonstante (Zerfallskonstante).

Im Folgenden werden typische Formulierungen in Aufgabentexten genannt und die sich daraus ergebenden Bedingungen notiert.

d) Der Punkt $P(u \mid v)$ liegt auf dem Graphen von f. Die x-Achse ist Asymptote.
(I) $f(u) = v$
(II) $c = 0$

e) Im Punkt $P(u \mid v)$ des Graphen von f hat die Steigung den Wert m.
(I) $f(u) = v$
(II) $f'(u) = m$

f) Der Punkt $P(u \mid v)$ liegt auf dem Graphen von f, die x-Achse ist Asymptote und die Fläche zwischen dem Graphen und der x-Achse über dem Intervall $[s; t]$ hat die Maßzahl A.
(I) $f(u) = v$
(II) $c = 0$
(III) $A = \left| \int_s^t (a \cdot e^{b \cdot x} + c)\,dx \right|$

g) Der Punkt $P(u \mid v)$ liegt auf dem Graphen von f. Die Funktionswerte verkleinern sich um p % je Zeitschritt und streben gegen 0.
(I) $f(u) = v$
(II) $c = 0$
(III) $f(1) = \left(1 - \frac{p}{100}\right) \cdot f(0)$

**Beispiel 1**

Auf dem Graphen der Funktion f mit $f(x) = a \cdot e^{b \cdot x}$, $x \in \mathbb{R}$, liegen die Punkte $P(0 \mid 2)$ und $Q(2 \mid 2e)$.
Bestimmen Sie die Funktionsgleichung.

**Lösung:**

Da P und Q auf dem Graphen von f liegen, gilt:

$f(0) = a \cdot e^{b \cdot 0} = a \cdot 1 = 2$; $f(2) = a \cdot e^{b \cdot 2} = a \cdot e^{2b} = 2e$

(I) $a = 2$ (II) $a \cdot e^{2b} = 2e$

Einsetzen von (I) in (II) ergibt $b = \frac{1}{2}$.
Die Funktionsgleichung lautet $f(x) = 2 \cdot e^{\frac{1}{2} \cdot x}$.

**Beispiel 2**
Der Graph der Funktion f mit $f(x) = a \cdot e^{b \cdot x}$, $x \in \mathbb{R}$, hat im Punkt $P\left(1 \middle| \frac{1}{4e^2}\right)$ die Steigung $-\frac{1}{2e^2}$.
Bestimmen Sie die Funktionsgleichung.
**Lösung:**
Da P auf dem Graphen von f liegt, gilt: $f(1) = a \cdot e^{b \cdot 1} = a \cdot e^b = \frac{1}{4e^2}$

(I) $a \cdot e^b = \frac{1}{4e^2}$

Mit der Ableitung $f'(x) = a \cdot e^{b \cdot x} \cdot b$ folgt (F 12, F 13): $f'(1) = a \cdot e^{b \cdot 1} \cdot b = -\frac{1}{2e^2}$

(II) $a \cdot e^b \cdot b = -\frac{1}{2e^2}$

In (I) erkennt man den Wert von $a \cdot e^b$ und setzt diesen in (II) ein. Man erhält $b = -2$.
Mit (I) ergibt sich dann a:

$$a \cdot e^{-2} = \frac{1}{4e^2}$$
$$a = \frac{1}{4}$$

Die Funktionsgleichung lautet $f(x) = \frac{1}{4} \cdot e^{-2x}$.

**Beispiel 3**
Der abgebildete Graph gehört zu einer Funktion f mit $f(x) = a \cdot e^{b \cdot x} + c$, $x \in \mathbb{R}$.
Die Gerade t ist Tangente an diesen Graphen, die Gerade g Asymptote.
Bestimmen Sie die Funktionsgleichung.

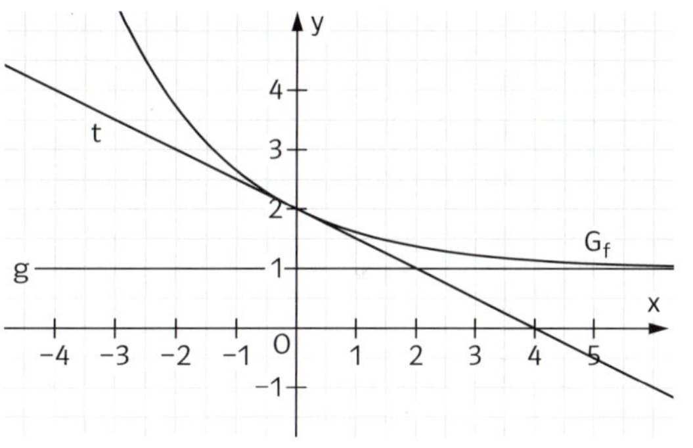


**Lösung:**
1. Der Graph von f mit $f(x) = a \cdot e^{b \cdot x} + c$ hat die waagrechte Asymptote mit der Gleichung $y = c$.
   Damit weiß man:
   (I) $c = 1$
2. Da $Y(0 \mid 2)$ auf dem Graphen von f liegt, gilt: $f(0) = a \cdot e^{b \cdot 0} + 1 = a \cdot 1 + 1 = 2$
   (II) $a = 1$

Die mit (I) und (II) vereinfachte Funktionsgleichung lautet nun: $f(x) = 1 \cdot e^{b \cdot x} + 1 = e^{b \cdot x} + 1$

3. Die Steigung der Tangente in $Y(0 \mid 2)$ ist $-\frac{1}{2}$. Mit $f'(x) = b \cdot e^{b \cdot x}$ erhält man (F 12, F 13):
   $f'(0) = b \cdot e^{b \cdot 0} = b \cdot e^0 = b$
   (III) $b = -\frac{1}{2}$

Die Funktionsgleichung heißt $f(x) = e^{-\frac{1}{2} \cdot x} + 1$.

**Aufgabe**
Bestimmen Sie jeweils die Funktionsgleichung.
a) Auf dem Graphen der Funktion f mit $f(x) = a \cdot e^{b \cdot x}$, $x \in \mathbb{R}$, liegen die Punkte $P(0 \mid -1)$ und $Q(-1 \mid -e)$.
b) Die Tangente an den Graphen von f mit $f(x) = a \cdot e^{b \cdot x}$, $x \in \mathbb{R}$, im Punkt $P\left(1 \middle| \frac{1}{2e^2}\right)$ hat die Steigung $-\frac{1}{e^2}$.
c) 🖩 Der Graph der Funktion f mit $f(x) = a \cdot e^{b \cdot x}$, $x \in \mathbb{R}$, geht durch den Punkt $P(0 \mid 3)$ und schließt mit den Koordinatenachsen und der Geraden mit der Gleichung $x = \ln(4)$ eine Fläche mit dem Inhalt 6 Flächeneinheiten ein.

Ergebnis:
a) $f(x) = -e^{-x}$ b) $f(x) = \frac{1}{2}e^{-2x}$ c) $f(x) = 3e^{\frac{1}{2}x}$

# Graphen

## F 32 Gemeinsame Punkte eines Graphen mit den Koordinatenachsen bestimmen

*... da bin ich noch unsicher* ☐ *... das kann ich (jetzt)* ☐

**Gemeinsame Punkte eines Graphen mit der x-Achse**

Eine Funktion f mit ihrem Definitionsbereich $D_f$ sei gegeben. Wenn ein Punkt $X(x_0 \mid f(x_0))$ des Graphen auf der x-Achse liegt, dann hat seine y-Koordinate den Wert 0.
Zur Bestimmung solcher Punkte ist daher die Gleichung $f(x) = 0$ zu lösen. Jede Lösung $x_0$ (Nullstelle) bestimmt einen gemeinsamen Punkt $X(x_0 \mid 0)$ des Graphen mit der x-Achse.
Näheres zum Lösen von Gleichungen siehe Fertigkeiten F 1 bis F 5).

**Hinweise**

1. Achten Sie darauf, dass die errechnete Lösung (Nullstelle) auch im Definitionsbereich der Funktion f liegt.
2. Der gemeinsame Punkt eines Graphen mit der x-Achse kann ein Schnittpunkt oder Berührpunkt sein. Näheres zu Berührpunkten siehe Fertigkeiten F 14 bis F 16.
3. Eventuell sind manche Nullstellen nur mit dem GTR zu ermitteln.

**Beispiel**

Gegeben ist die Funktion f.
Bestimmen Sie die gemeinsamen Punkte des Graphen von f mit der x-Achse.

a) $f(x) = x^3 - 2x^2 - 15x$

b) $f(x) = (x^2 - 5x + 6) \cdot e^{0,1x}$

Lösung:

a) Es gilt:

$$f(x) = 0$$
$$x^3 - 2x^2 - 15x = 0$$
$$x \cdot (x^2 - 2x - 15) = 0$$
$$x \cdot (x - 5) \cdot (x + 3) = 0$$
$$x = 0 \lor x = 5 \lor x = -3$$

Die gesuchten Punkte sind $N_1(0 \mid 0)$, $N_2(5 \mid 0)$, $N_3(-3 \mid 0)$.

b) Es gilt:

$$f(x) = 0$$
$$x^2 - 5x + 6 = 0, \text{ da } e^{0,1x} \neq 0$$
$$(x - 2) \cdot (x - 3) = 0$$
$$x = 2 \lor x = 3$$

Die gesuchten Punkte sind $N_1(2 \mid 0)$ und $N_2(3 \mid 0)$.

**Gemeinsamer Punkt eines Graphen mit der y-Achse**

Da jeder Punkt $Y(x_0 \mid y_0)$ der y-Achse die x-Koordinate $x_0 = 0$ hat, bestimmt man diesen gemeinsamen Punkt durch Einsetzen von 0 anstelle von x in die Funktionsgleichung. Man erhält $y_0 = f(0)$.

**Beispiel**

Gegeben ist die Funktion f.
Geben Sie den gemeinsamen Punkt des Graphen der Funktion f mit der y-Achse an.

a) $f(x) = 2e^{-3x} - 1,\ x \in \mathbb{R}$

b) $f(x) = \frac{1}{(x-2)^2} + x,\ x \in \mathbb{R} \setminus \{2\}$

Lösung:

a) Es gilt:
$f(0) = 2 \cdot e^{-3 \cdot 0} - 1 = 2 \cdot e^0 - 1 = 2 - 1 = 1$

Der gesuchte Punkt ist $Y(0 \mid 1)$.

b) Es gilt:
$f(0) = \frac{1}{(0-2)^2} + 0 = \frac{1}{(-2)^2} = \frac{1}{4}$

Der gesuchte Punkt ist $Y\left(0 \,\middle|\, \frac{1}{4}\right)$.

## F 33 Die Symmetrie von Graphen erkennen oder nachweisen

***... da bin ich noch unsicher ☐ ... das kann ich (jetzt) ☐***

**Symmetrie zur y-Achse**

Wenn für die Funktion f gilt $f(-x_0) = f(x_0)$ für alle $x_0 \in D_f$, dann ist der Graph von f symmetrisch zur y-Achse.

**Symmetrie zum Koordinatenursprung O**

Wenn für die Funktion f gilt $f(-x_0) = -f(x_0)$ für alle $x_0 \in D_f$, dann ist der Graph von f symmetrisch zum Koordinatenursprung O.

### Tipp

Wenn die Definitionsmenge einer Funktion nicht symmetrisch um die Stelle $x_0 = 0$ liegt, dann kann der Graph keine der beiden oben genannten Symmetrieeigenschaften haben. In einem solchen Fall muss man überhaupt nicht rechnen.

### Hinweise

1. Bei ganzrationalen Funktionen gilt: Wenn im Funktionsterm nur gerade Exponenten der Variablen x vorkommen, so ist der Graph symmetrisch zur y-Achse. Kommen nur ungerade Exponenten vor, so ist der Graph symmetrisch zum Koordinatenursprung O.
   Beachten Sie dabei: Jeder konstante Summand im Funktionsterm, etwa c, lässt sich in der Form $c \cdot 1 = c \cdot x^0$ schreiben. Der Exponent 0 ist eine gerade Zahl.
2. Wenn der Graph zu einer Funktion f weder symmetrisch zur y-Achse noch symmetrisch zum Koordinatenursprung O ist, bedeutet das *nicht*, dass der Graph keine Symmetrieeigenschaften hat. Er könnte dann zum Beispiel zu einer Parallelen zur y-Achse oder zu einem anderen Punkt als O symmetrisch sein. Beispielsweise ist jeder Graph einer ganzrationalen Funktion 3. Grades punktsymmetrisch zu seinem Wendepunkt.

### Beispiel

Untersuchen Sie den Graphen zur Funktion f auf Symmetrie.

a) $f(x) = \frac{1}{4}x^4 - 2x^2;\ x \in \mathbb{R}$

b) $f(x) = -2x^3 + x;\ x \in \mathbb{R}$

c) $f(x) = \frac{1}{x^2+1} - x;\ x \in \mathbb{R}$

d) $f(x) = \frac{1}{2} \cdot (e^x + e^{-x});\ x \in \mathbb{R}$

**Lösung:**

a) Da im Funktionsterm der ganzrationalen Funktion nur gerade Exponenten vorkommen, ist der Graph symmetrisch zur y-Achse.

b) Da im Funktionsterm der ganzrationalen Funktion nur ungerade Exponenten vorkommen, ist der Graph symmetrisch zum Koordinatenursprung.

c) Es sei $x_0 \in \mathbb{R}$ beliebig gewählt. Dann gilt:

$$f(-x_0) = \frac{1}{(-x_0)^2+1} - (-x_0) = \frac{1}{x_0^2+1} + x_0$$

Man erkennt:
$f(-x_0) \neq f(x_0)$, $f(-x_0) \neq -f(x_0)$
Der Graph von f ist daher weder symmetrisch zur y-Achse noch symmetrisch zum Koordinatenursprung O.

d) Es sei $x_0 \in \mathbb{R}$ beliebig gewählt. Dann gilt:

$$f(-x_0) = \tfrac{1}{2}(e^{-x_0} + e^{-(-x_0)}) = \tfrac{1}{2}(e^{-x_0} + e^{x_0}) = \tfrac{1}{2}(e^{x_0} + e^{-x_0}) = f(x_0)$$

Der Graph von f ist daher symmetrisch zur y-Achse.

**Aufgabe**

Untersuchen Sie die Funktion f mit maximalem Definitionsbereich auf Symmetrie des Graphen zur y-Achse bzw. zum Koordinatenursprung O.

a) $f(x) = x^3 - x^2$  b) $f(x) = \frac{1}{x} + 2x$  c) $f(x) = e^{-2x} + x$

d) $f(x) = \frac{2}{x^2 - 1} - 1$  e) $f(x) = -x^4 + 2$  f) $f(x) = \frac{e^x - e^{-x}}{x}$

**Ergebnis:**

a) Weder symmetrisch zur y-Achse noch zum Koordinatenursprung O
b) Symmetrie zum Koordinatenursprung O
c) Weder symmetrisch zur y-Achse noch zum Koordinatenursprung O
d) Symmetrie zur y-Achse
e) Symmetrie zur y-Achse
f) Symmetrie zur y-Achse

## F 34 Die Streckung (Stauchung) eines Graphen erkennen oder durchführen

***... da bin ich noch unsicher* ☐ *... das kann ich (jetzt)* ☐**

**Streckung in Richtung der x-Achse**

Der Graph der Funktion g mit $g(x) = f\left(\frac{1}{k} \cdot x\right)$ entsteht aus dem Graphen von f durch eine Streckung

mit dem Streckfaktor k, wenn k positiv ist.
Ist der Streckfaktor k negativ, so streckt man zunächst ohne Berücksichtigung des Minuszeichens und spiegelt anschließend den erhaltenen Graphen an der y-Achse.
Spezialfall: Für $k = -1$ wird der Graph von f an der y-Achse gespiegelt.

**Tipp**

Zeichenkontrolle: Ein Schnittpunkt $X(x_0 \mid 0)$ des Graphen von f mit der x-Achse wird bei der Streckung mit Streckfaktor k auf den Punkt $X'(k \cdot x_0 \mid 0)$ abgebildet. Falls keine Schnittpunkte mit der x-Achse existieren, kann man die Kontrolle mit anderen Punkten, z. B. Extrempunkten, durchführen.

**Streckung in Richtung der y-Achse**

Der Graph der Funktion g mit $g(x) = k \cdot f(x)$ entsteht aus dem Graphen von f durch eine Streckung/Stauchung in Richtung der y-Achse mit dem Streckfaktor k, wenn k positiv ist.
Ist der Streckfaktor k negativ, so streckt man zunächst ohne Berücksichtigung des Minuszeichens und spiegelt anschließend den erhaltenen Graphen an der x-Achse.
Spezialfall: Für $k = -1$ wird der Graph von f an der x-Achse gespiegelt.

**Tipp**

Zeichenkontrolle: Ein Schnittpunkt $X(x_0 \mid 0)$ des Graphen von f mit der x-Achse wird bei der Streckung auf sich selbst abgebildet.

**Hinweis**

Gelegentlich kommt es vor, dass ein Graph sowohl in Richtung der x-Achse als auch in Richtung der y-Achse gestreckt werden soll. In diesem Fall führt man die beiden Streckungen nacheinander aus. Die Reihenfolge ist dabei unerheblich.

**Beispiel 1**

Wie muss man den Streckfaktor k wählen, damit das Bild des Graphen von f mit
$f(x) = \frac{1}{4x}$, $x \in \mathbb{R} \setminus \{0\}$, bei einer Streckung in Richtung der y-Achse durch den Punkt $P\left(\frac{2}{3} \middle| 1\right)$ geht?

**Lösung:**
Da eine Streckung in Richtung der y-Achse erfolgt, gilt: $g(x) = k \cdot f(x) = k \cdot \frac{1}{4x}$.
Da $P\left(\frac{2}{3}\middle|1\right)$ auf dem Graphen von g liegt, also $g\left(\frac{2}{3}\right) = 1$ gilt, erhält man: $1 = k \cdot \frac{1}{4 \cdot \frac{2}{3}}$
Der Streckfaktor muss demnach $k = \frac{8}{3}$ sein.

**Beispiel 2**
Der Graph von f mit $f(x) = x \cdot e^{-\frac{1}{2}x}$, $x \in \mathbb{R}$, soll an der x-Achse gespiegelt werden.
Geben Sie die Funktionsgleichung der zum Bildgraphen gehörenden Funktion g an.
**Lösung:**
Eine Spiegelung an der x-Achse wird mit dem Streckfaktor $k = -1$ erreicht.
Daher lautet die Funktionsgleichung $g(x) = -1 \cdot x \cdot e^{-\frac{1}{2}x} = -x \cdot e^{-\frac{1}{2}x}$.

**Aufgabe**
Wie geht der Graph von g in nebenstehender Abbildung aus dem Graphen von f hervor?
**Ergebnis:**
Spiegelung an der x-Achse;
Streckfaktor $k = -1$, also $g(x) = -f(x)$

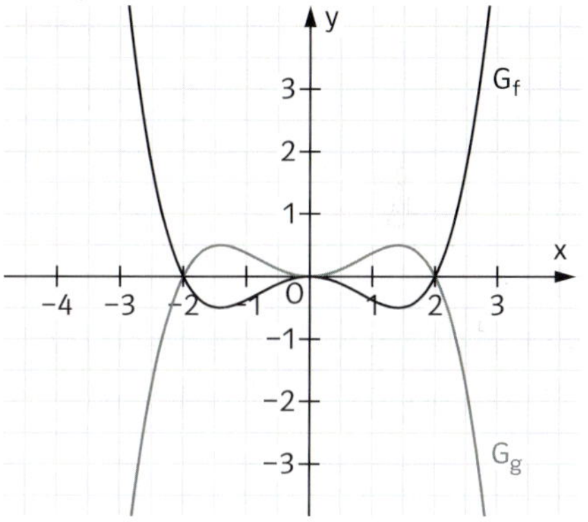


## F 35 Die Verschiebung eines Graphen erkennen oder durchführen

*... da bin ich noch unsicher* ☐ *... das kann ich (jetzt)* ☐

**Verschiebung in Richtung der x-Achse**
Der Graph der Funktion g mit $g(x) = f(x - a)$ entsteht aus dem Graphen von f durch Verschiebung in Richtung der x-Achse um a.
Wenn $a > 0$, dann erfolgt die Verschiebung um a Einheiten nach rechts. Ist $a < 0$, dann erfolgt die Verschiebung um $|a|$ Einheiten nach links.

**Verschiebung in Richtung der y-Achse**
Der Graph der Funktion g mit $g(x) = f(x) + a$ entsteht aus dem Graphen von f durch Verschiebung in Richtung der y-Achse um a.
Wenn $a > 0$, dann erfolgt die Verschiebung um a Einheiten nach oben. Ist $a < 0$, dann erfolgt die Verschiebung um $|a|$ Einheiten nach unten.

**Hinweis**
Gelegentlich kommt es vor, dass ein Graph sowohl in Richtung der x-Achse als auch in Richtung der y-Achse verschoben werden soll. In diesem Fall führt man die beiden Verschiebungen nacheinander aus. Die Reihenfolge ist dabei gleichgültig.

**Beispiel 1**
Geben Sie die Funktionsgleichung des Bildgraphen an.
Der Graph von f mit $f(x) = x^2 - x$ wird um 2 Einheiten nach rechts verschoben.

**Lösung:**
$g(x) = f(x-2) = (x-2)^2 - (x-2) = x^2 - 5x + 6$

**Beispiel 2**
Wie geht der Graph von g mit $g(x) = e^{x-1}$ aus dem Graphen von f mit $f(x) = e^x$ hervor?
**Lösung:**
$g(x) = f(x-1) = e^{x-1}$. Der Graph von g entsteht aus dem Graphen von f durch eine Verschiebung um 1 Einheit nach rechts.
Alternative:
Schreibt man den Term von g in der Form $e^{x-1} = e^x \cdot e^{-1} = \frac{1}{e} \cdot e^x$, so erkennt man, dass der Graph von g aus dem Graphen von f durch eine Streckung in Richtung der y-Achse mit dem Streckfaktor $\frac{1}{e}$ hervorgeht.

**Aufgabe**
Beschreiben Sie die Verschiebung, die den Graphen von f in den Graphen von g überführt.
a) $f(x) = \sqrt{2x}$; $g(x) = \sqrt{2x+4}$
b) $f(x) = e^{x+2} - 1$; $g(x) = e^{x+2} + 1$
**Ergebnis:**
a) $g(x) = \sqrt{2 \cdot (x+2)} = f(x+2)$; Verschiebung um 2 Einheiten nach links
b) $g(x) = f(x) + 2$; Verschiebung um 2 Einheiten nach oben

# Zusammenhänge zwischen den Graphen von Funktion, Ableitungsfunktion und Stammfunktion

## F 36 Aussagen über die Ableitungsfunktion f′ bei gegebenem Graphen $G_f$ treffen

*... da bin ich noch unsicher* ☐ *... das kann ich (jetzt)* ☐

Wenn der Graph einer (mindestens dreimal differenzierbaren) Funktion f gegeben ist, dann lassen sich auch ohne Kenntnis der Funktionsgleichung eine Reihe von Aussagen über die Ableitungsfunktion bzw. deren Graphen machen und begründen:
1. Stellen, an denen die Tangenten an den Graphen von f waagrecht verlaufen, sind Stellen, an denen die Ableitungsfunktion f′ den Funktionswert 0 hat.
2. Die Steigung des Graphen von f entspricht dem Funktionswert der Ableitungsfunktion f′ an dieser Stelle. Die Steigung des Graphen von f erhalten Sie näherungsweise durch Einzeichnen des Steigungsdreiecks.
3. Wenn der Graph von f auf einem Intervall eine Rechtskurve ist, dann nimmt die Steigung dieses Graphen ständig ab. f′ ist also streng monoton abnehmend auf diesem Intervall. Wenn der Graph von f auf einem Intervall eine Linkskurve ist, dann nimmt die Steigung dieses Graphen ständig zu. f′ ist also streng monoton zunehmend auf diesem Intervall.

**Beispiel 1**
Gegeben ist der Graph einer Funktion f.
a) Geben Sie die Nullstellen von f′ an.
b) Bestimmen Sie diejenigen Bereiche, in denen der Graph von f′ unterhalb bzw. oberhalb der x-Achse verläuft.
c) Hat die Ableitungsfunktion f′ eine Extremstelle? Geben Sie gegebenenfalls die Art des Extremums an.

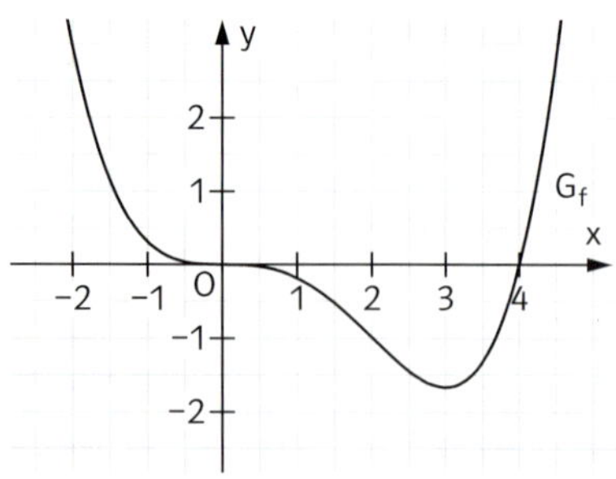

**Lösung:**

a) Wenn der Graph einer Funktion f eine Stelle mit waagrechter Tangente besitzt, dann nimmt an dieser Stelle die Ableitungsfunktion den Funktionswert 0 an.
In der Abbildung erkennt man die Nullstellen von f′:
$f'(0) = f'(3) = 0$

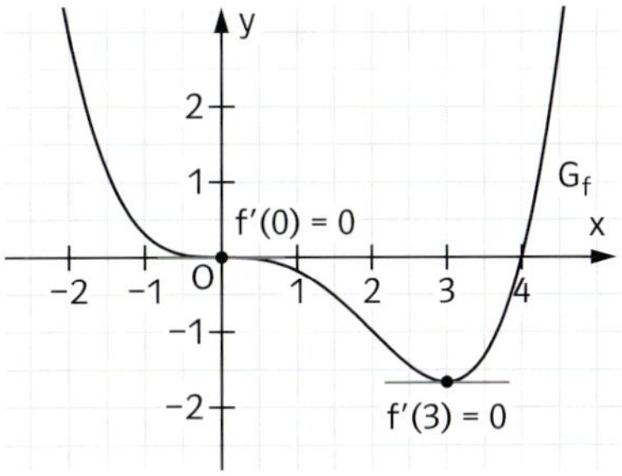


b) Für $x < 0$ fällt der Graph von f, die Funktionswerte $f'(x)$ sind demnach negativ.
Für $0 < x < 3$ fällt der Graph von f weiter. Die Funktionswerte $f'(x)$ sind auch in diesem Intervall negativ.
Für $x > 3$ steigt der Graph von f, die Funktionswerte $f'(x)$ sind positiv.
Der Graph von f′ verläuft daher für $x < 3$ unterhalb und für $x > 3$ oberhalb der x-Achse.

c) Man erkennt aus b):
Die Nullstellen der Ableitungsfunktion f′ können Stellen sein, an denen die Funktionswerte $f'(x)$ ihr Vorzeichen ändern. Dies ist an der Stelle $x_1 = 3$ der Fall. Diese Stelle kann daher keine Extremstelle von f′ sein.
An der Nullstelle $x_2 = 0$ von f′ ändern die Funktionswerte $f'(x)$ beim Überschreiten dieser Stelle ihr Vorzeichen nicht. Sie sind in der Umgebung der Nullstelle negativ, an der Stelle $x_2 = 0$ selbst jedoch 0. Daher ist diese Stelle eine Maximumstelle von f′.
An der Stelle $x_3 \approx 2$ hat f eine Wendestelle mit minimaler Steigung. Daher hat f′ bei $x_3 \approx 2$ eine Minimumstelle.

**Beispiel 2**

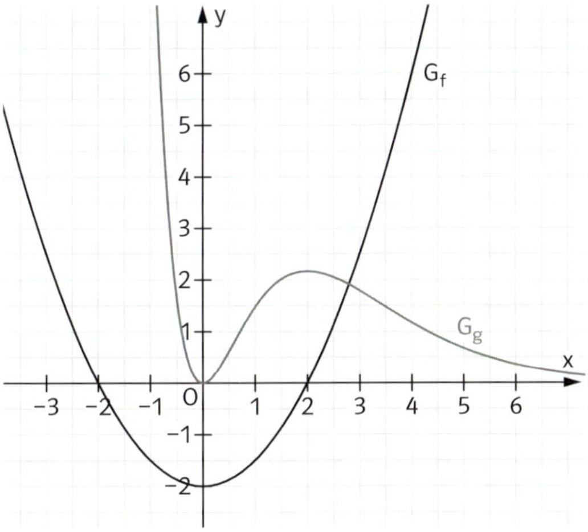


Die Graphen zweier Funktionen f und g sind gegeben.
Untersuchen Sie deren Ableitungsfunktionen f′ und g′ auf Monotonie.

**Lösung:**

In der Abbildung erkennt man anhand einiger an $G_f$ eingezeichneter Steigungsdreiecke:
Die Steigung des Graphen von f nimmt von −2 auf −1, dann auf 0 und schließlich auf +1 und +2 beständig zu. Somit nimmt f′ zu. Die Ableitungsfunktion f′ ist demnach streng monoton zunehmend auf dem gesamten Intervall.

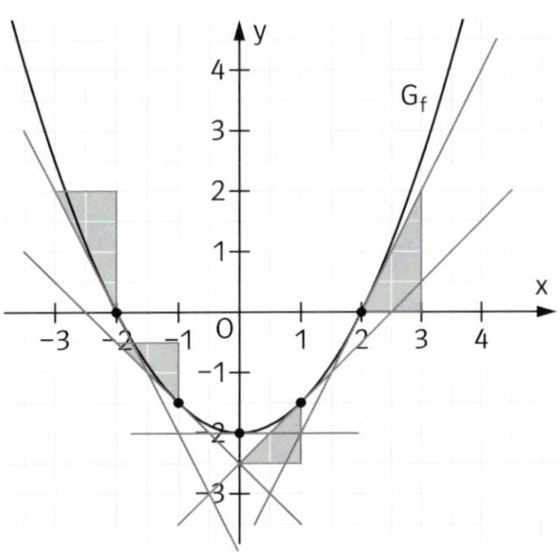

In der Abbildung für $G_g$ erkennt man näherungsweise: An der Stelle −0,8 hat der Graph von f etwa die Steigung −18, an der Stelle −0,5 etwa die Steigung −8, an der Stelle 0 die Steigung 0, an der Stelle 0,5 die Steigung 2. Die Steigung des Graphen von f nimmt also bis etwa zur Stelle 0,7 beständig zu.
Für $x < 0{,}7$ ist die Ableitungsfunktion f′ daher streng monoton zunehmend.
An der Stelle 1,5 ist die Steigung des Graphen von f etwa 0,6, an der Stelle 2 etwa 0, an der Stelle 2,5 etwa −0,3 und an der Stelle 3,5 etwa −0,6, an der Stelle 5 etwa −0,3.
Für $0{,}7 < x < 3{,}5$ nimmt die Steigung des Graphen von f beständig ab, für $x > 3{,}5$ wieder beständig zu.

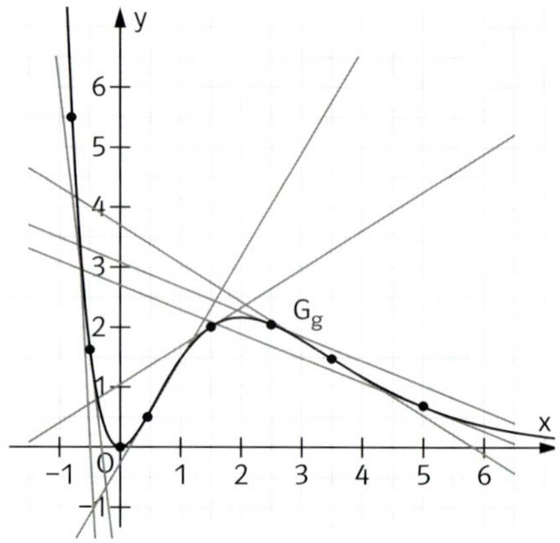


Die Ableitungsfunktion f′ ist folglich näherungsweise für $0{,}7 < x < 3{,}5$ streng monoton abnehmend, für $x > 3{,}5$ streng monoton zunehmend.

### Aufgaben

1. Die Abbildung zeigt den Graphen einer Funktion f.
   a) Hat die Ableitungsfunktion f′ Nullstellen?
   b) Untersuchen Sie, ob f′ Extremstellen hat und geben Sie diese gegebenenfalls an.
   c) Für welche Werte von x gilt: $f'(x) < 0$?
   d) Begründen Sie, dass die x-Achse auch Asymptote des Graphen von f′ ist.
   Nähert sich der Graph von f′ der x-Achse von oben oder von unten an?

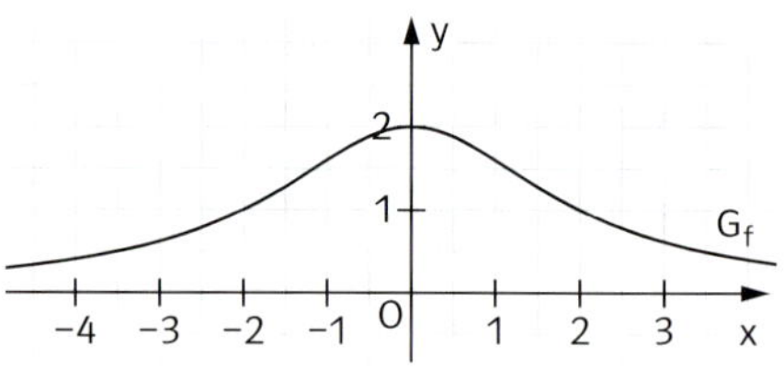


2. Die Abbildung enthält den Graphen einer Funktion f, den Graphen der Ableitungsfunktion f′ und den Graphen einer Funktion g.
   Ordnen Sie die Graphen $G_1$, $G_2$ und $G_3$ den Funktionen f, f′ und g zu. Begründen Sie Ihre Zuordnung.

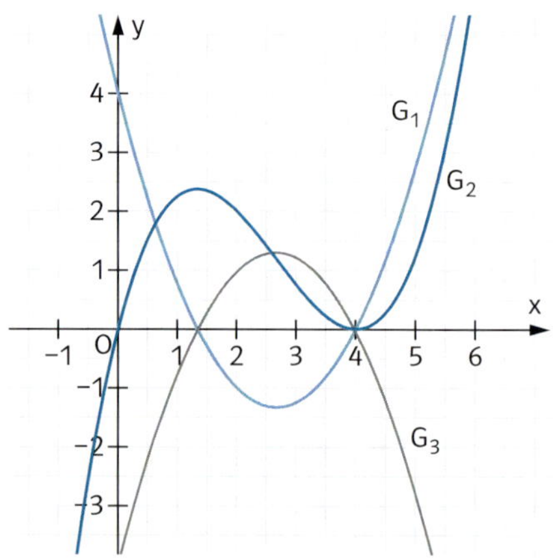

**Ergebnisse:**

1. a) Der Graph von f hat in Y(0 | 2) eine waagrechte Tangente. Die Tangentensteigung ist dort 0. Dies besagt: $f'(0) = 0$.
   b) Wenn $f''(x_0) = 0$ und $f'''(x_0) \neq 0$, dann ist $x_0$ lokale Extremstelle von f'. Dieselbe Bedingung besagt aber auch, dass $x_0$ Wendestelle von f ist. Offenbar hat f zwei zur y-Achse symmetrisch liegende Wendestellen, nämlich 1,2 und –1,2. Dies sind daher zugleich die Extremstellen von f'.
   c) Der Graph von f fällt für $x > 0$. Für diese Werte von x gilt daher $f'(x) < 0$.
   d) Wenn $x \to +\infty$, dann nimmt die negative Steigung des Graphen von f immer mehr zu. Sie bleibt negativ, geht gegen 0 und der Graph von f' nähert sich der Asymptote von unten an. Für $x \to -\infty$ nimmt die positive Steigung des Graphen immer mehr ab. Sie bleibt aber positiv, geht gegen 0 und der Graph von f' nähert sich der Asymptote von oben an. Die x-Achse ist daher sowohl für $x \to +\infty$ als auch für $x \to -\infty$ waagrechte Asymptote des Graphen von f'. Für $x > 0$ nähert sich dieser Graph der Asymptote von unten, für $x < 0$ von oben.
2. $G_2$ gehört zur Funktion f, $G_1$ zur Funktion f' und $G_3$ zur Funktion g.
   Mögliche Begründung:
   $G_2$ hat waagrechte Tangenten näherungsweise an der Stelle 1,3 und an der Stelle 4. Die Graphen $G_1$ und $G_3$ haben an diesen Stellen ihre Nullstellen, kommen also zunächst beide als Graph der Ableitungsfunktion f' in Frage.
   $G_2$ fällt links von der Stelle 4 und steigt rechts davon. Die Ableitungsfunktion muss also links von der Stelle 4 negative Funktionswerte haben und rechts davon positive. Dies trifft auf den Graphen $G_1$ zu, der daher zur Ableitungsfunktion f' gehört. (Der Graph $G_3$ gehört zur Funktion –f'.)
   Alternative Begründung:
   $G_2$ kann nicht Graph der Ableitungsfunktion sein, da er die Nullstelle 0 hat. Weder der Graph $G_1$ noch der Graph $G_3$ haben an der Stelle 0 eine waagrechte Tangente. $G_3$ kann auch nicht Graph der Ableitungsfunktion sein, denn für $x > 4$ verläuft der Graph unterhalb der x-Achse, die zugehörigen Funktionswerte sind negativ. Dann müsste wenigstens einer der beiden Graphen $G_1$ und $G_2$ für $x > 4$ fallen. Dies trifft nicht zu. Also muss $G_1$ der Graph der Ableitungsfunktion f' sein. Da der Graph $G_1$ im Intervall [1,3; 4] unterhalb der x-Achse verläuft, f'(x) also negativ ist, kann nur $G_2$ der Graph der Funktion f sein, denn er fällt auf dem gesamten genannten Intervall.

## F 37 Aussagen über die Funktion f bei gegebenem Graphen $G_F$ treffen

***... da bin ich noch unsicher* ☐ *... das kann ich (jetzt)* ☐**

Wenn der Graph einer Stammfunktion F einer (mindestens dreimal differenzierbaren) Funktion f gegeben ist, dann lassen sich auch ohne Kenntnis der Funktionsgleichung eine Reihe von Aussagen über diese Stammfunktion selbst, die Funktion f und deren Ableitungsfunktion f' bzw. den zugehörigen Graphen machen.
Beachten Sie, dass eine Aussage über f bei gegebenem F analog ist zu einer Aussage über f' bei gegebenem f. Insofern bilden die folgenden Erläuterungen lediglich eine Erweiterung dessen, was in F 36 bereits angesprochen wurde.

1. Näherungsweise Bestimmung von Funktionswerten der Funktion f:
   Da $F'(x) = f(x)$ und daher $F'(x_0) = f(x_0)$ gilt, entspricht die Steigung des Graphen von F an einer Stelle $x_0$ dem Funktionswert $f(x_0)$. Die Steigung des Graphen von F bestimmt man durch Einzeichnen eines Steigungsdreiecks nach Augenmaß und Ablesen der Steigung. Auf diese Weise ist ein Punkt des Graphen von f bestimmt.
   Entsprechend kann man beliebig viele Punkte des Graphen von f ermitteln und diesen Graphen skizzieren.

2. Näherungsweise Bestimmung von $\int_a^b f(x)\,dx$ und $\int_a^b F(x)\,dx$:
Da $\int_a^b f(x)\,dx = F(b) - F(a)$ gilt und die Funktionswerte F(a) und F(b) am gegebenen Graphen von F näherungsweise abgelesen werden können, lässt sich ein Näherungswert für das genannte Integral berechnen.
Das Integral $\int_a^b F(x)\,dx$ beschreibt den orientierten Inhalt der Fläche zwischen Graph $G_F$ und der x-Achse über dem Intervall [a;b]. Dieser orientierte Inhalt kann – gegebenenfalls durch Bestimmung einzelner Teilflächen – näherungsweise berechnet werden (Zerlegung in Dreiecke, Rechtecke und Auszählung von Kästchen).

**Beispiel 1**

Gegeben ist der Graph einer Stammfunktion F einer Funktion f.

a) Bestimmen Sie näherungsweise f(0), f(1) und f(2).

b) Begründen Sie, dass die Ableitungsfunktion f′ auf dem Intervall [0;5] genau eine Nullstelle hat, und geben Sie diese näherungsweise an.

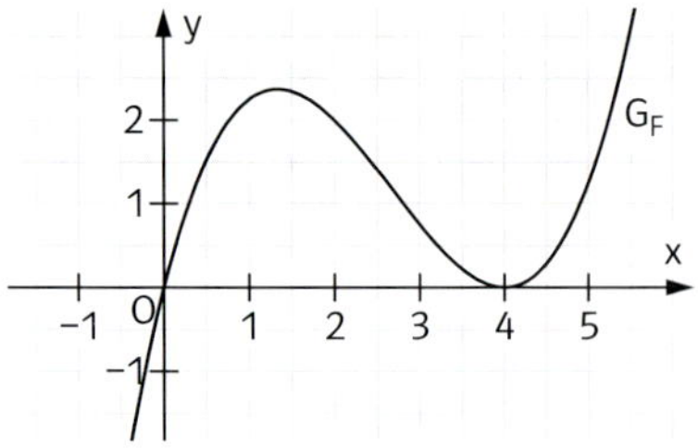


**Lösung:**

a) Um Funktionswerte von F′ zu bestimmen, zeichnet man näherungsweise an einigen Stellen Tangenten an den Graphen von F. Die Ableitung der Stammfunktion F ergibt die Funktion f. Der Funktionswert der Ableitung einer Funktion an einer Stelle $x_0$ entspricht der Steigung der Tangente.
Will man also die Funktionswerte der Funktion f, der Ableitungsfunktion von F, ermitteln, muss man die Steigung der Tangenten an den Graphen der Funktion F bestimmen. Dazu zeichnet man näherungsweise Steigungsdreiecke an den Graphen ein.
Damit erkennt man in der Abbildung:
$f(0) \approx 4;\; f(1) \approx 0{,}8;\; f(2) \approx -1$

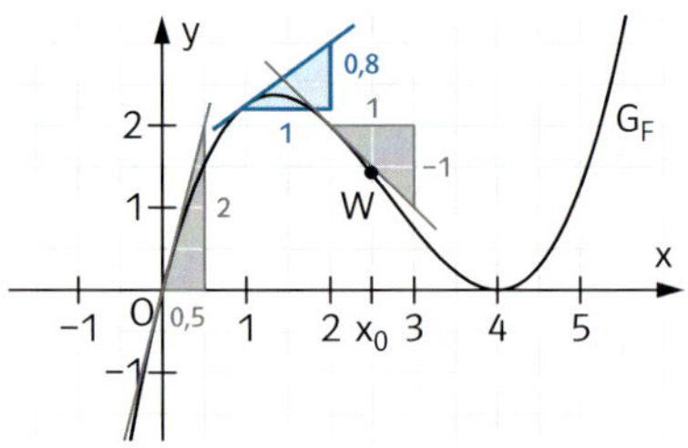


b) Jede Nullstelle von f′ ist Nullstelle von F″, da $F' = f$ und daher $F'' = f'$ gilt. Am Graphen von F erkennt man, dass sich an der Stelle $x_0 \approx 2{,}5$ das Krümmungsverhalten von einer Rechts- in eine Linkskurve ändert. Damit ist definitionsgemäß die Stelle $x_0 \approx 2{,}5$ eine Wendestelle von F. An dieser Wendestelle $x_0$ gilt $F''(x_0) = 0$. Somit ist $x_0$ eine Nullstelle von f′. Da es auf dem Intervall [0;5] keine weitere Wendestelle von F gibt, ist $x_0$ die einzige Nullstelle von f′.

**Beispiel 2**

Gegeben ist der Graph einer Stammfunktion F einer Funktion f.

a) Bestimmen Sie näherungsweise die Integrale
$\int_{-1}^{3} f(x)\,dx$ und $\int_{2}^{3} F(x)\,dx$.

b) Bestimmen Sie a näherungsweise so, dass
$\int_a^3 f(x)\,dx = 2$ gilt.

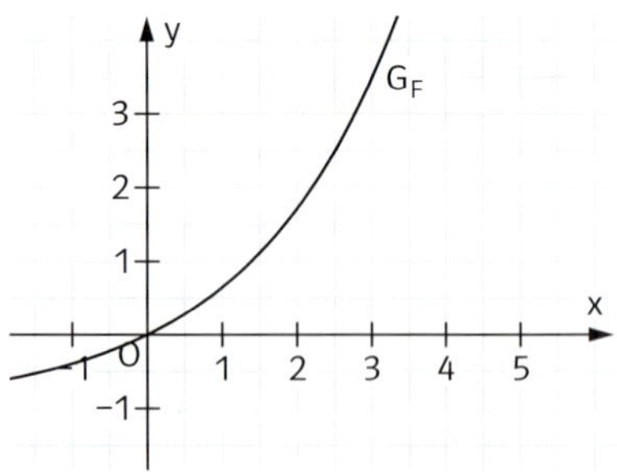

**Lösung:**

a) Bekanntlich gilt: $\int_{-1}^{3} f(x)\,dx = F(3) - F(-1)$

Die Funktionswerte $F(3) \approx 3{,}5$ und $F(-1) \approx -0{,}4$ entnimmt man der Abbildung.

Man erhält damit: $\int_{-1}^{3} f(x)\,dx = F(3) - F(-1) \approx 3{,}9$

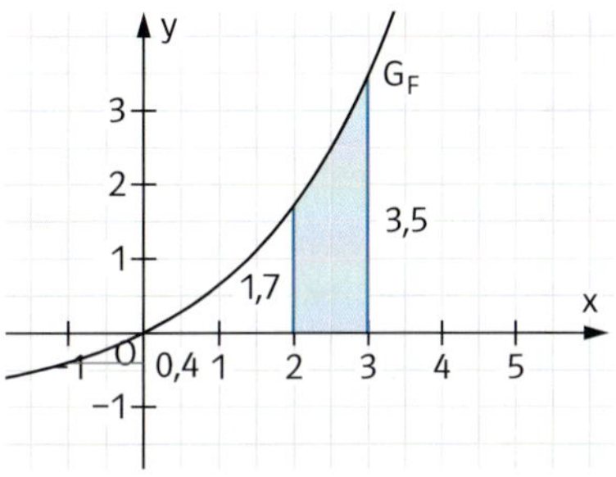


Das Integral $\int_{2}^{3} F(x)\,dx$ lässt sich als Maßzahl des Inhalts der Fläche deuten, die zwischen dem Graphen von F, der x-Achse und den Geraden mit den Gleichungen $x = 2$ und $x = 3$ liegt. Diese Fläche ist in der Abbildung blau gefärbt und hat näherungsweise Trapezform. Die Grundseiten des Trapezes haben etwa die Längen 3,5 bzw. 1,7 Längeneinheiten, die Trapezhöhe beträgt 1 Längeneinheit.

Demnach gilt:

$\int_{2}^{3} F(x)\,dx \approx \frac{1}{2} \cdot (3{,}5 + 1{,}7) \cdot 1 = 2{,}6$

b) Es gilt: $\int_{a}^{3} f(x)\,dx = F(3) - F(a) = 2$, woraus folgt: $F(a) = F(3) - 2 \approx 3{,}5 - 2 = 1{,}5$

In der Abbildung muss man also denjenigen Wert von a suchen, für den der Funktionswert 1,5 beträgt. Dies ist für $a \approx 1{,}8$ der Fall.

**Aufgabe**

Gegeben ist der Graph einer Stammfunktion F der Funktion f.

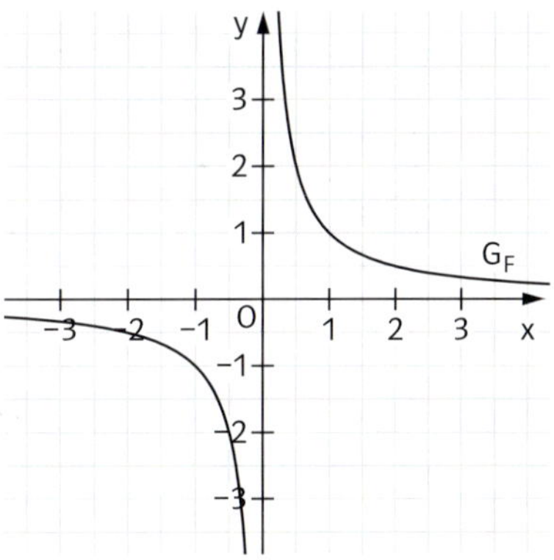


a) Bestimmen Sie die Funktionswerte $f(-1)$ und $f(-2)$.

b) Geben Sie den genauen Wert von $\int_{1}^{2} f(x)\,dx$ an.

c) Bestimmen Sie einen Näherungswert für $\int_{1}^{2} F(x)\,dx$.

d) Wie viele Nullstellen hat f auf dem Intervall $]0;3]$?

**Ergebnis:**

a) Aus $f(x) = F'(x)$ folgt:

$f(-1) = F'(-1) \approx -1;\; f(-2) = F'(-2) \approx -\frac{1}{4}$

b) $\int_{1}^{2} f(x)\,dx = F(2) - F(1) = \frac{1}{2} - 1 = -\frac{1}{2}$

c) $\int_{1}^{2} F(x)\,dx \approx 0{,}7$

d) Auf $]0;3]$ gilt $F'(x) < 0$. Daher hat f mit $f(x) = F'(x)$ keine Nullstelle.

## F 38 Aussagen über Stammfunktionen F bei gegebenem Graphen $G_f$ treffen

*... da bin ich noch unsicher* ☐ *... das kann ich (jetzt)* ☐

Wenn der Graph einer (mindestens dreimal differenzierbaren) Funktion f gegeben ist, dann lassen sich auch ohne Kenntnis der Funktionsgleichung eine Reihe von Aussagen über die Stammfunktionen F bzw. deren Graphen machen.

1. Die Nullstellen von f können Extremstellen von F sein.
   Wenn $f(x_0) = F'(x_0) = 0$ gilt und darüber hinaus f einen Vorzeichenwechsel hat, dann liegt sicher eine Extremstelle von F vor.
   Wenn der Vorzeichenwechsel von f von positiven zu negativen (negativen zu positiven) Werten vorliegt, dann ist $x_0$ eine Maximumstelle (Minimumstelle) von F.
   Wenn an der Stelle $x_0$ kein Vorzeichenwechsel von f vorliegt, dann ist $x_0$ keine Extremstelle von F.

2. Extremstellen von f sind Wendestellen von F.
   Die Stellen, an denen der Graph von f einen Extrempunkt besitzt, sind die Wendestellen von F.

3. Funktionswerte einer Stammfunktion F können näherungsweise bestimmt werden.
   Bekanntlich gibt es zu jeder Funktion f beliebig viele Stammfunktionen, die sich alle um einen konstanten Summanden voneinander unterscheiden. Allein aus dem Graphen von f kann man den Graphen von F also nicht eindeutig bestimmen und demzufolge auch keine Funktionswerte von F angeben.
   Dennoch kann man manchmal Aussagen über Funktionswerte von F erhalten.
   Bekanntlich gilt: $\int_a^b f(x)\,dx = F(b) - F(a)$
   Kennt man nun beispielsweise F(a) und das Integral, so kann man F(b) berechnen. Aus dem gegebenen Graphen von f kann man das Integral näherungsweise durch Abschätzen eines (orientierten) Flächeninhalts bestimmen und damit F(b) angeben.
   Führt man dies für viele weitere Stellen durch, so kann man den Graphen von F auch näherungsweise zeichnen.

**Hinweis**

Die entsprechenden Überlegungen können Sie für den Graphen einer Funktion f machen, wenn der Graph der Funktion f′ gegeben ist. Sie müssen im Vorhergehenden nur überall F durch f und f durch f′ ersetzen.

**Beispiel 1**

Gegeben ist der abgebildete Graph der Funktion f.
Die Funktion F sei eine Stammfunktion von f.

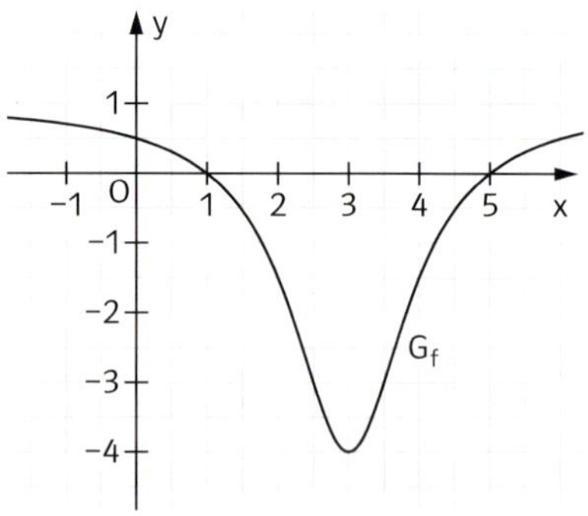


a) Geben Sie, falls vorhanden, Extremstellen und Wendestellen des Graphen von F an.
b) Zeigen Sie, dass $F(4) < F(2)$ gilt.
c) Bestimmen Sie einen Näherungswert von F(1), falls $F(3) = 2$ gilt.

**Lösung:**

a) Der Abbildung entnimmt man:
   $f(1) = F'(1) = 0;\ f(5) = F'(5) = 0$
   An der Stelle $x_1 = 1$ findet ein Vorzeichenwechsel von $f = F'$ von positiven zu negativen Werten statt.
   Daher ist $x_1 = 1$ eine Maximumstelle von F.

An der Stelle $x_2 = 5$ findet ein Vorzeichenwechsel von $f = F'$ von negativen zu positiven Werten statt. Daher ist $x_2 = 5$ eine Minimumstelle von F.
Der Graph von f hat an der Stelle $x_3 = 3$ einen Tiefpunkt. Somit hat F die Wendestelle $x_3 = 3$.

b) Für $2 \leq x \leq 4$ gilt: $f(x) = F'(x) < 0$. Daher ist F auf diesem Intervall streng monoton abnehmend. Daraus folgt, dass $F(4) < F(2)$.

c) Es gilt: $F(1) = F(3) - \int_1^3 f(x)\,dx = 2 - \int_1^3 f(x)\,dx$
In der Abbildung kann man anhand der Kästchen abschätzen: $\int_1^3 f(x)\,dx \approx -3{,}5$
Demzufolge nimmt F(1) ungefähr den Wert 5,5 an.

**Beispiel 2**

Gegeben ist der abgebildete Graph der Funktion f.

a) Bestimmen Sie alle Extremstellen der Integralfunktion $I_1$ mit $I_1(x) = \int_1^x f(t)\,dt$.
b) Hat der Graph von $I_1$ im Intervall $[-1;2]$ Wendestellen?
c) Untersuchen Sie, ob für alle $x \in ]1;3]$ gilt: $I_1(x) < 0$
d) Begründen Sie, dass es einen Wert von b gibt, $b > 1$, für den gilt: $I_1(b) = I_1(1)$
e) Bestimmen Sie diesen Wert von b näherungsweise.

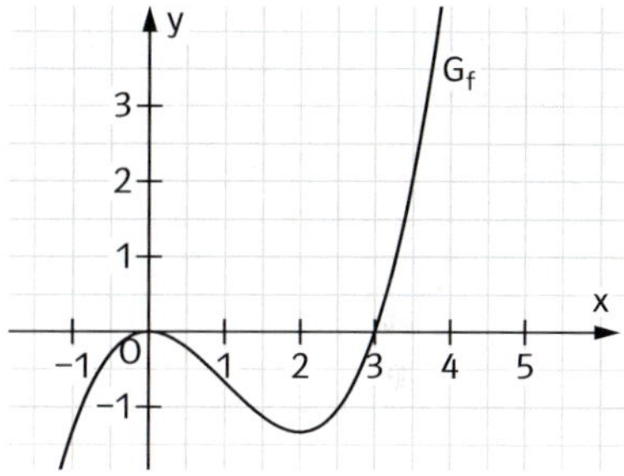


**Lösung:**

a) Der Abbildung entnimmt man $f(3) = 0$. An der Stelle $x_0 = 3$ findet ein Vorzeichenwechsel von $f = I_1'$ von negativen zu positiven Werten statt. Folglich ist $x_0 = 3$ eine Minimumstelle von $I_1$.
Weiter gilt $f(0) = 0$. Beim Überschreiten der Stelle $x_1 = 0$ findet dagegen kein Vorzeichenwechsel von $f = I'$ statt. Daher ist diese Stelle keine Extremstelle von $I_1$.

b) f hat an der Stelle $x_2 = 2$ eine Extremstelle. Daher hat F an dieser Stelle eine Wendestelle.

c) Es gilt für $1 < x < 3$: $f(x) = I_1'(x) < 0$
Der Graph von $I_1$ fällt also auf diesem Intervall streng monoton. Mit $I_1(1) = 0$ folgt daraus, dass alle Funktionswerte von $I_1$ im Intervall $]1;3]$ negativ sind.

d) Der Funktionswert $I_1(b)$ beschreibt den orientierten Flächeninhalt der Fläche zwischen dem Graphen von f und der x-Achse auf dem Intervall $[1;b]$. Im Teilintervall $[1;3]$ liegt eine Teilfläche unterhalb der x-Achse, auf dem Intervall $[3;b]$ mit $b > 3$ eine andere Teilfläche oberhalb der x-Achse.
Wählt man also ein b, $b > 3$, geeignet groß, so kann man erreichen, dass der Inhalt der beiden Teilflächen gleich groß ist und damit der durch $I_1(b)$ beschriebene orientierte Flächeninhalt den Wert 0 hat.

e) Durch Auszählen der Kästchen erhält man für $I_1(3)$ näherungsweise den Wert −2. Wenn b etwa 4 gewählt wird, hat $I_3(b)$ ungefähr den Wert 2.

**Aufgaben**

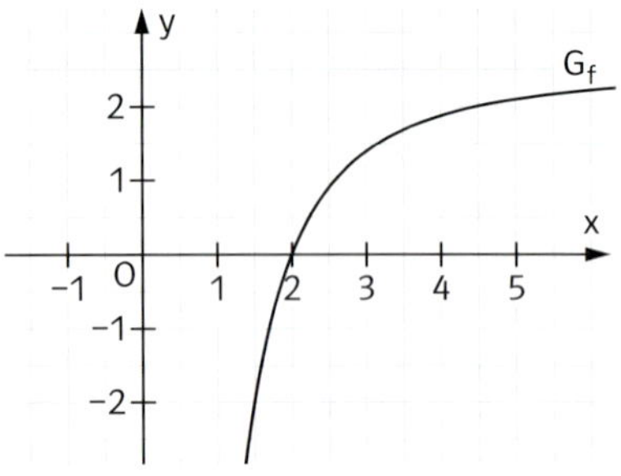


1. Gegeben ist der abgebildete Graph der Funktion f.
   a) Geben Sie, falls vorhanden, Extremstellen und Wendestellen jeder Stammfunktion F von f an.
   b) Untersuchen Sie, welche der Behauptungen wahr sind.
      1. $f(2) < f'(2)$
      2. $f'(2) < f''(2)$
      3. $F(2) < f(2)$
   c) Bestimmen Sie Näherungswerte von $F(1{,}5)$ und $F(4)$, falls $F(2) = 3$ gilt.

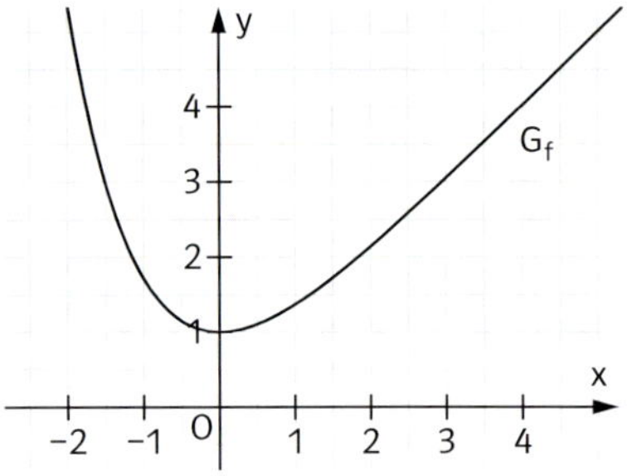


2. Gegeben ist der abgebildete Graph der Funktion f. Überprüfen Sie folgende Behauptungen. Begründen Sie Ihre Antworten.
   a) Für jede Stammfunktion F zu f gilt: $F(x) \geqq 0$ für $x \in [-1;4]$
   b) Der Graph von F hat eine Wendestelle bei $x_0 = 0$.
   c) Es gibt kein $a, b \in [-1;4]$, sodass $F(b) = F(a)$ gilt.

**Ergebnisse:**

1. a) Der Graph von F hat die Minimumstelle $x_1 = 2$ und keine Wendestelle.
   b) Die erste Behauptung ist wahr, denn $f(2) = 0$ und die Steigung des Graphen von f an der Stelle 2 ist positiv ($f'(2) > 0$).
   Die zweite Behauptung ist falsch. Es gilt $f'(2) > 0$ und die Steigung nimmt beständig ab, d.h. $f''(2) < 0$ (der Graph von f ist eine Rechtskurve).
   Die dritte Behauptung lässt sich nicht beurteilen, da man über den Funktionswert F(2) wegen der beliebigen Verschiebbarkeit des Graphen von F in Richtung der y-Achse keine Angaben hat.
   c) Abschätzen der Integrale über Flächen: $\int_{1,5}^{2} f(x)\,dx \approx -0{,}4$, $\int_{2}^{4} f(x)\,dx \approx 2{,}5$
   Daraus folgt: $F(1{,}5) \approx 3{,}4$; $F(4) \approx 5{,}5$
2. a) Die Behauptung ist falsch. Mit irgendeiner Stammfunktion F ist auch $F + c$, $c \in \mathbb{R}$, eine Stammfunktion von f. Daher könnte c so gewählt werden, dass es im betrachteten Intervall auch Funktionswerte von F gibt, die negativ sind.
   b) Die Behauptung ist wahr. Die Funktion f hat an der Stelle $x_0 = 0$ eine Extremstelle. Daher hat F an der Stelle $x_0 = 0$ eine Wendestelle.
   c) Die Behauptung ist wahr. $F'(x) = f(x) > 0$ für alle $x \in [-1;4]$. Daher ist F streng monoton wachsend.

## Bestandsfunktionen

Eine Funktion f beschreibe einen Bestand in Abhängigkeit von der Zeit. Die Funktionswerte stehen oft für Anzahlen und die x-Werte sind meist Maßzahlen für Zeitpunkte in vorher vereinbarten Maßeinheiten.

Strenggenommen verlaufen Wachstumsvorgänge nicht stetig, da sich ein Bestand immer um mindestens ein Individuum verändert (es gibt keine halben Bakterien, Atome, Geräte usw.). Bei der Modellierung solcher Vorgänge verwendet man aber in aller Regel stetige Funktionen und rundet dann gegebenenfalls Ergebnisse bei der Berechnung von Funktionswerten auf natürliche Zahlen.

Die Vielfalt der möglichen Fragestellungen kann allein durch Beispiele nicht dargestellt werden. Sie müssen also immer selbst eine gewisse „Übersetzungsarbeit" für die jeweilige Aufgabenstellung leisten. Achten Sie darauf, welche Maßeinheiten in der Aufgabe vereinbart sind. Führen Sie die Berechnungen mit dem GTR einheitenfrei durch. Achten Sie bei der Rundung Ihrer Ergebnisse auf die Genauigkeit der gegebenen Daten. Geben Sie Endergebnisse unter Verwendung der festgelegten Maßeinheiten an.

## F 39 Folgerungen aus einer bekannten Bestandsfunktion ziehen

***... da bin ich noch unsicher*** ☐ ***... das kann ich (jetzt)*** ☐

Der Funktionswert f(x) einer Funktion f beschreibt eine Anzahl (den Bestand einer Größe) in Abhängigkeit von der Größe x.

Typische Aufgaben können durch geeignete mathematische Ansätze bearbeitet werden:
- Mit $f(x_0)$ berechnen Sie den Bestand zum Zeitpunkt $x_0$ Zeiteinheiten.
- Wenn Sie die Gleichung $f(x) = c$, $c \in \mathbb{R}$, lösen, beschreibt die Lösung $x_0$ den Zeitpunkt, zu dem der Bestand c Einheiten beträgt.
- Größte/kleinste Bestandszahlen ergeben sich als Extremwerte der Bestandsfunktion.
- Um eine Aussage über die langfristige Entwicklung des Bestands zu erhalten, berechnen Sie $\lim\limits_{x \to +\infty} f(x)$.
- Den Mittelwert des Bestands auf dem Intervall [a ; b] bestimmen Sie durch $\frac{1}{b-a} \cdot \int_a^b f(x)\,dx$.

### Beispiel 1

Die Funktionsgleichung $f(x) = 3000 \cdot e^{-0{,}02 \cdot x}$ beschreibt den Bestand einer Population. Dabei bedeutet x die Maßzahl der in Stunden gemessenen Zeit und f(x) die Anzahl der Individuen x Stunden nach Beobachtungsbeginn.

a) Wie groß ist der Bestand bei Beobachtungsbeginn?
Wie groß ist der Bestand nach 5 Stunden?

b) Wie viele Stunden nach Beobachtungsbeginn ist der Bestand kleiner als 2000 Individuen?

c) Wie entwickelt sich der Bestand auf lange Sicht?

d) Wie lange dauert es, bis der Bestand, der zum Zeitpunkt 4 Stunden vorhanden ist, um weitere 500 Individuen abgenommen hat?

e) Der Bestand nimmt in 3 Stunden um 150 Individuen ab.
Wie lange nach Beobachtungsbeginn endet dieses Zeitintervall?

**Lösung:**

a) $f(0) = 3000 \cdot e^{-0{,}02 \cdot 0} = 3000 \cdot e^0 = 3000$; $\quad f(5) = 3000 \cdot e^{-0{,}02 \cdot 5} = 2714{,}512\ldots \approx 2700$
Bei Beobachtungsbeginn sind 3000 Individuen, nach 5 Stunden etwa 2700 Individuen vorhanden.

b) Bedingung: $f(x) < 2000$
Die Gleichung $3000 \cdot e^{-0{,}02 \cdot x} = 2000$ hat die Lösung $x_1 = 20{,}273\ldots$
Nach etwa 20,3 Stunden ist der Bestand kleiner als 2000 Individuen.

c) Aus $\lim\limits_{x \to +\infty} (e^{-0{,}02 \cdot x}) = 0$ folgt: $\lim\limits_{x \to +\infty} f(x) = \lim\limits_{x \to +\infty} (3000 \cdot e^{-0{,}02 \cdot x}) = 0$
Auf lange Sicht wird die Anzahl der Individuen auf den Wert 0 abnehmen.

d) Die Länge des Intervalls sei d Zeiteinheiten.
Bedingung: $f(4) - f(4 + d) = 3000 \cdot e^{-0{,}02 \cdot 4} - 3000 \cdot e^{-0{,}02 \cdot (4+d)} = 500$
Die Gleichung hat die Lösung: $d = 9{,}955\ldots$
Es dauert noch etwa 10 Stunden, bis der Bestand um weitere 500 Individuen abgenommen hat.

e) Dieses Zeitintervall beginne b Stunden nach Beobachtungsbeginn. Es endet dann b + 3 Stunden nach Beobachtungsbeginn.
Bedingung: $f(b) - f(b + 3) = 3000 \cdot e^{-0{,}02 \cdot b} - 3000 \cdot e^{-0{,}02 \cdot (b+3)} = 150$

Die Gleichung hat die Lösung $b = 7{,}623\ldots$
Im Zeitintervall, das etwa 7,6 Stunden nach Beobachtungsbeginn anfängt und etwa 10,6 Stunden nach Beobachtungsbeginn endet, nimmt die Individuenzahl um 150 ab.

**Beispiel 2**

Die Funktionsgleichung $f(x) = 200 \cdot (e^{-0{,}2 \cdot x} - e^{-0{,}5 \cdot x})$, $x \in \mathbb{R}$, beschreibt die Wirkstoffmenge eines Medikaments im Blut. Dabei bedeutet x die Maßzahl der in Stunden gemessenen Zeit und f(x) die Maßzahl der in Milligramm gemessenen Masse x Stunden nach Beobachtungsbeginn.
Bearbeiten Sie die folgenden Aufgaben mithilfe des GTR.

a) Zu welchem Zeitpunkt ist die Wirkstoffmenge am größten und wie groß ist diese?
b) In welchem Zeitraum beträgt die Wirkstoffmenge mehr als 40 Milligramm?
c) Zu welchen Zeitpunkten nimmt die Wirkstoffmenge am stärksten ab bzw. zu?
d) Wann ändert sich die Wirkstoffmenge mit der Geschwindigkeit 30 Milligramm je Stunde?
e) In welchem Zeitraum nimmt die Wirkstoffmenge ab?
f) Wie groß ist die mittlere Wirkstoffmenge während der ersten 10 Stunden?
g) Es gibt zwei Zeitintervalle der Länge 3 Stunden, in denen die mittlere Wirkstoffmenge 50 Milligramm beträgt.
Bestimmen Sie eines dieser Intervalle.
h) Wie entwickelt sich die Wirkstoffmenge auf lange Sicht?

**Lösung:**

a) Mit dem GTR bestimmt man das Maximum und erhält: $x_1 = 3{,}054\ldots$, $y_1 = 65{,}146\ldots$
Etwa 3 Stunden nach Beobachtungsbeginn erreicht die Wirkstoffmenge ihren größten Wert von etwa 65,1 Milligramm.
b) Bedingung: $200 \cdot (e^{-0{,}2 \cdot x} - e^{-0{,}5 \cdot x}) > 40$
Die Lösungen der Gleichung $200 \cdot (e^{-0{,}2 \cdot x} - e^{-0{,}5 \cdot x}) = 40$ sind $x_2 = 0{,}915\ldots$ und $x_3 = 7{,}488\ldots$
Mit dem Graphen von f erkennt man: Zwischen etwa 0,9 Stunden und 7,5 Stunden nach Verabreichung des Medikaments beträgt die Wirkstoffmenge mehr als 40 Milligramm.
c) Die Änderungsrate eines Bestands (Wachstumsgeschwindigkeit) wird durch die erste Ableitung der Bestandsfunktion beschrieben.
Die stärkste Abnahme findet statt, wenn der Graph von f seine kleinste (negative) Steigung hat. Die Minimumstelle der Ableitungsfunktion f' ist $x_4 = 6{,}108\ldots$
Die Wirkstoffmenge nimmt nach etwa 6,1 Stunden am stärksten ab.
Die stärkste Zunahme findet statt, wenn der Graph von f seine größte (positive) Steigung hat. Die Ableitungsfunktion f' hat für $x > 0$ keine lokale Maximumstelle, wohl aber an der Stelle $x_5 = 0$ ein globales Randmaximum. Die Wirkstoffmenge nimmt unmittelbar nach Verabreichung am stärksten zu.
d) Die Gleichung $f'(x) = 30$ hat die Lösung $x_6 = 0{,}914\ldots$
Etwa 0,9 Stunden nach Beobachtungsbeginn nimmt die Wirkstoffmenge mit der Geschwindigkeit 30 Milligramm je Stunde zu.
e) Die Wirkstoffmenge nimmt ab, wenn die Bestandsänderung negativ ist, d.h. $f'(x) < 0$ gilt.
Die Gleichung $f'(x) = 0$ hat die Lösung $x_7 = 3{,}054\ldots$
Dem Graphen entnimmt man, dass für alle größeren x-Werte als $x_7$ die Steigung negativ ist.
Die Wirkstoffmenge nimmt somit ab etwa 3 Stunden nach Verabreichung des Medikaments ab.
f) Die Fläche zwischen dem Graphen der Bestandsfunktion f, der x-Achse und den Geraden mit den Gleichungen $x = 0$ und $x = 10$ kann als gesamte Wirkstoffmenge interpretiert werden.
Die mittlere Wirkstoffmenge m ergibt sich daher wie folgt (F 29):

$$m = \frac{1}{b-a} \cdot \int_a^b f(x)\,dx = \frac{1}{10} \cdot \int_0^{10} \left(200 \cdot (e^{-0{,}2 \cdot x} - e^{-0{,}5 \cdot x})\right) dx \overset{\text{GTR}}{=} 46{,}735\ldots$$

Während der ersten 10 Stunden befinden sich im Mittel ca. 47 Milligramm Wirkstoff im Blut.

g) Es gibt ein solches Intervall $[a; a+3]$, wenn es eine positive reelle Zahl a als Lösung von

$\frac{1}{3} \cdot \int_a^{a+3} f(x)\,dx = \frac{1}{3} \cdot \int_a^{a+3} \left(200 \cdot (e^{-0{,}2 \cdot x} - e^{-0{,}5 \cdot x})\right) dx = 50$ gibt.

Man erhält $a_1 = 0{,}157\ldots$ und $a_2 = 4{,}533\ldots$

In den Zeitintervallen von 0,2 Stunden bis 3,2 Stunden und etwa 4,5 Stunden bis 7,5 Stunden beträgt die mittlere Wirkstoffmenge 50 Milligramm.

h) Aus $\lim\limits_{x \to +\infty} (e^{-0{,}2 \cdot x}) = 0$ und $\lim\limits_{x \to +\infty} (e^{-0{,}5 \cdot x}) = 0$ folgt:

$\lim\limits_{x \to +\infty} f(x) = \lim\limits_{x \to +\infty} (200 \cdot (e^{-0{,}2 \cdot x} - e^{-0{,}5 \cdot x})) = 0$

( F 28 ) Auf lange Sicht wird die Wirkstoffmenge auf den Wert 0 abnehmen.

**Aufgaben**

1. Der abgebildete Graph beschreibt die exponentielle Abnahme eines Bestands. Auf der x-Achse ist die Anzahl der Zeitschritte, auf der y-Achse der Bestand angegeben.

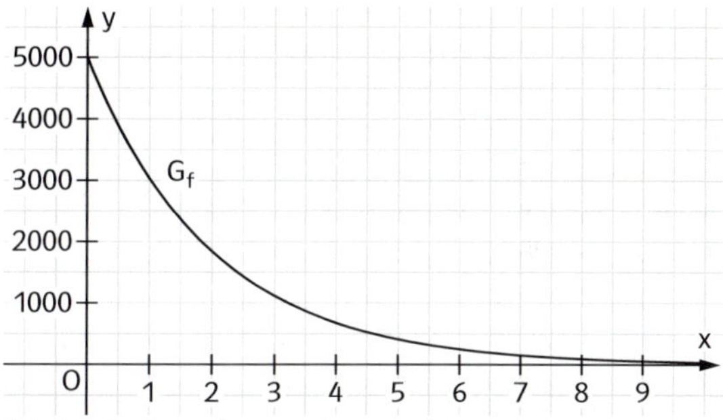


   a) Bestimmen Sie aus der Abbildung die Funktionsgleichung der Funktion f.

   Ein anderer Bestand entwickelt sich gemäß der Funktionsgleichung $f(x) = 5000 \cdot e^{-0{,}5 \cdot x}$; $x \in \mathbb{R}_0^+$.

   b) Berechnen Sie, wann der Bestand auf 2 % des Anfangsbestands zurückgegangen ist.

   c) Geben Sie eine Funktion an, die es erlaubt, die momentane Wachstumsgeschwindigkeit zu jedem Zeitpunkt zu berechnen.
   Berechnen Sie die Wachstumsgeschwindigkeit nach 5 Zeitschritten.

   d) In welchem Zeitintervall der Länge 2 Zeitschritte ist die Abnahme der Population erstmals kleiner als 200?

2. Ein Bestand wird beschrieben durch die Funktion f mit $f(x) = 30 + 20 \cdot e^{-0{,}04 \cdot x}$; $x \in \mathbb{R}$. Dabei bedeutet x die Anzahl der Zeitschritte ausgehend vom Beobachtungsbeginn und f(x) den zum jeweiligen Zeitpunkt vorhandenen Bestand.

   a) Weisen Sie nach, dass der Bestand ständig abnimmt.

   b) Bestimmen Sie den Bestand und die Wachstumsgeschwindigkeit nach 20 Zeitschritten.

   c) Ab wann ist der Bestand kleiner als 31?

   d) Wie viele Individuen gibt es durchschnittlich je Zeitschritt im Intervall [20; 30]?

**Ergebnisse:**

1. a) Die Funktionsgleichung lautet $f(x) = 5000 \cdot e^{-0{,}5 \cdot x}$; $x \in \mathbb{R}$ (b ist auf eine Nachkommastelle gerundet).

   b) Nach etwa 7,8 Zeitschritten hat der Bestand 2 % des Anfangsbestands erreicht.

   c) Die momentane Wachstumsgeschwindigkeit wird beschrieben durch $f'(x) = -2500 \cdot e^{-0{,}5 \cdot x}$.
   Nach 5 Zeitschritten beträgt die momentane Wachstumsgeschwindigkeit etwa −205 je Zeitschritt.

   d) Im Intervall [5,5; 7,5] nimmt der Bestand erstmals um 200 Individuen ab.

2. a) Es gilt für alle $x \in \mathbb{R}$: $f'(x) = 20 \cdot e^{-0{,}04 \cdot x} \cdot (-0{,}04) = -0{,}8 \cdot e^{-0{,}04 \cdot x} < 0$ ( F 12 ; F 13 )
   Die Funktion f ist streng monoton fallend, die Population nimmt somit ständig ab.

   b) Nach 20 Zeitschritten beträgt der Bestand etwa 39 Individuen.
   Die Wachstumsgeschwindigkeit beträgt nach 20 Zeitschritten etwa −0,36 je Zeitschritt.

   c) Nach etwa 75 Zeitschritten hat der Bestand auf weniger als 31 abgenommen.

   d) Auf dem Intervall [20; 30] beträgt der Bestand im Mittel etwa 37,4 Individuen.

## F 40 Folgerungen aus der momentanen Änderungsrate ziehen

***... da bin ich noch unsicher*** ☐ ***... das kann ich (jetzt)*** ☐

Unter der Wachstumsgeschwindigkeit eines Wachstumsvorgangs versteht man die Änderung des Bestands in der gewählten Zeiteinheit. Man bildet den Quotienten aus dem Zuwachs/der Abnahme des Bestands und der Anzahl der Zeitschritte. Beginnt der Zuwachs/die Abnahme etwa zum Zeitpunkt $x_0$ Minuten und dauert die Beobachtung $\Delta x$ Minuten, so beschreibt der Ausdruck

$$\frac{f(x_0 + \Delta x) - f(x_0)}{\Delta x}$$

die **durchschnittliche** Wachstumsgeschwindigkeit (durchschnittliche Änderungsrate) des Bestands auf dem Intervall $\Delta x$ Minuten.

Da die verwendeten Wachstumsfunktionen differenzierbar sind, hat der obige Ausdruck einen Grenzwert, falls die Länge des Beobachtungszeitraums gegen 0 geht. Der Ausdruck

$$f'(x_0) = \lim_{\Delta x \to 0} \frac{f(x_0 + \Delta x) - f(x_0)}{\Delta x}$$

wird dann als **momentane** Wachstumsgeschwindigkeit (momentane Änderungsrate) des Bestands zum Zeitpunkt $x_0$ Minuten bezeichnet.

In etlichen Anwendungen ist mit „Bestand" keine Anzahl, sondern die Maßzahl einer Größe wie Länge, Masse, Flächeninhalt o.Ä. gemeint. Auch in diesen Fällen werden die Begriffe durchschnittliche und momentane Wachstumsgeschwindigkeit sinngemäß verwendet. Man spricht dann also beispielsweise von einer momentanen Änderungsrate von 3 Metern pro Sekunde, 50 Gramm je Stunde, 12 Quadratzentimetern je Tag usw. Ob und wie Sie in solchen Situationen Ergebnisse runden, hängt von der Fragestellung und der Genauigkeit der gegebenen Daten ab.

Die Fragestellungen zur Bestandsfunktion (F 39) können Sie sinngemäß auf die Funktion zur Beschreibung der momentanen Änderungsrate übertragen.

Der Funktionswert f(x) einer Funktion f beschreibt die momentane Änderungsrate einer Bestandsfunktion.

Weitere typische Fragestellungen können durch geeignete mathematische Ansätze bearbeitet werden:
- Zeiträume, in denen der Bestand abnimmt (zunimmt), erhalten Sie durch Lösen der Ungleichung $f(x) < 0$ $(f(x) > 0)$ (F 6).
- Sie erhalten den Bestand zu einem gegebenen Zeitpunkt $t_0$ durch $B_0 + \int_0^{t_0} f(x)\,dx$. Dabei ist $B_0$ der Bestand bei Beobachtungsbeginn.
- Sie erhalten den Zeitpunkt $t_0$, zu dem der Bestand den Wert c annimmt, indem Sie die Gleichung $B_0 + \int_0^{t} f(x)\,dx = c$ lösen.

**Beispiel**

Die Funktion f mit $f(x) = (0{,}1x^2 - 2x + 6) \cdot e^{0{,}01 \cdot x}$, $x \in \mathbb{R}$, $0 \leq x \leq 30$, beschreibt die momentane Änderungsrate des Ölvolumens in einem Tank. Der Bestand wird in der Einheit 1 Liter, die Zeit in der Einheit 1 Minute gemessen.

a) Wie groß ist die Änderungsrate des Ölvolumens zu Beobachtungsbeginn und nach 8 Minuten? Interpretieren Sie die Ergebnisse im Sachzusammenhang.
b) Ermitteln Sie, ob es Zeitpunkte gibt, zu denen die Änderungsrate 2 Liter je Minute beträgt.
c) Wann ist die Änderungsrate (Ab- bzw. Zunahme des Volumens) am kleinsten, wann am größten? Wie groß ist diese jeweils? Zeigen Sie zunächst, dass $f'(x) = (0{,}001x^2 + 0{,}18x - 1{,}94) \cdot e^{0{,}01x}$ die Ableitungsfunktion zu f ist.

d) Bei Beobachtungsbeginn enthält der Tank 100 Liter Öl.
Bestimmen Sie, wie viel Öl nach 25 Minuten im Tank ist.
e) In welchem Zeitraum nimmt das Ölvolumen im Tank ab?
f) Berechnen Sie die mittlere Änderungsrate des Ölvolumens in den ersten drei Minuten.
g) Es gibt zwei Zeitpunkte, zu denen im Öltank genauso viel Öl ist wie bei Beobachtungsbeginn.
Berechnen Sie diese Zeitpunkte. Sie dürfen voraussetzen, dass F mit
$F(x) = (10x^2 - 2200x + 220\,600) \cdot e^{0{,}01x}$ eine Stammfunktion zu f ist.

**Lösung:**

a) Es gilt: $f(0) = 6$; $f(8) = -3{,}899\ldots$
Bei Beobachtungsbeginn ist die Änderungsrate 6 Liter je Minute, 8 Minuten später etwa −3,9 Liter je Minute. Dies bedeutet, dass bei Beobachtungsbeginn das Volumen im Tank zunimmt, nach 8 Minuten jedoch abnimmt.

b) Bedingung: $f(x) = 2$
Der GTR liefert die Lösungen $x_1 = 2{,}283\ldots$ und $x_2 = 17{,}535\ldots$
Etwa 2,3 Minuten und 17,5 Minuten nach Beobachtungsbeginn beträgt die Änderungsrate 2 Liter je Minute.

c) Man erhält im gegebenen Intervall das lokale und zugleich globale Minimum der Funktion f an der Stelle $x_3 = 10{,}199\ldots$ mit $f(x_3) = -4{,}425\ldots$ Die kleinste Änderungsrate (stärkste Volumenabnahme) beträgt etwa −4,4 Liter je Minute. Das globale Maximum ist das Randmaximum an der Stelle $x_4 = 30$. Die maximale Änderungsrate (stärkste Volumenzunahme) beträgt etwa 48,6 Liter je Minute.

d) Der Gesamtbestand ergibt sich aus dem bekannten Anfangsbestand und der Bestandsänderung auf dem jeweils gegebenen Intervall mit unterer Grenze 0.
Für den Gesamtbestand ergibt sich:

$$100 + \int_0^{25} f(x)\,dx = 100 + \int_0^{25} \left((0{,}1x^2 - 2x + 6) \cdot e^{0{,}01 \cdot x}\right) dx \overset{\text{GTR}}{=} 159{,}767\ldots$$

Nach 25 Minuten befinden sich etwa 160 Liter Öl im Tank.

e) Abnahme des Bestands bedeutet, dass die Bestandsänderung und damit die Änderungsrate negativ ist.
Es ist also das Intervall $[a; b]$ zu bestimmen, für das gilt: $f(x) < 0$
Die Gleichung $f(x) = 0$ hat die Lösungen $x_5 = 3{,}675\ldots$ und $x_6 = 16{,}324\ldots$
Der Graph zeigt, dass die Funktionswerte von f im Intervall $[x_5; x_6]$ negativ sind.
Das Ölvolumen im Tank nimmt im Zeitraum von etwa 3,7 Minuten bis etwa 16,3 Minuten ab.

f) Für die mittlere Änderungsrate von f gilt:

$$m = \frac{1}{b-a} \cdot \int_a^b f(x)\,dx = \frac{1}{3} \cdot \int_0^3 \left((0{,}1x^2 - 2x + 6) \cdot e^{0{,}01 \cdot x}\right) dx \overset{\text{GTR}}{=} 3{,}337\ldots \quad (\text{F 29})$$

In den ersten drei Minuten beträgt die mittlere Änderungsrate des Volumens etwa 3,3 Liter je Minute.

g) Die gesamte Änderung des Ölvolumens auf dem Intervall $[0; b]$, $b > 0$, muss den Wert 0 haben.
Der Gesamtbestand wird als orientierter Inhalt der Fläche zwischen dem Graphen von f und der x-Achse im Intervall $[0; b]$ interpretiert.

Bedingung: $\int_0^b f(x)\,dx = \int_0^b \left((0{,}1x^2 - 2x + 6) \cdot e^{0{,}01 \cdot x}\right) dx = 0$

Der GTR liefert die Lösungen $x_7 = 8{,}147\ldots$ und $x_8 = 21{,}558\ldots$ Etwa 8,1 Minuten und 21,6 Minuten nach Beobachtungsbeginn ist genauso viel Öl im Tank wie bei Beobachtungsbeginn.

**Aufgabe**

Die Schneefallrate in einem ländlichen Gebiet lässt sich an einem bestimmten Tag modellieren durch die Funktion f mit $f(x) = \frac{20x}{x^2+4}$; $x \in \mathbb{R}$; $0 \leqq x \leqq 10$. Dabei bedeutet x die Anzahl der Stunden seit Beginn des Schneefalls und f(x) die Maßzahl der in Zentimeter je Stunde gemessenen Schneehöhenzunahme. Bei Beobachtungsbeginn beträgt die Schneehöhe bereits 15 Zentimeter. Bearbeiten Sie folgende Aufgaben.

a) Wann schneit es am stärksten? Wie groß ist zu diesem Zeitpunkt die Schneefallrate?
b) Zu welchen Zeitpunkten beträgt die Schneefallrate 2 Zentimeter je Stunde?
c) Wann nimmt die Schneefallrate am stärksten ab?
d) Wie hoch liegt der Schnee nach 8 Stunden?
e) Wie hoch würde der Schnee nach 8 Stunden liegen, wenn sich die Schneefallrate ab 4 Stunden nach Beginn des Schneiens nicht mehr ändern würde?
f) Auf einem zu Beobachtungsbeginn schneefreien Flachdach, das sich wegen schlechter Wärmedämmung von unten her erwärmt, schmilzt ein Teil des darauffallenden Schnees. Die Schmelzrate lässt sich durch die Funktion g mit $g(x) = 0{,}5x^2$, $x \in \mathbb{R}$, $0 \leqq x \leqq 10$, beschreiben. Welche maximale Schneehöhe ist auf diesem Dach zu erwarten?

**Ergebnis:**

a) Es schneit 2 Stunden nach Beginn des Schneefalls am stärksten. Die Schneefallrate beträgt zu diesem Zeitpunkt 5 Zentimeter je Stunde.
b) Die Schneefallrate hat etwa 0,4 Stunden und 9,6 Stunden nach Beginn des Schneefalls den Wert 2 Zentimeter je Stunde.
c) Die stärkste Abnahme der Schneefallrate ist etwa 3,5 Stunden nach Beginn des Schneefalls.
d) Nach 8 Stunden beträgt die Schneehöhe etwa 43,3 Zentimeter.
e) Die Schneefallrate nach 4 Stunden beträgt 4 Zentimeter je Stunde, die Schneehöhe zu diesem Zeitpunkt etwa 31,1 Zentimeter. Bei gleichbleibender Rate wäre nach insgesamt 8 Stunden eine Schneehöhe von etwa 47,1 Zentimeter erreicht.
f) Die Änderungsrate der Schneehöhe auf dem Flachdach lässt sich durch die Funktion h mit $h(x) = f(x) - g(x)$ beschreiben. Die Schneehöhe wächst, wenn $h(x) > 0$ gilt. Dies ist für $0 \leqq x \leqq 3{,}031\ldots$ der Fall. Als maximale Schneehöhe sind etwa 7,3 Zentimeter zu erwarten.

## F 41 Die Differenzialgleichung des exponentiellen Wachstums verwenden

***... da bin ich noch unsicher*** ☐ ***... das kann ich (jetzt)*** ☐

Jede Funktion f mit $f(x) = a \cdot e^{b \cdot x}$, $x \in \mathbb{R}$, $a \in \mathbb{R}^+$, $b \in \mathbb{R} \setminus \{0\}$, beschreibt ein exponentielles Wachstum.

Dabei bezeichnet:

- x die Anzahl der Zeitschritte von einem geeignet gewählten Anfangszeitpunkt an,
- a den Anfangsbestand f(0),
- b die Wachstumskonstante,
- f(x) den Bestand nach x Zeitschritten.

Wenn b positiv ist, so nimmt der Bestand dauernd zu. Ist b negativ, so nimmt er dauernd ab.
Die momentane Änderungsrate des Bestands (die Wachstumsgeschwindigkeit) zum Zeitpunkt x (nach x Zeitschritten) wird durch f′(x) beschrieben: $f'(x) = b \cdot a \cdot e^{b \cdot x}$
Man erkennt: $f'(x) = b \cdot f(x)$
In Worten: Die momentane Änderungsrate des Bestands ist proportional zum momentanen Bestand.
Die Differenzialgleichung $f'(x) = b \cdot f(x)$ charakterisiert also das exponentielle Wachstum.

**Beispiel 1**
Die Änderungsrate eines exponentiell abnehmenden Bestands wird durch
$f'(x) = -0{,}4 \cdot e^{-0{,}02 \cdot x}$, $x \in \mathbb{R}$, beschrieben.
Bestimmen Sie die Differenzialgleichung für dieses Wachstum und den Anfangsbestand $f(0)$.
**Lösung:**
Die Differenzialgleichung kann wegen $b = -0{,}02$ sofort angegeben werden:
$f'(x) = -0{,}02 \cdot f(x)$.
Ferner gilt einerseits $f'(0) = (-0{,}02) \cdot f(0)$, andererseits $f'(0) = -0{,}4$.
Daraus folgt $f(0) = 20$.

**Beispiel 2**
Die Differenzialgleichung $f'(x) = 0{,}06 \cdot f(x)$ charakterisiert ein exponentielles Wachstum.
Ermitteln Sie die Funktionsgleichung der zugehörigen Exponentialfunktion, wenn der Anfangsbestand 100 Individuen beträgt.
**Lösung:**
Jede Funktion f mit $f(x) = a \cdot e^{b \cdot x}$, $x \in \mathbb{R}, a \in \mathbb{R}^+, b \in \mathbb{R} \setminus \{0\}$, erfüllt bekanntlich diese Differenzialgleichung.
Wegen $f'(x) = a \cdot e^{b \cdot x} \cdot b = b \cdot f(x)$ ist $b = 0{,}06$ bekannt (F 12; F 13). Somit gilt: $f(x) = a \cdot e^{0{,}06 \cdot x}$
Ferner ist $a = f(0) = 100$ bekannt.
Die Funktionsgleichung lautet daher $f(x) = 100 \cdot e^{0{,}06 \cdot x}$.

**Aufgabe**
Das Wachstum einer Population wird durch die Differenzialgleichung $f'(x) = 0{,}04 \cdot f(x)$ beschrieben.
a) Zeigen Sie, dass die Funktion f mit $f(x) = a \cdot e^{b \cdot x}$; $x \in \mathbb{R}$; $a, b \in \mathbb{R}$; $a > 0$, diese Differenzialgleichung erfüllt, und bestimmen Sie b.
b) Weisen Sie nach, dass der Bestand ständig zunimmt.
c) Nach 10 Zeitschritten besteht die Population aus 300 Individuen.
Wie groß war der Bestand bei Beobachtungsbeginn?
d) Geben Sie die Wachstumsgeschwindigkeit des Bestands nach 10 Zeitschritten an.

**Ergebnis:**
a) $f'(x) = b \cdot a \cdot e^{b \cdot x} = b \cdot f(x)$ (F 12; F 13); $b = 0{,}04$; daher: $f(x) = a \cdot e^{0{,}04 \cdot x}$
b) Da nach Voraussetzung $a > 0$ gelten soll und $e^{0{,}04 \cdot x} > 0$ für alle $x \in \mathbb{R}$, erhält man $f'(x) = 0{,}04 \cdot a \cdot e^{0{,}04 \cdot x} > 0$.
Die Funktion f ist daher streng monoton zunehmend.
c) Aus $f(10) = a \cdot e^{0{,}04 \cdot 10} = 300$ folgt $a \approx 201$.
Bei Beobachtungsbeginn waren etwa 201 Individuen vorhanden.
d) $f'(10) = 0{,}04 \cdot f(10) = 12$
Die Wachstumsgeschwindigkeit nach 10 Zeitschritten beträgt 12 Individuen je Zeitschritt.

# Funktionenscharen

## F 42 Eigenschaften von Graphen in Abhängigkeit vom Parameter bestimmen

***... da bin ich noch unsicher ☐ ... das kann ich (jetzt) ☐***

Häufig kommen neben der Funktionsvariablen, meist x, noch sogenannte Formvariablen (Parameter) vor, die fast immer mit dem Buchstaben a bezeichnet werden. Auf diese Weise kann man mit einem einzigen aufgeschriebenen Funktionsterm beliebig viele „gleichartige“ Funktionen beschreiben.

Bei der Untersuchung von Funktionenscharen geht man völlig analog vor wie bei der Untersuchung einzelner Funktionen. Man muss lediglich darauf achten, dass der Parameter a wie eine Konstante (konstanter Summand bzw. konstanter Faktor) behandelt wird. Als konstanter Faktor wird a beim Ableiten oder Integrieren beibehalten, als konstanter Summand entfällt a beim Ableiten.
Achten Sie bei allen Aufgaben dieser Art unbedingt auch auf den Definitionsbereich für den Parameter a. Oft ist es so, dass a nicht alle reellen Zahlen als Werte annehmen darf!

**Hinweis**
Mit dem GTR können Sie keine Graphenscharen untersuchen, sondern immer nur einzelne Graphen einer Schar. Die entsprechenden Fragestellungen müssen daher handschriftlich erledigt werden. Allerdings können Sie den GTR häufig zum Überprüfen Ihrer Ergebnisse einsetzen oder um Vermutungen über Eigenschaften der Schar zu gewinnen.

**Beispiel 1**
Die Funktionenschar $f_a$ mit $f_a(x) = ax^2 - 4$, $x \in \mathbb{R}$, $a \in \mathbb{R}^+$, ist gegeben.
Bestimmen Sie die Nullstellen der Funktion $f_a$.
Für welchen Wert von a ist $-4$ eine solche Nullstelle?
**Lösung:**
Nullstellenermittlung: Aus $f_a(x) = 0$ folgt: $x_{1;2} = \pm\sqrt{\frac{4}{a}}$
(Hier erkennen Sie, dass die Einschränkung $a \in \mathbb{R}^+$ sinnvoll ist. Wäre $a = 0$ oder negativ, gäbe es keine Nullstelle.)
Bestimmung von a: $+\sqrt{\frac{4}{a}} = -4$ hat keine Lösung, $-\sqrt{\frac{4}{a}} = -4$ hat die Lösung $a = \frac{1}{4}$.

**Beispiel 2**
Bestimmen Sie die Extrempunkte des Graphen von $f_a$ mit $f_a(x) = \frac{1}{3}x^3 - ax^2$, $x \in \mathbb{R}$, $a \in \mathbb{R}^+$.
**Lösung:**
Es gilt: $f_a'(x) = x^2 - 2ax$; $f_a''(x) = 2x - 2a$; aus $f_a'(x) = 0$ folgt: $x_1 = 0$, $x_2 = 2a$
Wegen $f_a''(0) = -2a < 0$, ist $x_1 = 0$ Maximumstelle. Der Hochpunkt ist $H_a(0\,|\,0)$.
Wegen $f_a''(2a) = 2a > 0$, ist $x_2 = 2a$ Minimumstelle. Der Tiefpunkt ist $T_a\left(2a\,\middle|\,-\frac{4}{3}a^3\right)$.
(Bei dieser letzten Überlegung ist entscheidend, dass a positiv vorgegeben war. Wären für a nur negative Werte zugelassen gewesen, so würde beispielsweise $f_a''(0) = -2a > 0$ gelten und der Punkt $(0\,|\,0)$ wäre ein Tiefpunkt. Entsprechend würde aus $f_a''(2t) = 2a < 0$ der Hochpunkt $\left(2a\,\middle|\,-\frac{4}{3}a^3\right)$ folgen.)

**Aufgaben**
1. Wie muss man a wählen, $a \in \mathbb{R}^+$, damit die Fläche zwischen dem Graphen von $f_a$ mit $f_a(x) = x + e^{a-x}$, $x \in \mathbb{R}$, und der x-Achse über dem Intervall $[0;a]$ den Inhalt 1 FE hat?
2. Gegeben sind die Funktionen $f_a$ durch $f_a(x) = \frac{1}{2}e^{-ax}$, $x \in \mathbb{R}$, $a \in \mathbb{R}$.
   Wie muss man a wählen, damit der Graph der zugehörigen Funktion $f_a$ im Schnittpunkt mit der y-Achse eine Normale mit der Steigung 1 hat? Geben Sie diese Normalengleichung an.

**Ergebnisse:**
1. Flächeninhaltsmaßzahl: $A_a = e^a + \frac{1}{2}a^2 - 1$ (F 23, F 25, F 26);
   Näherungswert für a: $a \approx 0{,}599$
2. Tangentensteigung in $Y\left(0\,\middle|\,\frac{1}{2}\right)$: $m_a = -\frac{1}{2}a$ (F 14); Normalensteigung in $Y\left(0\,\middle|\,\frac{1}{2}\right)$: $m_n = \frac{2}{a}$
   Für $a = 2$ hat die Normale die Steigung 1. Die Normalengleichung lautet: $y = x + \frac{1}{2}$

## F 43 Ortskurven für besondere Punkte bei Funktionenscharen bestimmen

*... da bin ich noch unsicher* ☐ *... das kann ich (jetzt)* ☐

Wenn eine Funktionenschar $f_a$ gegeben ist, dann werden im Allgemeinen die besonderen Punkte der Graphen (Schnittpunkte mit den Koordinatenachsen, Extrempunkte, Wendepunkte) Koordinaten haben, die vom Parameter a abhängen. Lässt man nun den Parameter a alle zugelassenen Werte durchlaufen, so hat dies zur Folge, dass die entsprechenden Punkte sich ebenfalls im Koordinatensystem bewegen. Es ist daher sinnvoll, danach zu fragen, auf welchem Graphen sich beispielsweise die Extrempunkte der Graphen einer Funktionenschar bewegen, wenn a alle zugelassenen Werte durchläuft. Diesen Graphen nennt man Ortskurve der Extrempunkte.

In solchen Fällen bestimmt man zuerst die Koordinaten $x_a$ und $y_a$ der jeweiligen Punkte in Abhängigkeit vom Parameter a, löst dann die Gleichung $x_a = x(a)$ nach a auf und setzt das Ergebnis in die andere Gleichung ein. Auf diese Weise entsteht eine Gleichung, die die Abhängigkeit der y-Koordinate $y_a$ von der x-Koordinate $x_a$ beschreibt. Dies ist die Gleichung der gesuchten Ortskurve. Diese Vorgehensweise bezeichnet man als Eliminieren des Parameters a.

### Beispiel

Gegeben sind die Funktionen $f_a$ mit $f_a(x) = \frac{1}{6}x^3 - ax^2 + a^3,\ x \in \mathbb{R},\ a \in \mathbb{R}$.
Auf welchem Graphen bewegen sich die Wendepunkte $W_a$ der zugehörigen Graphen, wenn a alle zugelassenen Werte durchläuft?

**Lösung:**

Ableitungen:
$f'_a(x) = \frac{1}{2}x^2 - 2ax;\ f''_a(x) = x - 2a;\ f'''_a(x) = 1$
Berechnung der Wendepunkte (F 20):
Aus $f''_a(x) = 0$ folgt $x_a = 2a$ und daraus $f'''_a(2a) = 1 \neq 0$. $x_a = 2a$ ist demnach Wendestelle der Funktion $f_a$.
Mit $y_a = f_a(2a) = \frac{1}{6}\cdot(2a)^3 - a\cdot(2a)^2 + a^3 = -\frac{5}{3}a^3$ ergibt sich der Wendepunkt $W_t\left(2a \middle| -\frac{5}{3}a^3\right)$.
Ortskurve der Wendepunkte:
Aus $x_a = 2a$ erhält man zunächst $a = \frac{1}{2}x_a$ und damit $y_a = -\frac{5}{3}\cdot\left(\frac{1}{2}x_a\right)^3 = -\frac{5}{24}x_a^3$.
Die Wendepunkte der Graphen von $f_a$ bewegen sich auf dem Graphen von g mit $g(x) = -\frac{5}{24}x^3$, $x \in \mathbb{R}$.

### Aufgaben

1. Gegeben ist die ganzrationale Funktionenschar $f_a$ mit der Gleichung $f_a(x) = -\frac{1}{3}x^3 + \frac{1}{4}ax^2$; $x \in \mathbb{R}$; $a \in \mathbb{R}^+$.
   Auf welchem Graphen (d.h. auf welcher Ortskurve) bewegen sich die lokalen Hochpunkte $H_a$ der Scharvertreter, wenn a die zugelassenen Werte durchläuft?
2. Gegeben sind die Funktionen $f_a$ mit $f_a(x) = ax^3 - x^2 - 1$; $x \in \mathbb{R}$; $a \in \mathbb{R}^+$.
   Auf welchem Graphen bewegen sich die Wendepunkte $W_a$ der zugehörigen Graphen, wenn a alle zugelassenen Werte durchläuft?

**Ergebnisse:**

1. Hochpunkte: $H_a\left(\frac{1}{2}a \middle| \frac{1}{48}a^3\right)$ (F 18); Gleichung des Graphen: $g(x) = \frac{1}{6}x^3$; $x \in \mathbb{R}^+$
2. Wendepunkte: $W_a\left(\frac{1}{3a} \middle| -\frac{2}{27a^2} - 1\right)$ (F 20); Gleichung des Graphen: $g(x) = -\frac{2}{3}x^2 - 1$; $x \in \mathbb{R}^+$

# Analytische Geometrie

## Grundlegendes im Umgang mit Vektoren

### F 44 Den Verbindungsvektor zweier Punkte aufstellen

*... da bin ich noch unsicher* ☐ *... das kann ich (jetzt)* ☐

Den Verbindungsvektor $\overrightarrow{AB}$ zweier gegebener Punkte A und B erhält man, indem man die Differenz der beiden Ortsvektoren $\vec{b}$ und $\vec{a}$ bildet. Es gilt: $\overrightarrow{AB} = \vec{b} - \vec{a}$.
Alternative: Man erhält die Koordinaten des Vektors $\overrightarrow{AB}$ als Differenz der Koordinaten von B und A.

⚠
$\overrightarrow{BA} = -\overrightarrow{AB}$. Vermeiden Sie bei der Differenzbildung Vorzeichenfehler.

**Beispiel 1**
Bestimmen Sie den Verbindungsvektor $\overrightarrow{AB}$ für A(−3 | 2 | 5) und B(−4 | −6 | 7).
**Lösung:**

$$\overrightarrow{AB} = \begin{pmatrix} -4 \\ -6 \\ 7 \end{pmatrix} - \begin{pmatrix} -3 \\ 2 \\ 5 \end{pmatrix} = \begin{pmatrix} -4-(-3) \\ -6-2 \\ 7-5 \end{pmatrix} = \begin{pmatrix} -1 \\ -8 \\ 2 \end{pmatrix}$$

**Beispiel 2**
Wie lautet der Vektor $\overrightarrow{PQ}$ für P(4 | −7 | 6) und Q(9 | −4 | 6)?
**Lösung:**

$$\overrightarrow{PQ} = \begin{pmatrix} 9-4 \\ -4-(-7) \\ 6-6 \end{pmatrix} = \begin{pmatrix} 5 \\ 3 \\ 0 \end{pmatrix}$$

**Aufgabe**
Gegeben sind die Punkte S(−8 | 4 | −7) und T(3 | −3 | 7). Bestimmen Sie den Vektor $\overrightarrow{TS}$.
**Ergebnis:**

$$\overrightarrow{TS} = \begin{pmatrix} -11 \\ 7 \\ -14 \end{pmatrix}$$

### F 45 Die Länge eines Vektors berechnen

*... da bin ich noch unsicher* ☐ *... das kann ich (jetzt)* ☐

Die Länge (den Betrag) eines Vektors berechnet man mithilfe des Satzes von Pythagoras.
Für $\vec{a} = \begin{pmatrix} a_1 \\ a_2 \\ a_3 \end{pmatrix}$ gilt: $|\vec{a}| = \sqrt{a_1^2 + a_2^2 + a_3^2}$

**Beispiel**
Berechnen Sie die Länge des Vektors $\vec{a} = \begin{pmatrix} 2 \\ -3 \\ 5 \end{pmatrix}$.
**Lösung:**
$|\vec{a}| = \sqrt{2^2 + (-3)^2 + 5^2} = \sqrt{4 + 9 + 25} = \sqrt{38}$

**Aufgabe**
Berechnen Sie die Länge der Vektoren $\vec{u} = \begin{pmatrix} -4 \\ 4 \\ 7 \end{pmatrix}$ und $\overrightarrow{PQ} = \begin{pmatrix} -4 \\ -5 \\ 3 \end{pmatrix}$.
**Ergebnis:**
$|\vec{u}| = 9$; $|\overrightarrow{PQ}| = \sqrt{50} \approx 7{,}07$

## F 46 Eine Linearkombination von Vektoren berechnen

***... da bin ich noch unsicher*** ☐ ***... das kann ich (jetzt)*** ☐

Wenn man eine Linearkombination aus mehreren Vektoren berechnen will, dann muss man die Rechengesetze für die S-Multiplikation und die Addition von Vektoren anwenden.

**Beispiel**
Gegeben sind $\vec{a} = \begin{pmatrix} 2 \\ -1 \\ 3 \end{pmatrix}$; $\vec{b} = \begin{pmatrix} 4 \\ 0 \\ -3 \end{pmatrix}$ und $\vec{c} = \begin{pmatrix} -1 \\ 3 \\ 2 \end{pmatrix}$.

Berechnen Sie die Linearkombination $\vec{d} = 2\vec{a} - \vec{b} + 3\vec{c}$.

**Lösung:**

$$\vec{d} = 2 \cdot \begin{pmatrix} 2 \\ -1 \\ 3 \end{pmatrix} - \begin{pmatrix} 4 \\ 0 \\ -3 \end{pmatrix} + 3 \cdot \begin{pmatrix} -1 \\ 3 \\ 2 \end{pmatrix} = \begin{pmatrix} 2 \cdot 2 - 4 + 3 \cdot (-1) \\ 2 \cdot (-1) - 0 + 3 \cdot 3 \\ 2 \cdot 3 - (-3) + 3 \cdot 2 \end{pmatrix} = \begin{pmatrix} -3 \\ 7 \\ 15 \end{pmatrix}$$

**Aufgaben**

1. Berechnen Sie für $\vec{a} = \begin{pmatrix} -1 \\ -5 \\ 6 \end{pmatrix}$; $\vec{b} = \begin{pmatrix} 2 \\ -4 \\ -9 \end{pmatrix}$ und $\vec{c} = \begin{pmatrix} 3 \\ 5 \\ -4 \end{pmatrix}$ die Linearkombination $\vec{d} = 3\vec{a} - 4\vec{b} - 2\vec{c}$.

2. Berechnen Sie für $\vec{x} = \begin{pmatrix} 2 \\ 3 \\ -4 \end{pmatrix}$; $\vec{y} = \begin{pmatrix} -7 \\ 5 \\ -2 \end{pmatrix}$ und $\vec{z} = \begin{pmatrix} 6 \\ -4 \\ 3 \end{pmatrix}$ die Linearkombination $\vec{v} = -2\vec{x} + \vec{y} + 3\vec{z}$.

**Ergebnisse:**

1. $\vec{d} = \begin{pmatrix} -17 \\ -9 \\ 62 \end{pmatrix}$

2. $\vec{v} = \begin{pmatrix} 7 \\ -13 \\ 15 \end{pmatrix}$

## F 47 Überprüfen, ob drei Vektoren in einer Ebene liegen

***... da bin ich noch unsicher*** ☐ ***... das kann ich (jetzt)*** ☐

Wenn drei Vektoren $\vec{a}$, $\vec{b}$ und $\vec{c}$ in einer Ebene liegen, dann kann man einen der Vektoren als Linearkombination der beiden anderen darstellen.
Man wählt also z. B. den Ansatz: $\vec{c} = r \cdot \vec{a} + s \cdot \vec{b}$.
Wenn man r und s eindeutig bestimmen kann, dann liegen die drei Vektoren in einer Ebene.
Falls es keine derartige Darstellung gibt, dann liegen die drei Vektoren nicht in einer Ebene.
Man nennt drei Vektoren, die nicht in einer Ebene liegen, auch „linear unabhängig".

Man erhält ein LGS aus drei Gleichungen mit den beiden Variablen r und s.
Um zu überprüfen, ob dieses LGS eine eindeutige Lösung hat, löst man zunächst das LGS, das z. B. aus den beiden ersten Gleichungen besteht (F 7).

**Beispiel 1**
Überprüfen Sie, ob die drei Vektoren $\vec{a} = \begin{pmatrix} -2 \\ 4 \\ -1 \end{pmatrix}$; $\vec{b} = \begin{pmatrix} 3 \\ -2 \\ 5 \end{pmatrix}$ und $\vec{c} = \begin{pmatrix} -4 \\ 16 \\ 5 \end{pmatrix}$ in einer Ebene liegen.

**Lösung:**
Ansatz: $\vec{c} = r \cdot \begin{pmatrix} -2 \\ 4 \\ -1 \end{pmatrix} + s \cdot \begin{pmatrix} 3 \\ -2 \\ 5 \end{pmatrix} = \begin{pmatrix} -4 \\ 16 \\ 5 \end{pmatrix}$

| | | | | |
|---|---|---|---|---|
| (I) | $-2r + 3s = -4$ | | (I) | $-2r + 3s = -4$ |
| (II) | $4r - 2s = 16$ | | (II a) = 2·(I) + (II) | $4s = 8$ |
| (III) | $-r + 5s = 5$ | | | |

Aus (II a) folgt: $s = 2$. Einsetzen in (I) liefert $r = 5$.
Anschließend muss man noch die Einsetzprobe mit Gleichung (III) machen: $-5 + 5 \cdot 2 = 5$
Die Werte $r = 5$ und $s = 2$ erfüllen auch die Gleichung (III).

Es gilt $\vec{c} = 5\vec{a} + 2\vec{b}$. Der Vektor $\vec{c}$ kann eindeutig als Linearkombination von $\vec{a}$ und $\vec{b}$ dargestellt werden. Demnach liegen die drei Vektoren in einer Ebene.
Alternative: Man kann auch zwei andere Gleichungen auswählen.

**Beispiel 2**
Überprüfen Sie, ob die drei Vektoren $\vec{u} = \begin{pmatrix} 20 \\ 11 \\ -6 \end{pmatrix}$; $\vec{v} = \begin{pmatrix} -5 \\ 3 \\ -4 \end{pmatrix}$ und $\vec{w} = \begin{pmatrix} 4 \\ -1 \\ -3 \end{pmatrix}$ in einer Ebene liegen.

**Lösung:**
Ansatz z.B.: $\vec{u} = r \cdot \begin{pmatrix} -5 \\ 3 \\ -4 \end{pmatrix} + s \cdot \begin{pmatrix} 4 \\ -1 \\ -3 \end{pmatrix} = \begin{pmatrix} 20 \\ 11 \\ -6 \end{pmatrix}$

Es ergibt sich folgendes LGS:

$$\begin{array}{ll} \text{(I)} & -5r + 4s = 20 \\ \text{(II)} & 3r - s = 11 \\ \text{(III)} & -4r - 3s = -6 \end{array}$$

Zunächst löst man das LGS z.B. aus den Gleichungen (II) und (III) und erhält $r = 3$ und $s = -2$.
Probe in (I): $-5 \cdot 3 + 4 \cdot (-2) = -23 \neq 20$; die Probe zeigt, dass das LGS keine Lösung hat.
Somit kann man den Vektor $\vec{u}$ nicht als Linearkombination der beiden anderen Vektoren darstellen. Also liegen die drei Vektoren nicht in einer Ebene.

**Aufgabe**
Überprüfen Sie jeweils, ob die drei Vektoren in einer Ebene liegen.

a) $\vec{a} = \begin{pmatrix} 3 \\ -2 \\ -3 \end{pmatrix}$; $\vec{b} = \begin{pmatrix} -2 \\ -1 \\ 4 \end{pmatrix}$ und $\vec{c} = \begin{pmatrix} 7 \\ 0 \\ -8 \end{pmatrix}$

b) $\vec{x} = \begin{pmatrix} -5 \\ 6 \\ 4 \end{pmatrix}$; $\vec{y} = \begin{pmatrix} -1 \\ -3 \\ 2 \end{pmatrix}$ und $\vec{z} = \begin{pmatrix} 3 \\ 2 \\ -4 \end{pmatrix}$

**Ergebnis:**
a) Die drei Vektoren liegen nicht in einer Ebene.
b) Es gilt: $\vec{x} = -4\vec{y} - 3\vec{z}$. Die drei Vektoren liegen also in einer Ebene.

## F 48 Den Mittelpunkt einer Strecke berechnen

***... da bin ich noch unsicher*** ☐ ***... das kann ich (jetzt)*** ☐

Um den Mittelpunkt M einer gegebenen Strecke AB zu bestimmen, gibt es zwei Varianten.

**Variante 1**
Man erhält den Ortsvektor $\vec{m}$ des Mittelpunkts M, indem man zum Ortsvektor $\vec{a}$ von A den Vektor $\frac{1}{2}\overrightarrow{AB}$ addiert.
Es gilt: $\vec{m} = \vec{a} + \frac{1}{2}\overrightarrow{AB}$

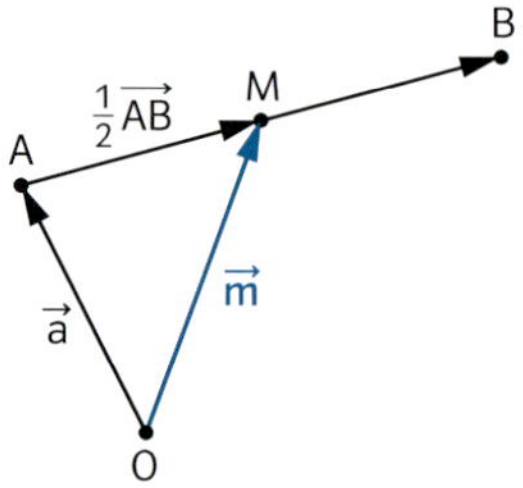


**Variante 2**
Man ersetzt in Variante 1 den Vektor $\overrightarrow{AB}$ durch $\vec{b} - \vec{a}$ (siehe F 44) und erhält:
$\vec{m} = \vec{a} + \frac{1}{2}(\vec{b} - \vec{a})$
Dies wird noch vereinfacht:
$\vec{m} = \vec{a} + \frac{1}{2}\vec{b} - \frac{1}{2}\vec{a} = \frac{1}{2}\vec{a} + \frac{1}{2}\vec{b} = \frac{1}{2}(\vec{a} + \vec{b})$

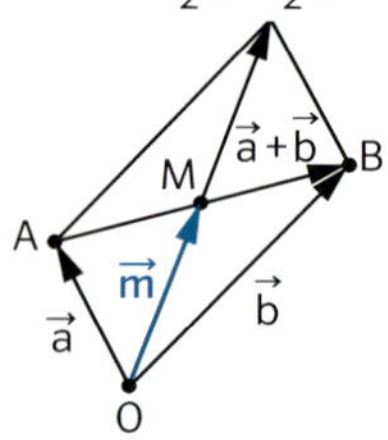


Variante 2 ist leicht zu merken, denn sie erinnert stark an die übliche Mittelwertbildung von zwei Zahlen.

**Beispiel 1**
Berechnen Sie für A(6 | −2 | 3) und B(4 | 3 | −5) die Koordinaten des Mittelpunkts der Strecke $\overline{AB}$.
**Lösung:**

$$\vec{m} = \begin{pmatrix} 6 \\ -2 \\ 3 \end{pmatrix} + \frac{1}{2} \cdot \begin{pmatrix} -2 \\ 5 \\ -8 \end{pmatrix} = \begin{pmatrix} 5 \\ 0{,}5 \\ -1 \end{pmatrix}$$ und daher M(5 | 0,5 | −1)

**Beispiel 2**
Berechnen Sie für C(4 | 3 | −5) und D(−1 | 3 | −2) die Koordinaten des Mittelpunkts der Strecke $\overline{CD}$.
**Lösung:**

$$\vec{m} = \frac{1}{2} \cdot \begin{pmatrix} 4 + (-1) \\ 3 + 3 \\ -5 + (-2) \end{pmatrix} = \frac{1}{2} \cdot \begin{pmatrix} 3 \\ 6 \\ -7 \end{pmatrix} = \begin{pmatrix} 1{,}5 \\ 3 \\ -3{,}5 \end{pmatrix}$$ und daher M(1,5 | 3 | −3,5)

**Aufgabe**
Berechnen Sie für P(−3 | 4 | 7) und Q(2 | −4 | −3) die Koordinaten des Mittelpunkts M der Strecke $\overline{PQ}$.
**Ergebnis:**
M(−0,5 | 0 | 2)

## F 49 Ein Dreieck zu einem Parallelogramm ergänzen

*… da bin ich noch unsicher* ☐ *… das kann ich (jetzt)* ☐

Um ein gegebenes Dreieck ABC zu einem Parallelogramm ABCD zu ergänzen, muss man die Koordinaten des Punktes D berechnen. Diese Aufgabe lässt theoretisch drei verschiedene Lagen des Punktes D zu. Falls man jedoch die Bezeichnung der Eckpunkte des Parallelogramms wie üblich alphabetisch gegen den Uhrzeigersinn vereinbart, ist die Lage von D eindeutig.
Man erhält den Ortsvektor $\vec{d}$ von D, indem man den Vektor $\overrightarrow{BA}$ zum Ortsvektor $\vec{c}$ von C addiert:
$\vec{d} = \vec{c} + \overrightarrow{BA}$.
Alternativer Weg: $\vec{d} = \vec{a} + \overrightarrow{BC}$

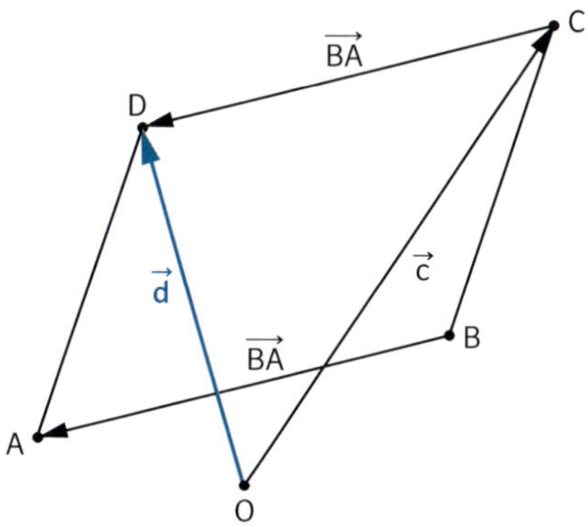


**Beispiel**
Bestimmen Sie einen Punkt D so, dass ABCD ein Parallelogramm ist, falls A(3 | 4 | −3), B(−1 | 2 | 4), C(2 | 3 | −2).
**Lösung:**

$$\overrightarrow{BA} = \begin{pmatrix} 3 - (-1) \\ 4 - 2 \\ -3 - 4 \end{pmatrix} = \begin{pmatrix} 4 \\ 2 \\ -7 \end{pmatrix}$$

$$\vec{d} = \begin{pmatrix} 2 \\ 3 \\ -2 \end{pmatrix} + \begin{pmatrix} 4 \\ 2 \\ -7 \end{pmatrix} = \begin{pmatrix} 6 \\ 5 \\ -9 \end{pmatrix}$$ und daher D(6 | 5 | −9)

**Aufgabe**
Das Dreieck PQR mit P(−2 | 1 | −5), Q(−3 | −1 | 2) und R(5 | 1 | 4) soll zu einem Parallelogramm PQRS ergänzt werden.
Berechnen Sie die Koordinaten des Punktes S.
**Ergebnis:**
S(6 | 3 | −3)

## F 50 Überprüfen, ob drei Punkte auf derselben Gerade liegen

***... da bin ich noch unsicher ☐ ... das kann ich (jetzt) ☐***

Um zu überprüfen, ob drei Punkte auf einer Geraden liegen, gibt es zwei Varianten. Liegen die Punkte nicht auf einer Geraden, dann sind sie die Eckpunkte eines Dreiecks.

**Variante 1**
Man wählt zwei der drei Punkte aus und bestimmt eine Parametergleichung der Geraden durch diese beiden Punkte (siehe F 53). Dann macht man für den dritten Punkt die Punktprobe mit dieser Geraden (siehe F 54).

**Variante 2**
Wenn die Verbindungsvektoren $\overrightarrow{AB}$ und $\overrightarrow{AC}$ Vielfache voneinander sind, dann liegen die drei Punkte A, B und C auf einer Geraden.

### Beispiel 1

Überprüfen Sie, ob die drei Punkte A(−2 | 3 | 1), B(4 | −1 | 2) und C(−14 | 11 | −1) auf derselben Geraden liegen.

**Lösung:**

$$\overrightarrow{AB} = \begin{pmatrix} 4-(-2) \\ -1-3 \\ 2-1 \end{pmatrix} = \begin{pmatrix} 6 \\ -4 \\ 1 \end{pmatrix};\ \overrightarrow{AC} = \begin{pmatrix} -14-(-2) \\ 11-3 \\ -1-1 \end{pmatrix} = \begin{pmatrix} -12 \\ 8 \\ -2 \end{pmatrix};\ \text{es gilt: } \overrightarrow{AC} = -2\cdot\overrightarrow{AB}$$

Also liegen A, B und C auf einer Geraden.

### Beispiel 2

Überprüfen Sie, ob die drei Punkte P(2 | 1 | 4), Q(−1 | 2 | −3) und R(5 | 2 | −1) die Eckpunkte eines Dreiecks sind.

**Lösung:**

$$\overrightarrow{PQ} = \begin{pmatrix} -1-2 \\ 2-1 \\ -3-4 \end{pmatrix} = \begin{pmatrix} -3 \\ 1 \\ -7 \end{pmatrix};\ \overrightarrow{PR} = \begin{pmatrix} 5-2 \\ 2-1 \\ -1-4 \end{pmatrix} = \begin{pmatrix} 3 \\ 1 \\ -5 \end{pmatrix};\ \text{also ist } \overrightarrow{PR} \text{ kein Vielfaches von } \overrightarrow{PQ}.$$

Daher liegen P, Q und R nicht auf einer Geraden, d.h., sie sind die Eckpunkte eines Dreiecks.

### Aufgabe

Überprüfen Sie, ob die Punkte auf derselben Geraden liegen.

a) A(−4 | −3 | 2), B(4 | 3 | −3) und C(−6 | 5 | −2)
b) E(−5 | −6 | 3), F(3 | −8 | 9) und G(15 | −11 | 18)

**Ergebnis:**

a) A,B und C liegen nicht auf derselben Geraden (sind also Eckpunkte eines Dreiecks).
b) E, F und G liegen auf derselben Geraden. (Es gilt: $\overrightarrow{EG} = 2{,}5\cdot\overrightarrow{EF}$)

## F 51 Das Skalarprodukt zweier Vektoren berechnen

***... da bin ich noch unsicher ☐ ... das kann ich (jetzt) ☐***

Das Skalarprodukt zweier Vektoren $\vec{a}$ und $\vec{b}$ ist diejenige reelle Zahl, die wie folgt aus den beiden Vektoren berechnet wird:

$$\vec{a}\cdot\vec{b} = \begin{pmatrix} a_1 \\ a_2 \\ a_3 \end{pmatrix}\cdot\begin{pmatrix} b_1 \\ b_2 \\ b_3 \end{pmatrix} = a_1\cdot b_1 + a_2\cdot b_2 + a_3\cdot b_3$$

Es gilt:
Zwei Vektoren $\vec{a} = \begin{pmatrix} a_1 \\ a_2 \\ a_3 \end{pmatrix}$ und $\vec{b} = \begin{pmatrix} b_1 \\ b_2 \\ b_3 \end{pmatrix}$ sind genau dann zueinander orthogonal, $\vec{a} \perp \vec{b}$, wenn gilt: $\vec{a} \cdot \vec{b} = a_1b_1 + a_2b_2 + a_3b_3 = 0$

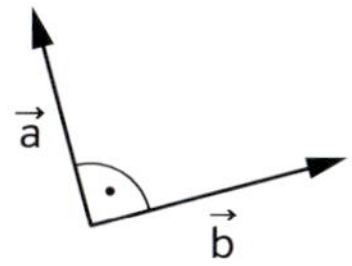


Das Skalarprodukt zweier Vektoren benötigt man vor allem bei der Berechnung von Winkeln zwischen Vektoren (siehe auch F 63).

**Beispiel**
Berechnen Sie für $\vec{a} = \begin{pmatrix} 3 \\ -4 \\ 2 \end{pmatrix}$, $\vec{b} = \begin{pmatrix} 5 \\ 3 \\ -3 \end{pmatrix}$ und $\vec{c} = \begin{pmatrix} 6 \\ 4 \\ -1 \end{pmatrix}$ die Skalarprodukte $\vec{a} \cdot \vec{b}$, $\vec{a} \cdot \vec{c}$ und $\vec{b} \cdot \vec{c}$.

**Lösung:**

$$\vec{a} \cdot \vec{b} = \begin{pmatrix} 3 \\ -4 \\ 2 \end{pmatrix} \cdot \begin{pmatrix} 5 \\ 3 \\ -3 \end{pmatrix} = 3 \cdot 5 + (-4) \cdot 3 + 2 \cdot (-3) = 15 - 12 - 6 = -3$$

$$\vec{a} \cdot \vec{c} = \begin{pmatrix} 3 \\ -4 \\ 2 \end{pmatrix} \cdot \begin{pmatrix} 6 \\ 4 \\ -1 \end{pmatrix} = 3 \cdot 6 + (-4) \cdot 4 + 2 \cdot (-1) = 18 - 16 - 2 = 0$$

$$\vec{b} \cdot \vec{c} = \begin{pmatrix} 5 \\ 3 \\ -3 \end{pmatrix} \cdot \begin{pmatrix} 6 \\ 4 \\ -1 \end{pmatrix} = 5 \cdot 6 + 3 \cdot 4 + (-3) \cdot (-1) = 30 + 12 + 3 = 45$$

Die Vektoren $\vec{a}$ und $\vec{c}$ sind also zueinander orthogonal.

**Aufgabe**
Berechnen Sie für $\vec{u} = \begin{pmatrix} -2 \\ 3 \\ -6 \end{pmatrix}$, $\vec{v} = \begin{pmatrix} 3 \\ -4 \\ -2 \end{pmatrix}$ und $\vec{w} = \begin{pmatrix} 8 \\ 5 \\ 2 \end{pmatrix}$ die Skalarprodukte $\vec{u} \cdot \vec{v}$, $\vec{u} \cdot \vec{w}$ und $\vec{v} \cdot \vec{w}$.

**Ergebnis:**
$\vec{u} \cdot \vec{v} = -6$; $\vec{u} \cdot \vec{w} = -13$; $\vec{v} \cdot \vec{w} = 0$.
Die Vektoren $\vec{v}$ und $\vec{w}$ sind also zueinander orthogonal.

## F 52 Punkte in das kartesische Koordinatensystem einzeichnen

***... da bin ich noch unsicher*** ☐ ***... das kann ich (jetzt)*** ☐

Jeder gegebene Punkt $P(p_1 | p_2 | p_3)$ kann eindeutig in ein kartesisches Koordinatensystem eingezeichnet werden. Umgekehrt kann man einem eingezeichneten Punkt ohne weitere Hilfslinien nicht eindeutig seine Koordinaten zuordnen.

**Beispiel 1**
Zeichnen Sie die Punkte $A(3|0|0)$, $B(0|-4|0)$, $C(0|0|5)$, $D(2|3|-1)$, $E(3|-4|5)$ und $F(6|5|1)$ in ein kartesisches Koordinatensystem ein.

**Lösung:**

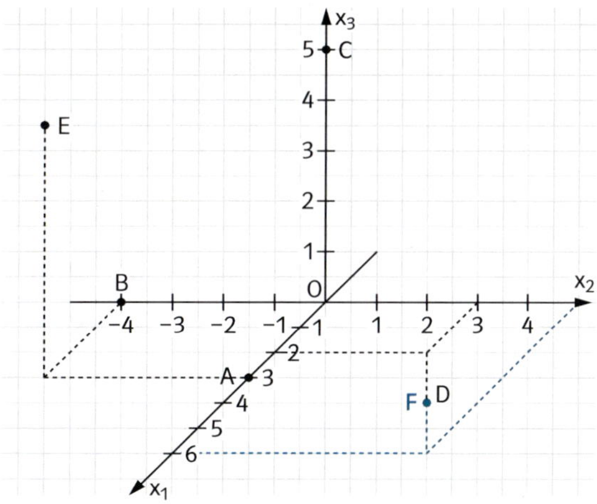

### Beispiel 2

Ein Quader ist eindeutig festgelegt durch die Vorgabe der Eckpunkte A(1 | −2 | 1), B(1 | 6 | 1), D(−6 | −2 | 1) und E(1 | −2 | 4). Zeichnen Sie den Quader in ein kartesisches Koordinatensystem ein.

**Lösung:**

Zuerst werden diese vier Eckpunkte in ein kartesisches Koordinatensystem eingezeichnet. Dann werden die Koordinaten der weiteren vier Eckpunkte des Quaders bestimmt und der Quader vervollständigt.
Den Ortsvektor $\vec{c}$ von C erhält man, indem man den Vektor $\overrightarrow{AB}$ zum Ortsvektor von D addiert:

$$\vec{c} = \vec{d} + \overrightarrow{AB} = \begin{pmatrix} -6 \\ -2 \\ 1 \end{pmatrix} + \begin{pmatrix} 0 \\ 8 \\ 0 \end{pmatrix} = \begin{pmatrix} -6 \\ 6 \\ 1 \end{pmatrix};$$

C(−6 | 6 | 1)

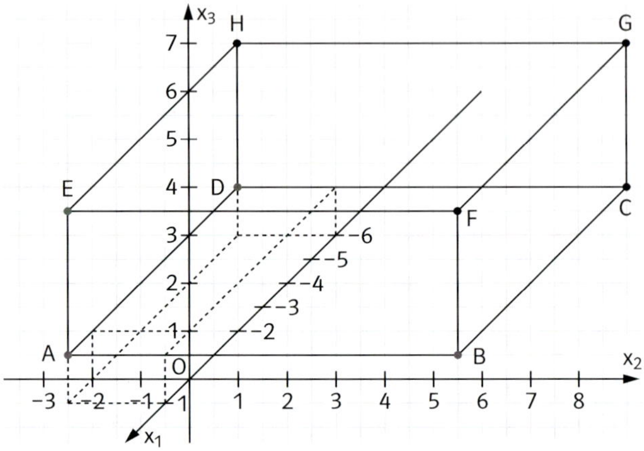


Um die Koordinaten der Punkte F, G und H zu erhalten, genügt es bei dieser speziellen Lage des Quaders, die $x_3$-Koordinate der Punkte B, C und D um 3 zu vergrößern. Also gilt: F(1 | 6 | 4), G(−6 | 6 | 4) und H(−6 | −2 | 4).

Anmerkung: Natürlich könnte man auch wie bei Punkt C vorgehen.

### Aufgaben

1. Die Eckpunkte einer dreiseitigen Pyramide sind P(2 | 1 | −2), Q(−3 | −1 | 0), R(3 | 5 | −1) und S(3 | 4 | 6).
   Zeichnen Sie die Pyramide in ein geeignetes kartesisches Koordinatensystem ein.
2. Ein Würfel hat die Kantenlänge 5 LE. Drei Eckpunkte des Würfels sind A(−1 | 3 | 1), B(4 | 3 | 1) und C(4 | 8 | 1).
   Zeichnen Sie den Würfel in ein geeignetes kartesisches Koordinatensystem ein und geben Sie die Koordinaten der anderen fünf Eckpunkte des Würfels an.

**Ergebnisse:**

1.

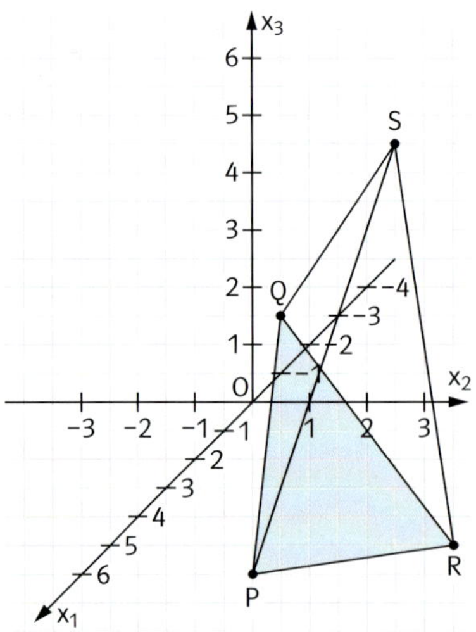


2. D(−1 | 8 | 1), E(−1 | 3 | 6), F(4 | 3 | 6), G(4 | 8 | 6), H(−1 | 8 | 6)

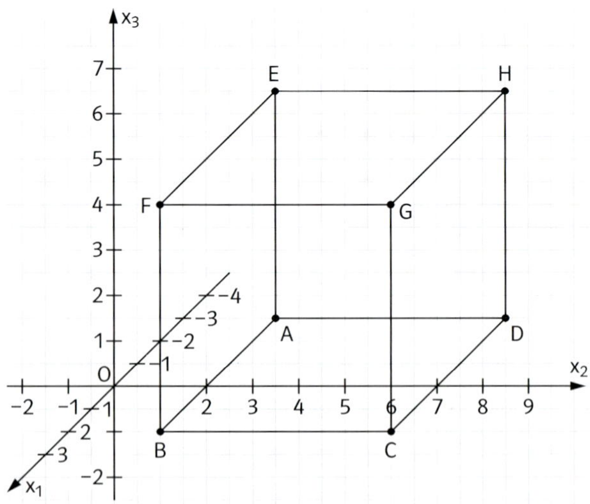

# Gleichungen von Geraden und Ebenen

## F 53 Eine Parametergleichung einer Geraden aufstellen

***... da bin ich noch unsicher ☐ ... das kann ich (jetzt) ☐***

Es gibt zwei grundsätzliche Aufgabenstellungen. Im ersten Fall sind zwei Punkte gegeben, die auf der Geraden liegen. Im zweiten Fall kennt man einen Punkt, der auf der Geraden liegt, und einen Richtungsvektor der Geraden.

**Fall 1:** Gegeben sind die Punkte A und B. Man wählt einen der beiden Punkte, z. B. A, als Stützpunkt der Geraden aus. Der Ortsvektor $\vec{a}$ ist dann ein Stützvektor der Geraden. Als Richtungsvektor kann man den Vektor $\overrightarrow{AB}$ wählen.
Somit erhält man folgende Parametergleichung: $g\colon \vec{x} = \vec{a} + r \cdot \overrightarrow{AB}$

**Fall 2:** Gegeben sind eine Gerade $g\colon \vec{x} = \vec{q} + s \cdot \vec{u}$ und ein Punkt P, der nicht auf g liegt. Gesucht ist die Parametergleichung der Parallelen h zu g durch P.
P dient als Stützpunkt, der Ortsvektor $\vec{p}$ als Stützvektor der Geraden h. Als Richtungsvektor von h kann man den Richtungsvektor von g wählen.
Somit erhält man folgende Parametergleichung: $h\colon \vec{x} = \vec{p} + r \cdot \vec{u}$

**Beispiel 1**

Bestimmen Sie eine Parametergleichung der Geraden g durch A(2 | 3 | −4) und B(5 | −1 | 2).

**Mögliche Lösung:**

$$\overrightarrow{AB} = \begin{pmatrix} 5-2 \\ -1-3 \\ 2-(-4) \end{pmatrix} = \begin{pmatrix} 3 \\ -4 \\ 6 \end{pmatrix};\; g\colon \vec{x} = \begin{pmatrix} 2 \\ 3 \\ -4 \end{pmatrix} + r \cdot \begin{pmatrix} 3 \\ -4 \\ 6 \end{pmatrix}$$

**Beispiel 2**

Bestimmen Sie eine Parametergleichung der Parallelen h zu $g\colon \vec{x} = \begin{pmatrix} 5 \\ -2 \\ -3 \end{pmatrix} + s \cdot \begin{pmatrix} 1 \\ -2 \\ 2 \end{pmatrix}$ durch P(4 | 1 | −3).

**Mögliche Lösung:**

Es gilt: $h\colon \vec{x} = \begin{pmatrix} 4 \\ 1 \\ -3 \end{pmatrix} + r \cdot \begin{pmatrix} 1 \\ -2 \\ 2 \end{pmatrix}$

**Aufgaben**

1. Bestimmen Sie eine Parametergleichung der Geraden g durch D(−4 | 2 | 5) und E(6 | −3 | 2).
2. Bestimmen Sie eine Parametergleichung der Parallelen h zu $g\colon \vec{x} = \begin{pmatrix} -6 \\ -1 \\ 3 \end{pmatrix} + s \cdot \begin{pmatrix} -1 \\ 2 \\ -7 \end{pmatrix}$ durch F(5 | −3 | −1).

**Mögliche Ergebnisse:**

1. $g\colon \vec{x} = \begin{pmatrix} -4 \\ 2 \\ 5 \end{pmatrix} + r \cdot \begin{pmatrix} 10 \\ -5 \\ -3 \end{pmatrix}$
2. $h\colon \vec{x} = \begin{pmatrix} 5 \\ -3 \\ -1 \end{pmatrix} + r \cdot \begin{pmatrix} -1 \\ 2 \\ -7 \end{pmatrix}$

3

## F 54 Eine Punktprobe bei einer Geraden durchführen

***... da bin ich noch unsicher*** ☐ ***... das kann ich (jetzt)*** ☐

Um rechnerisch zu überprüfen, ob ein Punkt P auf einer gegebenen Geraden g liegt, führt man eine Punktprobe durch. Dabei setzt man an Stelle des Vektors $\vec{x}$ in der Parametergleichung von g den Ortsvektor $\vec{p}$ von P ein. Dadurch erhält man drei Gleichungen für den Geradenparameter (z. B. r). Nur wenn alle drei Gleichungen den gleichen Wert für r liefern, liegt der Punkt P auf der Geraden g.

**Beispiel 1**

Überprüfen Sie, ob A(−1 | 2 | 3) auf g: $\vec{x} = \begin{pmatrix} 1 \\ 3 \\ -4 \end{pmatrix} + r \cdot \begin{pmatrix} 2 \\ 1 \\ -2 \end{pmatrix}$ liegt.

**Lösung:**

Einsetzen von $\vec{a}$ liefert: $\begin{pmatrix} -1 \\ 2 \\ 3 \end{pmatrix} = \begin{pmatrix} 1 \\ 3 \\ -4 \end{pmatrix} + r \cdot \begin{pmatrix} 2 \\ 1 \\ -2 \end{pmatrix}$

LGS:

| | | |
|---|---|---|
| (I) | $-1 = 1 + 2r$ | $r = -1$ |
| (II) | $2 = 3 + r$ | $r = -1$ |
| (III) | $3 = -4 - 2r$ | $r = -3{,}5$ |

Demnach ist klar, dass der Punkt A nicht auf der Geraden g liegt.

**Beispiel 2**

Überprüfen Sie, ob B(4 | −5 | −6) auf h: $\vec{x} = \begin{pmatrix} -2 \\ 4 \\ -3 \end{pmatrix} + s \cdot \begin{pmatrix} -2 \\ 3 \\ 1 \end{pmatrix}$ liegt.

**Lösung:**

Einsetzen von $\vec{b}$ liefert: $\begin{pmatrix} 4 \\ -5 \\ -6 \end{pmatrix} = \begin{pmatrix} -2 \\ 4 \\ -3 \end{pmatrix} + s \cdot \begin{pmatrix} -2 \\ 3 \\ 1 \end{pmatrix}$

LGS:

| | | |
|---|---|---|
| (I) | $4 = -2 - 2s$ | $s = -3$ |
| (II) | $-5 = 4 + 3s$ | $s = -3$ |
| (III) | $-6 = -3 + s$ | $s = -3$ |

Somit folgt, dass der Punkt B auf der Geraden h liegt.

**Aufgabe**

Überprüfen Sie rechnerisch, ob die Punkte P(1 | −1 | 6) und Q(−9 | 12 | 2) auf der Geraden

g: $\vec{x} = \begin{pmatrix} -3 \\ 5 \\ 4 \end{pmatrix} + r \cdot \begin{pmatrix} -2 \\ 3 \\ -1 \end{pmatrix}$ liegen.

**Ergebnis:**

P liegt auf g, Q liegt nicht auf g.

## F 55 Eine Parametergleichung einer Ebene aufstellen

***... da bin ich noch unsicher*** ☐ ***... das kann ich (jetzt)*** ☐

Es gibt drei Möglichkeiten, um eine Ebene E eindeutig festzulegen.

**Möglichkeit 1**: Gegeben sind drei Punkte A, B und C, die die Eckpunkte eines Dreiecks sind und auf der Ebene E liegen.
Eine Parametergleichung der Ebene ist $\vec{x} = \vec{a} + r \cdot (\vec{b} - \vec{a}) + s \cdot (\vec{c} - \vec{a})$.

**Möglichkeit 2**: Gegeben sind eine Gerade g: $\vec{x} = \vec{p} + r \cdot \vec{u}$ sowie ein Punkt Q, der nicht auf g liegt. Sowohl die Gerade g als auch der Punkt Q liegen auf der Ebene E.
Eine Parametergleichung der Ebene ist $\vec{x} = \vec{p} + r \cdot \vec{u} + s \cdot (\vec{q} - \vec{p})$.

**Möglichkeit 3**: Gegeben sind zwei Geraden g: $\vec{x} = \vec{p} + r \cdot \vec{u}$ und h: $\vec{x} = \vec{q} + s \cdot \vec{v}$ $(g \neq h)$, die nicht windschief zueinander sind und beide auf der Ebene E liegen.

a) Die beiden Geraden schneiden sich.
Eine Parametergleichung der Ebene ist $\vec{x} = \vec{p} + r \cdot \vec{u} + s \cdot \vec{v}$.

b) Die beiden Geraden sind parallel zueinander.
Eine Parametergleichung der Ebene ist $\vec{x} = \vec{p} + r \cdot \vec{u} + s \cdot (\vec{q} - \vec{p})$.

**Beispiel 1**

Bestimmen Sie eine Parametergleichung der Ebene E, die die drei Punkte A(3 | 1 | −2), B(−2 | 3 | 1) und C(8 | −2 | 3) enthält.

**Lösung:**

Man wählt einen der drei Punkte, z. B. A, als Stützpunkt aus. Die Vektoren $\overrightarrow{AB}$ und $\overrightarrow{AC}$ sind geeignete Spannvektoren der Ebene E.

Mit $\overrightarrow{AB} = \begin{pmatrix} -2-3 \\ 3-1 \\ 1-(-2) \end{pmatrix} = \begin{pmatrix} -5 \\ 2 \\ 3 \end{pmatrix}$ und $\overrightarrow{AC} = \begin{pmatrix} 8-3 \\ -2-1 \\ 3-(-2) \end{pmatrix} = \begin{pmatrix} 5 \\ -3 \\ 5 \end{pmatrix}$ erhält man die Parametergleichung der Ebene $E: \vec{x} = \begin{pmatrix} 3 \\ 1 \\ -2 \end{pmatrix} + r \cdot \begin{pmatrix} -5 \\ 2 \\ 3 \end{pmatrix} + s \cdot \begin{pmatrix} 5 \\ -3 \\ 5 \end{pmatrix}$.

**Beispiel 2**

Bestimmen Sie eine Parametergleichung der Ebene E, die die Gerade $g: \vec{x} = \begin{pmatrix} 2 \\ -1 \\ 3 \end{pmatrix} + r \cdot \begin{pmatrix} -2 \\ 3 \\ 2 \end{pmatrix}$ und den Punkt P(3 | −2 | 4) enthält.

**Lösung:**

Man kann den Stützvektor $\vec{a}$ der Geraden g als Stützvektor für die Ebenengleichung wählen. Zudem kann man den Richtungsvektor $\vec{u}$ der Geraden als einen der beiden Spannvektoren der Ebene E verwenden. Als zweiter Spannvektor $\vec{v}$ der Ebene E dient der Verbindungsvektor zwischen dem Stützpunkt A der Geraden und dem Punkt P.

A(2 | −1 | 3), also $\overrightarrow{AP} = \begin{pmatrix} 3-2 \\ -2-(-1) \\ 4-3 \end{pmatrix} = \begin{pmatrix} 1 \\ -1 \\ 1 \end{pmatrix} = \vec{v}$ und $E: \vec{x} = \begin{pmatrix} 2 \\ -1 \\ 3 \end{pmatrix} + r \cdot \begin{pmatrix} -2 \\ 3 \\ 2 \end{pmatrix} + s \cdot \begin{pmatrix} 1 \\ -1 \\ 1 \end{pmatrix}$

**Beispiel 3**

Die Geraden $h: \vec{x} = \begin{pmatrix} -1 \\ -2 \\ 2 \end{pmatrix} + s \cdot \begin{pmatrix} 2 \\ -3 \\ 1 \end{pmatrix}$ und $i: \vec{x} = \begin{pmatrix} -5 \\ 8 \\ 12 \end{pmatrix} + t \cdot \begin{pmatrix} 1 \\ -1 \\ 2 \end{pmatrix}$ schneiden sich.

Bestimmen Sie eine Parametergleichung der Ebene E, die die Geraden h und i enthält.

**Lösung:**

Man wählt einen der beiden Stützpunkte, z. B. den der Geraden h, als Stützpunkt der Ebene E. Da die beiden Richtungsvektoren keine Vielfachen voneinander sind, kann man sie als Spannvektoren von E verwenden.

$E: \vec{x} = \begin{pmatrix} -1 \\ -2 \\ 2 \end{pmatrix} + s \cdot \begin{pmatrix} 2 \\ -3 \\ 1 \end{pmatrix} + t \cdot \begin{pmatrix} 1 \\ -1 \\ 2 \end{pmatrix}$

**Beispiel 4**

Bestimmen Sie eine Parametergleichung der Ebene E, die die Geraden $j: \vec{x} = \begin{pmatrix} 3 \\ -1 \\ 2 \end{pmatrix} + r \cdot \begin{pmatrix} -2 \\ 2 \\ 1 \end{pmatrix}$ und $l: \vec{x} = \begin{pmatrix} 2 \\ 2 \\ -1 \end{pmatrix} + s \cdot \begin{pmatrix} 4 \\ -4 \\ -2 \end{pmatrix}$ enthält.

**Lösung:**

Man wählt einen der beiden Stützpunkte, z. B. den der Gerade j, als Stützpunkt der Ebene E. Da die beiden Richtungsvektoren Vielfache voneinander sind, kann man nur einen als Spannvektor von E verwenden. Als zweiten Spannvektor verwendet man den Verbindungsvektor der beiden Stützpunkte.

Die Stützpunkte lauten J(3 | −1 | 2) und L(2 | 2 | −1).

$\overrightarrow{JL} = \begin{pmatrix} 2-3 \\ 2-(-1) \\ -1-2 \end{pmatrix} = \begin{pmatrix} -1 \\ 3 \\ -3 \end{pmatrix} = \vec{v}$

$E: \vec{x} = \begin{pmatrix} 3 \\ -1 \\ 2 \end{pmatrix} + r \cdot \begin{pmatrix} -2 \\ 2 \\ 1 \end{pmatrix} + s \cdot \begin{pmatrix} -1 \\ 3 \\ -3 \end{pmatrix}$

### Aufgaben

1. Bestimmen Sie eine Parametergleichung der Ebene E, auf der die drei Punkte P(2 | −3 | 5), Q(−4 | 6 | −2) und R(2 | 2 | −3) liegen.
2. Sowohl die Gerade g: $\vec{x} = \begin{pmatrix} -1 \\ -2 \\ 2 \end{pmatrix} + r \cdot \begin{pmatrix} 2 \\ -3 \\ 1 \end{pmatrix}$ als auch der Punkt A(4 | 3 | −1) liegen auf der Ebene F. Bestimmen Sie eine Parametergleichung von F.
3. Die beiden Geraden h: $\vec{x} = \begin{pmatrix} 4 \\ -1 \\ -2 \end{pmatrix} + s \cdot \begin{pmatrix} -1 \\ 2 \\ -2 \end{pmatrix}$ und i: $\vec{x} = \begin{pmatrix} -2 \\ -5 \\ 4 \end{pmatrix} + t \cdot \begin{pmatrix} 3 \\ -6 \\ 6 \end{pmatrix}$ liegen auf der Ebene G. Bestimmen Sie eine Parametergleichung von G.

**Mögliche Ergebnisse:**

1. E: $\vec{x} = \begin{pmatrix} 2 \\ -3 \\ 5 \end{pmatrix} + r \cdot \begin{pmatrix} -6 \\ 9 \\ -7 \end{pmatrix} + s \cdot \begin{pmatrix} 0 \\ 5 \\ -8 \end{pmatrix}$

2. F: $\vec{x} = \begin{pmatrix} -1 \\ -2 \\ 2 \end{pmatrix} + r \cdot \begin{pmatrix} 2 \\ -3 \\ 1 \end{pmatrix} + s \cdot \begin{pmatrix} 5 \\ 5 \\ -3 \end{pmatrix}$

3. G: $\vec{x} = \begin{pmatrix} 4 \\ -1 \\ -2 \end{pmatrix} + s \cdot \begin{pmatrix} -1 \\ 2 \\ -2 \end{pmatrix} + t \cdot \begin{pmatrix} -6 \\ -4 \\ 6 \end{pmatrix}$

## F 56 Eine Punktprobe bei einer Ebene durchführen

***… da bin ich noch unsicher* ☐ *… das kann ich (jetzt)* ☐**

Um rechnerisch zu überprüfen, ob ein Punkt P auf einer gegebenen Ebene E liegt, führt man eine Punktprobe durch.
Dabei setzt man anstelle des Vektors $\vec{x}$ in der Parametergleichung von E den Ortsvektor $\vec{p}$ von P ein. Dadurch erhält man drei Gleichungen für die beiden Parameter (z. B. r und s).
Nur wenn es ein Zahlenpaar (r; s) gibt, das alle drei Gleichungen erfüllt, liegt der Punkt P auf der Ebene E.

### Beispiel

Überprüfen Sie, ob die Punkte P(0 | 1 | 6) und Q(12 | 1 | −20) auf der Ebene
E: $\vec{x} = \begin{pmatrix} 2 \\ 3 \\ -4 \end{pmatrix} + r \cdot \begin{pmatrix} 1 \\ -2 \\ 2 \end{pmatrix} + s \cdot \begin{pmatrix} 4 \\ -2 \\ -4 \end{pmatrix}$ liegen.

**Lösung:**

Punktprobe für P: $\begin{pmatrix} 0 \\ 1 \\ 6 \end{pmatrix} = \begin{pmatrix} 2 \\ 3 \\ -4 \end{pmatrix} + r \cdot \begin{pmatrix} 1 \\ -2 \\ 2 \end{pmatrix} + s \cdot \begin{pmatrix} 4 \\ -2 \\ -4 \end{pmatrix}$ LGS:

$$\begin{array}{lrcl} \text{(I)} & -2 &=& r + 4s \\ \text{(II)} & -2 &=& -2r - 2s \\ \text{(III)} & 10 &=& 2r - 4s \end{array}$$

Man löst ein LGS, das aus zwei der drei Gleichungen besteht (z. B. aus (II) und (III)) und überprüft durch Einsetzen des gefundenen Lösungspaares (r; s), ob auch die dritte Gleichung (hier: (I)) von diesem Lösungspaar erfüllt wird. Hier erhält man $s = -\frac{4}{3}$ und $r = \frac{7}{3}$ (F 7).

Probe in (I): $\frac{7}{3} + 4 \cdot \left(-\frac{4}{3}\right) = -3 \neq -2$; also liegt P nicht auf E.

Punktprobe für Q: $\begin{pmatrix} 12 \\ 1 \\ -20 \end{pmatrix} = \begin{pmatrix} 2 \\ 3 \\ -4 \end{pmatrix} + r \cdot \begin{pmatrix} 1 \\ -2 \\ 2 \end{pmatrix} + s \cdot \begin{pmatrix} 4 \\ -2 \\ -4 \end{pmatrix}$ LGS:

$$\begin{array}{lrcl} \text{(I)} & 10 &=& r + 4s \\ \text{(II)} & -2 &=& -2r - 2s \\ \text{(III)} & -16 &=& 2r - 4s \end{array}$$

Aus (II) und (III) erhält man $s = 3$ und $r = -2$ (F 7).
Probe in (I): $-2 + 4 \cdot 3 = 10$; also liegt Q auf E.

### Aufgabe

Überprüfen Sie, ob T(9 | −3 | 3) auf der Ebene E: $\vec{x} = \begin{pmatrix} -1 \\ 2 \\ -3 \end{pmatrix} + r \cdot \begin{pmatrix} 4 \\ -1 \\ 5 \end{pmatrix} + s \cdot \begin{pmatrix} -2 \\ 3 \\ 4 \end{pmatrix}$ liegt.

**Ergebnis:**
T liegt auf E.

# Schnittprobleme und Lagebeziehungen

## F 57 Den Schnittpunkt zweier Geraden bestimmen

***... da bin ich noch unsicher*** ☐ ***... das kann ich (jetzt)*** ☐

Um den Schnittpunkt S zweier Geraden g und h zu erhalten, setzt man die Terme der rechten Seiten der beiden Parametergleichungen gleich und erhält so eine Vektorgleichung. Diese Vektorgleichung liefert ein LGS mit drei Gleichungen für die beiden Geradenparameter. Man löst zunächst ein LGS aus zwei der drei Gleichungen und prüft, ob die ermittelten Parameterwerte auch die dritte Gleichung erfüllen (Probe).
(Bemerkung: Die beiden Parameter müssen unterschiedlich bezeichnet werden!)

⚠
Falls klar ist, dass ein Schnittpunkt S existiert, kann auf eine Probe verzichtet werden. Dann setzt man einen der beiden ermittelten Parameter in die entsprechende Geradengleichung ein und erhält die Koordinaten des Schnittpunkts S.

Sonderfall: Falls die beiden Geradengleichungen den gleichen Stützvektor besitzen, kann man den Schnittpunkt sofort ohne Rechnung angeben.

**Beispiel 1**
Berechnen Sie die Koordinaten des Schnittpunktes der Geraden g: $\vec{x} = \begin{pmatrix} -2 \\ 2 \\ -5 \end{pmatrix} + r \cdot \begin{pmatrix} 2 \\ -3 \\ 1 \end{pmatrix}$ und h: $\vec{x} = \begin{pmatrix} -3 \\ 2 \\ -16 \end{pmatrix} + s \cdot \begin{pmatrix} -1 \\ 2 \\ 3 \end{pmatrix}$.

**Lösung:**
Gleichsetzen liefert: $\begin{pmatrix} -2 \\ 2 \\ -5 \end{pmatrix} + r \cdot \begin{pmatrix} 2 \\ -3 \\ 1 \end{pmatrix} = \begin{pmatrix} -3 \\ 2 \\ -16 \end{pmatrix} + s \cdot \begin{pmatrix} -1 \\ 2 \\ 3 \end{pmatrix}$ LGS: $\begin{array}{lrcl} \text{(I)} & 2r + s & = & -1 \\ \text{(II)} & -3r - 2s & = & 0 \\ \text{(III)} & r - 3s & = & -11 \end{array}$

Aus den Gleichungen (I) und (II) folgt $r = -2$ und $s = 3$ (F 7).
Einsetzen in (III) ergibt: $-2 - 3 \cdot 3 = -11$; d.h.: $-11 = -11$; wahre Aussage

Einsetzen von z.B. $s = 3$ ergibt: $\vec{x} = \begin{pmatrix} -3 \\ 2 \\ -16 \end{pmatrix} + 3 \cdot \begin{pmatrix} -1 \\ 2 \\ 3 \end{pmatrix} = \begin{pmatrix} -6 \\ 8 \\ -7 \end{pmatrix}$; $S(-6 \mid 8 \mid -7)$

**Beispiel 2**
Berechnen Sie die Koordinaten des Schnittpunktes der Geraden a: $\vec{x} = \begin{pmatrix} 3 \\ -4 \\ 1 \end{pmatrix} + r \cdot \begin{pmatrix} 5 \\ 2 \\ -4 \end{pmatrix}$ und b: $\vec{x} = \begin{pmatrix} 3 \\ -4 \\ 1 \end{pmatrix} + s \cdot \begin{pmatrix} -2 \\ 6 \\ -1 \end{pmatrix}$.

**Lösung:**
Die Richtungsvektoren sind keine Vielfachen voneinander. Daher sind die Geraden a und b nicht identisch. Da bei beiden Geradengleichungen der gleiche Stützvektor auftritt, kann man den Schnittpunkt $S(3 \mid -4 \mid 1)$ sofort ablesen.

**Aufgaben**

1. Untersuchen Sie, ob die beiden Geraden g und h sich schneiden. Berechnen Sie gegebenenfalls die Koordinaten des Schnittpunktes S.

   g: $\vec{x} = \begin{pmatrix} 6 \\ -3 \\ 2 \end{pmatrix} + r \cdot \begin{pmatrix} -1 \\ 4 \\ 3 \end{pmatrix}$; h: $\vec{x} = \begin{pmatrix} -2 \\ 2 \\ -6 \end{pmatrix} + s \cdot \begin{pmatrix} -2 \\ 5 \\ -2 \end{pmatrix}$

2. Die beiden Geraden $a: \vec{x} = \begin{pmatrix} 2 \\ -1 \\ -2 \end{pmatrix} + r \cdot \begin{pmatrix} -3 \\ 2 \\ -1 \end{pmatrix}$ und $b: \vec{x} = \begin{pmatrix} -1 \\ 3 \\ 3 \end{pmatrix} + s \cdot \begin{pmatrix} 3 \\ -1 \\ 4 \end{pmatrix}$ schneiden sich.

   Berechnen Sie die Koordinaten des Schnittpunktes S.

Ergebnisse:

1. g und h haben keinen Schnittpunkt.
2. $S(-7|5|-5)$

## F 58 Die gegenseitige Lage zweier Geraden bestimmen

***... da bin ich noch unsicher* ☐ *... das kann ich (jetzt)* ☐**

Es gibt drei mögliche Lagebeziehungen zwischen zwei gegebenen Geraden g und h. Die Geraden können sich in einem Punkt S schneiden, sie können parallel zueinander sein (im Sonderfall identisch) oder die beiden Geraden sind windschief zueinander.
Prinzipiell gibt es zwei Wege, die gegenseitige Lage zweier Geraden zu untersuchen.

**Weg 1**: Durch Gleichsetzen der Terme der beiden rechten Seiten der Parametergleichungen erhält man ein LGS für die beiden Geradenparameter (siehe F 57). Wenn dieses LGS:

- genau eine Lösung hat, dann schneiden sich die Geraden in einem Punkt S.
- unendlich viele Lösungen hat, dann sind die beiden Geraden identisch (also g = h).
- keine Lösung hat, dann sind die Geraden entweder parallel oder windschief.
  Wenn in diesem Fall die beiden Richtungsvektoren von g und h Vielfache voneinander sind, dann sind die beiden Geraden parallel zueinander, anderenfalls sind g und h windschief.

**Weg 2**: Wenn nur die Lage der Geraden zueinander interessiert, d.h. die Berechnung eines eventuell vorhandenen Schnittpunkts nicht verlangt wird, dann genügt eine zweistufige Vektorbetrachtung.
Man betrachtet die Richtungsvektoren $\vec{u}$ und $\vec{v}$ der Geraden g und h. Es gibt nun zwei Fälle:

Fall 1: Die Richtungsvektoren $\vec{u}$ und $\vec{v}$ sind Vielfache voneinander. Dann sind g und h parallel oder sogar identisch. Man betrachtet zusätzlich den Verbindungsvektor $\overrightarrow{PQ}$ der beiden Stützpunkte von g und h.
a) Wenn $\overrightarrow{PQ}$ ein Vielfaches von z.B. $\vec{u}$ ist, dann sind g und h identisch.
b) Wenn $\overrightarrow{PQ}$ kein Vielfaches von z.B. $\vec{u}$ ist, dann sind g und h parallel zueinander.
Alternativ könnte man auch mithilfe einer Punktprobe entscheiden, ob g und h parallel oder identisch sind.

Fall 2: Die Richtungsvektoren $\vec{u}$ und $\vec{v}$ sind keine Vielfachen voneinander. Dann schneiden sich g und h oder g und h sind windschief zueinander.
Man betrachtet zusätzlich den Verbindungsvektor $\overrightarrow{PQ}$ der beiden Stützpunkte von g und h. $\overrightarrow{PQ}$, $\vec{u}$ und $\vec{v}$ liegen auf einer Ebene, falls man den Vektor $\overrightarrow{PQ}$ als Linearkombination von $\vec{u}$ und $\vec{v}$ darstellen kann. Man setzt die Linearkombination wie folgt an:
$\overrightarrow{PQ} = a \cdot \vec{u} + b \cdot \vec{v}$.
Wenn man ein Lösungspaar (a; b) findet, das die Gleichung erfüllt, dann liegen $\overrightarrow{PQ}$, $\vec{u}$ und $\vec{v}$ auf einer Ebene.
a) Wenn $\overrightarrow{PQ}$, $\vec{u}$ und $\vec{v}$ auf einer Ebene liegen, dann schneiden sich g und h.
b) Wenn $\overrightarrow{PQ}$, $\vec{u}$ und $\vec{v}$ nicht auf einer Ebene liegen, dann sind g und h windschief (vgl. F 46).

**Beispiel**

Welche Lage haben die drei Geraden g, h und i jeweils zueinander?

$$g: \vec{x} = \begin{pmatrix} 2 \\ -3 \\ 1 \end{pmatrix} + r \cdot \begin{pmatrix} 1 \\ 2 \\ -2 \end{pmatrix}; \quad h: \vec{x} = \begin{pmatrix} 0 \\ 3 \\ 2 \end{pmatrix} + s \cdot \begin{pmatrix} -2 \\ -4 \\ 4 \end{pmatrix}; \quad i: \vec{x} = \begin{pmatrix} 1 \\ -8 \\ 6 \end{pmatrix} + t \cdot \begin{pmatrix} 2 \\ 1 \\ -1 \end{pmatrix}$$

**Lösung:**
Lage von g und h: $\begin{pmatrix}2\\-3\\1\end{pmatrix}+r\cdot\begin{pmatrix}1\\2\\-2\end{pmatrix}=\begin{pmatrix}0\\3\\2\end{pmatrix}+s\cdot\begin{pmatrix}-2\\-4\\4\end{pmatrix}$ LGS: $\begin{array}{lrcl}\text{(I)} & r+2s &=& -2\\ \text{(II)} & 2r+4s &=& 6\\ \text{(III)} & -2r-4s &=& 1\end{array}$

Aus (I) und (II) erhält man keine Lösung (F 7). Da die Richtungsvektoren von g und h Vielfache voneinander sind, gilt: g und h sind parallel zueinander.

Lage von g und i: $\begin{pmatrix}2\\-3\\1\end{pmatrix}+r\cdot\begin{pmatrix}1\\2\\-2\end{pmatrix}=\begin{pmatrix}1\\-8\\6\end{pmatrix}+t\cdot\begin{pmatrix}2\\1\\-1\end{pmatrix}$ LGS: $\begin{array}{lrcl}\text{(I)} & r-2t &=& -1\\ \text{(II)} & 2r-\ t &=& -5\\ \text{(III)} & -2r+\ t &=& 5\end{array}$

Aus (I) und (II) folgt $r=-3$ und $t=-1$ (F 7).
Einsetzen in (III) ergibt: $-2\cdot(-3)+(-1)=5$
Da eine wahre Aussage entsteht, schneiden sich g und i in einem Punkt S.
$t=-1$ liefert $S(-1\,|\,-9\,|\,7)$.

Lage von h und i: $\begin{pmatrix}0\\3\\2\end{pmatrix}+s\cdot\begin{pmatrix}-2\\-4\\4\end{pmatrix}=\begin{pmatrix}1\\-8\\6\end{pmatrix}+t\cdot\begin{pmatrix}2\\1\\-1\end{pmatrix}$ LGS: $\begin{array}{lrcl}\text{(I)} & -2s-2t &=& 1\\ \text{(II)} & -4s-\ t &=& -11\\ \text{(III)} & 4s+\ t &=& 4\end{array}$

Aus (II) und (III) erhält man keine Lösung (F 7). Da die Richtungsvektoren von h und i keine Vielfachen voneinander sind, gilt: h und i sind windschief zueinander.

**Aufgaben**
1. Untersuchen Sie die gegenseitige Lage von g: $\vec{x}=\begin{pmatrix}2\\2\\-5\end{pmatrix}+r\cdot\begin{pmatrix}-3\\2\\1\end{pmatrix}$ und h: $\vec{x}=\begin{pmatrix}-4\\-4\\10\end{pmatrix}+s\cdot\begin{pmatrix}6\\-4\\-2\end{pmatrix}$.
2. Untersuchen Sie die Lage, die a: $\vec{x}=\begin{pmatrix}0\\20\\-14\end{pmatrix}+s\cdot\begin{pmatrix}-3\\-6\\6\end{pmatrix}$ und b: $\vec{x}=\begin{pmatrix}-4\\6\\-1\end{pmatrix}+t\cdot\begin{pmatrix}2\\-2\\1\end{pmatrix}$ zueinander haben und berechnen Sie gegebenenfalls die Koordinaten des Schnittpunkts S von a und b.

**Ergebnisse:**
1. g und h sind parallel.
2. $S(-6\,|\,8\,|\,-2)$

## F 59 Die gegenseitige Lage einer Geraden und einer Ebene bestimmen

***... da bin ich noch unsicher*** ☐ ***... das kann ich (jetzt)*** ☐

Durch Gleichsetzen der Terme der rechten Seiten der beiden Parametergleichungen erhält man ein LGS (siehe auch F 7) für die beiden Ebenenparameter und den Geradenparameter.
Wenn dieses LGS
- genau eine Lösung hat, dann schneiden sich die Gerade und die Ebene in einem Punkt S,
- unendlich viele Lösungen hat, dann liegt die Gerade auf der Ebene,
- keine Lösung hat, dann sind die Gerade und die Ebene parallel zueinander.

⚠
Gegebenenfalls muss man den Geradenparameter vorher umbenennen, damit man ein LGS mit drei verschiedenen Variablen erhält.

**Beispiel**
Untersuchen Sie, welche Lage die Ebene E: $\vec{x}=\begin{pmatrix}2\\-1\\4\end{pmatrix}+r\cdot\begin{pmatrix}3\\0\\-2\end{pmatrix}+s\cdot\begin{pmatrix}-1\\2\\3\end{pmatrix}$ jeweils zu den Geraden g, h und i hat.

g: $\vec{x}=\begin{pmatrix}4\\2\\2\end{pmatrix}+t\cdot\begin{pmatrix}3\\-2\\4\end{pmatrix}$; h: $\vec{x}=\begin{pmatrix}16\\-5\\-10\end{pmatrix}+t\cdot\begin{pmatrix}8\\2\\-3\end{pmatrix}$; i: $\vec{x}=\begin{pmatrix}-3\\3\\-7\end{pmatrix}+t\cdot\begin{pmatrix}3\\6\\5\end{pmatrix}$

**Lösung:**

Lage von E zu g:

Gleichsetzen: $\begin{pmatrix}2\\-1\\4\end{pmatrix}+r\cdot\begin{pmatrix}3\\0\\-2\end{pmatrix}+s\cdot\begin{pmatrix}-1\\2\\3\end{pmatrix}=\begin{pmatrix}4\\2\\2\end{pmatrix}+t\cdot\begin{pmatrix}3\\-2\\4\end{pmatrix}$ LGS:
$$\begin{array}{ll}\text{(I)} & 3r - s - 3t = 2\\ \text{(II)} & 2s + 2t = 3\\ \text{(III)} & -2r + 3s - 4t = -2\end{array}$$

Das LGS liefert $r = 1{,}5$, $s = 1$ und $t = 0{,}5$ (F 7). Somit schneiden sich die Ebene E und die Gerade g. Die Koordinaten des Schnittpunkts S erhält man, wenn man den berechneten Wert des Geradenparameters t in die Geradengleichung einsetzt:

$\vec{s}=\begin{pmatrix}4\\2\\2\end{pmatrix}+\frac{1}{2}\cdot\begin{pmatrix}3\\-2\\4\end{pmatrix}=\begin{pmatrix}5{,}5\\1\\4\end{pmatrix}$; $S(5{,}5\,|\,1\,|\,4)$

Lage von E zu h:

Gleichsetzen: $\begin{pmatrix}2\\-1\\4\end{pmatrix}+r\cdot\begin{pmatrix}3\\0\\-2\end{pmatrix}+s\cdot\begin{pmatrix}-1\\2\\3\end{pmatrix}=\begin{pmatrix}16\\-5\\-10\end{pmatrix}+t\cdot\begin{pmatrix}8\\2\\-3\end{pmatrix}$ LGS:
$$\begin{array}{ll}\text{(I)} & 3r - s - 8t = 14\\ \text{(II)} & 2s - 2t = -4\\ \text{(III)} & -2r + 3s + 3t = -14\end{array}$$

Dieses LGS hat unendlich viele Lösungen (F 7). Daraus folgt, dass die Gerade h auf der Ebene E liegt.

Lage von E zu i:

Gleichsetzen: $\begin{pmatrix}2\\-1\\4\end{pmatrix}+r\cdot\begin{pmatrix}3\\0\\-2\end{pmatrix}+s\cdot\begin{pmatrix}-1\\2\\3\end{pmatrix}=\begin{pmatrix}-3\\3\\-7\end{pmatrix}+t\cdot\begin{pmatrix}3\\6\\5\end{pmatrix}$ LGS:
$$\begin{array}{ll}\text{(I)} & 3r - s - 3t = -5\\ \text{(II)} & 2s - 6t = 4\\ \text{(III)} & -2r + 3s - 5t = -11\end{array}$$

Das LGS hat keine Lösung (F 7). Daraus folgt, dass E und i zueinander parallel sind.

**Aufgaben**

1. Untersuchen Sie die Lage der Geraden g zur Ebene E. Bestimmen Sie gegebenenfalls die Koordinaten des Schnittpunkts von E und g.

   E: $\vec{x}=\begin{pmatrix}2\\-1\\3\end{pmatrix}+r\cdot\begin{pmatrix}3\\3\\-4\end{pmatrix}+s\cdot\begin{pmatrix}-1\\2\\2\end{pmatrix}$; g: $\vec{x}=\begin{pmatrix}-2\\-2\\5\end{pmatrix}+t\cdot\begin{pmatrix}5\\8\\-2\end{pmatrix}$

2. Welche Lage haben die Ebene F und die Gerade h zueinander?

   F: $\vec{x}=\begin{pmatrix}4\\-2\\5\end{pmatrix}+r\cdot\begin{pmatrix}2\\-1\\-4\end{pmatrix}+s\cdot\begin{pmatrix}1\\2\\-3\end{pmatrix}$; h: $\vec{x}=\begin{pmatrix}2\\-5\\6\end{pmatrix}+r\cdot\begin{pmatrix}3\\-4\\-5\end{pmatrix}$

**Ergebnisse:**

1. $S(3\,|\,6\,|\,3)$
2. F und h sind parallel zueinander. (⚠ Geradenparameter vorher umbenennen!)

# Geometrische Anwendungsaufgaben

## F 60 Aufgaben zum Schattenwurf bearbeiten, …

*… da bin ich noch unsicher ☐ … das kann ich (jetzt) ☐*

Bei Aufgaben zum Schattenwurf hängt der Lösungsweg davon ab, ob der Schatten durch Licht von einer punktförmigen Lichtquelle oder durch Sonnenstrahlen erzeugt wird.
In beiden Fällen muss man die Gleichung einer sogenannten „Lichtgeraden" aufstellen.

## F 60 a ... wenn die Lichtquelle punktförmig ist

***... da bin ich noch unsicher ☐ ... das kann ich (jetzt) ☐***

Um den Schattenpunkt P′ eines Punktes P zu erhalten, muss man die Lichtgerade g durch den Punkt P mit der Ebene E schneiden, in der der Schatten zu sehen ist. Dabei ist die Lichtgerade g die Gerade durch die punktförmige Lichtquelle L und den Punkt P.

**Beispiel**

Das Licht einer Lampe, die sich im Punkt L(3 | −8 | 12) befindet, erzeugt einen Schatten des Punktes P(1 | −4 | 8) auf dem Boden ($x_1x_2$-Ebene).
Bestimmen Sie die Koordinaten des Schattenpunktes P′.

**Lösung:**

Gleichung der Lichtgeraden LP: $\vec{x} = \begin{pmatrix} 3 \\ -8 \\ 12 \end{pmatrix} + t \cdot \begin{pmatrix} -2 \\ 4 \\ -4 \end{pmatrix}$

Gleichung der $x_1x_2$-Ebene: $\vec{x} = r \cdot \begin{pmatrix} 1 \\ 0 \\ 0 \end{pmatrix} + s \cdot \begin{pmatrix} 0 \\ 1 \\ 0 \end{pmatrix}$

Bestimmung des Schnittpunktes der Lichtgeraden und der $x_1x_2$-Ebene (F 59):

Gleichsetzen: $\begin{pmatrix} 3 \\ -8 \\ 12 \end{pmatrix} + t \cdot \begin{pmatrix} -2 \\ 4 \\ -4 \end{pmatrix} = r \cdot \begin{pmatrix} 1 \\ 0 \\ 0 \end{pmatrix} + s \cdot \begin{pmatrix} 0 \\ 1 \\ 0 \end{pmatrix}$ LGS: $\begin{array}{lrl} \text{(I)} & r \quad + 2t = & 3 \\ \text{(II)} & s - 4t = & -8 \\ \text{(III)} & 4t = & 12 \end{array}$

Das LGS liefert t = 3, s = 4, r = −3 (F 7).

Somit gilt für P′: $\vec{p'} = \begin{pmatrix} 3 \\ -8 \\ 12 \end{pmatrix} + 3 \cdot \begin{pmatrix} -2 \\ 4 \\ -4 \end{pmatrix} = \begin{pmatrix} -3 \\ 4 \\ 0 \end{pmatrix}$; Schattenpunkt P′(−3 | 4 | 0)

## F 60 b ... wenn die Sonne die Lichtquelle ist

***... da bin ich noch unsicher ☐ ... das kann ich (jetzt) ☐***

Um den Schattenpunkt P′ eines Punktes P zu erhalten, muss man die Lichtgerade g durch den Punkt P mit der Ebene E schneiden, in der der Schatten zu sehen ist. Da die Lichtstrahlen des Sonnenlichts parallel zueinander einfallen, kennt man einen Richtungsvektor der Lichtgeraden. Als Stützpunkt der Lichtgerade dient der Punkt P.

**Beispiel**

Das Sonnenlicht hat die Richtung des Vektors $\vec{u} = \begin{pmatrix} 3 \\ -4 \\ -2 \end{pmatrix}$.

Der Schatten des Punktes R(−7 | 6 | 8) befindet sich auf dem Boden ($x_1x_2$-Ebene).
Bestimmen Sie die Koordinaten des Schattenpunktes R′.

**Lösung:**

Gleichung der Lichtgeraden g: $\vec{x} = \begin{pmatrix} -7 \\ 6 \\ 8 \end{pmatrix} + t \cdot \begin{pmatrix} 3 \\ -4 \\ -2 \end{pmatrix}$

Gleichung der $x_1x_2$-Ebene: $\vec{x} = r \cdot \begin{pmatrix} 1 \\ 0 \\ 0 \end{pmatrix} + s \cdot \begin{pmatrix} 0 \\ 1 \\ 0 \end{pmatrix}$

Bestimmung des Schnittpunktes der Lichtgeraden und der $x_1x_2$-Ebene (F 59):

Gleichsetzen: $\begin{pmatrix} -7 \\ 6 \\ 8 \end{pmatrix} + t \cdot \begin{pmatrix} 3 \\ -4 \\ -2 \end{pmatrix} = r \cdot \begin{pmatrix} 1 \\ 0 \\ 0 \end{pmatrix} + s \cdot \begin{pmatrix} 0 \\ 1 \\ 0 \end{pmatrix}$ LGS: $\begin{array}{lrl} \text{(I)} & r \quad - 3t = & -7 \\ \text{(II)} & s + 4t = & 6 \\ \text{(III)} & 2t = & 8 \end{array}$

Das LGS liefert $t = 4$, $s = -10$, $r = 5$ (F 7).

Somit gilt für R': $\vec{r'} = \begin{pmatrix} -7 \\ 6 \\ 8 \end{pmatrix} + 4 \cdot \begin{pmatrix} 3 \\ -4 \\ -2 \end{pmatrix} = \begin{pmatrix} 5 \\ -10 \\ 0 \end{pmatrix}$; Schattenpunkt R'(5 | −10 | 0)

**Aufgaben**

1. Eine punktförmige Lichtquelle befindet sich im Punkt L(3 | −4 | 6).
   Bestimmen Sie den Schattenpunkt des Punktes P(−5 | 3 | 4) auf dem Fußboden ($x_1x_2$-Ebene).
2. Das Sonnenlicht hat die Richtung des Vektors $\vec{u} = \begin{pmatrix} -3 \\ 6 \\ -1 \end{pmatrix}$.
   Bestimmen Sie den Schattenpunkt des Punktes Q(3 | 5 | 6) auf dem Fußboden ($x_1x_2$-Ebene).

**Ergebnisse:**

1. P'(−21 | 17 | 0)  2. Q'(−15 | 41 | 0)

## F 61 Positionen von Objekten auf Geraden in Abhängigkeit von der Zeit bestimmen

***... da bin ich noch unsicher*** ☐ ***... das kann ich (jetzt)*** ☐

Bahnen von Objekten (z. B. Flugzeugen) werden häufig durch Geraden modelliert. Beim Aufstellen der Parametergleichungen der Geraden spielen die Geschwindigkeiten der Objekte eine entscheidende Rolle. Man verwandelt die Parametergleichungen der beiden Geraden in Gleichungen, die die Position der Flugzeuge zu einem beliebigen Zeitpunkt angeben.
Das heißt, beide Gleichungen enthalten denselben Parameter t für die Zeit. Die Länge der verwendeten Richtungsvektoren hängt von der jeweiligen Geschwindigkeit des Flugzeuges ab.

**Beispiel**

Flugzeug 1 bewegt sich mit der Geschwindigkeit $v_1 = 540\,\frac{km}{h}$ längs der Geraden g.

Flugzeug 2 bewegt sich mit der Geschwindigkeit $v_2 = 720\,\frac{km}{h}$ längs der Geraden h.

$g: \vec{x} = \begin{pmatrix} -2 \\ 8 \\ 6 \end{pmatrix} + r \cdot \begin{pmatrix} 2 \\ -2 \\ -1 \end{pmatrix}$; $h: \vec{x} = \begin{pmatrix} 12 \\ -4 \\ 8 \end{pmatrix} + s \cdot \begin{pmatrix} -4 \\ 4 \\ -2 \end{pmatrix}$

Die Längeneinheit auf allen Koordinatenachsen ist 1 km.
Bei Beobachtungsbeginn befindet sich Flugzeug 1 im Punkt $F_1(-2 | 8 | 6)$ und Flugzeug 2 im Punkt $F_2(12 | -4 | 8)$. Beide Flugzeuge befinden sich im Sinkflug.
Geben Sie die Positionen der beiden Flugzeuge zu einem beliebigen Zeitpunkt t (in Minuten) an.

**Lösung:**

Die Länge des Richtungsvektors der Geraden g muss nun so angepasst werden, dass das Flugzeug 1 in einem Zeitschritt von einer Minute die Strecke 9 km zurücklegt, da $v_1 = 540\,\frac{km}{h} = 9\,\frac{km}{min}$ gilt.

Die Länge des Vektors $\begin{pmatrix} 2 \\ -2 \\ -1 \end{pmatrix}$ beträgt $\sqrt{2^2 + (-2)^2 + (-1)^2} = \sqrt{9} = 3$ (F 45).

Da das Flugzeug 1 in einer Minute aber 9 km zurücklegt, muss der Richtungsvektor die Länge 9 haben. Also multipliziert man den gegebenen Richtungsvektor von g mit der Zahl 3.

Für die Position von Flugzeug 1 nach t Minuten gilt demnach: $\vec{x} = \begin{pmatrix} -2 \\ 8 \\ 6 \end{pmatrix} + t \cdot \begin{pmatrix} 6 \\ -6 \\ -3 \end{pmatrix}$

Die Länge des Richtungsvektors der Geraden h muss nun so angepasst werden, dass das Flugzeug 2 in einem Zeitschritt von einer Minute die Strecke 12 km zurücklegt, da $v_2 = 720\,\frac{km}{h} = 12\,\frac{km}{min}$ gilt.

Die Länge des Vektors $\begin{pmatrix} -4 \\ 4 \\ -2 \end{pmatrix}$ beträgt $\sqrt{(-4)^2 + 4^2 + (-2)^2} = \sqrt{36} = 6$.

Da das Flugzeug 2 in einer Minute aber 12 km zurücklegt, muss der Richtungsvektor die Länge 12 haben. Also multipliziert man den gegebenen Richtungsvektor von h mit der Zahl 2.

Für die Position von Flugzeug 2 nach t Minuten gilt demnach: $\vec{x} = \begin{pmatrix} 12 \\ -4 \\ 8 \end{pmatrix} + t \cdot \begin{pmatrix} -8 \\ 8 \\ -4 \end{pmatrix}$

(Da die $x_3$-Koordinaten der beiden Richtungsvektoren negativ sind, sind sie zur Beschreibung des Sinkflugs geeignet.)

**Aufgabe**

U-Boot 1 bewegt sich mit der Geschwindigkeit $v_1 = 9\,\frac{km}{h}$ längs der Geraden g.
U-Boot 2 bewegt sich mit der Geschwindigkeit $v_2 = 9\,\frac{m}{s}$ längs der Geraden h.

$g\colon \vec{x} = \begin{pmatrix} -200 \\ 800 \\ -600 \end{pmatrix} + r \cdot \begin{pmatrix} -8 \\ 0 \\ 6 \end{pmatrix}; \quad h\colon \vec{x} = \begin{pmatrix} 1200 \\ -400 \\ -100 \end{pmatrix} + s \cdot \begin{pmatrix} 3{,}5 \\ -2 \\ -2 \end{pmatrix}$

(Längeneinheit 1 m, Zeiteinheit 1 s)

Bei Beobachtungsbeginn befindet sich U-Boot 1 im Punkt $B_1(-200\,|\,800\,|\,-600)$ und U-Boot 2 im Punkt $B_2(1200\,|\,-400\,|\,-100)$.

U-Boot 1 steigt in Richtung der Meeresoberfläche ($x_3 = 0$) auf, U-Boot 2 entfernt sich von der Meeresoberfläche.
Geben Sie die Positionen der beiden U-Boote in Abhängigkeit vom Zeitpunkt t an.

**Ergebnis:**

U-Boot 1: $\vec{x} = \begin{pmatrix} -200 \\ 800 \\ -600 \end{pmatrix} + t \cdot \begin{pmatrix} -2 \\ 0 \\ 1{,}5 \end{pmatrix}$; U-Boot 2: $\vec{x} = \begin{pmatrix} 1200 \\ -400 \\ -100 \end{pmatrix} + t \cdot \begin{pmatrix} 7 \\ -4 \\ -4 \end{pmatrix}$.

## F 62 Den momentanen Abstand bewegter Objekte bestimmen

***... da bin ich noch unsicher*** ☐ ***... das kann ich (jetzt)*** ☐

Wenn die Positionen zweier bewegter Objekte (z. B. Flugzeuge) in Abhängigkeit von der Zeit gegeben sind (siehe F 61), dann kann man zu jedem Zeitpunkt den momentanen Abstand dieser beiden Objekte bestimmen.

**Beispiel**

Gegeben sind die Positionen von zwei Flugzeugen in Abhängigkeit von der in Minuten gemessenen Zeit. Die Längeneinheit auf allen Koordinatenachsen ist 1 km.

Flugzeug 1: $\vec{x} = \begin{pmatrix} -2 \\ 8 \\ 6 \end{pmatrix} + t \cdot \begin{pmatrix} 6 \\ -6 \\ -3 \end{pmatrix}$; Flugzeug 2: $\vec{x} = \begin{pmatrix} 12 \\ -4 \\ 8 \end{pmatrix} + t \cdot \begin{pmatrix} -8 \\ 8 \\ -4 \end{pmatrix}$

Bestimmen Sie den Abstand der beiden Flugzeuge für $t = 0{,}5$.

**Lösung:**

Position von $F_1$: $\vec{f_1} = \begin{pmatrix} -2 \\ 8 \\ 6 \end{pmatrix} + 0{,}5 \cdot \begin{pmatrix} 6 \\ -6 \\ -3 \end{pmatrix} = \begin{pmatrix} 1 \\ 5 \\ 4{,}5 \end{pmatrix}$; Position von $F_2$: $\vec{f_2} = \begin{pmatrix} 12 \\ -4 \\ 8 \end{pmatrix} + 0{,}5 \cdot \begin{pmatrix} -8 \\ 8 \\ -4 \end{pmatrix} = \begin{pmatrix} 8 \\ 0 \\ 6 \end{pmatrix}$

Verbindungsvektor der Positionen für $t = 0{,}5$: $\vec{a} = \vec{f_2} - \vec{f_1} = \begin{pmatrix} 8-1 \\ 0-5 \\ 6-4{,}5 \end{pmatrix} = \begin{pmatrix} 7 \\ -5 \\ 1{,}5 \end{pmatrix}$

Die Länge dieses Vektors ist der gesuchte Abstand: $|\vec{a}| = \sqrt{7^2 + (-5)^2 + 1{,}5^2} = \sqrt{76{,}25} \approx 8{,}73$

Zum Zeitpunkt 0,5 Minuten haben die Flugzeuge etwa den Abstand 8,73 Kilometer.

**Aufgabe**
Für die Positionen zweier U-Boote in Abhängigkeit von der in Sekunden gemessenen Zeit gilt:

U-Boot 1: $\vec{x} = \begin{pmatrix} -200 \\ 800 \\ -1600 \end{pmatrix} + t \cdot \begin{pmatrix} -2 \\ 0 \\ 1{,}5 \end{pmatrix}$; U-Boot 2: $\vec{x} = \begin{pmatrix} 200 \\ 600 \\ -100 \end{pmatrix} + t \cdot \begin{pmatrix} 7 \\ -4 \\ -4 \end{pmatrix}$

Die Längeneinheit auf allen Koordinatenachsen ist 1 m.
Bestimmen Sie den momentanen Abstand zum Zeitpunkt 120 s.

**Ergebnis:**

$|\vec{a}| \approx 1833\,\text{m}$

## Winkel

### F 63 Den Winkel zwischen Vektoren berechnen

***... da bin ich noch unsicher*** ☐ ***... das kann ich (jetzt)*** ☐

Mithilfe des Skalarproduktes (siehe F 51) kann man den Winkel zwischen zwei Vektoren $\vec{a}$ und $\vec{b}$ berechnen. Für die Winkelweite φ des Winkels zwischen zwei Vektoren gilt:

$\cos\varphi = \frac{\vec{a} \cdot \vec{b}}{|\vec{a}| \cdot |\vec{b}|}$ und $0° \leqq \varphi \leqq 180°$

Sonderfall: Aus $\vec{a} \cdot \vec{b} = 0$ folgt sofort $\varphi = 90°$; d.h. $\vec{a} \perp \vec{b}$.

**Beispiel**
Berechnen Sie die Winkel zwischen je zwei der Vektoren $\vec{a} = \begin{pmatrix} 2 \\ -1 \\ 3 \end{pmatrix}$, $\vec{b} = \begin{pmatrix} 3 \\ 6 \\ -6 \end{pmatrix}$ und $\vec{c} = \begin{pmatrix} 4 \\ 2 \\ -2 \end{pmatrix}$.

**Lösung:**

Winkel zwischen $\vec{a}$ und $\vec{b}$: $\cos\alpha = \frac{\vec{a} \cdot \vec{b}}{|\vec{a}| \cdot |\vec{b}|} = \frac{\begin{pmatrix} 2 \\ -1 \\ 3 \end{pmatrix} \cdot \begin{pmatrix} 3 \\ 6 \\ -6 \end{pmatrix}}{\sqrt{2^2 + (-1)^2 + 3^2} \cdot \sqrt{3^2 + 6^2 + (-6)^2}} = \frac{6 - 6 - 18}{\sqrt{14} \cdot 9} = \frac{-2}{\sqrt{14}} \approx -0{,}5345$

$\alpha \approx 122{,}3°$

Winkel zwischen $\vec{a}$ und $\vec{c}$: $\cos\beta = \frac{\vec{a} \cdot \vec{c}}{|\vec{a}| \cdot |\vec{c}|} = \frac{\begin{pmatrix} 2 \\ -1 \\ 3 \end{pmatrix} \cdot \begin{pmatrix} 4 \\ 2 \\ -2 \end{pmatrix}}{\sqrt{2^2 + (-1)^2 + 3^2} \cdot \sqrt{4^2 + 2^2 + (-2)^2}} = \frac{8 - 2 - 6}{\sqrt{14} \cdot \sqrt{24}} = \frac{0}{\sqrt{336}} = 0$

$\beta = 90°$

Winkel zwischen $\vec{b}$ und $\vec{c}$: $\cos\gamma = \frac{\vec{b} \cdot \vec{c}}{|\vec{b}| \cdot |\vec{c}|} = \frac{\begin{pmatrix} 3 \\ 6 \\ -6 \end{pmatrix} \cdot \begin{pmatrix} 4 \\ 2 \\ -2 \end{pmatrix}}{\sqrt{3^2 + 6^2 + (-6)^2} \cdot \sqrt{4^2 + 2^2 + (-2)^2}} = \frac{12 + 12 + 12}{9 \cdot \sqrt{24}} = \frac{2}{\sqrt{6}} \approx 0{,}8165$

$\gamma \approx 35{,}3°$

**Aufgabe**
Gegeben sind die Vektoren $\vec{u} = \begin{pmatrix} 1 \\ -4 \\ 2 \end{pmatrix}$; $\vec{v} = \begin{pmatrix} -7 \\ -4 \\ 4 \end{pmatrix}$; $\vec{w} = \begin{pmatrix} -8 \\ 6 \\ -8 \end{pmatrix}$.

Berechnen Sie die Winkel zwischen je zwei der gegebenen Vektoren.

**Ergebnis:**

Winkel zwischen $\vec{u}$ und $\vec{v}$: ca. 65,7°; Winkel zwischen $\vec{u}$ und $\vec{w}$: ca. 144,9°;
Winkel zwischen $\vec{v}$ und $\vec{w}$: 90°

## F 64 Den Schnittwinkel zwischen Geraden berechnen

*... da bin ich noch unsicher* ☐ *... das kann ich (jetzt)* ☐

Der Schnittwinkel zweier Geraden kann mithilfe des Winkels zwischen den beiden Richtungsvektoren der Geraden bestimmt werden. Dabei ist jedoch zu beachten, dass der Schnittwinkel zweier Geraden so definiert ist, dass für seine Winkelweite gilt: $\varphi \leqq 90°$.
Man bestimmt zunächst die Winkelweite $\alpha$ des Winkels zwischen den beiden Richtungsvektoren (siehe F 63) und erhält, falls $\alpha \leqq 90°$ ist, direkt die Winkelweite $\varphi$ des Schnittwinkels: $\varphi = \alpha$
Falls $\alpha > 90°$ gilt, ist der Schnittwinkel der Nebenwinkel von $\alpha$, d.h., es gilt: $\varphi = 180° - \alpha$

Da $\cos(180° - \alpha) = -\cos\alpha$, erhält man mit $\cos\varphi = \frac{|\vec{u} \cdot \vec{v}|}{|\vec{u}| \cdot |\vec{v}|}$ stets direkt die Winkelweite $\varphi$ des Schnittwinkels.

**Beispiel 1**
Bestimmen Sie den Schnittwinkel der Geraden $g: \vec{x} = \begin{pmatrix} 4 \\ -4 \\ 2 \end{pmatrix} + r \cdot \begin{pmatrix} 1 \\ -2 \\ -3 \end{pmatrix}$ und $h: \vec{x} = \begin{pmatrix} 3 \\ -2 \\ 5 \end{pmatrix} + s \cdot \begin{pmatrix} 4 \\ 6 \\ -2 \end{pmatrix}$.

**Lösung:**
Richtungsvektoren: $\vec{u} = \begin{pmatrix} 1 \\ -2 \\ -3 \end{pmatrix}$ und $\vec{v} = \begin{pmatrix} 4 \\ 6 \\ -2 \end{pmatrix}$

Winkel zwischen $\vec{u}$ und $\vec{v}$: $\cos\alpha = \frac{\begin{pmatrix} 1 \\ -2 \\ -3 \end{pmatrix} \cdot \begin{pmatrix} 4 \\ 6 \\ -2 \end{pmatrix}}{\sqrt{1^2 + (-2)^2 + (-3)^2} \cdot \sqrt{4^2 + 6^2 + (-2)^2}} = \frac{-2}{\sqrt{14} \cdot \sqrt{56}} = \frac{-1}{14}$; $\alpha \approx 94{,}1°$

Winkel zwischen g und h: $\varphi = 180° - \alpha \approx 85{,}9°$

**Beispiel 2**
Bestimmen Sie den Schnittwinkel der Geraden $g: \vec{x} = \begin{pmatrix} 5 \\ 2 \\ -1 \end{pmatrix} + r \cdot \begin{pmatrix} 2 \\ -1 \\ -2 \end{pmatrix}$ und $h: \vec{x} = \begin{pmatrix} 3 \\ 3 \\ 1 \end{pmatrix} + s \cdot \begin{pmatrix} 3 \\ 5 \\ 4 \end{pmatrix}$.

**Lösung:**
Richtungsvektoren: $\vec{u} = \begin{pmatrix} 2 \\ -1 \\ -2 \end{pmatrix}$ und $\vec{v} = \begin{pmatrix} 3 \\ 5 \\ 4 \end{pmatrix}$

Winkel zwischen g und h: $\cos\varphi = \frac{\left|\begin{pmatrix} 2 \\ -1 \\ -2 \end{pmatrix} \cdot \begin{pmatrix} 3 \\ 5 \\ 4 \end{pmatrix}\right|}{\sqrt{2^2 + (-1)^2 + (-2)^2} \cdot \sqrt{3^2 + 5^2 + 4^2}} = \frac{|-7|}{3 \cdot \sqrt{50}} \approx 0{,}3300$; $\varphi \approx 70{,}7°$

**Aufgaben**

1. Berechnen Sie den Schnittwinkel zwischen g und h.

   $g: \vec{x} = \begin{pmatrix} 3 \\ 4 \\ -2 \end{pmatrix} + r \cdot \begin{pmatrix} 5 \\ -2 \\ -3 \end{pmatrix}$; $h: \vec{x} = \begin{pmatrix} -7 \\ 8 \\ 4 \end{pmatrix} + s \cdot \begin{pmatrix} 2 \\ -1 \\ 6 \end{pmatrix}$

2. Berechnen Sie den Schnittwinkel zwischen a und b.

   $a: \vec{x} = \begin{pmatrix} -1 \\ -5 \\ 6 \end{pmatrix} + r \cdot \begin{pmatrix} 4 \\ 3 \\ -1 \end{pmatrix}$; $b: \vec{x} = \begin{pmatrix} 11 \\ 4 \\ 3 \end{pmatrix} + s \cdot \begin{pmatrix} 5 \\ -2 \\ 2 \end{pmatrix}$

**Ergebnisse:**

1. $\varphi \approx 81{,}3°$
2. $\varphi \approx 65{,}8°$

3

## F 65 Den Winkel in geometrischen Objekten berechnen

***... da bin ich noch unsicher ☐ ... das kann ich (jetzt) ☐***

Im Gegensatz zu dem Schnittwinkel bei Geraden (Objekte ohne Begrenzung) können Winkel zwischen den Seiten ebener Figuren oder zwischen den Kanten von Körpern auch stumpf sein.

### Beispiel 1

Gegeben ist das Dreieck mit den Eckpunkten $A(2|0|-3)$, $B(4|3|-2)$ und $C(8|3|1)$.
Bestimmen Sie die Größe des Innenwinkels $\beta$ des Dreiecks im Eckpunkt B.

**Lösung:**

Die beiden Dreiecksseiten, die am Winkel $\beta$ anliegen, sind durch die Vektoren $\overrightarrow{BA}$ und $\overrightarrow{BC}$ gegeben.

$$\overrightarrow{BA} = \begin{pmatrix} -2 \\ -3 \\ -1 \end{pmatrix};\ \overrightarrow{BC} = \begin{pmatrix} 4 \\ 0 \\ 3 \end{pmatrix};\ |\overrightarrow{BA}| = \sqrt{14};\ |\overrightarrow{BC}| = 5$$

$$\cos\beta = \frac{\overrightarrow{BA} \cdot \overrightarrow{BC}}{|\overrightarrow{BA}| \cdot |\overrightarrow{BC}|} = \frac{-8+0-3}{\sqrt{14} \cdot 5} = \frac{-11}{5 \cdot \sqrt{14}} \quad \Rightarrow \quad \beta \approx 126{,}0°$$

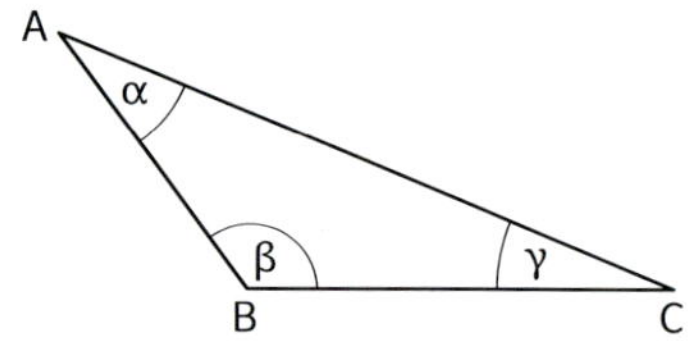


### Beispiel 2

Gegeben ist die Pyramide ABCS mit $A(3|2|0)$, $B(-2|3|0)$, $C(-1|-4|0)$ und $S(2|6|8)$.
Berechnen Sie die Winkelweite $\varphi$ des Winkels zwischen den Kanten BC und BS.

**Lösung:**

$$\cos\varphi = \frac{\overrightarrow{BC} \cdot \overrightarrow{BS}}{|\overrightarrow{BC}| \cdot |\overrightarrow{BS}|} = \frac{\begin{pmatrix} 1 \\ -7 \\ 0 \end{pmatrix} \cdot \begin{pmatrix} 4 \\ 3 \\ 8 \end{pmatrix}}{\sqrt{1^2+(-7)^2+0^2} \cdot \sqrt{4^2+3^2+8^2}}$$

$$= \frac{-17}{\sqrt{50} \cdot \sqrt{89}} \approx -0{,}2548;$$

also $\varphi \approx 104{,}8°$

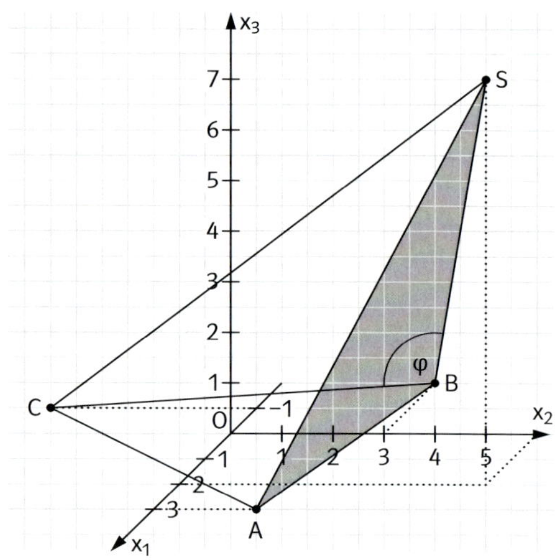


### Aufgaben

1. Gegeben ist das Dreieck mit den Eckpunkten $A(2|0|-3)$, $B(4|3|-2)$ und $C(8|3|1)$ (vgl. Beispiel 1).
   Bestimmen Sie die Größe der Innenwinkel $\alpha$ und $\gamma$.
2. Gegeben ist die Pyramide PQRS mit $P(4|-3|0)$, $Q(-1|5|0)$, $R(-3|-1|0)$ und $S(5|7|6)$.
   Berechnen Sie den Winkel zwischen den Kanten PR und RQ.

**Ergebnisse:**

1. $\alpha \approx 31{,}2°$; $\gamma \approx 22{,}8°$ 2. $\varphi \approx 87{,}5°$

# Stochastik

## Grundlagen zur Bestimmung von Wahrscheinlichkeiten

### F 66 Wahrscheinlichkeiten bei Laplace-Experimenten berechnen

***... da bin ich noch unsicher* ☐ *... das kann ich (jetzt)* ☐**

Laplace-Experimente sind Zufallsexperimente, bei denen alle Ergebnisse gleich wahrscheinlich sind. Man spricht auch von einer „Gleichverteilung". Wenn das Zufallsexperiment also n verschiedene Ergebnisse besitzt, dann ist die Wahrscheinlichkeit P für jedes dieser Ergebnisse $\frac{1}{n}$. Die Wahrscheinlichkeit für ein Ereignis A erhält man bei einer Gleichverteilung mithilfe der Formel von Laplace:

$$P(A) = \frac{\text{Anzahl der Ergebnisse, bei denen A eintritt}}{\text{Anzahl aller möglichen Ergebnisse}}$$

**Beispiel 1**

Ein idealer Würfel wird einmal geworfen.
A: Die Augenzahl ist gerade. B: Die Augenzahl ist kleiner als 3.
Bestimmen Sie die Wahrscheinlichkeiten für die Ereignisse A und B.

**Lösung:**

Es gilt: $P(A) = \frac{3}{6} = \frac{1}{2}$ und $P(B) = \frac{2}{6} = \frac{1}{3}$

**Beispiel 2**

Ein Glücksrad mit zehn gleich großen Sektoren ist mit den Zahlen 1 bis 10 beschriftet.
Das Glücksrad wird einmal gedreht.
C: Die Zahl ist kleiner als 8. D: Die Zahl ist durch 3 teilbar.
Bestimmen Sie die Wahrscheinlichkeiten für die Ereignisse C und D.

**Lösung:**

$P(C) = \frac{7}{10}$ und $P(D) = \frac{3}{10}$

**Aufgaben**

1. Aus einem Skatblatt (4 „Farben": Karo, Herz, Pik und Kreuz; Werte: 7, 8, 9, 10, Bube, Dame, König und Ass) wird eine Karte gezogen.
   Bestimmen Sie die Wahrscheinlichkeiten folgender Ereignisse:
   A: Der Wert ist „König". B: Die Farbe ist „Herz". C: Der Wert ist „10" oder die Farbe ist „Pik".
2. In einer Urne liegen 20 Kugeln, die mit den Zahlen 1 bis 20 beschriftet sind.
   Aus der Urne wird eine Kugel gezogen.
   Bestimmen Sie die Wahrscheinlichkeiten folgender Ereignisse:
   D: Die Zahl ist gerade. E: Die Zahl ist größer als 12. F: Die Zahl ist kleiner als 7 oder ungerade.

**Ergebnisse:**

1. $P(A) = \frac{1}{8}$; $P(B) = \frac{1}{4}$; $P(C) = \frac{11}{32}$
2. $P(D) = \frac{1}{2}$; $P(E) = \frac{2}{5}$; $P(F) = \frac{13}{20}$

3

## F 67 Wahrscheinlichkeiten bei mehrstufigen Zufallsexperimenten berechnen

*... da bin ich noch unsicher* ☐ *... das kann ich (jetzt)* ☐

Bei mehrstufigen Zufallsexperimenten muss man darauf achten, ob es sich um ein Ziehen mit oder ohne Zurücklegen handelt.

1. **Ziehen mit Zurücklegen**
   Beim Ziehen mit Zurücklegen ändern sich die Wahrscheinlichkeiten von Zug zu Zug nicht.

2. **Ziehen ohne Zurücklegen**
   Beim Ziehen ohne Zurücklegen ändern sich die Wahrscheinlichkeiten für die Ergebnisse mit jedem Zug.

Um die Wahrscheinlichkeit eines Ereignisses A zu berechnen, kann man entweder mithilfe kombinatorischer Überlegungen die benötigte Anzahl der Ergebnisse bestimmen oder die Pfadregeln (siehe F 68) anwenden.

**Beispiel 1**

Ein idealer Würfel wird dreimal geworfen.
A: Die Augensumme beträgt 9.
B: Es treten drei gerade Augenzahlen auf.
C: Die Augensumme ist kleiner als 7.
Bestimmen Sie die Wahrscheinlichkeiten für die Ereignisse A, B und C.

**Lösung:**

Insgesamt gibt es $6 \cdot 6 \cdot 6 = 216$ mögliche Ergebnisse.

Welche Ergebnisse liefern die Augensumme 9?
$1 + 2 + 6 = 9$ Es gibt 6 Möglichkeiten (126; 162; 216; 261; 612; 621)
$1 + 3 + 5 = 9$ Es gibt 6 Möglichkeiten
$1 + 4 + 4 = 9$ Es gibt 3 Möglichkeiten (144; 441; 414)
$2 + 2 + 5 = 9$ Es gibt 3 Möglichkeiten
$2 + 3 + 4 = 9$ Es gibt 6 Möglichkeiten
$3 + 3 + 3 = 9$ Es gibt 1 Möglichkeit
Dies sind zusammen 25 Möglichkeiten, also gilt: $P(A) = \frac{25}{216} \approx 0{,}1157$

Wenn man die drei geraden Zahlen 2, 4 und 6 nicht unterscheidet, sondern nur die zwei Ergebnisse gerade (g) und ungerade (u) unterscheidet, dann gibt es nur acht mögliche Ergebnisse:
ggg; ggu; gug; ugg; guu; ugu; uug; uuu
Das Ereignis B tritt nur bei einem dieser Ergebnisse ein. Somit gilt: $P(B) = \frac{1}{8}$

Welche Ergebnisse liefern eine Augensumme kleiner als 7?
$1 + 1 + 1 = 3$ Es gibt 1 Möglichkeit
$1 + 1 + 2 = 4$ Es gibt 3 Möglichkeiten (112; 121; 211)
$1 + 1 + 3 = 5$ Es gibt 3 Möglichkeiten
$1 + 2 + 2 = 5$ Es gibt 3 Möglichkeiten
$1 + 1 + 4 = 6$ Es gibt 3 Möglichkeiten
$1 + 2 + 3 = 6$ Es gibt 6 Möglichkeiten (123; 132; 213; 231; 312; 321)
$2 + 2 + 2 = 6$ Es gibt 1 Möglichkeit
Dies sind zusammen 20 Möglichkeiten. Also gilt: $P(C) = \frac{20}{216} = \frac{5}{54} \approx 0{,}0926$

**Beispiel 2**

In einer Urne befinden sich acht Kugeln, die mit den Zahlen 1 bis 8 beschriftet sind. Aus dieser Urne werden zwei Kugeln ohne Zurücklegen gezogen.

D: Es werden zwei gerade Zahlen gezogen. E: Die Summe der beiden Zahlen beträgt 10.
F: Die erste gezogene Zahl ist um mindestens 3 größer als die zweite gezogene Zahl.
Bestimmen Sie die Wahrscheinlichkeiten für die Ereignisse D, E und F.

**Lösung:**

Insgesamt gibt es $8 \cdot 7 = 56$ mögliche Ergebnisse.

Bei folgenden Ergebnissen tragen beide Kugeln gerade Zahlen:
24; 26; 28; 42; 46; 48; 62; 64; 68; 82; 84; 86
Dies sind zwölf Möglichkeiten. Also gilt: $P(D) = \frac{12}{56} = \frac{3}{14} \approx 0{,}2143$

Bei folgenden Ergebnissen beträgt die Summe der gezogenen Zahlen 10:
$2+8; 3+7; 4+6; 6+4; 7+3; 8+2$
Dies sind sechs Möglichkeiten. Also gilt: $P(E) = \frac{6}{56} = \frac{3}{28} \approx 0{,}1071$

Bei folgenden Ergebnissen ist die erste gezogene Zahl mindestens um 3 größer als die zweite:
85; 84; 83; 82; 81; 74; 73; 72; 71; 63; 62; 61; 52; 51; 41
Dies sind 15 Möglichkeiten. Also gilt: $P(F) = \frac{15}{56} \approx 0{,}2679$

**Aufgaben**

1. Aus einem Kartenspiel werden folgende Karten ausgewählt: vier Buben, drei Damen und zwei Könige. Dann werden drei Karten ohne Zurücklegen gezogen.
   A: Alle drei Karten haben den gleichen Wert. B: Zwei Karten zeigen „Dame".
   Berechnen Sie die Wahrscheinlichkeiten für die Ereignisse A und B.
2. Ein ideales Tetraeder ist mit den Zahlen 1 bis 4 beschriftet. Das Tetraeder wird viermal geworfen.
   C: Die Augensumme beträgt höchstens 6. D: Alle vier Wurfergebnisse sind verschieden.
   Berechnen Sie die Wahrscheinlichkeiten für die Ereignisse C und D.

**Ergebnisse:**

1. $P(A) = \frac{4 \cdot 3 \cdot 2 + 3 \cdot 2 \cdot 1}{9 \cdot 8 \cdot 7} = \frac{30}{504} = \frac{5}{84} \approx 0{,}595$; $P(B) = \frac{3 \cdot 2 \cdot 6 \cdot 3}{9 \cdot 8 \cdot 7} = \frac{108}{504} = \frac{3}{14} \approx 0{,}2143$
2. $P(C) = \frac{1+4+10}{4^4} = \frac{15}{256} \approx 0{,}0586$; $P(D) = \frac{4 \cdot 3 \cdot 2 \cdot 1}{4^4} = \frac{24}{256} = \frac{3}{32} \approx 0{,}0938$

# Die Pfadregeln und ihre Anwendungen

## F 68 Die Pfadregeln bei gegebenen Wahrscheinlichkeiten anwenden

***... da bin ich noch unsicher*** ☐ ***... das kann ich (jetzt)*** ☐

Ein Hilfsmittel, um Aufgaben zu mehrstufigen Zufallsexperimenten zu bearbeiten, sind Baumdiagramme. Jeder Pfad eines Baumdiagramms entspricht einem möglichen Ergebnis des mehrstufigen Zufallsexperiments.

Es gibt zwei sogenannte Pfadregeln:

1) Entlang eines Pfades werden die Wahrscheinlichkeiten multipliziert.
2) Die Wahrscheinlichkeiten aller Pfade, die zu einem Ereignis A gehören, werden addiert.

**Tipp**

Oft ist es ratsam, aus Zeitgründen nicht das komplette Baumdiagramm zu betrachten, sondern nur den für die Aufgabe benötigten Teil.

**Beispiel 1**

Ein idealer Würfel wird dreimal geworfen.
A: Die Augenzahl 6 erscheint zweimal; B: Die Augenzahl 6 erscheint mindestens einmal.
Berechnen Sie die Wahrscheinlichkeit für die Ereignisse A und B.

**Lösung:**

Beim Baumdiagramm unterscheidet man nur die Fälle: 6 oder $\overline{6}$ (keine 6)

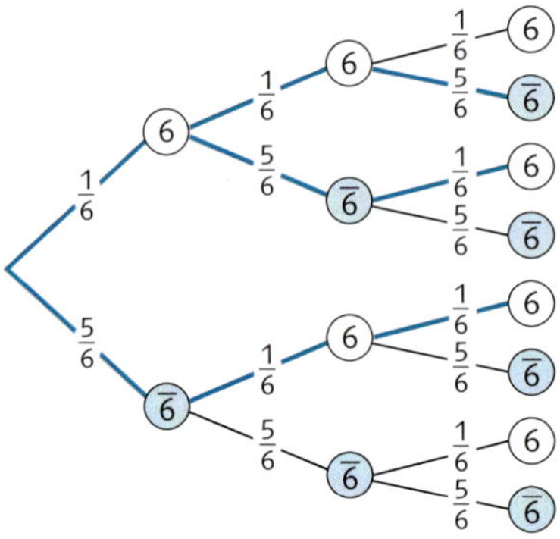

$p(66\overline{6}) = \frac{1}{6} \cdot \frac{1}{6} \cdot \frac{5}{6} = \frac{5}{216}$

$p(6\overline{6}6) = \frac{1}{6} \cdot \frac{5}{6} \cdot \frac{1}{6} = \frac{5}{216}$

$p(\overline{6}66) = \frac{5}{6} \cdot \frac{1}{6} \cdot \frac{1}{6} = \frac{5}{216}$

Drei Pfade (farbig markiert) repräsentieren das Ereignis A:

$P(A) = \frac{5}{216} + \frac{5}{216} + \frac{5}{216} = 3 \cdot \frac{5}{216} = \frac{5}{72} \approx 0{,}0694$

Die Wahrscheinlichkeit des Ereignisses B erhält man mithilfe des Gegenereignisses $\overline{B}$:

$\overline{B}$: Die Augenzahl 6 erscheint bei keinem der Würfe. Dafür steht nur der Pfad $\overline{6} - \overline{6} - \overline{6}$.

$P(B) = 1 - P(\overline{B}) = 1 - \frac{5}{6} \cdot \frac{5}{6} \cdot \frac{5}{6} = 1 - \frac{125}{216} = \frac{91}{216} \approx 0{,}4213$

**Beispiel 2**

Aus einem Kartenspiel werden folgende Karten ausgewählt: vier Könige, drei Damen und zwei Buben. Dann werden Karten ohne Zurücklegen gezogen. Es wird so lange gezogen, bis zweimal König gezogen worden ist. Dann ist das Spiel beendet.

Berechnen Sie die Wahrscheinlichkeit des Ereignisses C: Das Spiel ist spätestens nach vier Zügen beendet.

**Lösung:**

Es ist ratsam nur die Pfade des Baumdiagramms zu zeichnen, die das Ereignis C repräsentieren. Man erhält hier ein Baumdiagramm mit unterschiedlich langen Pfaden.

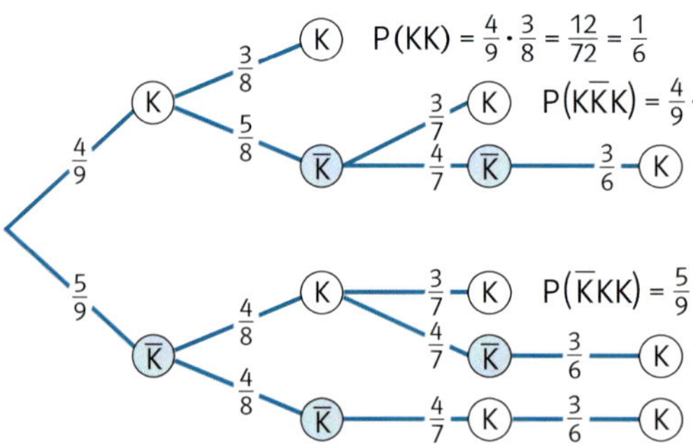

$P(KK) = \frac{4}{9} \cdot \frac{3}{8} = \frac{12}{72} = \frac{1}{6}$

$P(K\overline{K}K) = \frac{4}{9} \cdot \frac{5}{8} \cdot \frac{3}{7} = \frac{60}{504} = \frac{5}{42}$

$P(K\overline{K}\overline{K}K) = \frac{4}{9} \cdot \frac{5}{8} \cdot \frac{4}{7} \cdot \frac{3}{6} = \frac{240}{3024} = \frac{5}{63}$

$P(\overline{K}KK) = \frac{5}{9} \cdot \frac{4}{8} \cdot \frac{3}{7} = \frac{60}{504} = \frac{5}{42}$

$P(\overline{K}K\overline{K}K) = \frac{5}{9} \cdot \frac{4}{8} \cdot \frac{4}{7} \cdot \frac{3}{6} = \frac{240}{3024} = \frac{5}{63}$

$P(\overline{K}\overline{K}KK) = \frac{5}{9} \cdot \frac{4}{8} \cdot \frac{4}{7} \cdot \frac{3}{6} = \frac{240}{3024} = \frac{5}{63}$

Somit gilt: $P(C) = \frac{1}{6} + 2 \cdot \frac{5}{42} + 3 \cdot \frac{5}{63} = \frac{9}{14} \approx 0{,}6429$

**Aufgaben**

1. Ein Glücksrad hat acht gleich große Sektoren, auf denen die Zahlen 1 bis 8 stehen. Das Glücksrad wird dreimal gedreht.
   Berechnen Sie die Wahrscheinlichkeiten der folgenden Ereignisse:
   A: Die Zahl 4 tritt mindestens einmal auf. B: Alle drei Zahlen sind verschieden.
   C: Zwei der Zahlen sind kleiner als 4.

2. In einer Urne befinden sich fünf weiße und zwei rote Kugeln. Aus der Urne werden ohne Zurücklegen Kugeln gezogen. Das Spiel ist beendet, sobald eine rote Kugel gezogen wird. Berechnen Sie die Wahrscheinlichkeit, dass das Spiel frühestens nach dem dritten Zug beendet ist.

**Ergebnisse:**

1. $P(A) = 1 - \frac{7}{8} \cdot \frac{7}{8} \cdot \frac{7}{8} = \frac{169}{512} \approx 0{,}3301$; $P(B) = \frac{8}{8} \cdot \frac{7}{8} \cdot \frac{6}{8} = \frac{21}{32} \approx 0{,}6563$; $P(C) = 3 \cdot \frac{3}{8} \cdot \frac{3}{8} \cdot \frac{5}{8} = \frac{135}{512} \approx 0{,}2637$
2. $P = 1 - \left(\frac{2}{7} + \frac{5}{7} \cdot \frac{2}{6}\right) = 1 - \frac{11}{21} = \frac{10}{21} \approx 0{,}4762$

## F 69 Die Pfadregeln bei unbekannten Wahrscheinlichkeiten anwenden

***... da bin ich noch unsicher*** ☐ ***... das kann ich (jetzt)*** ☐

Die Pfadregeln kann man auch bei noch unbekannten Wahrscheinlichkeiten anwenden. Dabei wird aus der bekannten Wahrscheinlichkeit für einen oder mehrere Pfade auf die unbekannte Wahrscheinlichkeit geschlossen.

**Beispiel 1**

Ein Notstromaggregat funktioniert mit einer Wahrscheinlichkeit p, wenn es benötigt wird. Die Wahrscheinlichkeit für das Ereignis A: „Das Aggregat funktioniert bei drei Einsätzen zweimal" beträgt 0,21.
Wie groß ist p?

**Lösung:**

Drei Pfade repräsentieren das Ereignis, nämlich $\bar{f} - f - f$, $f - \bar{f} - f$ und $f - f - \bar{f}$.
Dabei bedeutet f „Aggregat funktioniert" und $\bar{f}$ „Aggregat funktioniert nicht".
Jeder dieser drei Pfade besitzt die gleiche Wahrscheinlichkeit $p \cdot p \cdot (1-p)$.
Somit gilt: $3 \cdot p \cdot p \cdot (1-p) = 0{,}21$ bzw. $p \cdot p \cdot (1-p) = 0{,}07$ bzw. $p^2 - p^3 = 0{,}07$
Diese Gleichung löst man näherungsweise mit dem GTR. Der GTR liefert die Lösungen:
$p_1 \approx -0{,}2378$; $p_2 \approx 0{,}3211$; $p_3 \approx 0{,}9167$
Für p gilt: $0 < p < 1$. Daher ist der Wert $p_1$ keine Lösung, er liegt nicht in der Definitionsmenge.
Also gilt entweder $p \approx 0{,}3211$ oder $p \approx 0{,}9167$.

**Beispiel 2**

In einer Urne sind insgesamt 10 Kugeln, wovon r Kugeln rot sind. Es werden zwei Kugeln ohne Zurücklegen aus der Urne gezogen. Die Wahrscheinlichkeit, dabei mindestens eine rote Kugel zu ziehen, beträgt $\frac{13}{15}$.
Wie viele rote Kugeln befinden sich in der Urne?

**Lösung:**

X sei die Anzahl der gezogenen roten Kugeln. Es gilt: $P(X \geqq 1) = \frac{13}{15}$
Mit $P(X \geqq 1) = 1 - P(X = 0)$ folgt: $1 - P(X = 0) = \frac{13}{15}$. Somit gilt $P(X = 0) = \frac{2}{15}$.
Andererseits gilt: $P(X = 0) = \frac{10-r}{10} \cdot \frac{9-r}{9}$
Ansatz: $\frac{10-r}{10} \cdot \frac{9-r}{9} = \frac{2}{15}$ bzw. $(10-r) \cdot (9-r) = 12$
$90 - 19r + r^2 = 12$ bzw. $r^2 - 19r + 78 = 0$
Diese quadratische Gleichung hat die Lösungen $r_1 = 13$ und $r_2 = 6$.
Da jedoch $r \leqq 10$ gelten muss, folgt: Es befinden sich 6 rote Kugeln in der Urne.

**Aufgaben**

1. Vier baugleiche Pumpen füllen ein Wasserbecken. Die Pumpen arbeiten unabhängig voneinander und fallen jeweils mit der Wahrscheinlichkeit p aus.
   Die Wahrscheinlichkeit, dass mindestens eine der Pumpen ausfällt, beträgt 15%.
   Bestimmen Sie die Ausfallwahrscheinlichkeit p einer Pumpe.

2. Ein Glücksrad hat drei Sektoren: einen roten Sektor, einen weißen Sektor und einen schwarzen Sektor. Das Glücksrad wird dreimal gedreht.
   Die Wahrscheinlichkeit für mindestens einmal „Schwarz" beträgt 70 %.
   Bestimmen Sie den Mittelpunktswinkel des schwarzen Sektors.

Ergebnisse:

1. $p = 1 - \sqrt[4]{0{,}85} \approx 0{,}0398$; $p \approx 4\,\%$
2. $p = 1 - \sqrt[3]{0{,}3} \approx 0{,}3306$; $\alpha = p \cdot 360° \approx 119°$

# Anwendungen rund um Glücksspiele

## F 70 Erwartungswert und Standardabweichung einer Zufallsvariablen berechnen

***… da bin ich noch unsicher*** ☐ ***… das kann ich (jetzt)*** ☐

Der Erwartungswert $\mu$ ist der Wert, den eine Zufallsvariable X auf lange Sicht im Durchschnitt annimmt. Um den Erwartungswert von X zu berechnen, multipliziert man die Wahrscheinlichkeit p(X) mit X für jeden Wert, den X annehmen kann. Anschließend bildet man die Summe dieser Produkte.

Es gilt: $\mu = p(X_1) \cdot X_1 + p(X_2) \cdot X_2 + \ldots + p(X_n) \cdot X_n$

Die Standardabweichung $\sigma$ beschreibt, welche Streuung die Wahrscheinlichkeitsverteilung um den Erwartungswert $\mu$ hat.

Es gilt: $\sigma = \sqrt{(X_1 - \mu)^2 \cdot P(X_1) + (X_2 - \mu)^2 \cdot P(X_2) + \ldots + (X_n - \mu)^2 \cdot P(X_n)}$

**Tipp**

Kann die Zufallsvariable den Wert 0 annehmen, so kann man bei der Bestimmung des Erwartungswerts auf die Berechnung von P(0) verzichten.

**Beispiel 1**

Ein idealer Würfel wird dreimal geworfen. Die Zufallsvariable X gibt die Anzahl der Sechsen an. Berechnen Sie den Erwartungswert und die Standardabweichung von X.

Lösung:

Es gilt: $X \in \{0; 1; 2; 3\}$. Für die Wahrscheinlichkeiten gilt:

| k | 0 | 1 | 2 | 3 |
|---|---|---|---|---|
| p(X) | $\left(\frac{5}{6}\right)^3 = \frac{125}{216}$ | $3 \cdot \frac{1}{6} \cdot \left(\frac{5}{6}\right)^2 = \frac{25}{72}$ | $3 \cdot \left(\frac{1}{6}\right)^2 \cdot \frac{5}{6} = \frac{5}{72}$ | $\left(\frac{1}{6}\right)^3 = \frac{1}{216}$ |

Erwartungswert: $\mu = \frac{125}{216} \cdot 0 + \frac{25}{72} \cdot 1 + \frac{5}{72} \cdot 2 + \frac{1}{216} \cdot 3 = \frac{36}{72} = 0{,}5$

Standardabweichung: $\sigma = \sqrt{(0 - 0{,}5)^2 \cdot \frac{125}{216} + (1 - 0{,}5)^2 \cdot \frac{25}{72} + (2 - 0{,}5)^2 \cdot \frac{5}{72} + (3 - 0{,}5)^2 \cdot \frac{1}{216}} = \sqrt{\frac{15}{6}}$
$\approx 0{,}645$

**Beispiel 2**

In einer Urne sind vier rote und sechs weiße Kugeln. Bei einem Spiel werden aus der Urne Kugeln ohne Zurücklegen gezogen. Das Spiel ist beendet, sobald eine weiße Kugel gezogen wird. Die Zufallsvariable X gibt an, nach wie vielen Zügen das Spiel beendet ist.
Berechnen Sie den Erwartungswert von X.

**Lösung:**
Es gilt: $X \in \{1;2;3;4;5\}$. Für die Wahrscheinlichkeiten gilt:

| k | 1 | 2 | 3 | 4 | 5 |
|---|---|---|---|---|---|
| p(X) | $\frac{6}{10}=\frac{3}{5}$ | $\frac{4}{10}\cdot\frac{6}{9}=\frac{4}{15}$ | $\frac{4}{10}\cdot\frac{3}{9}\cdot\frac{6}{8}=\frac{1}{10}$ | $\frac{4}{10}\cdot\frac{3}{9}\cdot\frac{2}{8}\cdot\frac{6}{7}=\frac{1}{35}$ | $\frac{4}{10}\cdot\frac{3}{9}\cdot\frac{2}{8}\cdot\frac{1}{7}\cdot\frac{6}{6}=\frac{1}{210}$ |

Erwartungswert: $E(X)=\frac{3}{5}\cdot 1+\frac{4}{15}\cdot 2+\frac{1}{10}\cdot 3+\frac{1}{35}\cdot 4+\frac{1}{210}\cdot 5=\frac{11}{7}\approx 1{,}571$

Standardabweichung: $\sigma=\sqrt{\left(1-\frac{11}{7}\right)^2\cdot\frac{3}{5}+\left(2-\frac{11}{7}\right)^2\cdot\frac{4}{15}+\left(3-\frac{11}{7}\right)^2\cdot\frac{1}{10}+\left(4-\frac{11}{7}\right)^2\cdot\frac{1}{35}+\left(5-\frac{11}{7}\right)^2\cdot\frac{1}{210}}$

$=\frac{\sqrt{33}}{7}\approx 0{,}821$

**Aufgaben**

1. Ein ideales Tetraeder, das mit den Zahlen 1 bis 4 beschriftet ist, wird zweimal geworfen. Die Zufallsvariable X gibt die Augensumme der beiden Würfe an.
   Bestimmen Sie den Erwartungswert und die Standardabweichung von X.
2. Ein Kartenset besteht aus drei Königen, vier Damen und zwei Buben. Aus dem Kartenset werden ohne Zurücklegen drei Karten gezogen. Die Zufallsvariable X gibt die Anzahl der gezogenen Damen an.
   Bestimmen Sie den Erwartungswert und die Standardabweichung von X.

**Ergebnisse:**

1. $\mu=5;\ \sigma=\frac{\sqrt{10}}{2}\approx 1{,}581$
2. $\mu=\frac{4}{3};\ \sigma=\frac{\sqrt{5}}{3}\approx 0{,}745$

## F 71 Entscheiden, ob ein Glücksspiel fair ist

***... da bin ich noch unsicher*** ☐ ***... das kann ich (jetzt)*** ☐

Ein Glücksspiel wird als fair bezeichnet, wenn man auf lange Sicht genauso viel gewinnt wie man verliert. Man kann dies auf zwei Arten überprüfen:

1. Man berechnet den Erwartungswert für den Gewinn bei einem Spiel. Ist dieser Erwartungswert null, dann ist das Spiel fair. (Bei dieser Betrachtung werden Verluste als negative Gewinne gewertet.)
2. Man berechnet den Erwartungswert für die Auszahlung bei einem Spiel. Ist dieser Erwartungswert genauso groß wie der Einsatz für ein Spiel, dann ist das Spiel fair.

**Beispiel 1**

Ein Glücksspiel wird mit zwei idealen Würfeln gespielt. Der Einsatz beträgt 1,50 €. Es gilt folgender Auszahlungsplan:

Beide Augenzahlen unterscheiden sich um 1: 2 €
Pasch: 3 €
Die Augensumme ist 10: 5 €

Werden zwei Bedingungen gleichzeitig erfüllt, dann wird nur der größere Betrag ausbezahlt.
Überprüfen Sie, ob das Glücksspiel fair ist.

**Lösung:**
Der Gewinn bei einem Spiel sei X. Es gilt $X \in \{-1{,}5;0{,}5;1{,}5;3{,}5\}$
Für die Wahrscheinlichkeiten gilt:

| X | −1,5 | 0,5 | 1,5 | 3,5 |
|---|---|---|---|---|
| p(X) | $1-\frac{10+5+3}{36}=\frac{1}{2}$ | $\frac{2\cdot 5}{36}=\frac{5}{18}$ | $\frac{5}{36}$ | $\frac{3}{36}=\frac{1}{12}$ |

Somit gilt für den Erwartungswert: $\mu=\frac{1}{2}\cdot(-1{,}5)+\frac{5}{18}\cdot 0{,}5+\frac{5}{36}\cdot 1{,}5+\frac{1}{12}\cdot 3{,}5=-\frac{1}{9}$

Man verliert bei jedem Spiel auf lange Sicht durchschnittlich ca. 0,11 €.
Das Spiel ist also nicht fair.

**Beispiel 2**

Ein Glücksspiel wird mit einem Glücksrad gespielt. Das Glücksrad hat drei farbige Sektoren mit folgender Wahrscheinlichkeitsverteilung:

| Farbe | Rot | Blau | Gelb |
|---|---|---|---|
| p | $\frac{4}{9}$ | $\frac{1}{6}$ | $\frac{7}{18}$ |

Das Glücksrad wird dreimal gedreht. Der Einsatz beträgt 1 €. Es gibt folgenden Auszahlungsplan:
Drei verschiedene Farben: 3 €; Zweimal Blau: 6 €; Dreimal Blau: 14 €
Überprüfen Sie, ob das Glücksspiel fair ist.

**Lösung:**

Der ausgezahlte Betrag bei einem Spiel sei X €. Es gilt: $X \in \{0; 3; 6; 14\}$
Für X ergibt sich folgende Wahrscheinlichkeitsverteilung:

| X | 0 | 3 | 6 | 14 |
|---|---|---|---|---|
| p(X) | $1-\left(\frac{14}{81}+\frac{5}{72}+\frac{1}{216}\right)=\frac{61}{81}$ | $6\cdot\frac{4}{9}\cdot\frac{1}{6}\cdot\frac{7}{18}=\frac{14}{81}$ | $3\cdot\left(\frac{1}{6}\right)^2\cdot\frac{5}{6}=\frac{5}{72}$ | $\left(\frac{1}{6}\right)^3=\frac{1}{216}$ |

Somit gilt für den Erwartungswert: $\mu = \frac{61}{81}\cdot 0+\frac{14}{81}\cdot 3+\frac{5}{72}\cdot 6+\frac{1}{216}\cdot 14 = 1$
Da die durchschnittliche Auszahlung pro Spiel genauso groß ist wie der Einsatz, ist das Spiel fair.

**Aufgaben**

1. Ein Glücksspiel wird mit einem Glücksrad mit vier Sektoren gespielt, in denen die Zahlen 1 bis 4 stehen. Die Mittelpunktswinkel der Sektoren haben folgende Winkelweiten:

   | Zahl | 1 | 2 | 3 | 4 |
   |---|---|---|---|---|
   | Winkelweite | 120° | 90° | 90° | 60° |

   Das Glücksrad wird zweimal gedreht. Der Einsatz beträgt 1,50 €.
   Es gilt folgender Auszahlungsplan:
   Zwei gerade Zahlen: 4 €; Zwei Einsen: 6 €; Zwei Vieren: 9 €
   Werden zwei Bedingungen gleichzeitig erfüllt, dann wird nur der größere Betrag ausbezahlt.
   Überprüfen Sie, ob das Spiel fair ist.
2. Ein Glücksspiel wird mit einem idealen Würfel gespielt. Der Würfel wird dreimal geworfen.
   Der Einsatz pro Spiel beträgt 1 €. Es gilt folgender Auszahlungsplan:
   Drei ungerade Augenzahlen: 3 €; Zwei Sechsen: 6 €; Drei Sechsen: 24 €
   Überprüfen Sie, ob das Spiel fair ist.

**Ergebnisse:**

1. $\mu = \frac{103}{144}\cdot 0+\frac{7}{48}\cdot 4+\frac{1}{9}\cdot 6+\frac{1}{36}\cdot 9 = 1{,}5$. Das Spiel ist fair.
2. $\mu = \frac{173}{216}\cdot(-1)+\frac{1}{8}\cdot 2+\frac{5}{72}\cdot 5+\frac{1}{216}\cdot 23 = -\frac{7}{72} \approx -0{,}097$. Das Spiel ist nicht fair.

## F 72 Ein Glücksspiel so anpassen, dass es fair wird

***… da bin ich noch unsicher*** ☐ ***… das kann ich (jetzt)*** ☐

Wenn man ein Glücksspiel, das noch nicht fair ist, so anpassen will, dass es fair wird, dann bieten sich drei Möglichkeiten an.

1. Man passt den Einsatz des Spiels so an, dass er gleich dem Erwartungswert für die Auszahlung ist.
2. Man passt einen (oder mehrere) der Auszahlungsbeträge an, damit der Erwartungswert für die Auszahlung gleich groß wie der Einsatz ist.
3. Man verändert die Wahrscheinlichkeit für eine Gewinnklasse oder ergänzt eine neue Gewinnklasse, damit der Erwartungswert für die Auszahlung gleich dem Einsatz ist.

**Beispiel 1**

Auf einem Glücksrad mit vier gleich großen Sektoren ist auf einem der Sektoren eine Krone abgebildet. Es wird ein Glücksspiel gespielt, bei dem das Glücksrad dreimal gedreht wird. Es soll folgender Auszahlungsplan gelten:

Genau eine „Krone": 2 €; Zwei „Kronen": 4 €; Drei „Kronen": 6 €

Wie groß muss der Einsatz bei diesem Spiel sein, damit es fair ist?

**Lösung:**

Der ausgezahlte Betrag bei einem Spiel sei X €. Es gilt: $X \in \{0;2;4;6\}$

Für die Wahrscheinlichkeiten gilt:

| X | 0 | 2 | 4 | 6 |
|---|---|---|---|---|
| p(X) | $1-\left(\frac{27}{64}+\frac{9}{64}+\frac{1}{64}\right)=\frac{27}{64}$ | $3\cdot\frac{1}{4}\cdot\left(\frac{3}{4}\right)^2=\frac{27}{64}$ | $3\cdot\left(\frac{1}{4}\right)^2\cdot\frac{3}{4}=\frac{9}{64}$ | $\left(\frac{1}{4}\right)^3=\frac{1}{64}$ |

Somit gilt für den Erwartungswert: $\mu = \frac{27}{64}\cdot 0 + \frac{27}{64}\cdot 2 + \frac{9}{64}\cdot 4 + \frac{1}{64}\cdot 6 = 1{,}5$

Wenn der Einsatz des Spiels 1,50 € beträgt, dann ist das Spiel fair.

(**Tipp**: Man könnte auf die Berechnung von $P(X=0)$ auch verzichten, da das Produkt $P(X=0)\cdot 0$ immer 0 ergibt.)

**Beispiel 2**

Mit einem idealen Würfel wird ein Glücksspiel vereinbart. Der Würfel wird zweimal geworfen. Der Einsatz beträgt 2,50 €. Es soll folgender Auszahlungsplan gelten:

Augensumme 6: a €
Augensumme kleiner als 4: 9 €
Genau eine Sechs: 3 €
Zwei Sechsen: 15 €

Bestimmen Sie a so, dass das Spiel fair ist.

**Lösung:**

Der ausgezahlte Betrag bei einem Spiel sei X €. Es gilt: $X \in \{0;3;9;15;a\}$

Für die Wahrscheinlichkeiten gilt:

| X | 0 | a | 3 | 9 | 15 |
|---|---|---|---|---|---|
| p(X) | $1-\left(\frac{5}{36}+\frac{10}{36}+\frac{3}{36}+\frac{1}{36}\right)=\frac{17}{36}$ | $\frac{5}{36}$ | $2\cdot\frac{1}{6}\cdot\frac{5}{6}=\frac{5}{18}$ | $\frac{3}{36}=\frac{1}{12}$ | $\frac{1}{36}$ |

Für den Erwartungswert gilt: $\mu = \frac{17}{36}\cdot 0 + \frac{5}{36}\cdot a + \frac{5}{18}\cdot 3 + \frac{1}{12}\cdot 9 + \frac{1}{36}\cdot 15 = \frac{5}{36}\cdot a + 2.$

Es muss $\frac{5}{36}\cdot a + 2 = 2{,}5$ bzw. $\frac{5}{36}\cdot a = 0{,}5$ gelten, woraus $a = 3{,}6$ folgt.

Damit das Spiel fair wird, muss der Auszahlungsbetrag für „Augensumme 6" 3,60 € betragen.

**Beispiel 3**

In einer Urne liegen drei rote, drei schwarze und vier weiße Kugeln. Es wird folgendes Glücksspiel vereinbart. Aus der Urne werden drei Kugeln ohne Zurücklegen gezogen. Der Einsatz beträgt 1,50 €. Zunächst wird folgender Auszahlungsplan vereinbart:

Genau eine rote Kugel: 2 € Drei rote Kugeln: 12 €

a) Zeigen Sie, dass das Spiel nicht fair ist.
b) Es soll eine weitere Gewinnklasse eingeführt werden, damit das Spiel fair wird.
Man könnte zum Beispiel die neue Gewinnklasse „drei weiße Kugeln" einführen und die Auszahlung a € so wählen, dass das Spiel fair wird.
Bestimmen Sie a so, dass das Spiel fair wird.

**Lösung:**

a) Der ausgezahlte Betrag bei einem Spiel sei X €. Es gilt: $X \in \{0; 2; 12\}$
Für die Wahrscheinlichkeiten gilt:

| X | 0 | 2 | 12 |
|---|---|---|---|
| p(X) | $1 - \left(\frac{21}{40} + \frac{1}{120}\right) = \frac{7}{15}$ | $3 \cdot \frac{3}{10} \cdot \frac{7}{9} \cdot \frac{6}{8} = \frac{21}{40}$ | $\frac{3}{10} \cdot \frac{2}{9} \cdot \frac{1}{8} = \frac{1}{120}$ |

Somit gilt für den Erwartungswert: $\mu = \frac{7}{15} \cdot 0 + \frac{21}{40} \cdot 2 + \frac{1}{120} \cdot 12 = \frac{23}{20} = 1{,}15$.
Das Spiel ist demnach nicht fair.

b) Damit das Spiel fair wird, muss gelten: $p(\text{drei weiße Kugeln}) \cdot a = 1{,}50 - 1{,}15 = 0{,}35$
Es gilt: $p(\text{drei weiße Kugeln}) = \frac{4}{10} \cdot \frac{3}{9} \cdot \frac{2}{8} = \frac{1}{30}$ (**F 68**)
Somit muss $\frac{1}{30} \cdot a = 0{,}35$ gelten, woraus $a = 10{,}50$ folgt.

**Aufgaben**

1. Ein Glücksspiel wird mit einem idealen Tetraeder, das mit den Zahlen 1 bis 4 beschriftet ist, gespielt. Das Tetraeder wird dreimal geworfen. Der Einsatz beträgt 2 €.
   Es gilt folgender Auszahlungsplan:
   Genau eine Eins: 2 €; Zwei Einsen: 6 €; Drei Einsen: z €
   Bestimmen Sie den Auszahlungsbetrag z € so, dass das Spiel fair ist.
2. Ein Kartenset besteht aus zwei Königen, drei Damen und vier Buben. Mit dem Kartenset wird ein Glücksspiel angeboten, bei dem drei Karten ohne Zurücklegen gezogen werden. Der Einsatz beträgt 1 €. Bisher wurde folgender Auszahlungsplan vereinbart:
   Drei verschiedene Karten: 2 €; Dreimal „Bube": 6 €
   Das Spiel ist nicht fair.
   Bestimmen Sie eine weitere Gewinnklasse für den Auszahlungsplan, damit das Spiel fair wird.

**Ergebnisse:**

1. $\mu = \frac{27}{16} + \frac{1}{64} \cdot z = 2$ liefert $z = 20$.
2. $\mu = \frac{6}{7}$; also: $p \cdot a = \frac{1}{7}$. Z.B. $p(\text{dreimal „Dame"}) = \frac{1}{84}$ und $a = 12$
   Es kann auch eine andere Gewinnklasse ergänzt werden, wodurch sich a ändert.

# Binomialverteilungen

## F 73 Wahrscheinlichkeiten bei binomialverteilten Zufallsgrößen bestimmen

***... da bin ich noch unsicher*** ☐ ***... das kann ich (jetzt)*** ☐

Bei einer binomialverteilten Zufallsvariable X berechnet man die Wahrscheinlichkeit $P(X = k)$ entweder mithilfe der Formel von Bernoulli oder benutzt einen speziellen GTR-Befehl.

$P(X = k) = \binom{n}{k} \cdot p^k \cdot (1 - p)^{n-k}$ (Formel von Bernoulli)

$\binom{n}{k} = \frac{n!}{k! \cdot (n-k)!}$ ist der sogenannte Binomialkoeffizient.

Dabei ist n die Länge der Bernoulli-Kette, k die Anzahl der Treffer und p die Trefferwahrscheinlichkeit.

Damit eine Binomialverteilung vorliegt, müssen zwei Bedingungen erfüllt sein:

1. Es muss ein sogenanntes Bernoulli-Experiment, also ein Zufallsexperiment mit genau zwei möglichen Ergebnissen („Treffer" und „Niete") vorliegen.
2. Die n gleichen Bernoulli-Experimente müssen unabhängig voneinander sein, d.h. die Trefferwahrscheinlichkeit p darf sich nicht verändern.

Wenn man die Wahrscheinlichkeit für $P(X \leqq k)$ berechnen muss, ist die Berechnung mithilfe der Formel von Bernoulli viel zu aufwendig. Man müsste die Formel (k + 1)-mal anwenden:
$P(X \leqq k) = P(X=0) + P(X=1) + P(X=2) + \ldots + P(X=k)$

Mithilfe des GTR kann man diese aufsummierten (kumulierten) Wahrscheinlichkeiten leicht mit einem speziellen Befehl bestimmen.

Wenn man die Wahrscheinlichkeit für $P(X \geqq k)$ berechnen muss, dann kann man über die Wahrscheinlichkeit für das Gegenereignis $P(X < k) = P(X \leqq k-1)$ zur Lösung gelangen.
Die Wahrscheinlichkeit des Gegenereignisses lässt sich wieder mithilfe der kumulierten Wahrscheinlichkeit mit dem GTR leicht berechnen.
Es gilt: $P(X \geqq k) = 1 - P(X \leqq k-1)$

Die Wahrscheinlichkeit $P(j \leqq X \leqq k)$ kann man als Differenz zweier kumulierter Wahrscheinlichkeiten berechnen. Es gilt: $P(j \leqq X \leqq k) = P(X \leqq k) - P(X \leqq j-1)$

**Hinweis**
Bei manchen Graphikrechnern kann man sowohl $P(X \geqq k)$ als auch $P(j \leqq X \leqq k)$ direkt berechnen.

⚠
Beachten Sie die jeweilige Formulierung der Aufgabenstellung, insbesondere, ob es mindestens (höchstens) k oder mehr als (weniger als) k heißt.

**Beispiel 1**
Gegeben ist die Binomialverteilung $B_{30;0,4}$.
Bestimmen Sie die Wahrscheinlichkeit für zehn und für 14 Treffer.
**Lösung:**
Formel von Bernoulli:
$P(X=10) = \binom{30}{10} \cdot 0{,}4^{10} \cdot 0{,}6^{20} \approx 0{,}1152$; $P(X=14) = \binom{30}{14} \cdot 0{,}4^{14} \cdot 0{,}6^{16} \approx 0{,}1101$
Man könnte die Wahrscheinlichkeit auch mit einem GTR-Befehl bestimmen.

**Beispiel 2**
Gegeben ist die Binomialverteilung $B_{50;0,6}$.
Berechnen Sie die Wahrscheinlichkeit für höchstens 32 Treffer.
**Lösung:**
$P(X \leqq 32) \approx 0{,}7631$

**Beispiel 3**
Gegeben ist die Binomialverteilung $B_{100;0,7}$.
Berechnen Sie die Wahrscheinlichkeit für mindestens 65 Treffer.
**Lösung:**
$P(X \geqq 65) = 1 - P(X \leqq 64) \approx 0{,}8839$

**Beispiel 4**
Gegeben ist die Binomialverteilung $B_{80;0,3}$.
Berechnen Sie die Wahrscheinlichkeit, dass die Anzahl der Treffer mindestens 18, aber höchstens 30 beträgt.
**Lösung:**
$P(18 \leqq X \leqq 30) = P(X \leqq 30) - P(X \leqq 17) \approx 0{,}8882$

### Aufgaben

1. Gegeben ist die Binomialverteilung $B_{120;0,4}$. Berechnen Sie folgende Wahrscheinlichkeiten:
   a) $P(X = 50)$ b) $P(X \leqq 45)$ c) $P(X \geqq 40)$
   d) $P(X < 60)$ e) $P(X > 35)$ f) $P(30 < X < 55)$
2. Ein Basketballprofi verwandelt nach einer langjährigen Statistik durchschnittlich 70 % aller Freiwürfe. Der Profi wirft im Training 30 Freiwürfe.
   Berechnen Sie folgende Wahrscheinlichkeiten:
   a) Der Profi verwandelt mehr als 20 Freiwürfe.
   b) Der Profi verwandelt höchstens 25 Freiwürfe.
   c) Der Profi verwandelt die ersten fünf Freiwürfe.
   d) Der Profi verwandelt die ersten drei Freiwürfe und zudem noch mindestens 15 weitere Freiwürfe.

### Ergebnisse:

1. a) 0,0688 b) 0,3225 c) 0,9447
   d) 0,9833 e) 0,9910 f) 0,8862
2. a) 0,5888 b) 0,9698 c) $0{,}7^5 \approx 0{,}1681$
   d) $0{,}7^3 \cdot P(X \geqq 15) = 0{,}7^3 \cdot (1 - P(X \leqq 14)) \approx 0{,}3307$
   Beachten Sie, dass ab dem vierten Freiwurf eine $B_{27;0,7}$-Verteilung vorliegt.

## F 74 Erwartungswert und Standardabweichung einer Binomialverteilung bestimmen

***... da bin ich noch unsicher ☐ ... das kann ich (jetzt) ☐***

Den Erwartungswert $\mu$ und die Standardabweichung $\sigma$ lassen sich bei einer Binomialverteilung, wenn die Länge n der Bernoulli-Kette und die Trefferwahrscheinlichkeit p gegeben sind, leicht berechnen. Es gibt aber auch Aufgaben, bei denen der Erwartungswert und die Standardabweichung gegeben sind und die Länge n der Bernoulli-Kette und die Trefferanzahlwahrscheinlichkeit p gesucht sind.
Es gilt $\mu = n \cdot p$ und $\sigma = \sqrt{n \cdot p \cdot (1 - p)}$.

### Hinweis

Der Erwartungswert $\mu$ und die Standardabweichung $\sigma$ müssen im Gegensatz zur Zufallsvariable X keine natürlichen Zahlen sein.

### Beispiel 1

Berechnen Sie jeweils den Erwartungswert und die Standardabweichung folgender Binomialverteilungen.

a) $n = 100;\ p = 0{,}2$ b) $n = 100;\ p = 0{,}8$ c) $n = 200;\ p = 0{,}3$ d) $n = 48;\ p = 0{,}2$

Lösung:

a) $\mu = n \cdot p = 100 \cdot 0{,}2 = 20;\quad \sigma = \sqrt{n \cdot p \cdot (1 - p)} = \sqrt{100 \cdot 0{,}2 \cdot 0{,}8} = \sqrt{16} = 4$
b) $\mu = n \cdot p = 100 \cdot 0{,}8 = 80;\quad \sigma = \sqrt{n \cdot p \cdot (1 - p)} = \sqrt{100 \cdot 0{,}8 \cdot 0{,}2} = \sqrt{16} = 4$
c) $\mu = n \cdot p = 200 \cdot 0{,}3 = 60;\quad \sigma = \sqrt{n \cdot p \cdot (1 - p)} = \sqrt{200 \cdot 0{,}3 \cdot 0{,}7} = \sqrt{42} \approx 6{,}481$
d) $\mu = n \cdot p = 48 \cdot 0{,}2 = 9{,}6;\quad \sigma = \sqrt{n \cdot p \cdot (1 - p)} = \sqrt{48 \cdot 0{,}2 \cdot 0{,}8} = \sqrt{7{,}68} \approx 2{,}771$

### Beispiel 2

Die Zufallsvariable einer Binomialverteilung hat den Erwartungswert 300 bei einer Standardabweichung von 15.
Bestimmen Sie die Länge n der Bernoulli-Kette und die Trefferwahrscheinlichkeit p.

**Lösung:**

Aus $\mu = n \cdot p$ folgt $n = \frac{\mu}{p}$. Setzt man dies in die Gleichung $\sigma = \sqrt{n \cdot p \cdot (1-p)}$ ein, so folgt

$\sigma = \sqrt{\frac{\mu}{p} \cdot p \cdot (1-p)} = \sqrt{\mu \cdot (1-p)}$.

Quadrieren auf beiden Seiten der Gleichung liefert $\sigma^2 = \mu \cdot (1-p)$.

Diese Gleichung wird jetzt nach p aufgelöst:

$1 - p = \frac{\sigma^2}{\mu}$ bzw. $p = 1 - \frac{\sigma^2}{\mu}$

Einsetzen von μ und σ ergibt $p = 1 - \frac{15^2}{300} = 1 - \frac{225}{300} = \frac{1}{4}$.

Damit folgt $n = \frac{\mu}{p} = \frac{300}{\frac{1}{4}} = 1200$.

**Beispiel 3**

Gegeben ist eine Binomialverteilung mit den Parametern $n = 200$ und $p = 0{,}2$.

a) Berechnen Sie die Wahrscheinlichkeit, dass die Zufallsvariable X um höchstens 5 % vom Erwartungswert abweicht.

**Lösung:**

Für den Erwartungswert gilt $\mu = n \cdot p = 200 \cdot 0{,}2 = 40$.

5 % von 40 sind $40 \cdot 0{,}05 = 2$.

Gesucht ist demnach die Wahrscheinlichkeit $P(38 \leqq X \leqq 42)$.

$P(38 \leqq X \leqq 42) = P(X \leqq 42) - P(X \leqq 37) \approx 0{,}3413$.

b) Berechnen Sie die Wahrscheinlichkeit, dass die Zufallsvariable X höchstens um die Standardabweichung vom Erwartungswert abweicht.

**Lösung:**

Für die Standardabweichung gilt $\sigma = \sqrt{n \cdot p \cdot (1-p)} = \sqrt{200 \cdot 0{,}2 \cdot 0{,}8} = \sqrt{32} \approx 5{,}657$.

Also muss X im Intervall $[40 - 5{,}657; 40 + 5{,}657] = [34{,}343; 45{,}657]$ liegen.

Da X eine natürliche Zahl sein muss, ist die Wahrscheinlichkeit $P(35 \leqq X \leqq 45)$ gesucht.

$P(35 \leqq X \leqq 45) = P(X \leqq 45) - P(X \leqq 35) \approx 0{,}6693$.

**Hinweis**

Es gibt auch GTR-Modelle mit denen man die Wahrscheinlichkeit $P(35 \leqq X \leqq 45)$ direkt, d.h. ohne Differenzbildung, berechnen kann.

**Beispiel 4**

Gegeben ist eine Binomialverteilung mit den Parametern $n = 500$ und $p = 0{,}3$.

Um wie viel darf die Zufallsvariable X höchstens vom Erwartungswert μ abweichen, damit die Wahrscheinlichkeit für diese Abweichung unter 50 % liegt?

**Lösung:**

Für den Erwartungswert gilt $\mu = n \cdot p = 500 \cdot 0{,}3 = 150$.

Wenn X um a vom Erwartungswert abweicht, muss X im Intervall $[150 - a; 150 + a]$ liegen.

Dabei muss a eine natürliche Zahl sein.

Bedingung: $P(150 - a \leqq X \leqq 150 + a) < 0{,}5$ bzw. $P(X \leqq 150 + a) - P(X \leqq 149 - a) < 0{,}5$

Man erzeugt eine Wertetabelle für $P(X \leqq 150 + a) - P(X \leqq 149 - a)$ mit variablem a.

| a | 5 | 6 | 7 |
|---|---|---|---|
| $P(X \leqq 150 + a) - P(X \leqq 149 - a)$ | 0,4085 | 0,4741 | 0,5358 |

In der Wertetabelle wird letztmals für $a = 6$ die Bedingung $P(X \leqq 150 + a) - P(X \leqq 149 - a) < 0{,}5$ erfüllt.

Die Zufallsvariable X darf also höchstens um 6 vom Erwartungswert abweichen.

**Beispiel 5**

Ein Glücksrad hat zwei Sektoren. Ein Sektor ist rot, der andere schwarz. Bei einem Glücksspiel wird das Glücksrad gedreht und man gewinnt, falls der Pfeil auf den roten Sektor zeigt.
Wie groß muss der Mittelpunktswinkel des roten Sektors sein, damit man auf lange Sicht bei einer Serie von 20 Spielen achtmal gewinnt?

Lösung:

Der Erwartungswert $\mu$ soll den Wert 8 haben, d.h. $\mu = 20 \cdot p = 8$.
Somit muss die Trefferwahrscheinlichkeit p den Wert 0,4 besitzen.
Für die Winkelweite $\alpha$ gilt: $\alpha = 0{,}4 \cdot 360° = 144°$

**Aufgaben**

1. Berechnen Sie jeweils den Erwartungswert und die Standardabweichung folgender Binomialverteilungen.
   a) $n = 400;\ p = 0{,}8$ b) $n = 10\,000;\ p = 0{,}1$ c) 🖩 $n = 60;\ p = 0{,}25$ d) 🖩 $n = 20;\ p = 0{,}32$
2. 🖩 Die Zufallsvariable einer Binomialverteilung hat den Erwartungswert 150 bei einer Standardabweichung von 10.
   Bestimmen Sie die Länge n der Bernoulli-Kette und die Trefferwahrscheinlichkeit p.
3. 🖩 Gegeben ist eine Binomialverteilung mit den Parametern $n = 500$ und $p = 0{,}12$.
   Berechnen Sie die Wahrscheinlichkeit, dass die Zufallsvariable X höchstens um die Standardabweichung vom Erwartungswert abweicht.
4. 🖩 Gegeben ist eine Binomialverteilung mit den Parametern $n = 3000$ und $p = 0{,}4$.
   Um wie viel darf die Zufallsvariable X höchstens vom Erwartungswert $\mu$ abweichen, damit die Wahrscheinlichkeit für diese Abweichung unter 90% liegt?

Ergebnisse:

1. a) $\mu = 320;\ \sigma = 8$ b) $\mu = 10\,000;\ \sigma = 30$
   c) $\mu = 15;\ \sigma = \sqrt{11{,}25} \approx 3{,}354$ d) $\mu = 6{,}4;\ \sigma = \sqrt{4{,}352} \approx 2{,}086$
2. $p = \frac{1}{3};\ n = 450$
3. $\mu = 60;\ \sigma = \sqrt{52{,}8} \approx 7{,}266;\ P(53 \leqq X \leqq 67) \approx 0{,}6982$
4. $\mu = 1200;\ P(1200 - a \leqq X \leqq 1200 + a) < 0{,}9;$ Wertetabelle liefert $a = 43$.

## F 75 Den Einfluss von n und p auf den Graphen einer Binomialverteilung verstehen

***... da bin ich noch unsicher*** ☐ ***... das kann ich (jetzt)*** ☐

Wenn man die Länge n der Bernoulli-Kette und Trefferwahrscheinlichkeit p variiert, dann verändert sich der zugehörige Graph der Binomialverteilung.
Es treten drei typische Aufgabenstellungen auf.

1. Man muss zu einem gegebenen Graphen einer Binomialverteilung die Parameter n oder p, oder beide bestimmen.
2. Es sind einige Graphen und einige Binomialverteilungen gegeben. Man muss die Graphen den jeweiligen Binomialverteilungen zuordnen. (Welcher Graph gehört zu welcher Binomialverteilung?)
3. Eine Binomialverteilung und der dazugehörige Graph ist gegeben. Man muss beschreiben, wie sich der Graph bei Variation von n bzw. p verändert.

**Hinweis**

Bei manchen Aufgaben soll man anhand des Graphen auch Aussagen über den Erwartungswert $\mu$ der zugehörigen Binomialverteilung machen.

**Beispiel 1**

Gegeben ist der Graph einer Binomialverteilung $B_{n;p}$. Bestimmen Sie aus dem Graphen die Parameter n und p.

**Lösung:**

Da die Säulen links von der höchsten Säule höher sind als die Säulen rechts davon, muss p kleiner als 0,5 sein. Da der Unterschied jedoch nicht sehr groß ist, liegt p wohl nur knapp unter 0,5.
Die höchste Säule liegt in der Nähe des Erwartungswerts, es gilt also $7 < \mu < 9$.
Also gilt $7 < n \cdot p < 9$. Somit wäre z. B. $\mu \approx 8$.
Für $p \approx 0{,}4$ folgt: $n \approx \frac{\mu}{p} = \frac{8}{0{,}4} = 20$
Die Probe für $n = 20$ und $p = 0{,}4$ liefert $B_{20;0,4}(8) \approx 0{,}18$. Dies stimmt gut mit dem Wert im Graph überein.

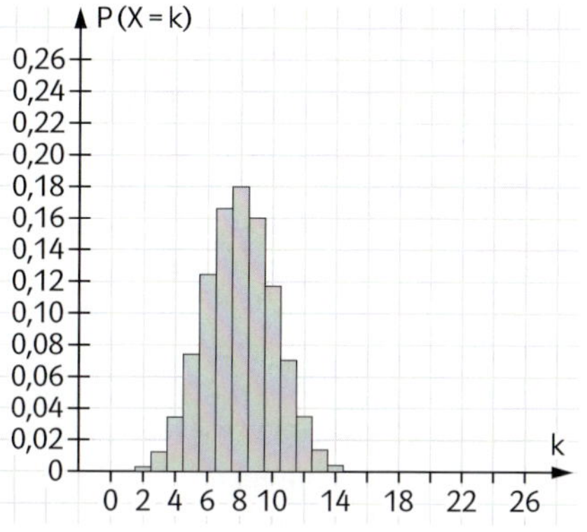


**Beispiel 2**

Gegeben sind die sechs Binomialverteilungen $B_{20;075}$, $B_{35;0,4}$, $B_{30;0,5}$, $B_{50;0,3}$, $B_{20;0,7}$ und $B_{25;0,5}$ sowie die Graphen zweier dieser sechs Binomialverteilungen.
Ordnen Sie den beiden Graphen die richtige Binomialverteilung zu. Begründen Sie ihre Zuordnung.

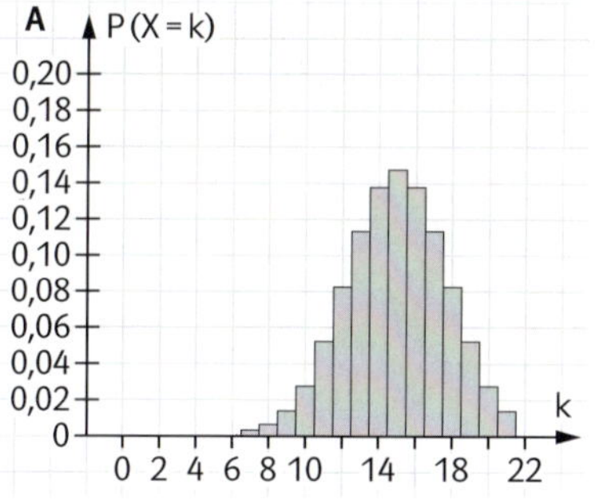


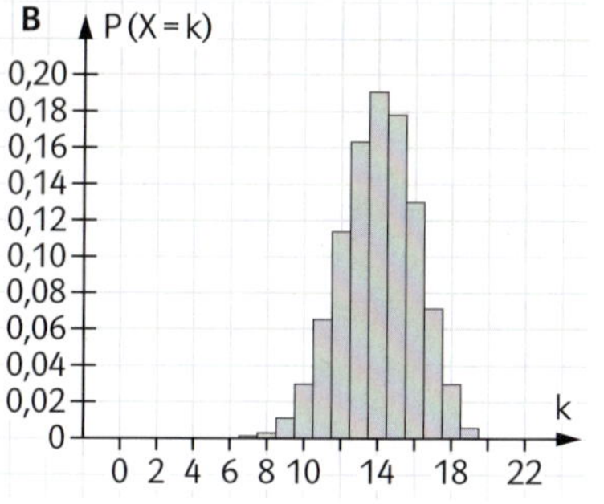


**Lösung:**

Der Graph A zeigt eine symmetrische Verteilung, somit muss $p = 0{,}5$ gelten. Der Erwartungswert der Verteilung $B_{25;0,5}$ beträgt $25 \cdot 0{,}5 = 12{,}5$, der Erwartungswert der Verteilung $B_{30;0,5}$ beträgt $30 \cdot 0{,}5 = 15$.
Wenn der Erwartungswert 12,5 ist, dann müssen bei einer symmetrischen Verteilung für $k = 12$ und $k = 13$ die Säulen am größten sein. Dies ist bei Graph A nicht der Fall, denn die höchste Säule ist bei $k = 15$.
Demnach gehört Graph A zur Verteilung $B_{30;0,5}$.
Der Graph B zeigt eine Verteilung, bei der die Säulen rechts vom höchsten Wert größer sind als die Säulen auf der linken Seite. Daher muss die Wahrscheinlichkeit p größer als 0,5 sein. Somit kommen nur noch die beiden Verteilungen $B_{20;0,75}$ und $B_{20;0,7}$ in Frage. Da die Säule für $k = 14$ am größten ist, muss für den Erwartungswert gelten: $13 < \mu < 15$.
Der Erwartungswert der Verteilung $B_{20;0,75}$ beträgt $20 \cdot 0{,}75 = 15$, der Erwartungswert der Verteilung $B_{20;0,7}$ beträgt $20 \cdot 0{,}7 = 14$.
Demnach gehört Graph B zur Verteilung $B_{20;0,7}$.

**Beispiel 3**

Gegeben ist der Graph der Binomialverteilung $B_{50;0,5}$.

a) Beschreiben Sie, wie sich der Graph der Verteilung verändert, wenn man den Parameter n verändert und dabei p beibehält.

b) Beschreiben Sie, wie sich der Graph der Verteilung verändert, wenn man den Parameter p verändert und dabei n beibehält.

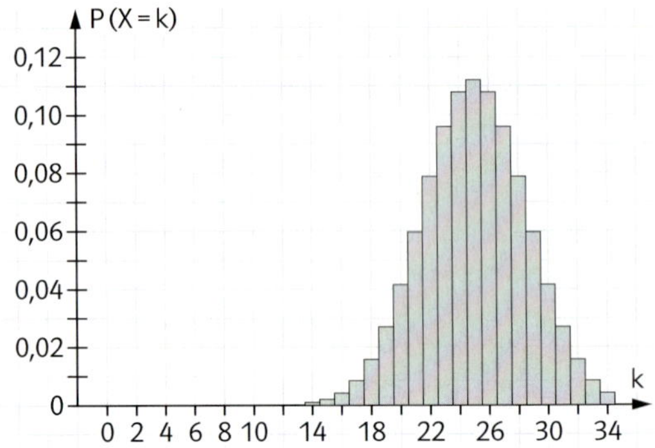


**Lösung:**

a) Wenn man den Parameter p beibehält handelt es sich weiterhin um eine symmetrische Verteilung.
Wird $n > 50$ gewählt, dann wandert die höchste Säule nach rechts, denn der Erwartungswert $\mu = n \cdot p$ wird mit wachsendem n größer.
Insgesamt werden die Säulen jedoch niedriger, da die Anzahl der Säulen steigt, die Gesamthöhe aller Säulen jedoch nach wie vor 1 beträgt.
Der Graph wird also breiter und flacher und wandert nach rechts.
Wird $n < 50$ gewählt, dann wandert die höchste Säule nach links, denn der Erwartungswert $\mu = n \cdot p$ wird mit fallendem n kleiner.
Insgesamt werden die Säulen jedoch höher, da die Anzahl der Säulen kleiner wird, die Gesamthöhe aller Säulen jedoch nach wie vor 1 beträgt.
Der Graph wird also schmaler und höher und wandert nach links.

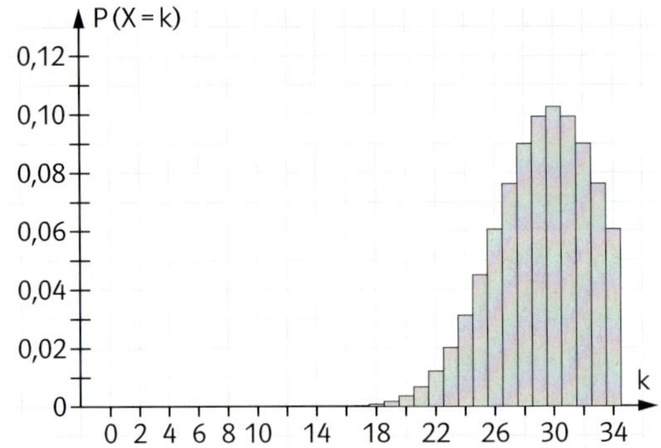


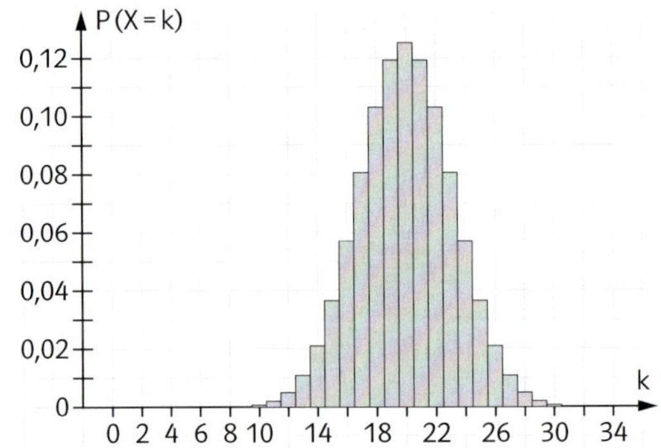


b) Wenn man den Parameter p verändert, dann liegt keine symmetrische Verteilung mehr vor. Somit ist auch der Graph nicht mehr symmetrisch. Wird p kleiner als 0,5, dann sind die Säulen links der höchsten Säule höher als die entsprechenden Säulen mit dem gleichen Abstand zur höchsten Säule auf der rechten Seite.
Der Erwartungswert $\mu = n \cdot p$ wird mit sinkendem p kleiner. Somit wandert auch die höchste Säule weiter nach links. Da die Trefferwahrscheinlichkeit p sinkt werden große Treffer-Anzahlen k immer unwahrscheinlicher und kleine Trefferanzahlen k immer wahrscheinlicher.

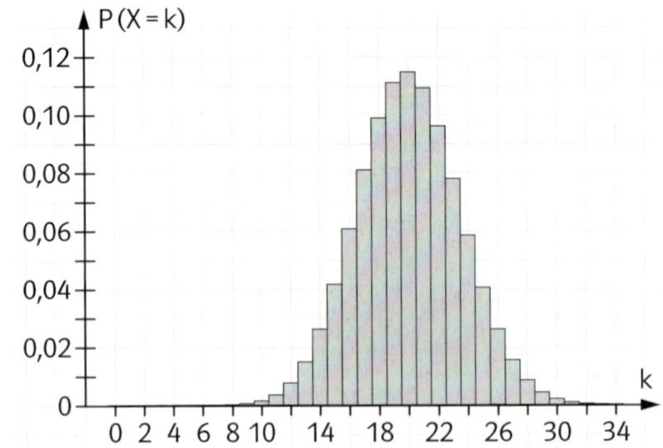

Somit werden die Säulen links vom Erwartungswert immer höher und die Säulen rechts vom Erwartungswert immer niedriger. Der Graph wird also mit sinkendem p immer „unsymmetrischer", wobei die linke Seite immer mehr dominiert. Zudem wandert der Graph immer weiter nach links.

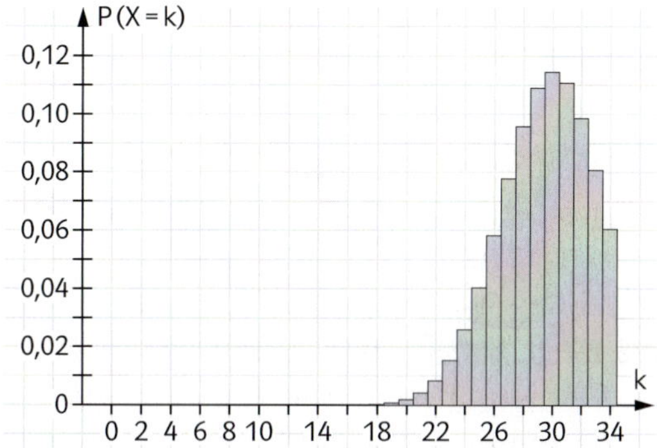


Wird p größer als 0,5, dann sind die Säulen rechts der höchsten Säule höher als die entsprechenden Säulen mit dem gleichen Abstand zur höchstens Säule auf der linken Seite.
Der Erwartungswert $\mu = n \cdot p$ wird mit wachsendem p größer. Somit wandert auch die höchste Säule weiter nach rechts. Da die Trefferwahrscheinlichkeit p steigt, werden große Treffer-Anzahlen k immer wahrscheinlicher und kleine Treffer-Anzahlen k immer unwahrscheinlicher. Somit werden die Säulen rechts vom Erwartungswert immer höher und die Säulen links vom Erwartungswert immer niedriger. Der Graph wird also mit steigendem p immer „unsymmetrischer", wobei die rechte Seite immer mehr dominiert. Zudem wandert der Graph immer weiter nach rechts.

## Aufgaben

1. Gegeben sind die Graphen zweier Binomialverteilungen. Bestimmen Sie aus dem Graph jeweils die Parameter n und p.

a)

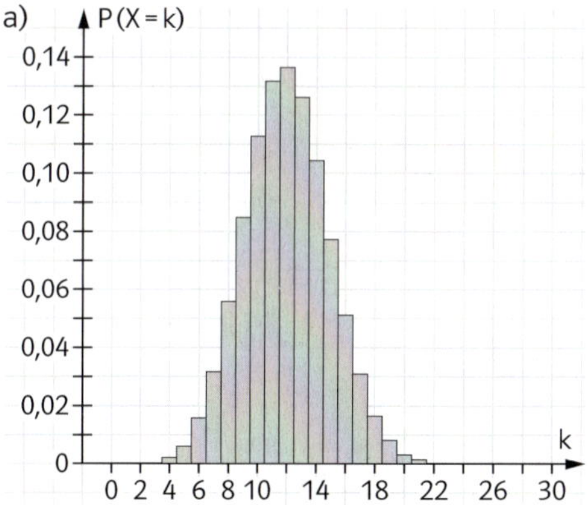


b)

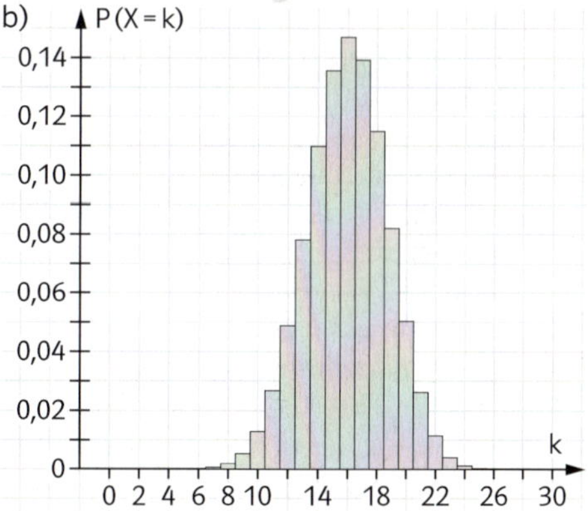

2. Gegeben sind die sechs Binomialverteilungen $B_{40;0,8}$, $B_{50;0,75}$, $B_{75;0,5}$, $B_{100;0,3}$, $B_{80;0,4}$ und $B_{70;0,6}$ sowie die Graphen zweier dieser sechs Binomialverteilungen.
Ordnen Sie den beiden Graphen die richtige Binomialverteilung zu. Begründen Sie Ihre Zuordnung.

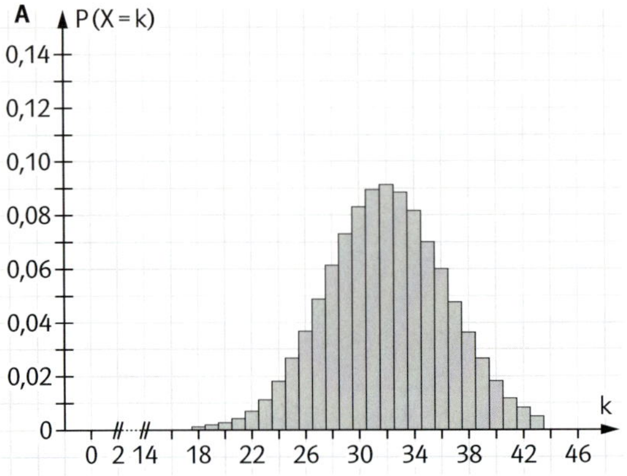


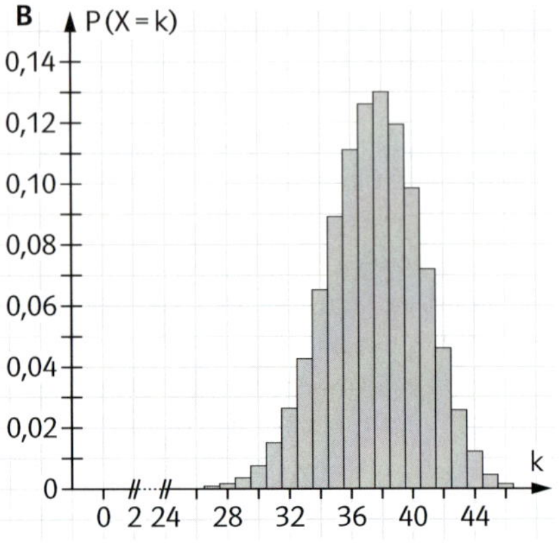


3. Gegeben ist der Graph der Binomialverteilung $B_{20;0,4}$.
Beschreiben und begründen Sie, wie sich der Graph verändert, falls man
a) den Parameter n verdoppelt.
b) den Parameter p verdoppelt.
c) den Parameter n verdoppelt und den Parameter p halbiert.
d) den Parameter n halbiert und den Parameter p verdoppelt.

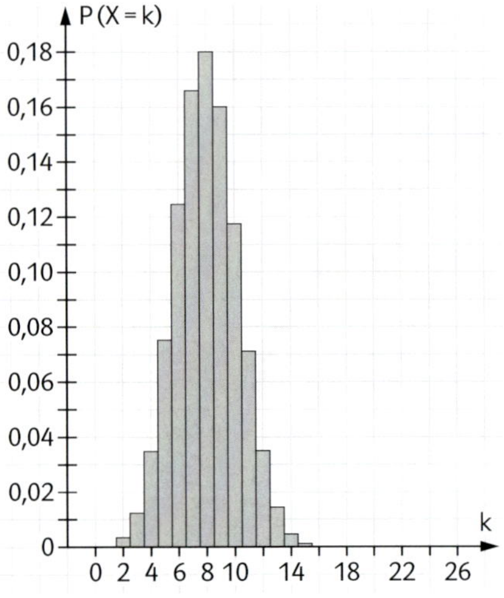


**Ergebnisse:**

1. a) p muss kleiner als 0,5 sein, für den Erwartungswert gilt $11 < \mu < 13$. $p = 0,3$; $n = 40$
   b) p muss etwas größer als 0,5 sein, für den Erwartungswert gilt $17 < \mu < 19$. $p = 0,6$; $n = 30$
2. Für Graph A muss p etwas kleiner als 0,5 sein, für den Erwartungswert gilt $31 < \mu < 33$. $n = 80$; $p = 0,4$
   Für Graph B gilt für den Erwartungswert $37 < \mu < 39$. Da der Graph nicht symmetrisch ist, gilt $p \neq 0,5$. Somit folgt $n = 50$; $p = 0,75$.
3. a) Für den Erwartungswert folgt $\mu = 40 \cdot 0,4 = 16$. Der Graph wandert nach rechts, die höchste Säule ist bei $k = 16$. Zudem wird der Graph flacher.
   b) Für den Erwartungswert folgt $\mu = 20 \cdot 0,8 = 16$. Der Graph wandert nach rechts, die höchste Säule ist bei $k = 16$. Zudem sind die Säulen rechts von $k = 16$ höher als die Säulen links von $k = 16$.
   c) Der Erwartungswert bleibt gleich ($\mu = 40 \cdot 0,2 = 8$). Somit ist die Säule bei $k = 8$ nach wie vor die höchste Säule. Allerdings sind jetzt die Säulen links von $k = 8$ deutlich höher als die Säulen rechts von $k = 8$. Zudem wird der Graph breiter und flacher.
   d) Der Erwartungswert bleibt gleich ($\mu = 10 \cdot 0,8 = 8$). Somit ist die Säule bei $k = 8$ nach wie vor die höchste Säule. Allerdings sind jetzt die Säulen rechts von $k = 8$ deutlich höher als die Säulen links von $k = 8$. Zudem wird der Graph schmaler und höher.

## F 76 Die Länge n einer Bernoulli-Kette bestimmen

***... da bin ich noch unsicher ☐ ... das kann ich (jetzt) ☐***

Es gibt Aufgaben, bei denen die Wahrscheinlichkeit für die Trefferanzahl k und die Trefferwahrscheinlichkeit p bekannt sind und die Länge n der Bernoulli-Kette gesucht ist.

### Beispiel 1

Wie oft muss man einen idealen Würfel mindestens werfen, um mit einer Wahrscheinlichkeit von mindestens 90 % mindestens eine 1 zu erzielen?

**Lösung:**

X sei die Anzahl der geworfenen Einsen.

Es muss gelten: $P(X \geqq 1) = 1 - P(X = 0) = 1 - \left(\frac{5}{6}\right)^n \geqq 0{,}9$

Aus $\left(\frac{5}{6}\right)^n \leqq 0{,}1$ folgt $n \cdot \log\left(\frac{5}{6}\right) \leqq \log(0{,}1)$

Division durch $\log\left(\frac{5}{6}\right)$ liefert: $n \geqq \frac{\log(0{,}1)}{\log\left(\frac{5}{6}\right)}$ bzw. $n \geqq 12{,}629$

Beachten Sie, dass das Kleinerzeichen wegen $\log\left(\frac{5}{6}\right) < 0$ umgedreht werden muss.

Da n eine natürliche Zahl sein muss, folgt $n \geqq 13$.

Man muss den Würfel also mindestens 13-mal werfen.

### Beispiel 2

Wie oft muss man aus einem Skatspiel mindestens eine Karte mit Zurücklegen ziehen, damit man mit einer Wahrscheinlichkeit von mindestens 80 % mindestens dreimal „Pik" zieht?

**Lösung:**

X sei die Anzahl der gezogenen Pik-Karten. Es liegt eine $B_{n;0,25}$-Verteilung vor.

Bedingung: $P(X \geqq 3) \geqq 0{,}8$. Aus $P(X \geqq 3) = 1 - P(X \leqq 2) \geqq 0{,}8$ folgt: $P(X \leqq 2) \leqq 0{,}2$

Man erzeugt eine Wertetabelle für $P(X \leqq 2)$ mit variablem n.

| n | 15 | 16 | 17 |
|---|---|---|---|
| $P(X \leqq 2)$ | 0,2361 | 0,1971 | 0,1637 |

In der Wertetabelle wird erstmals für $n = 16$ die Bedingung $P(X \leqq 2) \leqq 0{,}2$ erfüllt.

Man muss also mindestens 16-mal eine Karte ziehen.

### Aufgaben

1. Ein ideales Tetraeder ist mit den Ziffern 1 bis 4 beschriftet.
   Wie oft darf man das Tetraeder höchstens werfen, damit die Wahrscheinlichkeit, mindestens eine 4 zu werfen, höchstens 70 % beträgt?
2. Mit der Wahrscheinlichkeit $p = 0{,}8$ hat ein Patient einen Kariesbefund.
   Wie viele Karteikarten muss man mindestens zufällig aus der Patientenkartei entnehmen, damit man mit einer Wahrscheinlichkeit von mindestens 95 % mindestens drei Patienten mit Kariesbefund hat?
3. Im Baumarkt gibt es ein preisgünstiges Sonderangebot von Bauteilen. Einen Nachteil gibt es jedoch: Im Durchschnitt funktionieren 30 % dieser Bauteile nicht wie erwünscht. Eva benötigt für eine Schaltung zwölf funktionierende Bauteile.
   Wie viele Bauteile muss sie mindestens kaufen, damit sie mit mindestens 99 % Wahrscheinlichkeit mindestens zwölf funktionierende Bauteile zur Verfügung hat?

**Ergebnisse:**

1. $1 - \left(\frac{3}{4}\right)^n \leqq 0{,}7$. Man darf das Tetraeder höchstens viermal werfen.
2. $B_{n;0,8}$, $P(X \geqq 3) = 1 - P(X \leqq 2) \geqq 0{,}95$. Man muss mindestens sechs Karteikarten ziehen.
3. $B_{n;0,7}$, $P(X \geqq 12) = 1 - P(X \leqq 11) \geqq 0{,}99$. Sie muss mindestens 25 Bauteile kaufen.

# Stochastische Prozesse

## F 77 Stochastische Prozesse beschreiben und darstellen

*... da bin ich noch unsicher* ☐ *... das kann ich (jetzt)* ☐

Im Wesentlichen gibt es drei Arten einen stochastischen Prozess zu beschreiben bzw. darzustellen. Es gibt die verbale Beschreibung, die Angabe der Übergangsmatrix U und die grafische Darstellung mithilfe eines sog. Übergangsdiagramms.
Es werden immer wieder Aufgaben gestellt, bei denen man diese drei Arten ineinander überführen muss.
Die folgende Übersicht zeigt alle sechs Überführungsmöglichkeiten auf.

| Art der Darstellung | verbal | Übergangsmatrix | Übergangsdiagramm |
|---|---|---|---|
| verbal | – | + | + |
| Übergangsmatrix | + | – | + |
| Übergangsdiagramm | + | + | – |

## F 77a Verbale Beschreibung und Übergangsmatrix ineinander überführen

*... da bin ich noch unsicher* ☐ *... das kann ich (jetzt)* ☐

Es gibt Aufgaben, bei denen oft in einem relativ langen Text die vorhandenen Zustände und deren Übergangswahrscheinlichkeiten verbal beschrieben sind. Um die weiteren Fragestellungen rechnerisch besser bewältigen zu können ist es sinnvoll die Übergangsmatrix U des Prozesses aufzustellen.
Andererseits gibt es auch gelegentlich Aufgaben, bei denen die Übergangsmatrix U des stochastischen Prozesses gegeben ist und man verbale Aussagen (Interpretationen) über die Übergangswahrscheinlichkeiten zwischen den Zuständen machen soll. Dabei beschränkt man sich manchmal, auch aus Zeitgründen, auf die Interpretation einer Zeile oder Spalte der Übergangsmatrix U.

**Beispiel 1:**
Das Elektron eines Wasserstoffatoms befindet sich hauptsächlich in einem von drei Energieniveaus. Dem Grundzustand G, dem ersten angeregten Zustand $A_1$ und dem zweiten angeregten Zustand $A_2$. (G wird Zustand 1, $A_1$ Zustand 2 und $A_2$ Zustand 3 genannt.) Das Elektron kann mit einer gewissen Wahrscheinlichkeit durch Absorption bzw. Emission von Lichtquanten zwischen diesen Energieniveaus wechseln oder aber es bleibt auf seinem Energieniveau.
Im Folgenden betrachtet man eine große Menge von Wasserstoffatomen.
Ein Elektron wechselt aus dem Zustand G mit einer Wahrscheinlichkeit von 20 % in den Zustand $A_1$ und mit einer Wahrscheinlichkeit von 15 % in den Zustand $A_2$.
Ein Elektron wechselt aus dem Zustand $A_1$ mit einer Wahrscheinlichkeit von 25 % in den Zustand $A_2$ und mit einer Wahrscheinlichkeit von 35 % in den Zustand G.
Ein Elektron wechselt aus dem Zustand $A_2$ mit einer Wahrscheinlichkeit von 30 % in den Zustand $A_1$ und mit einer Wahrscheinlichkeit von 45 % in den Zustand G.
Bestimmen Sie die Übergangsmatrix U, die diesen stochastischen Prozess beschreibt.
**Lösung:**

Da es drei Zustände gibt, hat die gesuchte Matrix U die Form: $U = \begin{pmatrix} u_{11} & u_{12} & u_{13} \\ u_{21} & u_{22} & u_{23} \\ u_{31} & u_{32} & u_{33} \end{pmatrix}$

Man muss also die 9 Elemente von U aus dem Text entnehmen. Die Elemente von U sind die Übergangswahrscheinlichkeiten zwischen den drei Zuständen. Zum Beispiel ist das Element $u_{21}$ die Wahrscheinlichkeit mit der der Zustand 2 (Zeilennummer) aus dem Zustand 1 (Spaltennummer) hervorgeht. Die Zeilennummer gehört also zum Zielzustand und die Spaltennummer zum Ausgangszustand. Somit gilt hier $u_{21} = 20\,\% = 0{,}2$.
Das Element $u_{22}$ steht für die Wahrscheinlichkeit, dass das Elektron im Zustand 2 verbleibt. Diese Wahrscheinlichkeit steht zwar nicht direkt im Text, kann aber leicht über das Gegenereignis berechnet werden. Hier gilt $u_{22} = 100\,\% - 25\,\% - 35\,\% = 1 - 0{,}25 - 0{,}35 = 0{,}4$.
Das Element $u_{23}$ ist die Wahrscheinlichkeit, mit der der Zustand 2 aus dem Zustand 3 hervorgeht. Hier gilt $u_{23} = 30\,\% = 0{,}3$. Analog ergeben sich die weiteren 6 Elemente von U.

Die Übergangsmatrix lautet $U = \begin{pmatrix} 0{,}65 & 0{,}35 & 0{,}45 \\ 0{,}2 & 0{,}4 & 0{,}3 \\ 0{,}15 & 0{,}25 & 0{,}25 \end{pmatrix}$

**Tipp**
Machen Sie immer kurz im Kopf die Probe, ob die Spaltensumme für alle Spalten jeweils 1 beträgt.

**Beispiel 2**
Gegeben ist die Übergangsmatrix U eines stochastischen Prozesses.

$$U = \begin{pmatrix} 0{,}5 & 0 & 0{,}5 & 0{,}4 \\ 0 & 0 & 0{,}4 & 0{,}2 \\ 0{,}2 & 1 & 0 & 0{,}2 \\ 0{,}3 & 0 & 0{,}1 & 0{,}2 \end{pmatrix}$$

Interpretieren Sie die Übergangsmatrix dieses stochastischen Prozesses.

**Lösung:**
Bei diesem stochastischen Prozess gibt es vier Zustände $Z_1$, $Z_2$, $Z_3$ und $Z_4$.
Die Übergangswahrscheinlichkeit von $Z_1$ in den Zustand $Z_3$ beträgt 0,2 (20 %), die von $Z_1$ in den Zustand $Z_4$ 0,3 (30 %). Ein Übergang von $Z_1$ direkt nach $Z_2$ ist nicht möglich. Mit einer Wahrscheinlichkeit von 0,5 (50 %) verlässt das System den Zustand $Z_1$ nicht.
Wenn sich das System im Zustand $Z_2$ befindet dann wechselt es im nächsten Prozessschritt auf jeden Fall (100 %) in den Zustand $Z_3$.
Die Übergangswahrscheinlichkeit von $Z_3$ in den Zustand $Z_1$ beträgt 0,5 (50 %), die von $Z_3$ in den Zustand $Z_2$ 0,4 (40 %). Ein Verbleiben im Zustand $Z_3$ ist nicht möglich. Mit einer Wahrscheinlichkeit von 0,1 (10 %) wechselt das System vom Zustand $Z_3$ in den Zustand $Z_4$.
Die Übergangswahrscheinlichkeit von $Z_4$ in den Zustand $Z_1$ beträgt 0,4 (40 %), die von $Z_4$ in die Zustände $Z_2$ und $Z_3$ beträgt jeweils 0,2 (20 %). Ein Verbleiben im Zustand $Z_4$ hat eine Wahrscheinlichkeit von 0,2 (20 %).

**Aufgaben**

1. In einem Land sind nur vier Parteien A,B, C und D zur Wahl zugelassen. Ein Wähler ändert seine Stimmabgabe von Wahl zu Wahl mit einer gewissen Wahrscheinlichkeit, oder er bleibt einer Partei treu.
   Die Wähler der Partei A bleiben zu 60 % ihrer Partei treu. Sie wechseln mit einer Wahrscheinlichkeit von 15 % zur Partei B und mit einer Wahrscheinlichkeit von 20 % zur Partei C.
   Die Wähler der Partei B wechseln zu 30 % zu A und zu 15 % zu C. Ein Wechsel zur Partei D kommt nicht vor.
   Die Wähler der Partei C wechseln zu jeder anderen Partei mit der Wahrscheinlichkeit 10 %.
   Die Wähler der Partei D bleiben ihrer Partei zu 85 % treu. 5 % wechseln zur Partei A und 10 % zur Partei B.
   Bestimmen Sie die Übergangsmatrix zu diesem stochastischen Prozess.

2. Gegeben ist die Übergangsmatrix U eines stochastischen Prozesses.

$$U = \begin{pmatrix} 0{,}4 & 0 & 0{,}3 \\ 0 & 1 & 0{,}4 \\ 0{,}6 & 0 & 0{,}3 \end{pmatrix}$$

Interpretieren Sie die Übergangsmatrix dieses stochastischen Prozesses.

**Ergebnisse:**

1. $$U = \begin{pmatrix} 0{,}6 & 0{,}3 & 0{,}1 & 0{,}05 \\ 0{,}15 & 0{,}55 & 0{,}1 & 0{,}1 \\ 0{,}2 & 0{,}15 & 0{,}7 & 0 \\ 0{,}05 & 0 & 0{,}1 & 0{,}85 \end{pmatrix}$$

2. Bei diesem stochastischen Prozess gibt es drei Zustände $Z_1$, $Z_2$ und $Z_3$.
Die Übergangswahrscheinlichkeit von $Z_1$ in den Zustand $Z_3$ beträgt 0,6. Ein Verbleib im Zustand $Z_1$ hat die Wahrscheinlichkeit 0,4. Ein Wechsel von $Z_1$ in den Zustand $Z_2$ kommt nicht vor. Der Zustand $Z_2$ kann nicht verlassen werden, es handelt sich um einen absorbierenden Zustand. Die Übergangswahrscheinlichkeit von $Z_3$ in den Zustand $Z_1$ beträgt 0,3, die in den Zustand $Z_2$ 0,4. Mit einer Wahrscheinlichkeit von 0,3 bleibt das System im Zustand $Z_3$.

## F 77b Verbale Beschreibung und Übergangsdiagramm ineinander überführen

***... da bin ich noch unsicher*** ☐ ***... das kann ich (jetzt)*** ☐

Es gibt Aufgaben, bei denen oft in einem relativ langen Text die vorhandenen Zustände und deren Übergangswahrscheinlichkeiten verbal beschrieben sind. Um eine bessere Übersicht über den Prozess zu erhalten ist es sinnvoll ein Übergangsdiagramm zu erstellen.
Andererseits gibt es auch gelegentlich Aufgaben, bei denen ein Übergangsdiagramm eines stochastischen Prozesses gegeben ist und man verbale Aussagen (Interpretationen) über den Prozess machen soll.

**Beispiel 1**

Bei einem Hütchenspiel liegt eine Erbse unter einer von drei Schalen. Der Einsatz eines Spiels wird verdoppelt, wenn der Spieler errät unter welcher Schale sich die Erbse befindet, ansonsten ist der Einsatz 1 € verloren, höhere Einsätze werden halbiert. Als Einsatz bei diesem Spiel sind nur die Beträge 1 €, 2 € und 4 € erlaubt.
Franz und seine Freunde haben jeweils einen Euro. Jeder setzt bei diesem Spiel wie folgt:
Es wird immer das ganze Geld, das man hat gesetzt und man steigt aus, wenn man 8 € oder alles verloren hat.
Erstellen Sie ein Übergangsdiagramm für diesen Prozess.

**Lösung:**

Bei diesem Prozess gibt es fünf Zustände. $Z_1$: 0 €, $Z_2$: 1 €, $Z_3$: 2 €, $Z_4$: 4 € und $Z_5$: 8 €.
Die Wahrscheinlichkeit zu gewinnen beträgt $\frac{1}{3}$, die zu verlieren $\frac{2}{3}$.
Nach den Setzregeln der Freunde ist der Prozess beendet, falls der Zustand $Z_1$ oder $Z_5$ erreicht wird. Es handelt sich um Endzustände oder sog. absorbierende Zustände. Daher muss in beiden Fällen auf dem Pfeil der Wert 1 stehen. Pfeile die nach rechts weisen bedeuten, dass der Zustand nach einem Gewinn verlassen wird. Daher muss auf all diesen Pfeilen der Wert $\frac{1}{3}$ stehen.
Pfeile die nach links weisen bedeuten, dass der Zustand nach einem Verlust verlassen wird. Daher muss auf all diesen Pfeilen der Wert $\frac{2}{3}$ stehen.

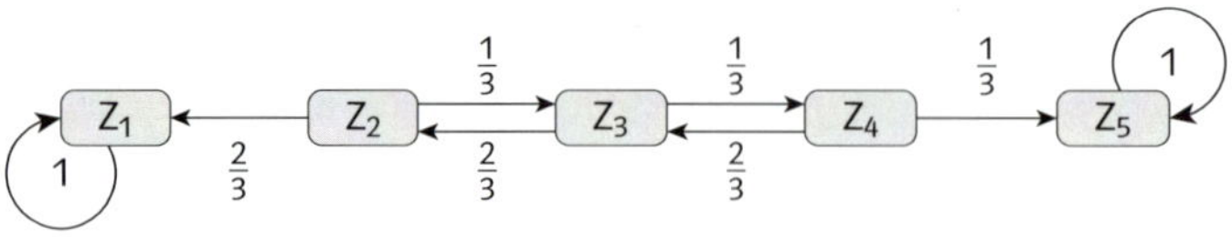

### Tipp

Machen Sie die Probe. Die Summe aller Zahlen, die auf Pfeilen stehen, die an einem Zustand beginnen, muss immer 1 sein.

### Beispiel 2

Gegeben ist das Übergangsdiagramm eines stochastischen Prozesses.

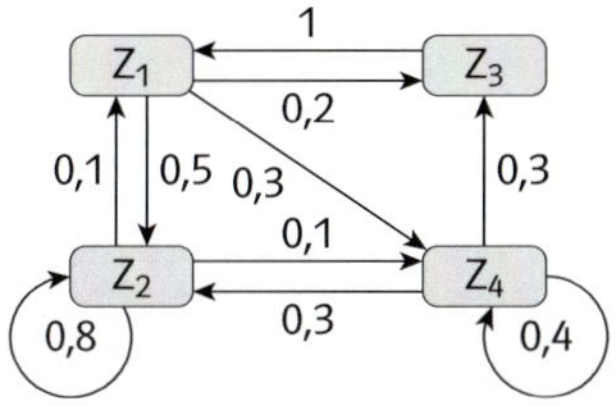


Interpretieren Sie das Übergangsdiagramm dieses stochastischen Prozesses.

**Lösung:**

Bei diesem stochastischen Prozess gibt es vier Zustände $Z_1, Z_2, Z_3$ und $Z_4$.
Die Übergangswahrscheinlichkeit von $Z_1$ in den Zustand $Z_2$ beträgt 0,5, die von $Z_1$ in den Zustand $Z_3$ 0,2 und die von $Z_1$ nach $Z_4$ 0,3. Ein Verbleib im Zustand $Z_1$ ist nicht möglich.
Mit einer Wahrscheinlichkeit von 0,8 verlässt das System den Zustand $Z_2$ nicht.
Die Übergangswahrscheinlichkeit von $Z_2$ in den Zustand $Z_1$ beträgt 0,1, die von $Z_2$ in den Zustand $Z_4$ ebenfalls 0,1. Ein Übergang von $Z_2$ in den Zustand $Z_3$ ist nicht möglich.
Wenn sich das System im Zustand $Z_3$ befindet dann wechselt es im nächsten Prozessschritt auf jeden Fall, also mit der Wahrscheinlichkeit 1, in den Zustand $Z_1$.
Die Übergangswahrscheinlichkeit von $Z_4$ in den Zustand $Z_2$ beträgt 0,3, die von $Z_4$ in den Zustand $Z_3$ ebenfalls 0,3. Ein Übergang von $Z_4$ in den Zustand $Z_1$ ist nicht möglich.
Mit einer Wahrscheinlichkeit von 0,4 verbleibt das System im Zustand $Z_4$.

### Aufgaben

1. In einem Land gibt es vier Stromanbieter (A, B, C und D). Am Ende jedes Jahres wird Bilanz gezogen und festgestellt, wer seinen Stromanbieter gewechselt hat und wer nicht.
   Aufgrund langjähriger Statistiken kann man Wahrscheinlichkeiten für den Wechsel zwischen den vier Stromanbietern angeben.
   Vom Stromanbieter A wechseln 20 % zu B und 15 % zu C. Ein Wechsel von A nach D kommt nicht vor. Vom Anbieter B wechseln 10 % zu A, 25 % zu C und 60 % bleiben Anbieter B treu. Vom Stromanbieter C wechselt niemand zu A, aber 30 % zu B und 10 % zu D.
   Vom Stromanbieter D wechseln nur 15 % zu A, alle anderen Kunden bleiben D treu.
   Zeichnen Sie ein Übergangsdiagramm zu diesem stochastischen Prozess.
2. Gegeben ist das Übergangsdiagramm eines stochastischen Prozesses.

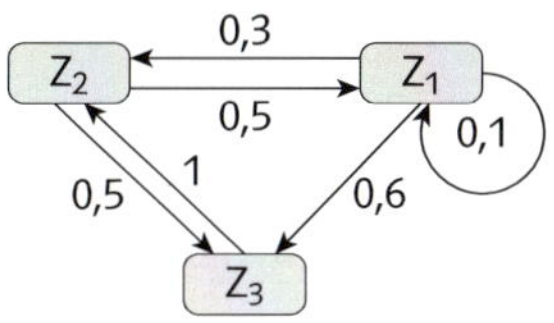


   Interpretieren Sie das Übergangsdiagramm dieses stochastischen Prozesses.

Ergebnisse:

1.

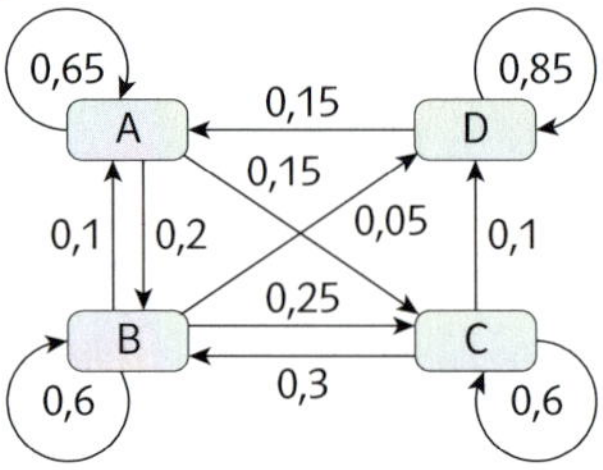


2. Bei diesem stochastischen Prozess gibt es drei Zustände $Z_1$, $Z_2$ und $Z_3$.
   Die Übergangswahrscheinlichkeit von $Z_1$ in den Zustand $Z_2$ beträgt 0,3, die von $Z_1$ in den Zustand $Z_3$ 0,6. Ein Verbleib im Zustand $Z_1$ hat die Wahrscheinlichkeit 0,1.
   Die Übergangswahrscheinlichkeit von $Z_2$ in den Zustand $Z_1$ beträgt 0,5, die von $Z_2$ in den Zustand $Z_3$ ebenfalls 0,5. Ein Verbleib im Zustand $Z_2$ ist nicht möglich.
   Wenn sich das System im Zustand $Z_3$ befindet dann wechselt es im nächsten Prozessschritt auf jeden Fall, also mit der Wahrscheinlichkeit 1, in den Zustand $Z_2$.

## F 77c Übergangsdiagramm und Übergangsmatrix ineinander überführen

***... da bin ich noch unsicher*** ☐ ***... das kann ich (jetzt)*** ☐

Es gibt Aufgaben, bei denen der stochastische Prozess mithilfe eines Übergangsdiagrammes übersichtlich dargestellt ist. Um Berechnungen effektiver durchführen zu können ist es ratsam aus diesem Übergangsdiagramm die Übergangsmatrix U zu bestimmen.
Andererseits gibt es auch gelegentlich Aufgaben, bei denen die Übergangsmatrix U gegeben ist und ein Übergangsdiagramm zu diesem stochastischen Prozesses gezeichnet werden soll.

**Beispiel 1**

Gegeben ist das Übergangsdiagramm eines stochastischen Prozesses.

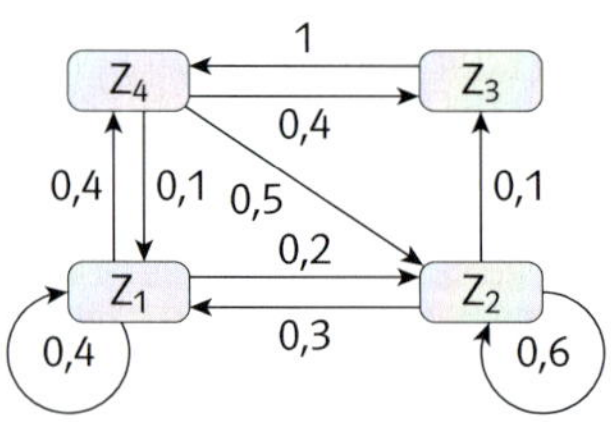


Bestimmen Sie die Übergangsmatrix U dieses stochastischen Prozesses.

Lösung:

Gesucht ist die Matrix $U = \begin{pmatrix} u_{11} & u_{12} & u_{13} & u_{14} \\ u_{21} & u_{22} & u_{23} & u_{24} \\ u_{31} & u_{32} & u_{33} & u_{34} \\ u_{41} & u_{42} & u_{43} & u_{44} \end{pmatrix}$.

Die 16 Elemente von U müssen entweder direkt aus dem Diagramm auf den Pfeilen abgelesen werden, oder das Element ist Null, falls es keinen Pfeil zwischen den Zuständen gibt.
Am effektivsten geht man spaltenweise vor. In der ersten Spalte stehen die Übergangswahrscheinlichkeiten vom Zustand $Z_1$ in die vier Zustände $Z_1$ bis $Z_4$.
Man entnimmt dem Diagramm:

$u_{11} = 0{,}4$; $u_{12} = 0{,}3$; $u_{13} = 0$; $u_{14} = 0{,}1$
$u_{21} = 0{,}2$; $u_{22} = 0{,}6$; $u_{23} = 0$; $u_{24} = 0{,}5$
$u_{31} = 0$; $u_{32} = 0{,}1$; $u_{33} = 0$; $u_{34} = 0{,}4$
$u_{41} = 0{,}4$; $u_{42} = 0$; $u_{43} = 1$; $u_{44} = 0$

Somit gilt $U = \begin{pmatrix} 0{,}4 & 0{,}3 & 0 & 0{,}1 \\ 0{,}2 & 0{,}6 & 0 & 0{,}5 \\ 0 & 0{,}1 & 0 & 0{,}4 \\ 0{,}4 & 0 & 1 & 0 \end{pmatrix}$

**Beispiel 2**

Gegeben ist die Übergangsmatrix U eines stochastischen Prozesses.

$U = \begin{pmatrix} 0 & 1 & 0{,}5 \\ 0{,}4 & 0 & 0{,}3 \\ 0{,}6 & 0 & 0{,}2 \end{pmatrix}$

Zeichnen Sie ein Übergangsdiagramm zu diesem stochastischen Prozess.

**Lösung:**

Bei diesem stochastischen Prozess gibt es drei Zustände $Z_1$, $Z_2$ und $Z_3$.

Die Matrix U hat sechs Elemente, die von Null verschieden sind, daher muss das Diagramm sechs Pfeile besitzen. Da in der Hauptdiagonale nur das Element $u_{33}$ nicht Null ist, ist genau einer dieser Pfeile ein reflexiver Pfeil. Am effektivsten geht man wieder spaltenweise vor und zeichnet zunächst alle Pfeile, die an einem der Zustände beginnen. Dabei kann man im Kopf auch gleich die Probe machen, denn die Summe aller Zahlen auf diesen Pfeilen muss 1 sein.

Es ergibt sich folgendes Übergangsdiagramm:

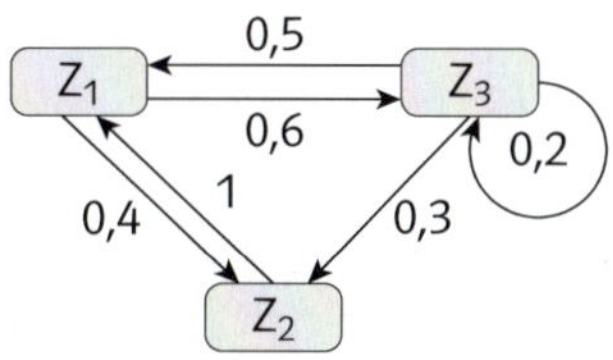


**Aufgaben**

1. Gegeben ist die Übergangsmatrix $U = \begin{pmatrix} 0{,}8 & 0 & 0{,}3 & 0 & 0 \\ 0 & 1 & 0{,}2 & 0 & 0 \\ 0 & 0 & 0 & 0{,}6 & 0 \\ 0 & 0 & 0{,}5 & 0 & 1 \\ 0{,}2 & 0 & 0 & 0{,}4 & 0 \end{pmatrix}$ eines stochastischen Prozesses.

   Zeichnen Sie ein Übergangsdiagramm für diesen stochastischen Prozess.

2. Gegeben ist ein Übergangsdiagramm eines stochastischen Prozesses.

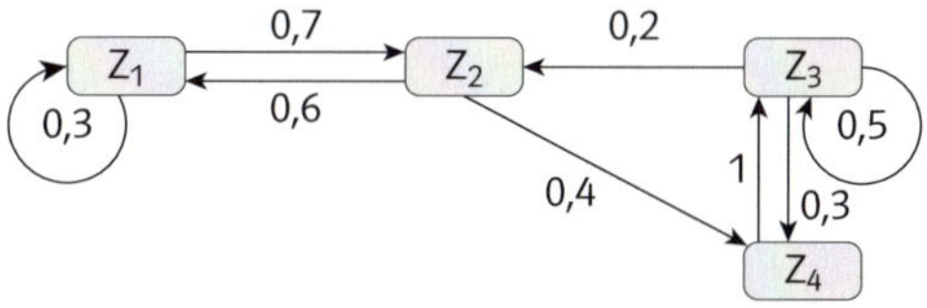


   Bestimmen Sie die Übergangsmatrix U für diesen stochastischen Prozess.

**Ergebnisse:**

1.

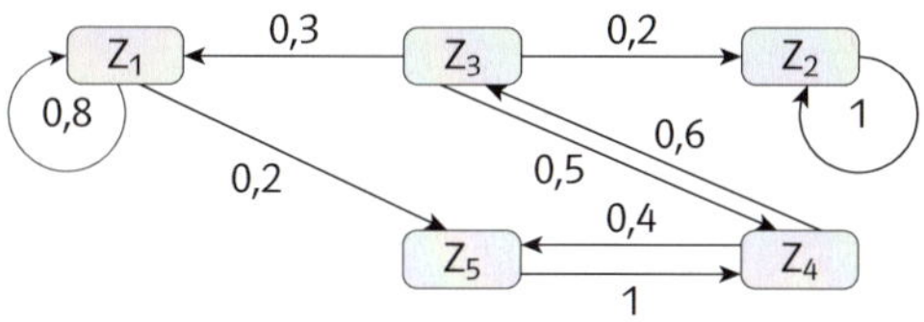


2. $U = \begin{pmatrix} 0{,}3 & 0{,}6 & 0 & 0 \\ 0{,}7 & 0 & 0{,}2 & 0 \\ 0 & 0 & 0{,}5 & 1 \\ 0 & 0{,}4 & 0{,}3 & 0 \end{pmatrix}$

## F 78 Eine Übergangsmatrix mit einem Zustandsvektor multiplizieren

***... da bin ich noch unsicher*** ☐ ***... das kann ich (jetzt)*** ☐

Eine wichtige Grundfertigkeit bei stochastischen Prozessen ist die Berechnung eines neuen Zustandsvektors $\overrightarrow{v_{k+1}}$ aus einem gegebenen Zustandsvektor $\overrightarrow{v_k}$. Für diese Berechnung benötigt man die Übergangsmatrix U. Es gilt: $\overrightarrow{v_{k+1}} = U \cdot \overrightarrow{v_k}$

Die Multiplikation eines Vektors mit einer Matrix müssen Sie sowohl von Hand als auch mit dem GTR beherrschen.

### Hinweise

1. Übergangsmatrizen bei stochastischen Prozessen sind quadratische Matrizen mit nicht negativen Elementen, deren Spaltensummen immer den Wert 1 besitzen.
2. Die Komponenten der Zustandsvektoren (auch Zustandsverteilungen genannt) sind Wahrscheinlichkeiten, daher müssen sie aus dem Intervall $I = [0;1]$ sein und die Summe aller Komponenten muss 1 betragen.

### Beispiel 1

Gegeben sind die Übergangsmatrix U und die Startverteilung $\overrightarrow{v_0}$ bei einem stochastischen Prozess.

$$U = \begin{pmatrix} 0{,}6 & 0 & 0{,}5 & 0{,}2 \\ 0 & 1 & 0{,}5 & 0{,}1 \\ 0{,}3 & 0 & 0 & 0{,}3 \\ 0{,}1 & 0 & 0 & 0{,}4 \end{pmatrix}; \quad \overrightarrow{v_0} = \begin{pmatrix} 0{,}2 \\ 0{,}5 \\ 0 \\ 0{,}3 \end{pmatrix}$$

Berechnen Sie die Zustandsverteilung $\overrightarrow{v_1}$.

Um die Komponenten des Zustandsvektors $\overrightarrow{v_1}$ zu bestimmen, muss man das Skalarprodukt aus den Zeilen der Übergangsmatrix U und dem Startvektor $\overrightarrow{v_0}$ bilden.

$$\overrightarrow{v_1} = U \cdot \overrightarrow{v_0} = \begin{pmatrix} 0{,}6 & 0 & 0{,}5 & 0{,}2 \\ 0 & 1 & 0{,}5 & 0{,}1 \\ 0{,}3 & 0 & 0 & 0{,}3 \\ 0{,}1 & 0 & 0 & 0{,}4 \end{pmatrix} \cdot \begin{pmatrix} 0{,}2 \\ 0{,}5 \\ 0 \\ 0{,}3 \end{pmatrix} = \begin{pmatrix} 0{,}6 \cdot 0{,}2 + 0 \cdot 0{,}5 + 0{,}5 \cdot 0 + 0{,}2 \cdot 0{,}3 \\ 0 \cdot 0{,}2 + 1 \cdot 0{,}5 + 0{,}5 \cdot 0 + 0{,}1 \cdot 0{,}3 \\ 0{,}3 \cdot 0{,}2 + 0 \cdot 0{,}5 + 0 \cdot 0 + 0{,}3 \cdot 0{,}3 \\ 0{,}1 \cdot 0{,}2 + 0 \cdot 0{,}5 + 0 \cdot 0 + 0{,}4 \cdot 0{,}3 \end{pmatrix} = \begin{pmatrix} 0{,}18 \\ 0{,}53 \\ 0{,}15 \\ 0{,}14 \end{pmatrix}$$

### Tipp

Die Teilprodukte, die den Wert 0 ergeben, kann man natürlich auch weglassen.

### Beispiel 2 🖩

Gegeben sind die Übergangsmatrix U und der Zustandsvektor $\overrightarrow{v_3}$ bei einem stochastischen Prozess.

$$U = \begin{pmatrix} 0 & 0{,}5 & 1 & 0{,}2 & 0 & 0 \\ 0{,}3 & 0 & 0 & 0{,}2 & 0 & 0{,}1 \\ 0{,}2 & 0{,}2 & 0 & 0 & 0{,}6 & 0{,}1 \\ 0 & 0{,}3 & 0 & 0{,}3 & 0 & 0{,}1 \\ 0{,}1 & 0 & 0 & 0{,}2 & 0{,}4 & 0 \\ 0{,}4 & 0 & 0 & 0{,}1 & 0 & 0{,}7 \end{pmatrix}; \quad \overrightarrow{v_3} = \begin{pmatrix} 0{,}1 \\ 0 \\ 0{,}3 \\ 0{,}2 \\ 0{,}3 \\ 0{,}1 \end{pmatrix}$$

Berechnen Sie den Zustandsvektor $\overrightarrow{v_4}$.

Mit dem GTR erstellt man sich eine Maske für eine 6 × 6-Matrix und trägt die 36 Elemente ein. Dann erstellt man eine Maske für einen Vektor mit 6 Zeilen und trägt die 6 Komponenten ein. Anschließend multipliziert man die Matrix mit dem Vektor.

Der GTR liefert:

$$\overrightarrow{v_4} = U \cdot \overrightarrow{v_3} = \begin{pmatrix} 0 & 0{,}5 & 1 & 0{,}2 & 0 & 0 \\ 0{,}3 & 0 & 0 & 0{,}2 & 0 & 0{,}1 \\ 0{,}2 & 0{,}2 & 0 & 0 & 0{,}6 & 0{,}1 \\ 0 & 0{,}3 & 0 & 0{,}3 & 0 & 0{,}1 \\ 0{,}1 & 0 & 0 & 0{,}2 & 0{,}4 & 0 \\ 0{,}4 & 0 & 0 & 0{,}1 & 0 & 0{,}7 \end{pmatrix} \cdot \begin{pmatrix} 0{,}1 \\ 0 \\ 0{,}3 \\ 0{,}2 \\ 0{,}3 \\ 0{,}1 \end{pmatrix} = \begin{pmatrix} 0{,}34 \\ 0{,}08 \\ 0{,}21 \\ 0{,}07 \\ 0{,}17 \\ 0{,}13 \end{pmatrix}$$

### Aufgaben

1. Gegeben sind die Übergangsmatrix U und die Startverteilung $\vec{v_0}$ bei einem stochastischen Prozess.

$$U = \begin{pmatrix} 0{,}9 & 0{,}2 & 0{,}2 & 0 & 0 \\ 0 & 0{,}2 & 0{,}5 & 0 & 0{,}4 \\ 0 & 0{,}2 & 0 & 0{,}5 & 0{,}3 \\ 0 & 0{,}2 & 0{,}3 & 0 & 0{,}2 \\ 0{,}1 & 0{,}2 & 0 & 0{,}5 & 0{,}1 \end{pmatrix}; \quad \vec{v_0} = \begin{pmatrix} 0{,}4 \\ 0{,}1 \\ 0{,}3 \\ 0 \\ 0{,}2 \end{pmatrix}$$

Berechnen Sie die Zustandsverteilung $\vec{v_1}$.

2. 🖩 Gegeben sind die Übergangsmatrix U und der Zustandsvektor $\vec{v_2}$ bei einem stochastischen Prozess.

$$U = \begin{pmatrix} 0{,}3 & 0{,}5 & 0 & 0 & 0{,}1 & 0{,}6 \\ 0{,}1 & 0 & 0{,}3 & 0 & 0{,}1 & 0 \\ 0{,}2 & 0{,}5 & 0 & 0 & 0{,}2 & 0{,}1 \\ 0 & 0 & 0{,}3 & 0 & 0{,}2 & 0{,}2 \\ 0{,}1 & 0 & 0{,}4 & 0 & 0{,}1 & 0{,}1 \\ 0{,}3 & 0 & 0 & 1 & 0{,}3 & 0 \end{pmatrix}; \quad \vec{v_2} = \begin{pmatrix} 0{,}15 \\ 0 \\ 0{,}25 \\ 0{,}2 \\ 0{,}1 \\ 0{,}3 \end{pmatrix}$$

Berechnen Sie die Zustandsvektor $\vec{v_3}$.

**Ergebnisse:**

1. $\vec{v_1} = \begin{pmatrix} 0{,}44 \\ 0{,}25 \\ 0{,}08 \\ 0{,}15 \\ 0{,}08 \end{pmatrix}$

2. $\vec{v_3} = \begin{pmatrix} 0{,}235 \\ 0{,}1 \\ 0{,}08 \\ 0{,}155 \\ 0{,}155 \\ 0{,}275 \end{pmatrix}$

## F 79 Eine stochastische Matrix mit einer stochastischen Matrix multiplizieren

***... da bin ich noch unsicher*** ☐ ***... das kann ich (jetzt)*** ☐

Wenn man aus einem gegebenen Zustandsvektors $\vec{v_k}$ und der gegebenen Übergangsmatrix U den Zustandsvektors $\overrightarrow{v_{k+m}}$ (mit $m \geqq 2$) bestimmen will, muss man nicht unbedingt schrittweise vorgehen. Man kann $\overrightarrow{v_{k+m}} = U \cdot U \cdot \ldots \cdot U \cdot \vec{v_k} = U^m \cdot \vec{v_k}$ auch direkt berechnen.
Dazu muss man die Matrix $U^m$ berechnen.
Die Potenz $U^m$ ist ein Spezialfall der allgemeinen Matrizenmultiplikation. Da bei stochastischen Prozessen nur stochastische Übergangsmatrizen vorkommen, beschränken wir uns hier auf die Multiplikation von stochastischen Matrizen.

### Beispiel 1

Gegeben sind zwei verschiedene stochastische Matrizen A und B.
Berechnen Sie die Produktmatrix $C = A \cdot B$.

**Lösung:**

$$A = \begin{pmatrix} 0{,}6 & 0 & 0{,}5 & 0{,}2 \\ 0 & 1 & 0{,}5 & 0{,}1 \\ 0{,}3 & 0 & 0 & 0{,}3 \\ 0{,}1 & 0 & 0 & 0{,}4 \end{pmatrix}; \quad B = \begin{pmatrix} 0{,}2 & 0{,}3 & 1 & 0{,}6 \\ 0{,}4 & 0{,}2 & 0 & 0{,}1 \\ 0 & 0{,}5 & 0 & 0{,}1 \\ 0{,}4 & 0 & 0 & 0{,}2 \end{pmatrix}; \quad C = A \cdot B = \begin{pmatrix} c_{11} & c_{12} & c_{13} & c_{14} \\ c_{21} & c_{22} & c_{23} & c_{24} \\ c_{31} & c_{32} & c_{33} & c_{34} \\ c_{41} & c_{42} & c_{43} & c_{44} \end{pmatrix}$$

Die 16 Elemente der Produktmatrix $C = A \cdot B$ erhält man, indem man das Skalarprodukt aus jeder Zeile der Matrix A mit jeder Spalte der Matrix B berechnet.

Man erhält z. B. das Element $c_{24}$, in dem man das Skalarprodukt der 2. Zeile von A mit der 4. Spalte von B berechnet: $c_{24} = 0 \cdot 0{,}6 + 1 \cdot 0{,}1 + 0{,}5 \cdot 0{,}1 + 0{,}1 \cdot 0{,}2 = 0{,}17$

Somit folgt: $C = A \cdot B = \begin{pmatrix} 0{,}2 & 0{,}43 & 0{,}6 & 0{,}45 \\ 0{,}44 & 0{,}45 & 0 & 0{,}17 \\ 0{,}18 & 0{,}09 & 0{,}3 & 0{,}24 \\ 0{,}18 & 0{,}03 & 0{,}1 & 0{,}14 \end{pmatrix}$

**Hinweise**

1. Das Produkt zweier stochastischen Matrizen ist wieder eine stochastische Matrix.
2. Die Matrizenmultiplikation ist nicht kommutativ. D.h. es gilt im allgemeinen $A \cdot B \neq B \cdot A$.

$C^* = B \cdot A = \begin{pmatrix} 0{,}48 & 0{,}3 & 0{,}25 & 0{,}61 \\ 0{,}25 & 0{,}2 & 0{,}3 & 0{,}14 \\ 0{,}01 & 0{,}5 & 0{,}25 & 0{,}09 \\ 0{,}26 & 0 & 0{,}2 & 0{,}16 \end{pmatrix}$

**Beispiel 2**

Gegeben ist die Übergangsmatrix U bei einem stochastischen Prozess.

$U = \begin{pmatrix} 0{,}4 & 0{,}2 & 0{,}5 \\ 0{,}2 & 0{,}7 & 0 \\ 0{,}4 & 0{,}1 & 0{,}5 \end{pmatrix}$

Berechnen Sie die Matrix $U^2$.

**Lösung:**

Es gilt: $c_{11} = 0{,}4 \cdot 0{,}4 + 0{,}2 \cdot 0{,}2 + 0{,}5 \cdot 0{,}4 = 0{,}4$

$c_{12} = 0{,}4 \cdot 0{,}2 + 0{,}2 \cdot 0{,}7 + 0{,}5 \cdot 0{,}1 = 0{,}27$ usw.

$$U^2 = U \cdot U = \begin{pmatrix} 0{,}4 & 0{,}2 & 0{,}5 \\ 0{,}2 & 0{,}7 & 0 \\ 0{,}4 & 0{,}1 & 0{,}5 \end{pmatrix} \cdot \begin{pmatrix} 0{,}4 & 0{,}2 & 0{,}5 \\ 0{,}2 & 0{,}7 & 0 \\ 0{,}4 & 0{,}1 & 0{,}5 \end{pmatrix} = \begin{pmatrix} 0{,}4 & 0{,}27 & 0{,}45 \\ 0{,}22 & 0{,}53 & 0{,}1 \\ 0{,}38 & 0{,}2 & 0{,}45 \end{pmatrix}$$

**Beispiel 3**

Gegeben sind die Übergangsmatrix U bei einem stochastischen Prozess.

$U = \begin{pmatrix} 0{,}3 & 0 & 1 & 0{,}6 \\ 0{,}4 & 0{,}5 & 0 & 0{,}1 \\ 0{,}1 & 0 & 0 & 0{,}2 \\ 0{,}2 & 0{,}5 & 0 & 0{,}1 \end{pmatrix}$

Berechnen Sie die Matrix $U^5$.

**Lösung:**

Mit dem GTR erstellt man sich eine Maske für eine 4 × 4-Matrix und trägt die 16 Elemente ein und speichert sie z.B. unter dem Buchstaben A ab.

Anschließend berechnet man mit dem GTR die Matrix $U^5$ (Eingabe: $MatA^5$).

Der GTR liefert:

$$U^5 = \begin{pmatrix} 0{,}33971 & 0{,}3373 & 0{,}3423 & 0{,}33904 \\ 0{,}32194 & 0{,}3238 & 0{,}3194 & 0{,}3208 \\ 0{,}08487 & 0{,}0841 & 0{,}0851 & 0{,}08528 \\ 0{,}25348 & 0{,}2548 & 0{,}2532 & 0{,}25488 \end{pmatrix} \approx \begin{pmatrix} 0{,}340 & 0{,}337 & 0{,}342 & 0{,}339 \\ 0{,}322 & 0{,}324 & 0{,}319 & 0{,}321 \\ 0{,}085 & 0{,}084 & 0{,}085 & 0{,}085 \\ 0{,}253 & 0{,}255 & 0{,}253 & 0{,}255 \end{pmatrix}$$

**Hinweis**

Oft ist es ratsam, die Elemente der mit dem GTR berechneten Matrix $U^m$ sinnvoll zu runden.

**Aufgaben**

1. Gegeben ist die Übergangsmatrix U bei einem stochastischen Prozess.

$U = \begin{pmatrix} 0 & 0{,}2 & 0{,}5 \\ 0{,}4 & 0{,}4 & 0{,}5 \\ 0{,}6 & 0{,}4 & 0 \end{pmatrix}$

Berechnen Sie die Matrix $U^3$.

2. Gegeben ist die Übergangsmatrix U bei einem stochastischen Prozess.

$$U = \begin{pmatrix} 0{,}3 & 1 & 0 & 0 & 0{,}2 \\ 0{,}2 & 0 & 0{,}5 & 0 & 0{,}2 \\ 0 & 0 & 0{,}5 & 0 & 0{,}2 \\ 0 & 0 & 0 & 1 & 0{,}2 \\ 0{,}5 & 0 & 0 & 0 & 0{,}2 \end{pmatrix}$$

Berechnen Sie den die Matrix $U^{10}$.

**Ergebnisse:**

1. $U^2 = \begin{pmatrix} 0{,}38 & 0{,}28 & 0{,}1 \\ 0{,}46 & 0{,}44 & 0{,}4 \\ 0{,}16 & 0{,}28 & 0{,}5 \end{pmatrix}$; $U^3 = \begin{pmatrix} 0{,}172 & 0{,}228 & 0{,}33 \\ 0{,}416 & 0{,}428 & 0{,}45 \\ 0{,}412 & 0{,}344 & 0{,}22 \end{pmatrix}$

2. $U^{10} \approx \begin{pmatrix} 0{,}231 & 0{,}245 & 0{,}274 & 0 & 0{,}201 \\ 0{,}119 & 0{,}125 & 0{,}140 & 0 & 0{,}103 \\ 0{,}070 & 0{,}074 & 0{,}082 & 0 & 0{,}060 \\ 0{,}425 & 0{,}392 & 0{,}319 & 1 & 0{,}500 \\ 0{,}155 & 0{,}164 & 0{,}184 & 0 & 0{,}135 \end{pmatrix}$

## F 80 Einen Zustandsvektor eines mehrstufigen stochastischen Prozesses bestimmen

***... da bin ich noch unsicher ☐ ... das kann ich (jetzt) ☐***

Manchmal muss man mehrere Stufen eines stochastischen Prozesses hintereinander ausführen. Dabei muss man aus einem gegebenen Zustandsvektors $\overrightarrow{v_k}$ und der gegebenen Übergangsmatrix U den Zustandsvektors $\overrightarrow{v_{k+m}}$ (mit $m \geqq 2$) bestimmen.

Es gilt: $\overrightarrow{v_{k+1}} = U \cdot \overrightarrow{v_k}$ (1)
Prinzipiell gibt es zwei Wege, um $\overrightarrow{v_{k+m}}$ zu bestimmen.

**Weg 1:** Man setzt in die Gleichung (1) die gegebenen Größen U und $\overrightarrow{v_k}$ ein und berechnet zunächst den Zustandsvektor $\overrightarrow{v_{k+1}}$. Analog zu Gleichung (1) gilt natürlich auch $\overrightarrow{v_{k+2}} = U \cdot \overrightarrow{v_{k+1}}$. Wenn man in diese Gleichung den Zustandsvektor $\overrightarrow{v_{k+1}}$ einsetzt, erhält man den Zustandsvektor $\overrightarrow{v_{k+2}}$. So kann man schrittweise zum gewünschten Zustandsvektor $\overrightarrow{v_{k+m}}$ gelangen.
**Weg 2:** Setzt man die Gleichung (1) in die Gleichung $\overrightarrow{v_{k+2}} = U \cdot \overrightarrow{v_{k+1}}$ ein, so erhält man $\overrightarrow{v_{k+2}} = U \cdot U \cdot \overrightarrow{v_k}$.
Das Produkt $U \cdot U$ ist ebenfalls eine quadratische Matrix und man schreibt kurz $U^2$.
Somit gilt $\overrightarrow{v_{k+2}} = U^2 \cdot \overrightarrow{v_k}$. Analog gilt: $\overrightarrow{v_{k+m}} = U \cdot U \cdot \ldots \cdot U \cdot \overrightarrow{v_k} = U^m \cdot \overrightarrow{v_k}$.
Man kann also zuerst die Matrix $U^m$ berechnen und dann mit einem weiteren Schritt direkt den gesuchten Zustandsvektor $\overrightarrow{v_{k+m}}$.

### Hinweis

Der Weg über die Matrix $U^m$ ist nur dann effektiv, wenn man diese Matrix mit dem GTR berechnen darf. Ansonsten ist die Bestimmung der Matrix $U^m$ von Hand viel aufwändiger als Weg 1.

### Beispiel 1

Gegeben sind die Übergangsmatrix U und der Startvektor $\overrightarrow{v_0}$ bei einem stochastischen Prozess.

$$U = \begin{pmatrix} 0 & 1 & 0{,}4 & 0{,}2 \\ 0{,}6 & 0 & 0{,}1 & 0{,}1 \\ 0{,}1 & 0 & 0{,}5 & 0{,}3 \\ 0{,}3 & 0 & 0 & 0{,}4 \end{pmatrix}; \quad \overrightarrow{v_0} = \begin{pmatrix} 0{,}5 \\ 0 \\ 0{,}25 \\ 0{,}25 \end{pmatrix}$$

Bestimmen Sie den Zustandsvektor $\overrightarrow{v_3}$.
**Lösung** (Weg 1):
Einsetzen in Gleichung (1) (k = 0) liefert im ersten Schritt:

$$\overrightarrow{v_1} = U \cdot \overrightarrow{v_0} = \begin{pmatrix} 0 & 1 & 0{,}4 & 0{,}2 \\ 0{,}6 & 0 & 0{,}1 & 0{,}1 \\ 0{,}1 & 0 & 0{,}5 & 0{,}3 \\ 0{,}3 & 0 & 0 & 0{,}4 \end{pmatrix} \cdot \begin{pmatrix} 0{,}5 \\ 0 \\ 0{,}25 \\ 0{,}25 \end{pmatrix} = \begin{pmatrix} 0{,}15 \\ 0{,}35 \\ 0{,}25 \\ 0{,}25 \end{pmatrix}$$

Einsetzen in Gleichung (1) (k = 1) liefert im zweiten Schritt:

$$\overrightarrow{v_2} = U \cdot \overrightarrow{v_1} = \begin{pmatrix} 0 & 1 & 0{,}4 & 0{,}2 \\ 0{,}6 & 0 & 0{,}1 & 0{,}1 \\ 0{,}1 & 0 & 0{,}5 & 0{,}3 \\ 0{,}3 & 0 & 0 & 0{,}4 \end{pmatrix} \cdot \begin{pmatrix} 0{,}15 \\ 0{,}35 \\ 0{,}25 \\ 0{,}25 \end{pmatrix} = \begin{pmatrix} 0{,}5 \\ 0{,}14 \\ 0{,}215 \\ 0{,}145 \end{pmatrix}$$

Einsetzen in Gleichung (1) (k = 2) liefert im dritten Schritt:

$$\overrightarrow{v_3} = U \cdot \overrightarrow{v_2} = \begin{pmatrix} 0 & 1 & 0{,}4 & 0{,}2 \\ 0{,}6 & 0 & 0{,}1 & 0{,}1 \\ 0{,}1 & 0 & 0{,}5 & 0{,}3 \\ 0{,}3 & 0 & 0 & 0{,}4 \end{pmatrix} \cdot \begin{pmatrix} 0{,}5 \\ 0{,}14 \\ 0{,}215 \\ 0{,}145 \end{pmatrix} = \begin{pmatrix} 0{,}255 \\ 0{,}336 \\ 0{,}201 \\ 0{,}208 \end{pmatrix}$$

Der Zustandsvektor lautet $\overrightarrow{v_3} = \begin{pmatrix} 0{,}255 \\ 0{,}336 \\ 0{,}201 \\ 0{,}208 \end{pmatrix}$.

**Beispiel 2** 

Gegeben sind die Übergangsmatrix U und der Zustandsvektor $\overrightarrow{v_2}$ bei einem stochastischen Prozess.

$$U = \begin{pmatrix} 0 & 0{,}6 & 0 & 0{,}2 & 0{,}4 \\ 0{,}4 & 0 & 1 & 0 & 0{,}2 \\ 0{,}2 & 0 & 0 & 0{,}2 & 0{,}2 \\ 0 & 0{,}4 & 0 & 0{,}2 & 0 \\ 0{,}2 & 0 & 0 & 0{,}4 & 0{,}2 \end{pmatrix}; \quad \overrightarrow{v_2} = \begin{pmatrix} 0{,}5 \\ 0 \\ 0 \\ 0{,}5 \\ 0 \end{pmatrix}$$

Bestimmen Sie den Zustandsvektor $\overrightarrow{v_6}$.

Lösung (Weg 2):

Man definiert im GTR die Matrix U, indem man die Elemente eingibt und die Matrix unter einem Buchstaben (z. B. U) abspeichert. Analog gibt man den Zustandsvektor $\overrightarrow{v_2}$ ein und speichert ihn unter einem Buchstaben (z. B. A) ab.

Anschließend gibt man in den GTR ein: $U^4 \cdot \overrightarrow{v_2}$ (also z. B. MatU$^4$ · VctA)

Der GTR liefert: $\overrightarrow{v_6} = \begin{pmatrix} 0{,}2112 \\ 0{,}2184 \\ 0{,}1008 \\ 0{,}1192 \\ 0{,}1288 \end{pmatrix}$

**Aufgaben**

1. Gegeben sind die Übergangsmatrix U und der Zustandsvektor $\overrightarrow{v_1}$ bei einem stochastischen Prozess.

$$U = \begin{pmatrix} 0{,}5 & 0{,}25 & 0 & 0 & 0{,}75 \\ 0{,}25 & 0 & 0{,}25 & 1 & 0 \\ 0 & 0{,}5 & 0{,}25 & 0 & 0 \\ 0{,}25 & 0 & 0{,}25 & 0 & 0{,}25 \\ 0 & 0{,}25 & 0{,}25 & 0 & 0 \end{pmatrix}; \quad \overrightarrow{v_1} = \begin{pmatrix} 0{,}8 \\ 0 \\ 0 \\ 0{,}2 \\ 0 \end{pmatrix}$$

Berechnen Sie den Zustandsvektor $\overrightarrow{v_4}$.

2. Gegeben sind die Übergangsmatrix U und der Startvektor $\overrightarrow{v_0}$ bei einem stochastischen Prozess.

$$U = \begin{pmatrix} 0{,}4 & 0{,}2 & 0{,}6 & 0 \\ 0{,}2 & 0{,}4 & 0 & 1 \\ 0 & 0{,}2 & 0{,}4 & 0 \\ 0{,}4 & 0{,}2 & 0 & 0 \end{pmatrix}; \quad \overrightarrow{v_0} = \begin{pmatrix} 0{,}2 \\ 0{,}5 \\ 0{,}1 \\ 0{,}2 \end{pmatrix}$$

Berechnen Sie den Zustandsvektor $\overrightarrow{v_2}$.

**Ergebnisse:**

1. $\overrightarrow{v_4} = \begin{pmatrix} 0{,}3 \\ 0{,}225 \\ 0{,}2 \\ 0{,}15 \\ 0{,}125 \end{pmatrix}$

2. $\overrightarrow{v_1} = \begin{pmatrix} 0{,}24 \\ 0{,}44 \\ 0{,}14 \\ 0{,}18 \end{pmatrix}; \quad \overrightarrow{v_2} = \begin{pmatrix} 0{,}268 \\ 0{,}404 \\ 0{,}144 \\ 0{,}184 \end{pmatrix}$

## F 81 Eine Grenzverteilung bei einem stochastischen Prozess bestimmen

*... da bin ich noch unsicher* ☐ *... das kann ich (jetzt)* ☐

Es gibt stochastische Prozesse, bei denen sich die Zustandsverteilungen mit der Zeit stabilisieren. Das bedeutet, dass sich die Folge der Zustandsvektoren $\vec{v_k}$ einem Grenzvektor $\vec{g}$ annähert.
Man spricht auch von einer Grenzverteilung.
Für diesen Grenzvektor (Grenzverteilung) muss folgende Bedingung erfüllt sein: $U \cdot \vec{g} = \vec{g}$ (*)

Man unterscheidet drei Fälle von stochastischen Prozessen:
1. Prozesse, bei denen sich unabhängig von der Startverteilung immer dieselbe Grenzverteilung ergibt,
2. Prozesse, bei denen es zu jeder Startverteilung eine Grenzverteilung gibt, diese jedoch von der Startverteilung abhängt,
3. Prozesse, bei denen es nicht zu jeder Startverteilung eine Grenzverteilung gibt.

Prinzipiell gibt es zwei Wege, um die Grenzverteilung $\vec{g}$ zu bestimmen. Dabei kommt es auch darauf an, ob die Grenzverteilung von der Wahl der Startverteilung abhängt oder nicht.

**Hinweis**
Wenn die Grenzverteilung unabhängig von der Startverteilung ist, dann spricht man auch von einer stabilen Verteilung.

**Weg 1:** Für die Verteilung $\vec{v_k}$ gilt $\vec{v_k} = U^k \cdot \vec{v_0}$. Wenn eine sog. Grenzmatrix G existiert, dann streben die Potenzen von U für große Werte von k gegen diese Grenzmatrix G. In der Praxis berechnet man mit dem GTR für ein großes k die Matrix $U^k$ und überprüft, ob sich für ein noch größes $k^*$ die Matrix $U^{k^*}$ auf Rechnergenauigkeit nicht mehr wesentlich von $U^k$ unterscheidet. Das heißt, falls $U^{k^*} \approx U^k$ gilt, dann gilt für die Grenzmatrix $G \approx U^k$. Dabei sollte man sowohl gerade als auch ungerade Zahlen für k wählen, damit man eine eventuell vorhandene „zyklische" Verteilung erkennen kann.
Die Grenzverteilung $\vec{g}$ erhält man dann mittels $g = G \cdot \vec{v_0}$ aus der Startverteilung $\vec{v_0}$.

**Weg 2:** Wenn man schon weiß, dass es eine stabile Verteilung $\vec{g}$ gibt, dann kann man diese stabile Verteilung mithilfe eines LGS bestimmen.

Die Gleichung (*) lautet ausführlich geschrieben $U \cdot \vec{g} = \begin{pmatrix} u_{1;1} & u_{1;2} & \cdot & \cdot & u_{1;n} \\ u_{2;1} & u_{2;2} & \cdot & \cdot & u_{2;n} \\ \cdot & \cdot & & & \cdot \\ \cdot & \cdot & & & \cdot \\ u_{n;1} & u_{n;2} & & & u_{n;n} \end{pmatrix} \cdot \begin{pmatrix} g_1 \\ g_2 \\ \cdot \\ \cdot \\ g_n \end{pmatrix} = \begin{pmatrix} g_1 \\ g_2 \\ \cdot \\ \cdot \\ g_n \end{pmatrix}$.

Man erhält ein LGS für die Komponenten $g_i$ ($i = 1; 2; \ldots; n$) des Vektors $\vec{g}$.

Das LGS lautet:

$$\begin{aligned} u_{1;1} \cdot g_1 + u_{1;2} \cdot g_2 + \ldots + u_{1;n} \cdot g_n &= g_1 \\ u_{2;1} \cdot g_1 + u_{2;2} \cdot g_2 + \ldots + u_{2;n} \cdot g_n &= g_2 \\ &\cdot \\ &\cdot \\ u_{n;1} \cdot g_1 + u_{n;2} \cdot g_2 + \ldots + u_{n;n} \cdot g_n &= g_n \end{aligned}$$

Man kann dieses LGS noch in ein homogenes LGS umformen und die Lösungen mithilfe des Gauß'schen Algorithmus oder mithilfe des GTR lösen.

$$\begin{aligned} (u_{1;1} - 1) \cdot g_1 + u_{1;2} \cdot g_2 + \ldots + u_{1;n} \cdot g_n &= 0 \\ u_{2;1} \cdot g_1 + (u_{2;2} - 1) \cdot g_2 + \ldots + u_{2;n} \cdot g_n &= 0 \\ &\cdot \\ &\cdot \\ u_{n;1} \cdot g_1 + u_{n;2} \cdot g_2 + \ldots + (u_{n;n} - 1) \cdot g_n &= 0 \end{aligned}$$

Zusätzlich zum homogenen LGS muss auch noch die grundlegende Bedingung, die für alle Verteilungen gelten muss, erfüllt sein, nämlich: $g_1 + g_2 + \ldots + g_n = 1$ (1)

Es können jetzt zwei Fälle auftreten:

1. Das homogene LGS hat unendlich viele Lösungen, die nur von einem Parameter abhängen. Von diesen unendlich vielen Lösungen erfüllt jedoch nur eine die Gleichung (1). Damit ist die Grenzverteilung $\vec{g}$, unabhängig von der Startverteilung, eindeutig bestimmt.
2. Das homogene LGS hat unendlich viele Lösungen, die jedoch von mindestens zwei Parametern abhängen. Durch die Gleichung (1) lassen sich nicht alle Parameter gleichzeitig eindeutig bestimmen. Die Grenzverteilung $\vec{g}$ hängt also noch mindestens von einem Parameter und somit von der Startverteilung ab.

### Hinweise

1. Das vorliegende homogene LGS hat immer unendlich viele Lösungen, es kann also nicht nur die triviale Lösung (0; 0; …; 0) besitzen.
2. Der Weg 1 ist nur dann effektiv, wenn man die Potenzen der Matrix U mit dem GTR berechnen darf. Ansonsten ist die Bestimmung der Matrix $U^k$ für große k von Hand viel zu aufwändig.

### Beispiel 1

Gegeben ist die Übergangsmatrix U eines stochastischen Prozesses. Es gibt eine stabile Verteilung $\vec{g}$.

$$U = \begin{pmatrix} 0{,}4 & 0{,}2 & 0{,}6 \\ 0{,}2 & 0{,}6 & 0{,}1 \\ 0{,}4 & 0{,}2 & 0{,}3 \end{pmatrix}$$

Bestimmen Sie die stabile Verteilung $\vec{g}$.

**Lösung** (Weg 2):

Einsetzen in Gleichung $U \cdot \vec{g} = \vec{g}$ liefert $\begin{pmatrix} 0{,}4 & 0{,}2 & 0{,}6 \\ 0{,}2 & 0{,}6 & 0{,}1 \\ 0{,}4 & 0{,}2 & 0{,}3 \end{pmatrix} \cdot \begin{pmatrix} g_1 \\ g_2 \\ g_3 \end{pmatrix} = \begin{pmatrix} g_1 \\ g_2 \\ g_3 \end{pmatrix}$

Somit ergibt sich folgendes homogenes LGS für $g_1$, $g_2$ und $g_3$:

$$\begin{aligned} -0{,}6g_1 + 0{,}2g_2 + 0{,}6g_3 &= 0 \quad \text{(I)} \\ 0{,}2g_1 - 0{,}4g_2 + 0{,}1g_3 &= 0 \quad \text{(II)} \\ 0{,}4g_1 + 0{,}2g_2 - 0{,}7g_3 &= 0 \quad \text{(III)} \end{aligned}$$

Aus $\text{(I)} + 3 \cdot \text{(II)}$ und $2 \cdot \text{(I)} + 3 \cdot \text{(III)}$ folgt:

$$\begin{aligned} -0{,}6g_1 + 0{,}2g_2 + 0{,}6g_3 &= 0 \quad \text{(I)} \\ -g_2 + 0{,}9g_3 &= 0 \quad \text{(II')} \\ g_2 - 0{,}9g_3 &= 0 \quad \text{(III')} \end{aligned}$$

Aus $\text{(II')} + \text{(III')}$ folgt:

$$\begin{aligned} -0{,}6g_1 + 0{,}2g_2 + 0{,}6g_3 &= 0 \quad \text{(I)} \\ -g_2 + 0{,}9g_3 &= 0 \quad \text{(II')} \\ 0g_3 &= 0 \quad \text{(III'')} \end{aligned}$$

Aus (III'') folgt sofort, dass das homogene LGS unendlich viele Lösungen hat.
Setzt man z. B. $g_3 = r$, dann folgt $g_2 = 0{,}9r$ und $g_1 = 1{,}3r$. $(r \in \mathbb{R})$
Setzt man diese vom Parameter r abhängigen Lösungen in die Gleichung (1) ein, dann folgt aus $g_1 + g_2 + g_3 = 1$ sofort $1{,}3r + 0{,}9r + r = 3{,}2r = 1$.
Aus $r = \frac{5}{16}$ folgt $g_1 = 1{,}3 \cdot \frac{5}{16} = \frac{13}{32} = 0{,}40625$, $g_2 = 0{,}9 \cdot \frac{5}{16} = \frac{9}{32} = 0{,}28125$ und $g_3 = \frac{5}{16} = 0{,}3125$.

Die stabile Verteilung lautet $\vec{g} = \begin{pmatrix} \frac{13}{32} \\ \frac{9}{32} \\ \frac{5}{16} \end{pmatrix} = \begin{pmatrix} 0{,}40625 \\ 0{,}28125 \\ 0{,}3125 \end{pmatrix}$.

Da $U \cdot \vec{g} = \vec{g}$ gelten muss, kann man relativ schnell eine Probe machen.

Hier gilt $U \cdot \vec{g} = \begin{pmatrix} 0{,}4 & 0{,}2 & 0{,}6 \\ 0{,}2 & 0{,}6 & 0{,}1 \\ 0{,}4 & 0{,}2 & 0{,}3 \end{pmatrix} \cdot \begin{pmatrix} \frac{13}{32} \\ \frac{9}{32} \\ \frac{5}{16} \end{pmatrix} = \begin{pmatrix} 0{,}4 \cdot \frac{13}{32} + 0{,}2 \cdot \frac{9}{32} + 0{,}6 \cdot \frac{5}{16} \\ 0{,}2 \cdot \frac{13}{32} + 0{,}6 \cdot \frac{9}{32} + 0{,}1 \cdot \frac{5}{16} \\ 0{,}4 \cdot \frac{13}{32} + 0{,}2 \cdot \frac{9}{32} + 0{,}3 \cdot \frac{5}{16} \end{pmatrix} = \begin{pmatrix} \frac{13}{32} \\ \frac{9}{32} \\ \frac{5}{16} \end{pmatrix} = \vec{g}$

Die Probe stimmt.

**Beispiel 2**

Gegeben sind die Übergangsmatrix U und die Startverteilungen $\vec{v_0}$ und $\vec{v_0^*}$ bei einem stochastischen Prozess.

$$U = \begin{pmatrix} 0 & 0{,}4 & 0 & 0 & 0{,}2 & 0{,}2 \\ 0{,}5 & 0 & 0 & 0 & 0{,}2 & 0{,}2 \\ 0 & 0{,}2 & 1 & 0 & 0{,}3 & 0{,}3 \\ 0{,}25 & 0 & 0 & 1 & 0{,}3 & 0{,}3 \\ 0{,}25 & 0{,}4 & 0 & 0 & 0 & 0 \end{pmatrix}; \quad \vec{v_0} = \begin{pmatrix} 0{,}2 \\ 0 \\ 0{,}4 \\ 0{,}4 \\ 0 \end{pmatrix}; \quad \vec{v_0^*} = \begin{pmatrix} 0{,}5 \\ 0 \\ 0{,}5 \\ 0 \\ 0 \end{pmatrix}$$

Bestimmen Sie die Grenzverteilung $\vec{g}$ für die Startverteilung $\vec{v_0}$ und für die Startverteilung $\vec{v_0^*}$.

**Lösung** (Weg 1):

Man definiert im GTR die Matrix U, indem man die Elemente eingibt und die Matrix unter einem Buchstaben (z.B. U) abspeichert. Analog gibt man die Startverteilungen $\vec{v_0}$ bzw. $\vec{v_0^*}$ ein und speichert sie als Vektor jeweils unter einem Buchstaben (z.B. A und B) ab.

Anschließend berechnet man mit dem GTR einige Potenzen von U. Z.B. $U^{30}$ und $U^{45}$.

Der GTR liefert: $U^{30} \approx \begin{pmatrix} 0 & 0 & 0 & 0 & 0 \\ 0 & 0 & 0 & 0 & 0 \\ 0{,}402 & 0{,}557 & 1 & 0 & 0{,}492 \\ 0{,}598 & 0{,}443 & 0 & 1 & 0{,}508 \\ 0 & 0 & 0 & 0 & 0 \end{pmatrix}$ und $U^{45} \approx \begin{pmatrix} 0 & 0 & 0 & 0 & 0 \\ 0 & 0 & 0 & 0 & 0 \\ 0402 & 0{,}557 & 1 & 0 & 0{,}492 \\ 0{,}598 & 0{,}443 & 0 & 1 & 0{,}508 \\ 0 & 0 & 0 & 0 & 0 \end{pmatrix}$

Somit gilt für die Grenzmatrix $G \approx \begin{pmatrix} 0 & 0 & 0 & 0 & 0 \\ 0 & 0 & 0 & 0 & 0 \\ 0{,}402 & 0{,}557 & 1 & 0 & 0{,}492 \\ 0{,}598 & 0{,}443 & 0 & 1 & 0{,}508 \\ 0 & 0 & 0 & 0 & 0 \end{pmatrix}$.

Für die Startverteilung $\vec{v_0}$ ergibt sich die Grenzverteilung $\vec{g} = G \cdot \vec{v_0}$.

Der GTR liefert: $\vec{g} \approx \begin{pmatrix} 0 \\ 0 \\ 0{,}480 \\ 0{,}520 \\ 0 \end{pmatrix}$.

Für die Startverteilung $\vec{v_0^*}$ ergibt sich die Grenzverteilung $\vec{g^*} = G \cdot \vec{v_0^*}$.

Der GTR liefert: $\vec{g^*} \approx \begin{pmatrix} 0 \\ 0 \\ 0{,}701 \\ 0{,}299 \\ 0 \end{pmatrix}$.

Dabei wurde jeweils auf drei Dezimalen gerundet.

In diesem Fall hängt die Grenzverteilung von der Startverteilung ab. Es gibt also keine stabile Verteilung.

**Beispiel 3**

Gegeben ist die Übergangsmatrix U bei einem stochastischen Prozess.

$U = \begin{pmatrix} 0 & 0 & 1 \\ 0 & 1 & 0 \\ 1 & 0 & 0 \end{pmatrix}$

Untersuchen Sie, ob es für die Startverteilung $\vec{v_0} = \begin{pmatrix} 0{,}2 \\ 0{,}3 \\ 0{,}5 \end{pmatrix}$ eine Grenzverteilung $\vec{g}$ gibt.

**Lösung** (Weg 1):

Man berechnet zunächst einige Potenzen von U. Dabei stellt man fest, dass es darauf ankommt, ob man bei der Berechnung von Uk eine gerade oder ungerade Zahl für k wählt.

Es ergibt sich: $U^k = \begin{pmatrix} 0 & 0 & 1 \\ 0 & 1 & 0 \\ 1 & 0 & 0 \end{pmatrix} = U$, falls k ungerade ist

$U^k = \begin{pmatrix} 1 & 0 & 0 \\ 0 & 1 & 0 \\ 0 & 0 & 1 \end{pmatrix} = E$, falls k gerade ist

Somit gilt: $U^k \cdot \vec{v_0} = \begin{pmatrix} 0 & 0 & 1 \\ 0 & 1 & 0 \\ 1 & 0 & 0 \end{pmatrix} \cdot \begin{pmatrix} 0{,}2 \\ 0{,}3 \\ 0{,}5 \end{pmatrix} = \begin{pmatrix} 0{,}5 \\ 0{,}3 \\ 0{,}2 \end{pmatrix}$, falls k ungerade ist

$U^k \cdot \vec{v_0} = \begin{pmatrix} 1 & 0 & 0 \\ 0 & 1 & 0 \\ 0 & 0 & 1 \end{pmatrix} \cdot \begin{pmatrix} 0{,}2 \\ 0{,}3 \\ 0{,}5 \end{pmatrix} = \begin{pmatrix} 0{,}2 \\ 0{,}3 \\ 0{,}5 \end{pmatrix}$, falls k ungerade ist

Für die Startverteilung $\vec{v_0}$ gibt es also keine Grenzverteilung, sondern man erhält eine sog. „zyklische“ Verteilung. Die Verteilung wechselt immer zwischen $\begin{pmatrix} 0{,}5 \\ 0{,}3 \\ 0{,}2 \end{pmatrix}$ und $\begin{pmatrix} 0{,}2 \\ 0{,}3 \\ 0{,}5 \end{pmatrix}$ hin und her.

**Hinweis**

Es gibt nur eine Startverteilung $\overrightarrow{v_0^*}$, für die es eine Grenzverteilung gibt. Für die Startverteilung $\overrightarrow{v_0^*} = \begin{pmatrix} 0{,}5 \\ 0 \\ 0{,}5 \end{pmatrix}$ ergibt sich für alle k $U^k \cdot \overrightarrow{v_0^*} = \begin{pmatrix} 0{,}5 \\ 0 \\ 0{,}5 \end{pmatrix} = \overrightarrow{v_0^*}$. Somit gilt $\vec{g} = \overrightarrow{v_0^*}$.

Es gibt also nur eine stabile Startverteilung.

**Aufgaben**

1. Gegeben sind die Übergangsmatrix U und die Startverteilung $\vec{v_0}$ bei einem stochastischen Prozess.

   $U = \begin{pmatrix} 0{,}5 & 0{,}25 & 0 & 0 & 0{,}75 \\ 0{,}25 & 0 & 0{,}25 & 1 & 0 \\ 0 & 0{,}5 & 0{,}25 & 0 & 0 \\ 0{,}25 & 0 & 0{,}25 & 0 & 0{,}25 \\ 0 & 0{,}25 & 0{,}25 & 0 & 0 \end{pmatrix}$; $\vec{v_0} = \begin{pmatrix} 0{,}3 \\ 0 \\ 0 \\ 0{,}6 \\ 0{,}1 \end{pmatrix}$

   Bestimmen Sie die Grenzverteilung $\vec{g}$ zu dieser Startverteilung.

2. Gegeben ist die Übergangsmatrix U eines stochastischen Prozesses.

   $U = \begin{pmatrix} 0{,}6 & 0{,}2 & 0{,}6 & 0 \\ 0{,}2 & 0{,}4 & 0 & 1 \\ 0 & 0{,}2 & 0{,}4 & 0 \\ 0{,}2 & 0{,}2 & 0 & 0 \end{pmatrix}$

   Bestimmen Sie die stabile Verteilung $\vec{g}$.

**Ergebnisse:**

1. $\vec{g} \approx \begin{pmatrix} 0{,}299 \\ 0{,}266 \\ 0{,}177 \\ 0{,}147 \\ 0{,}111 \end{pmatrix}$

2. $\vec{g} \approx \begin{pmatrix} \frac{15}{41} \\ \frac{15}{41} \\ \frac{5}{41} \\ \frac{6}{41} \end{pmatrix}$

## F 82 Den Vorgänger eines Zustandsvektors bestimmen

***... da bin ich noch unsicher ☐ ... das kann ich (jetzt) ☐***

Eine weitere wichtige Grundfertigkeit bei stochastischen Prozessen ist die Bestimmung eines alten Zustandsvektors $\overrightarrow{v_k}$ aus einem gegebenen neuen Zustandsvektors $\overrightarrow{v_{k+1}}$ und der Übergangsmatrix U.

Es gilt: $\overrightarrow{v_{k+1}} = U \cdot \overrightarrow{v_k}$ (1)
Prinzipiell gibt es zwei Wege, um $\overrightarrow{v_k}$ zu bestimmen.

**Weg 1:** Man setzt in die Gleichung (1) die gegebenen Größen U und $\overrightarrow{v_{k+1}}$ ein. Dadurch erhält man ein LGS für die Komponenten des Vektors $\overrightarrow{v_k}$. Dieses LGS löst man entweder von Hand mithilfe des Gauß'schen Algorithmus oder mithilfe des GTR.
**Weg 2:** Man bestimmt die inverse Matrix $U^{-1}$ zur Übergangsmatrix U. Multipliziert man die beiden Seiten von Gleichung (I) mit $U^{-1}$, dann folgt $U^{-1} \cdot \overrightarrow{v_{k+1}} = \overrightarrow{v_k}$.

### Hinweise

1. Ausführlich lautet die rechte Seite von Gleichung (1) nach der Multiplikation mit $U^{-1}$ wie folgt: $U^{-1} \cdot U \cdot \overrightarrow{v_k} = E \cdot \overrightarrow{v_k} = \overrightarrow{v_k}$
   Dabei ist E die Einheitsmatrix (in der Hauptdiagonalen stehen nur Einsen, alle anderen Elemente der Matrix sind Null).
2. Der Weg über die inverse Matrix ist nur dann effektiv, wenn man diese inverse Matrix mit dem GTR berechnen darf. Ansonsten ist die Bestimmung der inversen Matrix von Hand viel aufwendiger als Weg 1.

### Beispiel 1

Gegeben sind die Übergangsmatrix U und der Zustandsvektor $\overrightarrow{v_1}$ bei einem stochastischen Prozess.

$$U = \begin{pmatrix} 0{,}4 & 0 & 0{,}5 & 0{,}2 \\ 0{,}3 & 0 & 0 & 0{,}4 \\ 0{,}1 & 1 & 0{,}5 & 0{,}3 \\ 0{,}2 & 0 & 0 & 0{,}1 \end{pmatrix}; \quad \overrightarrow{v_1} = \begin{pmatrix} 0{,}19 \\ 0{,}13 \\ 0{,}61 \\ 0{,}07 \end{pmatrix}$$

Bestimmen Sie den Startvektor $\overrightarrow{v_0}$.

**Lösung** (Weg 1):
Einsetzen in Gleichung (1) (k = 0) liefert:

$$\overrightarrow{v_1} = U \cdot \overrightarrow{v_0} = \begin{pmatrix} 0{,}19 \\ 0{,}13 \\ 0{,}61 \\ 0{,}07 \end{pmatrix} = \begin{pmatrix} 0{,}4 & 0 & 0{,}5 & 0{,}2 \\ 0{,}3 & 0 & 0 & 0{,}4 \\ 0{,}1 & 1 & 0{,}5 & 0{,}3 \\ 0{,}2 & 0 & 0 & 0{,}1 \end{pmatrix} \cdot \begin{pmatrix} v_{0;1} \\ v_{0;2} \\ v_{0;3} \\ v_{0;4} \end{pmatrix} = \begin{pmatrix} 0{,}4 \cdot v_{0;1} + 0 \cdot v_{0;2} + 0{,}5 \cdot v_{0;3} + 0{,}2 \cdot v_{0;4} \\ 0{,}3 \cdot v_{0;1} + 0 \cdot v_{0;2} + 0 \cdot v_{0;3} + 0{,}4 \cdot v_{0;4} \\ 0{,}1 \cdot v_{0;1} + 1 \cdot v_{0;2} + 0{,}5 \cdot v_{0;3} + 0{,}3 \cdot v_{0;4} \\ 0{,}2 \cdot v_{0;1} + 0 \cdot v_{0;2} + 0 \cdot v_{0;3} + 0{,}1 \cdot v_{0;4} \end{pmatrix}$$

Man erhält also folgendes LGS für die Komponenten $v_{0;i}$ (i = 1; 2; 3; 4) des Vektors $\overrightarrow{v_0}$.

$$\begin{pmatrix} 0{,}4 \cdot v_{0;1} + 0 \cdot v_{0;2} + 0{,}5 \cdot v_{0;3} + 0{,}2 \cdot v_{0;4} = 0{,}19 \\ 0{,}3 \cdot v_{0;1} + 0 \cdot v_{0;2} + 0 \cdot v_{0;3} + 0{,}4 \cdot v_{0;4} = 0{,}13 \\ 0{,}1 \cdot v_{0;1} + 1 \cdot v_{0;2} + 0{,}5 \cdot v_{0;3} + 0{,}3 \cdot v_{0;4} = 0{,}61 \\ 0{,}2 \cdot v_{0;1} + 0 \cdot v_{0;2} + 0 \cdot v_{0;3} + 0{,}1 \cdot v_{0;4} = 0{,}07 \end{pmatrix} \quad \begin{matrix} \text{(I)} \\ \text{(II)} \\ \text{(III)} \\ \text{(IV)} \end{matrix}$$

Da dieses LGS relativ viele Nullen enthält, genügt eine Umformung, um das LGS auf Stufenform zu bringen. Aus $2 \cdot \text{(II)} - 3 \cdot \text{(IV)}$ folgt:

$$\begin{pmatrix} 0{,}4 \cdot v_{0;1} + 0 \cdot v_{0;2} + 0{,}5 \cdot v_{0;3} + 0{,}2 \cdot v_{0;4} = 0{,}19 \\ 0 \cdot v_{0;1} + 0 \cdot v_{0;2} + 0 \cdot v_{0;3} + 0{,}5 \cdot v_{0;4} = 0{,}05 \\ 0{,}1 \cdot v_{0;1} + 1 \cdot v_{0;2} + 0{,}5 \cdot v_{0;3} + 0{,}3 \cdot v_{0;4} = 0{,}61 \\ 0{,}2 \cdot v_{0;1} + 0 \cdot v_{0;2} + 0 \cdot v_{0;3} + 0{,}1 \cdot v_{0;4} = 0{,}07 \end{pmatrix} \quad \begin{matrix} \text{(I)} \\ \text{(II')} \\ \text{(III)} \\ \text{(IV)} \end{matrix}$$

Aus (II') folgt sofort $v_{0;4} = 0{,}1$.

Einsetzen in (IV) liefert $0{,}2 \cdot v_{0;1} + 0{,}01 = 0{,}07$ und somit $v_{0;1} = 0{,}3$.
Einsetzen in (I) liefert $0{,}12 + 0{,}5 \cdot v_{0;3} + 0{,}02 = 0{,}19$ und somit $v_{0;3} = 0{,}1$.
Einsetzen in (III) liefert $0{,}03 + 1 \cdot v_{0;2} + 0{,}05 + 0{,}03 = 0{,}61$ und somit $v_{0;2} = 0{,}5$.

Der Startvektor lautet $\vec{v_0} = \begin{pmatrix} 0{,}3 \\ 0{,}5 \\ 0{,}1 \\ 0{,}1 \end{pmatrix}$.

### Beispiel 2

Gegeben sind die Übergangsmatrix U und der Zustandsvektor $\vec{v_3}$ bei einem stochastischen Prozess.

$$U = \begin{pmatrix} 0{,}1 & 0{,}4 & 0 & 0{,}1 & 0{,}2 & 0{,}3 \\ 0{,}2 & 0{,}1 & 1 & 0{,}3 & 0 & 0 \\ 0{,}2 & 0{,}2 & 0 & 0 & 0{,}5 & 0{,}1 \\ 0 & 0 & 0 & 0{,}2 & 0{,}1 & 0{,}2 \\ 0{,}1 & 0{,}3 & 0 & 0{,}2 & 0{,}1 & 0 \\ 0{,}4 & 0 & 0 & 0{,}2 & 0{,}1 & 0{,}4 \end{pmatrix}; \quad \vec{v_3} = \begin{pmatrix} 0{,}21 \\ 0{,}19 \\ 0{,}11 \\ 0{,}1 \\ 0{,}19 \\ 0{,}2 \end{pmatrix}$$

Bestimmen Sie den Zustandsvektor $\vec{v_2}$.

**Lösung** (Weg 2):

Man definiert im GTR die Matrix U, indem man die Elemente eingibt und die Matrix unter einem Buchstaben (z. B. U) abspeichert. Analog gibt man den Zustandsvektor $\vec{v_3}$ ein und speichert ihn unter einem Buchstaben (z. B. A) ab.

Anschließend gibt man in den GTR ein: $U^{-1} \cdot \vec{v_3}$ (also z. B. $MatU^{-1} \cdot VctA$)

Der GTR liefert: $\vec{v_2} = \begin{pmatrix} 0{,}2 \\ 0{,}3 \\ 0 \\ 0{,}4 \\ 0 \\ 0{,}1 \end{pmatrix}$

### Tipp

Sie können natürlich jederzeit die Probe machen und mit dem GTR $U \cdot \vec{v_2}$ berechnen und so feststellen, ob das Ergebnis tatsächlich der gegebene Zustandsvektor $\vec{v_3}$ ist.

### Aufgaben

1. Gegeben sind die Übergangsmatrix U und der Zustandsvektor $\vec{v_1}$ bei einem stochastischen Prozess.

   $$U = \begin{pmatrix} 0{,}6 & 0{,}1 & 0{,}4 & 0{,}3 & 0 \\ 0{,}2 & 0{,}2 & 0{,}1 & 0 & 0{,}1 \\ 0 & 0{,}3 & 0{,}1 & 0{,}2 & 0{,}2 \\ 0 & 0{,}2 & 0{,}4 & 0 & 0{,}6 \\ 0{,}2 & 0{,}2 & 0 & 0{,}5 & 0{,}1 \end{pmatrix}; \quad \vec{v_1} = \begin{pmatrix} 0{,}5 \\ 0{,}14 \\ 0{,}06 \\ 0{,}08 \\ 0{,}22 \end{pmatrix}$$

   Berechnen Sie den Startvektor $\vec{v_0}$.

2. Gegeben sind die Übergangsmatrix U und der Zustandsvektor $\vec{v_5}$ bei einem stochastischen Prozess.

   $$U = \begin{pmatrix} 0{,}3 & 0{,}4 & 0 & 0{,}3 \\ 0{,}2 & 0 & 1 & 0{,}3 \\ 0 & 0{,}4 & 0 & 0{,}2 \\ 0{,}5 & 0{,}2 & 0 & 0{,}2 \end{pmatrix}; \quad \vec{v_5} = \begin{pmatrix} 0{,}25 \\ 0{,}35 \\ 0{,}06 \\ 0{,}34 \end{pmatrix}$$

   Berechnen Sie den Zustandsvektor $\vec{v_4}$.

**Ergebnisse:**

1. $\vec{v_0} = \begin{pmatrix} 0{,}6 \\ 0 \\ 0{,}2 \\ 0{,}2 \\ 0 \end{pmatrix}$

2. $\vec{v_4} = \begin{pmatrix} 0{,}6 \\ 0{,}1 \\ 0{,}2 \\ 0{,}1 \end{pmatrix}$

## F 83 Weiterführende Aufgaben zu stochastischen Prozessen bearbeiten

*... da bin ich noch unsicher* ☐ *... das kann ich (jetzt)* ☐

Zu stochastischen Prozessen gibt es eine Reihe weiterführende, tiefergehende Aufgaben. Einerseits gibt es typische Anwendungsaufgaben, andererseits werden sog. „Umkehraufgaben“, zum Beispiel zur Bestimmung von Parametern, gestellt.

### Beispiel 1

Ein sehr großes Unternehmen kauft 19 300 neue PKW, die als Firmenwägen den Mitarbeitern, hauptsächlich Außendienstmitarbeitern, zur Verfügung gestellt werden.
In jedem Motor befindet sich zur Motorsteuerung ein sog. „Zahnriemen“. Der Zahnriemen eines Motors muss laut Hersteller nach einer bestimmten Kilometerlaufleistung oder spätestens nach 5 Jahren, um Motorschäden vorzubeugen, ausgetauscht werden. Wenn ein Zahnriemen vorher defekt ist, wird er sofort durch einen neuen Zahnriemen ersetzt.
In einer Modellierung soll vereinfacht davon ausgegangen werden, dass kein PKW aus einem anderen Grund als Firmenwagen nicht mehr zur Verfügung steht.
Die Zahnriemen werden im Modell in fünf Altersstufen eingeteilt, deren Anteile an der Gesamtzahl der Zahnriemen am Ende eines Kalenderjahres ermittelt werden:
$M_1$ ist der Anteil der Zahnriemen in ihrem ersten Betriebsjahr
$M_2$ ist der Anteil der Zahnriemen in ihrem zweiten Betriebsjahr
...
$M_5$ ist der Anteil der Zahnriemen in ihrem fünften Betriebsjahr

Die fünf Altersstufen werden zu einer Verteilung $\vec{v} = \begin{pmatrix} M_1 \\ M_2 \\ M_3 \\ M_4 \\ M_5 \end{pmatrix}$ zusammengefasst.

Die Matrix U beschreibt die Entwicklung der Verteilung der Zahnriemenanteile von Jahr zu Jahr:

$$U = \begin{pmatrix} 0{,}1 & 0{,}2 & 0{,}5 & 0{,}7 & \Delta \\ 0{,}9 & 0 & 0 & 0 & \Delta \\ 0 & 0{,}8 & 0 & 0 & \Delta \\ 0 & 0 & 0{,}5 & 0 & \Delta \\ 0 & 0 & 0 & 0{,}3 & \Delta \end{pmatrix}$$

a) 1. In der Matrix U ist die 5. Spalte noch nicht ausgefüllt worden.
Geben Sie die 5. Spalte der Matrix U an.
2. Interpretieren Sie die 4. Spalte der Matrix U im Sachzusammenhang.
b) Zeichnen Sie ein Übergangsdiagramm zu diesem stochastischen Prozess.
c) Berechnen Sie die Anzahl der Zahnriemen in den einzelnen Altersstufen nach zwei Jahren.
d) Zeigen Sie, dass die Gleichung für $U \cdot \vec{v} = k \cdot \vec{v}$ für $k \neq 1$ keine Lösung besitzt.
e) Bestimmen Sie den Prozentsatz der PKW, die nach drei Kalenderjahren mindestens einen Zahnriemenwechsel hatten.

**Lösung:**

a) 1. Da der Zahnriemen nach spätestens fünf Jahren ausgewechselt wird, lautet die 5. Spalte $\begin{pmatrix} 1 \\ 0 \\ 0 \\ 0 \\ 0 \end{pmatrix}$.
2. 70 % der Zahnriemen, die im vierten Betriebsjahr sind, werden in diesem Jahr ausgewechselt.
30 % der Zahnriemen, die im vierten Betriebsjahr sind, werden im nächsten Jahr in ihrem fünften Betriebsjahr sein.

b) 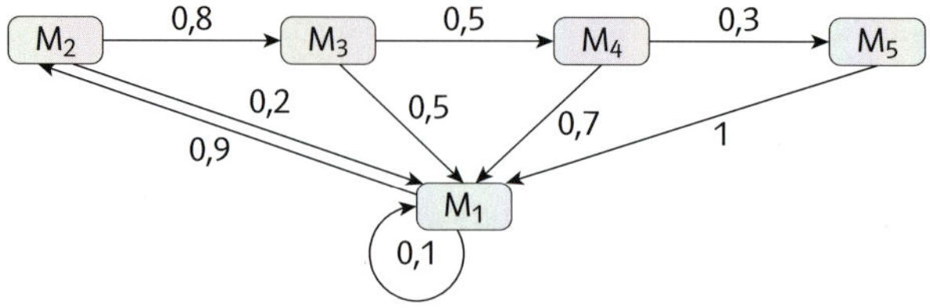


c) Für die Zustandsverteilung nach zwei Jahren gilt: $\vec{v_2} = U^2 \cdot \vec{v_0}$ mit $\vec{v_0} = \begin{pmatrix} 1 \\ 0 \\ 0 \\ 0 \\ 0 \end{pmatrix}$.

Der GTR liefert $\vec{v_2} = \begin{pmatrix} 0{,}19 \\ 0{,}09 \\ 0{,}72 \\ 0 \\ 0 \end{pmatrix}$ für die Verteilung der Anteile.

Will man jedoch die absoluten Anzahlen, dann muss man diese Anteile noch mit der Gesamtzahl von 19 300 multiplizieren.

$19\,300 \cdot \vec{v_2} = \begin{pmatrix} 3667 \\ 1737 \\ 13\,896 \\ 0 \\ 0 \end{pmatrix}$.

Nach Ablauf des zweiten Kalenderjahres werden sich im dritten Kalenderjahr 3667 Zahnriemen in ihrem ersten, 1737 Zahnriemen in ihrem zweiten und 13 896 Zahnriemen in ihrem dritten Betriebsjahr befinden.

Alternativer Lösungsweg:
Man kann die absoluten Anzahlen auch dadurch erhalten, indem man als Startverteilung nicht den Vektor $\vec{v_0}$ mit den Anteilen verwendet, sondern den Vektor $\vec{v_0}^*$ mit den absoluten Anzahlen als Startverteilung $\vec{v_0}$ wählt.

Mit $v_0^* = \begin{pmatrix} 19\,300 \\ 0 \\ 0 \\ 0 \\ 0 \end{pmatrix}$ und $\vec{v_2} = U^2 \cdot \vec{v_0}^* = \begin{pmatrix} 3667 \\ 1737 \\ 13\,896 \\ 0 \\ 0 \end{pmatrix}$ erhält man die absoluten Anzahlen.

d) Die Gleichung $U \cdot \vec{v} = k \cdot \vec{v}$ liefert ein LGS für die Komponenten des Vektors $\vec{v}$.

$$U \cdot \vec{v} = \begin{pmatrix} 0{,}1 & 0{,}2 & 0{,}5 & 0{,}7 & 1 \\ 0{,}9 & 0 & 0 & 0 & 0 \\ 0 & 0{,}8 & 0 & 0 & 0 \\ 0 & 0 & 0{,}5 & 0 & 0 \\ 0 & 0 & 0 & 0{,}3 & 0 \end{pmatrix} \cdot \begin{pmatrix} v_1 \\ v_2 \\ v_3 \\ v_4 \\ v_5 \end{pmatrix} = \begin{pmatrix} 0{,}1\vec{v_1} + 0{,}2\vec{v_2} + 0{,}5\vec{v_3} + 0{,}7\vec{v_4} + \vec{v_5} \\ 0{,}9\vec{v_1} \\ 0{,}8\vec{v_2} \\ 0{,}5\vec{v_3} \\ 0{,}3\vec{v_4} \end{pmatrix} = \begin{pmatrix} k \cdot v_1 \\ k \cdot v_2 \\ k \cdot v_3 \\ k \cdot v_4 \\ k \cdot v_5 \end{pmatrix} = k \cdot \vec{v}$$

Addiert man alle fünf Gleichung so folgt: $v_1 + v_2 + v_3 + v_4 + v_5 = k \cdot (v_1 + v_2 + v_3 + v_4 + v_5)$
Da die Summe der Komponenten $v_1$ bis $v_5$ nicht 0 ist, folgt sofort $1 = k$.
Somit besitzt die Gleichung $U \cdot \vec{v} = k \cdot \vec{v}$ für $k \neq 1$ keine Lösung.

e) Im ersten Kalenderjahr haben 10 % der PKW einen Zahnriemenwechsel.
Im zweiten Kalenderjahr gibt es PKW, deren Zahnriemen zum ersten Mal und PKW, deren Zahnriemen schon zum zweiten Mal gewechselt wird. Letztere sind schon berücksichtigt.
Der Anteil der PKW mit ersten Wechsel ist $0{,}9 \cdot 0{,}2 = 0{,}18 = 18\,\%$.
Im dritten Kalenderjahr gibt es PKW, deren Zahnriemen zum ersten Mal, PKW deren Zahnriemen zum zweiten Mal und PKW, deren Zahnriemen schon zum dritten Mal gewechselt wird.
Die beiden Mehrfachwechsel sind schon berücksichtigt.
Der Anteil der PKW mit ersten Wechsel ist $0{,}9 \cdot 0{,}8 \cdot 0{,}5 = 0{,}36 = 36\,\%$.
Der Anteil der PKW mit mindestens einem Zahnriemenwechsel beträgt $10\,\% + 18\,\% + 36\,\% = 64\,\%$.

Alternative und elegantere Lösung:
Man berechnet mit dem GTR die Verteilung nach drei Jahren. Der Anteil der Zahnriemen, die sich im nächsten Jahr im vierten Betriebsjahr befinden werden, ist die Vektorkomponente $v_4$. Dieser Anteil ist identisch mit dem Anteil der PKW die noch den Originalzahnriemen haben. Der gesuchte Anteil ergibt sich, mithilfe des Gegenereignisses, zu $1 - v_4$.

Aus $\vec{v_3} = U^3 \cdot \vec{v_0} = \begin{pmatrix} 0{,}397 \\ 0{,}171 \\ 0{,}072 \\ 0{,}36 \\ 0 \end{pmatrix}$ folgt $\vec{v_4} = 0{,}36$ und somit $1 - \vec{v_4} = 0{,}64 = 64\,\%$.

**Beispiel 2**

In einer großen Klinik werden 500 neue Rauchmelder eingebaut. Diese Rauchmelder haben eine Batterie, die mit der Zeit ausgetauscht werden muss. Der Haustechniker tauscht eine Batterie sofort aus, wenn der Rauchmelder eine schwache Batterie (durch ein Piepsen) signalisiert. Außerdem gibt es eine Vorschrift die Batterie spätestens nach drei Jahren routinemäßig auszutauschen. Bei der mathematischen Modellierung wird vereinfacht davon ausgegangen, dass keiner der Rauchmelder aus anderen Gründen ausfällt.
Die eingebauten Batterien werden im Modell in drei Altersstufen eingeteilt, deren Anzahlen am Ende eines Kalenderjahres ermittelt werden:
$B_1$ ist die Anzahl der Batterien in ihrem ersten Betriebsjahr,
$B_2$ ist die Anzahl der Batterien in ihrem zweiten Betriebsjahr,
$B_3$ ist die Anzahl der Batterien in ihrem dritten Betriebsjahr.

Die drei Altersstufen werden zu einer Verteilung $\vec{v} = \begin{pmatrix} B_1 \\ B_2 \\ B_3 \end{pmatrix}$ zusammengefasst.

Das Modell kann durch folgendes Übergangsdiagramm veranschaulicht werden. Dabei gilt $0 < a < 1$.

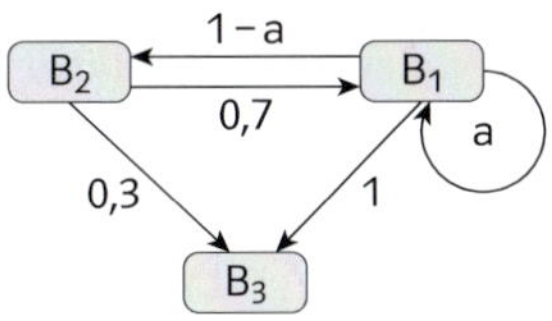


a) 1. Geben Sie die Übergangsmatrix für diesen stochastischen Prozess an.
   2. Erläutern Sie die Bedeutung des Parameters a im Sachzusammenhang.
b) Berechnen Sie für $a = 0{,}4$ die Anzahlen der Batterien nach drei Kalenderjahren in den einzelnen Altersstufen.
c) Bestimmen Sie a so, dass nach zwei Kalenderjahren die Anzahl der Batterien, die im nächsten Kalenderjahr in ihrem zweiten Betriebsjahr sind, gleich groß ist wie die Anzahl der Batterien, die dann in ihrem dritten Betriebsjahr sind.

**Lösung:**

a) 1. Die Elemente der Übergangsmatrix U kann man direkt dem Übergangsdiagramm entnehmen.

$$U = \begin{pmatrix} a & 0{,}7 & 1 \\ 1-a & 0 & 0 \\ 0 & 0{,}3 & 0 \end{pmatrix}$$

   2. Der Parameter a gibt an, wie groß die Wahrscheinlichkeit ist, dass eine Batterie im Laufe des ersten Betriebsjahres ausgetauscht werden muss.

b) Mit $a = 0{,}4$ und der Startverteilung $\vec{v_0} = \begin{pmatrix} 500 \\ 0 \\ 0 \end{pmatrix}$ folgt für die Verteilung $\vec{v_3}$:

$$\vec{v_3} = U^3 \cdot \vec{v_0} = \begin{pmatrix} 0{,}4 & 0{,}7 & 1 \\ 0{,}6 & 0 & 0 \\ 0 & 0{,}3 & 0 \end{pmatrix}^3 \cdot \begin{pmatrix} 500 \\ 0 \\ 0 \end{pmatrix} = \begin{pmatrix} 290 \\ 174 \\ 36 \end{pmatrix}$$

Im nächsten Kalenderjahr werden 290 Batterien in ihrem ersten Betriebsjahr, 174 Batterien in ihrem zweiten und 36 Batterien in ihrem dritten Betriebsjahr sein.

c) Zunächst muss man die Verteilung $\vec{v_2}$ nach zwei Kalenderjahren berechnen. Da man $U^2$, wegen des Parameters a, nicht mit dem GTR berechnen kann, sollte man hier schrittweise vorgehen.

$$\vec{v_1} = U \cdot \vec{v_0} = \begin{pmatrix} a & 0{,}7 & 1 \\ 1-a & 0 & 0 \\ 0 & 0{,}3 & 0 \end{pmatrix} \cdot \begin{pmatrix} 500 \\ 0 \\ 0 \end{pmatrix} = \begin{pmatrix} 500a \\ 500 - 500a \\ 0 \end{pmatrix}$$

$$\vec{v_2} = U \cdot \vec{v_1} = \begin{pmatrix} a & 0{,}7 & 1 \\ 1-a & 0 & 0 \\ 0 & 0{,}3 & 0 \end{pmatrix} \cdot \begin{pmatrix} 500a \\ 500 - 500a \\ 0 \end{pmatrix} = \begin{pmatrix} 500a^2 - 350a + 350 \\ 500a - 500a^2 \\ 150 - 150a \end{pmatrix}$$

Es muss die Bedingung $500a - 500a^2 = 150 - 150a$ erfüllt werden.
Dies liefert die quadratische Gleichung $500a^2 - 650a + 150 = 0$ bzw. $a^2 - 1{,}3a + 0{,}3 = 0$
Die Lösungen dieser quadratischen Gleichung lauten:

$$a_{1;2} = \frac{13}{20} \pm \sqrt{\left(\frac{13}{20}\right)^2 - \frac{3}{10}} = \frac{13}{20} \pm \sqrt{\frac{49}{400}} = \frac{13}{20} \pm \frac{7}{20} \quad \text{also } a_1 = 1 \text{ und } a_2 = 0{,}3$$

Da die Lösung $a_1$ nicht im Definitionsbereich des Parameters a liegt, ist hier nur die Lösung $a_2$ sinnvoll.

**Hinweis**

Man kann hier leicht die Probe machen, indem man in $\vec{v_2}$ den Wert $a = 0{,}3$ einsetzt.

$$\vec{v_2} = \begin{pmatrix} 500 \cdot 0{,}3^2 - 350 \cdot 0{,}3 + 350 \\ 500 \cdot 0{,}3 - 500 \cdot 0{,}3^2 \\ 150 - 150 \cdot 0{,}3 \end{pmatrix} = \begin{pmatrix} 290 \\ 105 \\ 105 \end{pmatrix}$$

## Beispiel 3

In einem Land gibt es eine Agentur, die jedes Jahr die 7000 Restaurants in vier Güteklassen einteilt. Es gibt Restaurants mit einem Stern, mit zwei Sternen, mit drei Sternen und ohne Stern. Die Einteilung erfolgt immer am Ende eines Kalenderjahres.
Bei der mathematischen Modellierung wird vereinfachend davon ausgegangen, dass die Gesamtanzahl der Restaurants konstant bleibt.
Langjährige Statistik ermöglicht es Wahrscheinlichkeiten für den Wechsel zwischen den Güteklassen anzugeben.
Die Wahrscheinlichkeit, dass ein Restaurant ohne Stern im nächsten Jahr einen Stern erhält beträgt 25 %. Es gibt keine Restaurants, die auf Anhieb sofort zwei oder drei Sterne erhalten.
Die Wahrscheinlichkeit, dass ein Restaurant mit einem Stern im nächsten Jahr seinen Stern verliert beträgt 15 %, die Wahrscheinlichkeit, dass das Restaurant im nächsten Jahr zwei Sterne hat beträgt 20 %. Keines der Restaurants mit einem Stern erhält im nächsten Jahr drei Sterne.
Die Wahrscheinlichkeit, dass ein Restaurant mit zwei Sternen im nächsten Jahr einen Stern verliert beträgt 25 %, die Wahrscheinlichkeit, dass das Restaurant beide Sterne verliert beträgt 5 %. 60 % der Restaurants mit zwei Sternen gehören auch im nächsten Jahr zu dieser Klasse.
Die Wahrscheinlichkeit, dass ein Restaurant mit drei Sternen im nächsten Jahr einen Stern verliert beträgt 30 %, die Wahrscheinlichkeit, dass es sogar zwei Sterne verliert beträgt 5 %. Keines der Restaurants mit drei Sternen verliert im nächsten Jahr alle Sterne.
Zu Beginn des Jahres 2017 gibt es in dem Land 4000 Restaurants ohne Stern, 1500 mit einem Stern, 1000 mit zwei Sternen und 500 mit drei Sternen.

a) Geben Sie eine Übergangsmatrix U für diesen stochastischen Prozess an.
b) Berechnen Sie die Anzahl der Restaurants in den einzelnen Klassen zu Beginn des Jahres 2020 und zu Beginn des Jahres 2030.
c) Bei diesem stochastischen Prozess gibt es eine stabile Verteilung.
Bestimmen Sie diese stabile Verteilung.
d) Wie viele Restaurants steigen in den Jahren 2017 und 2018 zweimal in Folge um einen Stern auf?

**Lösung:**

a) Es ergibt sich folgende Übergangsmatrix $U = \begin{pmatrix} 0{,}75 & 0{,}15 & 0{,}05 & 0 \\ 0{,}25 & 0{,}65 & 0{,}25 & 0{,}05 \\ 0 & 0{,}2 & 0{,}6 & 0{,}3 \\ 0 & 0 & 0{,}1 & 0{,}65 \end{pmatrix}$

b) Vom Jahr 2017 bis zum Jahr 2020 vergehen drei Jahre. Man muss also ausgehend vom Startvektor $\vec{v_0}$ mit dem GTR den Vektor $\vec{v_3}$ berechnen.

$$\vec{v_3} = U^3 \cdot \vec{v_0} = \begin{pmatrix} 0{,}75 & 0{,}15 & 0{,}05 & 0 \\ 0{,}25 & 0{,}65 & 0{,}25 & 0{,}05 \\ 0 & 0{,}2 & 0{,}6 & 0{,}3 \\ 0 & 0 & 0{,}1 & 0{,}65 \end{pmatrix}^3 \cdot \begin{pmatrix} 4000 \\ 1500 \\ 1000 \\ 500 \end{pmatrix} = \begin{pmatrix} 2580 \\ 2700 \\ 1352 \\ 368 \end{pmatrix}$$

Dabei wurden die Anzahlen gerundet (wobei allerdings darauf geachtet wurde, dass sich die Gesamtzahl durch das Runden nicht verändert).
Zu Beginn des Jahres 2020 haben 2580 Restaurants keinen Stern, 2700 Restaurants einen Stern, 1352 Restaurants zwei Sterne und 368 Restaurants drei Sterne.
Vom Jahr 2017 bis zum Jahr 2030 vergehen 13 Jahre. Man muss also ausgehend vom Startvektor $\vec{v_0}$ mit dem GTR den Vektor $\vec{v_{13}}$ berechnen.

$$\vec{v_{13}} = U^{13} \cdot \vec{v_0} = \begin{pmatrix} 0{,}75 & 0{,}15 & 0{,}05 & 0 \\ 0{,}25 & 0{,}65 & 0{,}25 & 0{,}05 \\ 0 & 0{,}2 & 0{,}6 & 0{,}3 \\ 0 & 0 & 0{,}1 & 0{,}65 \end{pmatrix}^{13} \cdot \begin{pmatrix} 4000 \\ 1500 \\ 1000 \\ 500 \end{pmatrix} = \begin{pmatrix} 2029 \\ 2759 \\ 1729 \\ 368 \end{pmatrix}$$

Dabei wurden die Anzahlen gerundet.
Zu Beginn des Jahres 2030 haben 2029 Restaurants keinen Stern, 2759 Restaurants einen Stern, 1729 Restaurants zwei Sterne und 483 Restaurants drei Sterne.

c) Für eine stabile Verteilung $\vec{g}$ muss gelten: $U \cdot \vec{g} = \vec{g}$ und $g_1 + g_2 + g_3 + g_4 = 7000$ (*)

$$U \cdot \vec{g} = \begin{pmatrix} 0{,}75 & 0{,}15 & 0{,}05 & 0 \\ 0{,}25 & 0{,}65 & 0{,}25 & 0{,}05 \\ 0 & 0{,}2 & 0{,}6 & 0{,}3 \\ 0 & 0 & 0{,}1 & 0{,}65 \end{pmatrix} \cdot \begin{pmatrix} g_1 \\ g_2 \\ g_3 \\ g_4 \end{pmatrix} = \begin{pmatrix} 0{,}75 g_1 + 0{,}15 g_2 + 0{,}05 g_3 \\ 0{,}25 g_1 + 0{,}65 g_2 + 0{,}25 g_3 + 0{,}05 g_4 \\ 0{,}2 g_2 + 0{,}6 g_3 + 0{,}3 g_4 \\ 0{,}1 g_3 + 0{,}65 g_4 \end{pmatrix} = \begin{pmatrix} g_1 \\ g_2 \\ g_3 \\ g_4 \end{pmatrix}$$

Man erhält ein homogenes LGS der Form:

$$\left.\begin{aligned} -0{,}25 g_1 + 0{,}15 g_2 + 0{,}05 g_3 + 0 g_4 &= 0 \\ 0{,}25 g_1 - 0{,}35 g_2 + 0{,}25 g_3 - 0{,}05 g_4 &= 0 \\ 0 g_1 + 0{,}2\ g_2 - 0{,}4\ g_3 + 0{,}3\ g_4 &= 0 \\ 0 g_1 + 0 g_2 + 0{,}1\ g_3 + 0{,}65 g_4 &= 0 \end{aligned}\right\} \text{ Dieses LGS löst man mit dem GTR.}$$

Dieses LGS löst man mit dem GTR.
Der GTR liefert: $g_1 = 4r$; $g_2 = 5{,}5r$; $g_3 = 3{,}5r$; $g_4 = r$ $(r \in \mathbb{R})$
Einsetzen in (*) liefert: $4r + 5{,}5r + 3{,}5r + r = 7000$
$14r = 7000$
Es gilt $r = 500$ und damit $g_1 = 2000$; $g_2 = 2750$; $g_3 = 1750$; $g_4 = 500$.

d) Zwei Jahre in Folge einen Stern hinzugewinnen, können nur Restaurants mit einem oder mit keinem Stern.
Anzahl der Restaurants ohne Stern, die am Ende des Jahres 2017 einen Stern gewinnen:
$4000 \cdot 0{,}25 = 1000$

Anzahl von diesen 1000 Restaurants, die am Ende des Jahres 2018 nochmals einen Stern gewinnen: $1000 \cdot 0{,}2 = 200$
Anzahl der Restaurants mit einem Stern, die am Ende des Jahres 2017 einen Stern gewinnen: $1500 \cdot 0{,}2 = 300$
Anzahl von diesen 300 Restaurants, die am Ende des Jahres 2018 nochmals einen Stern gewinnen: $300 \cdot 0{,}1 = 30$
Insgesamt gewinnen also $200 + 30 = 230$ Restaurants in jedem der beiden Jahre einen Stern.

## Aufgaben

1. In einem Staat werden Firmen nach ihrer Produktivität bewertet. Es gibt drei Bewertungsniveaus.
   Niveau A steht für eine schlechte Produktivität, Niveau B für eine mittlere Produktivität und Niveau C für eine gute Produktivität. Am Ende jedes Jahres wird jede der 120 000 Firmen neu bewertet.
   Langjährige Erfahrungen ermöglichen es, Wahrscheinlichkeiten für den Wechsel zwischen den Niveaus anzugeben.
   Von den Firmen mit Niveau A steigen 30 % ins Niveau B und 10 % direkt ins Niveau C auf.
   Von den Firmen mit Niveau B steigen 20 % ins Niveau C auf und 20 % ins Niveau A ab.
   Von den Firmen mit Niveau C steigen 10 % ins Niveau B ab. Ein direkter Abstieg von C nach A findet nicht statt.
   Im Jahr 2017 hatten 24 000 Firmen Niveau A, 60 000 Firmen Niveau B und 36 000 Firmen Niveau C.
   Bei der mathematischen Modellierung wird davon ausgegangen, dass sich die Gesamtanzahl der Firmen nicht verändert und keine neuen Firmen gegründet werden.
   a) Zeichnen Sie ein Übergangsdiagramm für diesen stochastischen Prozess.
   b) Wie viele Firmen werden sich demnach im Jahr 2020 jeweils in den drei Niveaus befinden?
   c) Wie wird sich die Anzahl der Firmen in den drei Niveaus langfristig entwickeln?
   d) Wie viele Firmen haben zu Beginn des Jahres 2019 das gleiche Niveau wie im Jahr 2017?
2. Ein stochastischer Prozess für den Zustand von 29 000 Maschinen kann mit folgendem Übergangsdiagramm beschrieben werden.

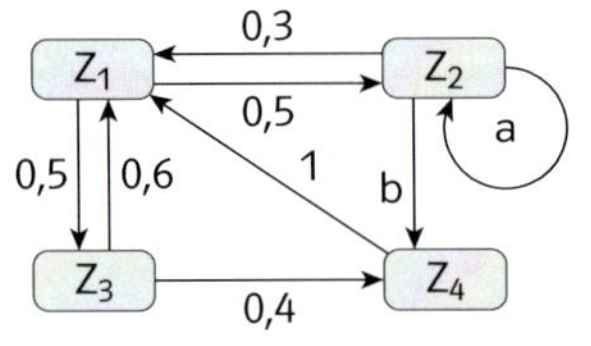


   Dabei gilt: $0 < a < 1$ und $0 < b < 1$.
   Zu Beginn des Prozesses befinden sich 50 % der Maschinen im Zustand 1, 30 % im Zustand 2 und 20 % im Zustand 3.
   a) Geben Sie b in Abhängigkeit von a an.
   b) Geben Sie die Übergangsmatrix für diesen stochastischen Prozess an.
   c) Bestimmen Sie für $a = 0{,}2$ die Verteilung nach zwei Jahren.
   d) Wie muss man den Parameter a wählen, damit die stabile Verteilung $\vec{g} = \begin{pmatrix} 10\,000 \\ 10\,000 \\ 5000 \\ 4000 \end{pmatrix}$ lautet?

**Ergebnisse:**

1. a)

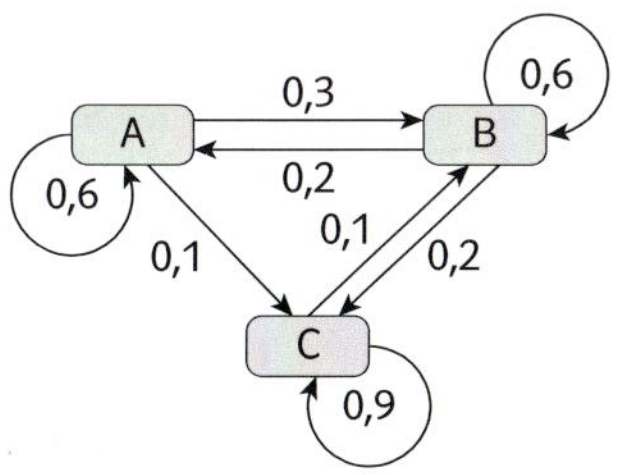


b) Im Jahr 2020 befinden sich 23 256 Firmen in Niveau A, 37 380 Firmen in Niveau B und 59 364 Firmen in Niveau C.

c) Berechnungen von $\overrightarrow{v_k} = U^k \cdot \overrightarrow{v_0}$ für einige große Werte von k mit dem GTR liefert die Grenzverteilung

$$\vec{g} = \begin{pmatrix} 15\,000 \\ 30\,000 \\ 75\,000 \end{pmatrix}.$$

Langfristig werden sich 15 000 Firmen in Niveau A, 30 000 Firmen in Niveau B und 75 000 Firmen in Niveau C befinden.

d) Firmen mit Niveau A und keiner Veränderung: $24\,000 \cdot 0{,}6 \cdot 0{,}6 = 8640$
Firmen mit Niveau A und einem Aufstieg und einem Abstieg: $24\,000 \cdot 0{,}3 \cdot 0{,}2 = 1440$
Firmen mit Niveau B und keiner Veränderung: $60\,000 \cdot 0{,}6 \cdot 0{,}6 = 21\,600$
Firmen mit Niveau B und einem Aufstieg und einem Abstieg:
$60\,000 \cdot 0{,}2 \cdot 0{,}1 + 60\,000 \cdot 0{,}2 \cdot 0{,}3 = 4800$
Firmen mit Niveau C und keiner Veränderung: $36\,000 \cdot 0{,}9 \cdot 0{,}9 = 29\,160$
Firmen mit Niveau C und einem Aufstieg und einem Abstieg: $36\,000 \cdot 0{,}1 \cdot 0{,}2 = 720$
Zu Beginn des Jahres 2019 haben 66 360 Firmen das gleiche Niveau wie im Jahr 2017.

2. a) Es muss gelten $0{,}3 + a + b = 1$. Daraus folgt $b = 0{,}7 - a$.

b) $$U = \begin{pmatrix} 0 & 0{,}3 & 0{,}6 & 1 \\ 0{,}5 & a & 0 & 0 \\ 0{,}5 & 0 & 0 & 0 \\ 0 & 0{,}7-a & 0{,}4 & 0 \end{pmatrix}$$

c) $$\overrightarrow{v_2} = \begin{pmatrix} 0 & 0{,}3 & 0{,}6 & 1 \\ 0{,}5 & 0{,}2 & 0 & 0 \\ 0{,}5 & 0 & 0 & 0 \\ 0 & 0{,}5 & 0{,}4 & 0 \end{pmatrix}^2 \cdot \begin{pmatrix} 14\,500 \\ 8700 \\ 5800 \\ 0 \end{pmatrix} = \begin{pmatrix} 13\,717 \\ 4843 \\ 3045 \\ 7395 \end{pmatrix}$$

d) Ansatz: $U \cdot \vec{g} = \vec{g}$

Einsetzen liefert: $$U \cdot \vec{g} = \begin{pmatrix} 0 & 0{,}3 & 0{,}6 & 1 \\ 0{,}5 & a & 0 & 0 \\ 0{,}5 & 0 & 0 & 0 \\ 0 & 0{,}7-a & 0{,}4 & 0 \end{pmatrix} \cdot \begin{pmatrix} 10\,000 \\ 10\,000 \\ 5000 \\ 4000 \end{pmatrix} = \begin{pmatrix} 10\,000 \\ 5000 + 10\,000\,a \\ 5000 \\ 9000 - 10\,000\,a \end{pmatrix} = \begin{pmatrix} 10\,000 \\ 10\,000 \\ 5000 \\ 4000 \end{pmatrix}$$

Aus $5000 + 10\,000\,a = 10\,000$ folgt $a = 0{,}5$.
(Alternativ: Aus $9000 - 10\,000\,a = 4000$ folgt $a = 0{,}5$).